Vom automatisierten zum autonomen Fahren

Fabian Kröger

Vom automatisierten zum autonomen Fahren

Eine transnationale Forschungsgeschichte über Pioniere, Artefakte und technologischen Wandel (1950–2000)

Springer VS

Fabian Kröger
Equipe d'Histoire des Techniques
Paris 1 Panthéon-Sorbonne University
Paris, France

ISBN 978-3-032-11349-8 ISBN 978-3-032-11350-4 (eBook)
https://doi.org/10.1007/978-3-032-11350-4

Die Deutsche Nationalbibliothek verzeichnet diese Publikation in der Deutschen Nationalbibliografie; detaillierte bibliografische Daten sind im Internet über https://portal.dnb.de abrufbar.

Übersetzung der englischen Ausgabe: „From Automated to Autonomous Driving" von Fabian Kröger, © The Editor(s) (if applicable) and The Author(s), under exclusive license to Springer Nature Switzerland AG 2024. Veröffentlicht durch Springer. Alle Rechte vorbehalten.

Dieses Buch ist eine Übersetzung des Originals in Englisch „From Automated to Autonomous Driving" von Fabian Kröger, publiziert durch Springer Nature Switzerland AG im Jahr 2024. Die Übersetzung erfolgte mit Hilfe von künstlicher Intelligenz (maschinelle Übersetzung). Eine anschließende Überarbeitung im Satzbetrieb erfolgte vor allem in inhaltlicher Hinsicht, so dass sich das Buch stilistisch anders lesen wird als eine herkömmliche Übersetzung. Springer Nature arbeitet kontinuierlich an der Weiterentwicklung von Werkzeugen für die Produktion von Büchern und an den damit verbundenen Technologien zur Unterstützung der Autoren.

Springer VS ist ein Imprint der eingetragenen Gesellschaft Springer Nature Switzerland AG und ist ein Teil von Springer Nature.
Die Anschrift der Gesellschaft ist: Gewerbestrasse 11, 6330 Cham, Switzerland

Danksagungen

Zunächst möchte ich Ernst Dieter Dickmanns (UniBwM) für seine Ermutigung, dieses Buch zu schreiben, für die Bereitstellung wichtiger Quellen und vor allem für seine Geduld danken. Er war zudem maßgeblich daran beteiligt, die Finanzierung dieses Projekts durch die Universität der Bundeswehr München (UniBwM) zu ermöglichen. Mein besonderer Dank gilt auch Sadayuki Tsugawa (MEL), den ich im Mai 2018 in Tokio interviewen durfte. Ohne seine Unterstützung hätte das Kapitel über Japan nicht in der vorliegenden Form geschrieben werden können. Er stellte zudem hervorragende Bilder des Intelligent Vehicle zur Verfügung, die hier erstmals veröffentlicht werden. Ebenso danke ich Chuck Thorpe und Todd Jochem (CMU), die wertvolle Anmerkungen zu einer frühen Version des US-Kapitels gaben. Todd stellte außerdem gute Fotos der Forschungsfahrzeuge zur Verfügung. Steven Shladover (PATH) ist einer der Praktiker auf diesem Gebiet, der in seinen Arbeiten stets die historische Dimension der Fahrzeugautomatisierung berücksichtigte. Ihm danke ich für seine Ratschläge, die das Buch erheblich verbessert haben. Er warnte mich auch, dass ein Buch über die Forschungsgeschichte ein äußerst anspruchsvolles Projekt sei – eine Vorhersage, die sich als absolut zutreffend erwies. Mein Dank gilt auch Michel Parent, der mir die Forschungsanlage des INRIA in Roquencourt bei Paris zeigte und Forschungsberichte der französischen Teilnehmer des PROMETHEUS-Programms zur Verfügung stellte. Es war das erste Mal, dass ich selbst Führungskabel im Straßenbelag betrachten konnte. Weiterhin danke ich Walter Zimdahl (VW) für die Zusendung des Originalmanuskripts seiner Dissertation und einer Kopie von Super-8-Filmen. Catherine Fargeon lieferte wichtige Einblicke und Fotos für das Kapitel über das autonome Fahrzeug des französischen Militärs, wofür ich ihr danke. Reinhold Behringer stellte freundlicherweise ein Foto von UniBwM-Forschungsfahrzeugen zur Verfügung. Mein Dank gilt auch William (Red) Whittaker, Brian Staszel und Debra Tobin vom CMU Robotics Institute für die Bereitstellung von Bildern ihrer Roboterfahrzeuge.

Viele weitere Personen haben Quellen bereitgestellt und hilfreiche Kommentare gegeben, wofür ich ihnen danken möchte: Javier Ibañez-Guzmán (Renault) war bei der Diskussion über maschinelles Sehen während eines Online-Meetings sehr hilfreich. Die Ökonomin Yvelyne Lecler und Jeehoon Ki von der Korean Academy of Science and Technology machten wertvolle Anmerkungen, die das Kapitel über Japan verbesserten. Der Ökonom Gerhard Prätorius stellte mir eine schwer auffindbare Quelle zur Verfügung. Holger Meinel (Daimler) half dabei, frühe Infrarot- und Radargeräte zu unterscheiden. Gunter Schaub (Airbus) nannte die genauen Daten des PRIMUS-Programms. Nils Fehlhaber und Hans Stibbe stellten mir Material aus den Unternehmensarchiven von Continental und MAN zur Verfügung. Markus Henrichs von den VDI-Nachrichten diskutierte mit mir über den Optopilot von Volkswagen. Mein besonderer Dank gilt auch Gery Deffontaines und Tommaso Pardi von GERPISA (Groupe international d'études et de recherche permanent sur l'industrie et les salariés de l'automobile) für die Einladung, meine Forschung im April 2019 an der ENS Paris-Saclay vorzustellen; der Fondation France-Japon (FFJ) der EHESS für ihre Einladung im Juni 2019 zu einem Workshop über die zukünftige Nutzung von AVs an der PSL University in Paris sowie Christian Long für seine Einladung zum Robomobile Workshop im September 2020. Ich danke auch dem Herausgeber Jed Z. Buchwald vom Caltech, dass er mein Buch in die Archimedes-Reihe aufgenommen hat. Mein Dank gilt ebenso dem Verlagslektor Chris Wilby bei Springer sowie Solomon George und Divya Rajasekaran von Straive in Indien für die Buchproduktion. Ohne Sie alle gäbe es dieses Buch nicht.

Vor allem möchte ich meiner Frau Reakka für ihre Geduld mit mir während dieses Projekts danken, das manchmal mit unserem Familienleben kollidierte, insbesondere als die Covid-19-Pandemie begann, unseren Alltag zu beeinflussen. Ich widme dieses Buch ihr und unseren Söhnen Aaron und Carl, die vielleicht eines Tages in einem autonomen Fahrzeug fahren werden.

Fotografische Danksagungen

Wir möchten allen danken, die Bilder zur Verfügung gestellt und die Erlaubnis zur Wiedergabe in diesem Buch erteilt haben. Obwohl alle Anstrengungen unternommen wurden, um sämtliche Rechteinhaber zu ermitteln und zu nennen, möchten wir uns bei allen entschuldigen, die nicht ausdrücklich berücksichtigt wurden. Alle Ansprüche bleiben hiervon unberührt.

Inhaltsverzeichnis

Kapitel 1
Einführung

Seit seiner Erfindung am Ende des neunzehnten Jahrhunderts blieb das Automobil eine Maschine, die von einem menschlichen Fahrer gesteuert werden musste. Ohne die menschliche Kontrolle von Lenkrad, Gaspedal und Bremse hätten die Milliarden von Autos auf der Welt keine der Milliarden von Meilen zurücklegen können: Ein Auto benötigte stets die Fahrkünste eines Menschen, um seine Funktion zu erfüllen. Ohne Fahrer wäre es lediglich ein statisches Artefakt gewesen, dazu verurteilt, regungslos auf einem Parkplatz zu stehen. In den frühen Jahren des Automobilismus wurde diese Notwendigkeit eines menschlichen Fahrers nicht als Hindernis betrachtet. Das manuelle Fahren versprach, den Menschheitstraum von individueller Mobilität und Freiheit, von Selbstbestimmung, von Autonomie zu erfüllen. Doch mit der aufkommenden Massenautomobilität in den ersten Jahrzehnten des zwanzigsten Jahrhunderts wurden die negativen Auswirkungen menschlichen Handelns am Steuer – etwa Unfälle – zu einem ernsthaften Thema. Es überrascht daher nicht, dass die Fantasie eines selbstfahrenden Autos, eines Fahrzeugs, das ohne menschlichen Fahrer navigieren kann, auf diese Zeit datiert werden kann.

Das automatisierte Fahren hat eine lange Geschichte, die der breiten Öffentlichkeit weitgehend unbekannt ist. Es erregte große öffentliche Aufmerksamkeit auf den Weltausstellungen in New York 1939–40 und 1964–65, dank der GM-Futurama-Präsentationen auf beiden Messen. Auch Disney stellte es in seinen Freizeitparks heraus. Nach der Jahrtausendwende wurde es zu einem großen Thema im Mediendiskurs, als die DARPA ihre Roboterwettbewerbe in der Mojave-Wüste (2004, 2005 und 2007) veranstaltete. Diese Rennen wurden von viel Publicity begleitet. Doch ein anderes Ereignis prägte das kollektive Gedächtnis nachhaltiger: 2009 kündigte das Technologieunternehmen Google an, „selbstfahrende" Autos zu entwickeln. Heute glauben tatsächlich viele Menschen, dass Google die Entwicklung des autonomen Fahrens initiiert habe. Einige Jahre später wurde ein zweiter Name mit dem Thema verbunden: 2014 bot das Elektroauto-Unternehmen Tesla eine Selbstfahrfunktion namens Auto-Pilot an, einschließlich autonomer

F. Kröger, *Vom automatisierten zum autonomen Fahren*,
https://doi.org/10.1007/978-3-032-11350-4_1

Lenk-, Brems- und Parkfunktionen. Investitionen in neuronale Netze lösten einen neuen Hype um künstliche Intelligenz aus. Die Erwartungen der Finanzmärkte befeuerten den Hype – Risikokapitalgeber investierten massiv in das Feld – allein 2018 waren es 27,5 Milliarden Dollar.[1] Autonomes Fahren wurde zu einer Ikone der Mobilität der Zukunft, die zugleich die alte Autoindustrie bedrohte und verjüngte.

Die Berichterstattung über diese Entwicklungen in den Medien erzeugte den verzerrten Eindruck, die Idee eines Fahrzeugs, das seinen Weg ohne menschlichen Fahrer findet, sei eine jüngere Entwicklung, die irgendwo im Silicon Valley zwischen DARPA, Google und Tesla begonnen habe. Autonomes Fahren schien keine Geschichte zu haben und seine Einführung schien nur wenige Jahre entfernt. Dieses Buch hat das Ziel, diesen Eindruck zu korrigieren. „Hype verdeckt Geschichte", wie Michael Mahoney feststellte.[2] Wir werden sehen, dass der Techno-Optimismus der letzten Jahrzehnte nur durch einen Mangel an historischem Wissen möglich war. Wie so oft bei der Entwicklung neuer Technologien begannen unrealistische Zeitpläne und überzogene Versprechen auf die Protagonisten zurückzufallen. Der Höhepunkt der Euphorie wurde 2019 erreicht, als einige Automobilunternehmen einräumten, die Möglichkeit einer schnellen Markteinführung überschätzt zu haben. Dies scheint ein guter Moment zu sein, um Abstand zu nehmen und auf die langfristige Forschungsgeschichte dieser Vision zurückzublicken.

1.1 Zwischen Fiktion und Wissenschaft

Dieses Buch ist ein Beitrag zur Technikgeschichte, wie viele andere Publikationen auch. Doch das Thema unterscheidet sich in mehrfacher Hinsicht von anderen Technologien, die von Historiker:innen untersucht wurden: Erstens befindet sich das autonome Fahren zwischen Fiktion und Wissenschaft, zweitens blieb seine breite Einführung bis heute stets 20 Jahre in der Zukunft und drittens ist es bislang keine Technologie im praktischen Einsatz geworden. Die nächsten Abschnitte werden diese Hypothesen näher erläutern.

Im gesamten zwanzigsten Jahrhundert entfaltete sich das automatisierte und autonome Fahren in zwei komplementären Bereichen: Zwischen Fiktion und Wissenschaft, kulturellen Träumen und ingenieurwissenschaftlicher Praxis. Fahrerlose Fahrzeuge waren zunächst ein Feld der Fiktion, bevor sie zum Gegenstand der Ingenieurskunst wurden – ein Merkmal, das sie mit Robotern teilen.[3] Bevor sie zu materiellen

---

[1] Statista. 2020. Bis 2030 wird weltweit jedes zehnte Fahrzeug selbstfahrend sein, Pressemitteilung, 6. Februar 2020, https://mailchi.mp/statista/autonomous_cars_20200206?e=145345a469.

[2] Mahoney, Michael S. 2005. The Histories of Computing (s). *Interdisciplinary Science Reviews* 30 (2):120.

[3] Das Wort Roboter wurde erstmals im Theaterstück R.U.R. von Karel Čapek verwendet.

Artefakten und Prototypen wurden, waren sie kraftvolle Symbole eines technischen Erhabenen, das eine bessere Zukunft versprach. Dies kann als *soziotechnische Imagination* des autonomen Fahrens im zwanzigsten Jahrhundert bezeichnet werden.

Fiktion und Wissenschaft sind sehr unterschiedliche Bereiche, doch Bruno Latour argumentierte, dass sie nicht als Widerspruch verstanden werden sollten.[4] Ihr Verhältnis lässt sich als Kreis beschreiben: Neben anderen Faktoren treibt die Kraft dieser Imagination Forschungseinrichtungen weltweit an, ihre Arbeit fortzusetzen. Und auch der Bereich der Erfindung produziert Fiktionen, wie Lucien Sfez betonte.[5] Indem sie Visionen einer durch Technik verbesserten Zukunft fördern, beteiligen sich die Naturwissenschaften und Ingenieurdisziplinen an der Schaffung dieses mächtigen technowissenschaftlichen Imaginären.

Der Autor dieses Buches hat die kulturelle Seite dieses Imaginären seit 2012 in mehreren Publikationen untersucht. Meine Arbeiten, angesiedelt an der Schnittstelle von Technik- und Kulturgeschichte, konzentrierten sich vor allem auf die populären Vorstellungen fahrerloser Autos in Film und Literatur.[6] Im Verlauf des zwanzigsten Jahrhunderts entwickelte sich die kulturelle Logik des selbstfahrenden Autos im Spannungsfeld zwischen dem Wunderlichen und dem Wunderbaren. Literarische Metaphern, bildliche Vorstellungen und technologische Konzepte autonomer Fahrzeuge entwickelten sich im wechselseitigen Austausch, beflügelten sich gegenseitig, verliefen aber nie synchron. Die kulturelle Fantasie eines autonomen Fahrzeugs tauchte erstmals in literarischen und filmischen Quellen der 1930er Jahre auf.[7] Die Idee automatisierter Fahrzeuge, die durch Drähte im Straßenbelag geführt werden, lässt sich ebenfalls auf die 1930er Jahre zurückführen.[8] Da ernsthafte technische Entwicklungen erst nach dem Zweiten Weltkrieg begannen, waren die kulturellen Fantasien bis in die 1950er Jahre den technischen Konzepten stets einen Schritt voraus.

Als meine Publikationen die Aufmerksamkeit der Daimler und Benz-Stiftung erregten, wurde ich in ein Fellow-Programm mit mehreren Experten aufgenommen, das mir die Möglichkeit gab, die kulturellen und gesellschaftlichen Dimensio-

---

[4] Latour, Bruno.1992. *Aramis ou l'amour des techniques,* S. 28. Paris.

[5] Sfez, Lucien. 2002. La technique comme fiction, *Revue européenne des sciences sociales* XL-123, veröffentlicht am 3. Dezember 2009, Zugriff am 23. August 2020, online unter: http://journals.openedition.org/ress/612.

[6] Kröger, Fabian. 2012. Fahrerlos und unfallfrei. Eine frühe automobile Technikutopie und ihre populärkulturelle Bildgeschichte. In *Technology Fiction, Technische Visionen und Utopien in der Hochmoderne,* Hrsg. Uwe Fraunholz und Anke Woschech, S. 93–114. Bielefeld. Kröger, Fabian. 2014. Die Zukunft, die nie eintrat, Über die Nützlichkeit filmischer Zukunftsbilder des autonomen Fahrens für die Prospektive. *Technology Assessment – Theory and Practice (TATuP),* Nr. 1/2014, Verkehrszukünfte – Visionen jenseits aktueller öffentlicher Aufmerksamkeit, S. 3–6. Kröger, Fabian. 2016b. Le long cheminement de l'imaginaire cinématographique de la voiture autonome. In *Choc de Mobilités,* Hrsg. Mathieu Flonneau und Stéphane Levesque, S. 55–67. Paris.

[7] Werner Illing, Utopolis, 1930, David H. Keller, The Living Machine, 1935, GM, The Safest Place, 1935 (siehe Kröger 2016a, S. 45–47).

[8] Murtfeldt, E. W. 1938. Highways of the future. *Popular Science,* 132/5, S. 27–29 und 118–119.

nen des autonomen Fahrens weiter zu untersuchen. 2015 wurden die Ergebnisse in einem Sammelband auf Deutsch veröffentlicht.[9] Nachdem er von dieser Veröffentlichung erfahren hatte, kontaktierte mich Ernst Dieter Dickmanns und fragte nach den Gründen, warum ich die Leistungen der Universität der Bundeswehr München (UniBwM) in meinem Artikel nicht erwähnt hatte. Ich erklärte, dass mein Fokus auf jenen Forschungsprojekten lag, die in direktem Zusammenhang mit populären Vorstellungen standen. Da das Gesamtbild der technischen Forschung nicht im Mittelpunkt meines Artikels stand, musste ich viele Projekte aus dem Ingenieurbereich auslassen. Im Einvernehmen darüber, dass seine Pionierarbeiten zur maschinellen Bildverarbeitung von großer Bedeutung für das autonome Fahren waren, überarbeitete ich die englische Version des Kapitels, die 2016 veröffentlicht wurde.[10] Nach Abschluss meiner Dissertation zur Wissens- und Bildgeschichte des Autounfalls schlug ich ihm vor, eine Untersuchung zu den technischen Konzepten und ingenieurwissenschaftlichen Bemühungen des automatisierten und autonomen Fahrens in Angriff zu nehmen. Dickmanns stimmte dem Buchprojekt zu und bemühte sich erfolgreich um eine Förderung der Universität der Bundeswehr München (UniBwM).

1.2 Prognosen: 20 Jahre in der Zukunft

Mit seiner Position zwischen Fiktion und Wissenschaft hat das autonome Fahren ein besonderes Verhältnis zur Zeit: Autonomes Fahren ist eine „Utopie, die immer irgendwo ‚da draußen‘ in der Zukunft schwebt", beobachtet Richard Bishop, ehemaliger Programmmanager des US-Verkehrsministeriums.[11] Auch andere Experten stimmen darin überein, dass die Einführung dieser Systeme immer „am Horizont, gerade außer Sicht- und Reichweite" lag.[12]

[9] Kröger, Fabian. 2015. Das automatisierte Fahren im gesellschaftsgeschichtlichen und kulturwissenschaftlichen Kontext. In *Autonomes Fahren, Technische, rechtliche und gesellschaftliche Aspekte,* Hrsg. Maurer, M., Gerdes, J.C., Lenz, B., Winner, H., S. 41–67. Heidelberg. Hinweis: Die Ergebnisse des Artikels wurden 2015 in einem Buch der Daimler und Benz Stiftung zitiert, welches das Projekt zusammenfasst (Minx, Eckard, und Rainer Dietrich. 2015. *Autonomes Fahren, Wo wir heute stehen und was noch zu tun ist,* S. 38–55. Ladenburg).

[10] Kröger, Fabian. 2016a. Automated Driving in its Social, Historical and Cultural Contexts. In *Autonomous Driving, Technical, Legal and Social Aspects,* Hrsg. Maurer, M., Gerdes, J.C., Lenz, B., Winner, H., S. 41–68. Heidelberg.

[11] Bishop, Richard, Whatever Happened to Automated Highway Systems (AHS)? Ursprünglich veröffentlicht in der Ausgabe August–September 2001 von Traffic Technology International, online unter: https://staff.washington.edu/jbs/itrans/bishopahs.htm (abgerufen am 3. Juli 2019).

[12] Shladover, Steven E., Jane Lappin, Robert P. Denaro und Bryant Walker Smith. 2018. Introduction: The Transportation Research Board's 2013 Workshop on Road Vehicle Automation. In *Road Vehicle Automation,* Hrsg. Gereon Meyer und Sven Beiker, S. 8.

Der Historiker Jameson M. Wetmore stellte fest, dass das Versprechen automatisierter Fahrzeuge nicht nur *irgendwann* in der Zukunft angesiedelt war, sondern an das sehr präzise Versprechen gebunden war, dass es in 20 Jahren Realität werde.[13] Diese Zeitspanne ist tatsächlich eine zeitlose Schätzung, die sich in vielen verschiedenen Quellen findet, insbesondere von Seiten der Automobilindustrie, Straßenbehörden und Ingenieuren, die die Technologie dieser Systeme entwickelten. Eines der ersten Ereignisse, bei denen sie hervorgehoben wurde, war die Futurama-Ausstellung von General Motors auf der Weltausstellung 1939 in New York: „Seltsam? Fantastisch? Unglaublich? Denken Sie daran, dies ist die Welt von 1960!“[14] In den folgenden Jahrzehnten wurde diese Zeitspanne häufig wiederholt, insbesondere von der Automobilindustrie: Der General Motors-Film *Key to Future* versprach 1956, dass automatisierte Autos zwischen 1960 und 1976 Realität würden. Joseph Bidwell von GM erklärte 1959, dass „vollständig automatische Steuerung für den Straßenverkehr im Jahr 1980 verfügbar sein wird.“[15] Ein Bericht des Michigan Department of State Highways prognostizierte 1966, dass „elektronische Steuerungen und automatisierte Straßen ‚gleich um die Ecke‘ sind. Sie werden innerhalb der nächsten zwei Jahrzehnte auf ausgewählten Autobahnen Realität.“[16]

Die Einschätzung einer schnellen Markteinführung wurde auch von Ingenieuren geteilt, die in diesem Bereich arbeiteten. So schätzte Ernst Dieter Dickmanns 1986, dass „die Einführung autonomer Führungssysteme ein oder zwei Jahrzehnte entfernt ist“[17] und „Seriensysteme möglicherweise mehr als eine Fahrzeuggeneration entfernt“ seien.[18] 1993 sagte er, dass eine Markteinführung „frühestens in zehn oder sogar 20 Jahren“ zu erwarten sei.[19] 2002 äußerte er, er habe „keinen Zweifel, dass das durchschnittliche Leistungsniveau der Straßenfahrzeugführung durch Menschen in wenigen Jahrzehnten durch technische Systeme auf Basis von Bildverarbeitung und einigen zusätzlichen Signalen konventioneller Sensoren erreichbar sein wird.“[20]

[13] Wetmore, Jameson M. 2003. Driving the Dream, The History and Motivations Behind 60 Years of Automated Highway Systems in America. In *Automotive History Review,* S. 14.

[14] General Motors. 1940. Futurama, Ausstellungsbroschüre, S. 8. USA.

[15] Bidwell, J. B., General Motors Research Laboratories, Vehicles and Drivers, 1980, SAE Annual Meeting, Detroit, 1959.

[16] Lutz, Randolph B. 1966, April. *The Motor Vehicle of the Future.* Michigan Department of State Highways, Technical Report Number 2, S. 4. Es sei erwähnt, dass der Bericht auch feststellt, dass es „unwahrscheinlich ist, dass es bis zum Jahr 2000 eine vollständige Automatisierung der Autobahnsysteme geben wird.“ Es werde vielmehr eine „allmähliche Entwicklung“ sein. (Ebd., S. 28).

[17] Dickmanns, Ernst Dieter. 1986. Computer Vision in Road Vehicles – Chances and Problems. *ITCS-Symposion on „Human Factors Technology for Next-Generation Transportation Vehicles“,* S. 1. Amalfi, Italien.

[18] Ebd., S. 16.

[19] Der Lotse geht an Bord, Interview mit Ernst Dieter Dickmanns. In *Hochschulkurier* 1993, S. 7.

[20] Dickmanns. 2002. The Development of Machine Vision for Road Vehicles in the Last Decade. *Intelligent Vehicle Symposium,* S. 275.

Und 2018 sagte er in einem Interview, dass wirklich autonome Fahrzeuge immer noch ein oder zwei Jahrzehnte entfernt seien.[21]

Die Zeitlosigkeit der 20-Jahre-Prognose erscheint wie eine umgekehrte Version von Moores Gesetz von der sich selbst erfüllenden Prophezeiung einer stetig steigenden Rechenleistung. Wetmore erklärte kürzlich, warum 20 Jahre ein „perfekter Zeitraum" für Prognosen seien: „Es scheint nah genug, dass es in vielen unserer Lebenszeiten geschehen wird und deshalb lohnt es sich, darauf hinzuarbeiten. Gleichzeitig ist es weit genug entfernt, dass die Person, das Unternehmen oder die Regierung, die die Prognose abgibt, wahrscheinlich nicht zur Verantwortung gezogen wird, wenn die Zeit vergeht und die Versprechen nicht eingehalten werden."[22]

Der entscheidende Punkt ist jedoch nicht, ob diese Prognosen zutreffend waren oder nicht. Der Historiker Peter Bowler argumentiert in seiner Geschichte der Zukunft, dass wir nicht die „Genauigkeit" von Prognosen beurteilen sollten, da sie „aus einem Element extrapoliert" werden. So wurden beispielsweise ab den 1970er Jahren Prognosen im Hinblick auf die Entwicklung digitaler Mikroprozessoren und maschineller Bildverarbeitung gemacht. In den 1980er und 1990er Jahren bezogen sie sich auf erfolgreiche Demonstrationen autonomer Forschungsfahrzeuge. Die Erfolge in diesen *Forschungskontexten* inspirierten eine Rhetorik einer „erhabenen technologischen Zukunft"[23] und veranlassten viele Akteure, sich kurze Zeiträume bis zur *Markteinführung* vorzustellen. Dies erwies sich als falsch, da die erfolgreiche Einführung einer neuen Technologie in einen Konsumentenmarkt eine Herausforderung ist, die sich grundlegend von Erfolgen in der Grundlagenforschung und Technologieentwicklung unterscheidet.

1.3 Autonomes Fahren war nie eine Technologie in Anwendung

Die Beobachtung, dass sich das autonome Fahren zwischen Wissenschaft und Fiktion entwickelte und stets 20 Jahre in der Zukunft blieb, ist für die theoretische Rahmung unserer Studie von Bedeutung. Bislang untersuchten Technik-

[21] Delcker, Janosch. 2018. The man who invented the self-driving car. *Politico,* 19. Juli 2018, online unter: https://www.politico.eu/article/delf-driving-car-born-1986-ernst-dickmanns-mercedes/.

[22] Wetmore, Jameson M. 2020. Reflecting on the Dream of Automated Vehicles, Visions of Hands Free Driving Over the Past 80 Years. *Technikgeschichte* 87 (1): 70.

[23] Carey, James, und John Quirk. 2009. The History of the Future. In *Communication as Culture: Essays on Media and Society.* New York, London. Siehe auch Packer, Jeremy. 2008. Automobility and the Driving Force of Warfare: From Public Safety to National Security. In *The Ethics of Mobility, Rethinking Place, Exclusion, Freedom and Environment,* Hrsg. Sigurd Bergmann und Tore Sager, S. 39f. Hampshire, Burlington.

historiker:innen häufig *Technologien in Anwendung,* also Technologien, die in die alltäglichen Praktiken von Millionen Menschen weltweit integriert sind – wie das Automobil, die Waschmaschine, Mobiltelefone, Staubsauger usw. Autonome Fahrzeuge jedoch blieben stets im *Vorzimmer der Geschichte.* Sie wurden nie zu Gütern für den individuellen Konsum.

Bis heute ist kein vollständig autonomes Fahrzeug käuflich zu erwerben. Daher gibt es keine Nutzer:innen und keine Nutzer:innenkulturen. Ohne Nutzer:innen fehlen Quellen über jegliche gesellschaftliche Aneignung dieser Fahrzeuge. Während Historiker:innen des Automobils den Vorteil haben, auf eine große Menge an Quellen aus der allgegenwärtigen, weltweiten Verbreitung dessen zuzugreifen, was der Soziologe John Urry als das „System der Automobilität" bezeichnete[24] und tausende mögliche Fallstudien existieren, muss die Geschichte des autonomen Fahrens ohne Informationen über den Alltagsgebrauch fahrerloser Autos geschrieben werden. Es gibt keine Gemeinschaften von Enthusiasten fahrerloser Autos, keine Clubs, Treffen, keine Fangemeinde und keine Fachzeitschriften. Es gibt keine Bastelpraktiken, keine Individualisierung verschiedener Modelle, keine nationalen oder kulturellen Unterschiede hypothetischer Kulturen fahrerloser Autos weltweit. Wir wissen nichts über die Nutzung autonomer Fahrzeuge in verschiedenen Regionen der Welt. Aus diesem Grund erfordert das Schreiben ihrer Geschichte einen anderen methodischen Ansatz als beispielsweise ein Buch über die Geschichte von Fahrerassistenzsystemen, die heute von Millionen Menschen täglich genutzt werden.

Autonome Fahrzeuge unterscheiden sich auch stark von den Geschichten anderer Automobil-Unterarten – etwa dem Elektroauto. Selbst als der Verbrennungsmotor zum dominierenden Antriebskonzept wurde, existierten Elektroautos in Nischen – als Lieferwagen, Taxis, Flughafenfahrzeuge, kommunale Dienste, Feuerwehren, Busse, Postdienste, wie Gijs Mom gezeigt hat.[25]

Im Gegensatz zum Elektrofahrzeug war autonomes Fahren nie eine Technologie in Anwendung, sondern eine *Technologie im Entstehen*: Die einzige Gruppe, die autonome Fahrzeuge nutzte, waren Ingenieure in verschiedenen Ländern, die die ersten Testfahrzeuge fuhren. Nur zu besonderen Anlässen – Testfahrten und Demonstrationen – durften autonome Fahrzeuge ihre umzäunten Testgelände verlassen.[26] Es schien, als sei die Suche nach dem autonomen Fahren ein „ewiges Forschungsprojekt, eines, das aus stetigen, inkrementellen Fortschritten besteht, die einen stetigen Strom von Doktorarbeiten hervorbringen würden", wie Alex Davies zusammenfasst.[27] Daher ist es noch zu früh, eine *allgemeine* Geschichte

---

[24] Urry, John, The ‚System' of Automobility. In *Theory, Culture and Society* Bd. 21, Nr. 4/5, S. 25–39.

[25] Siehe Mom, Gijs. 2004. *The Electric Vehicle, Technology and Expectations in the Automobile Age.* Baltimore, London.

[26] Eine Ausnahme war VaMoRs, ein Fahrzeug, das – nach fünf Jahren Testbetrieb, wie oben erwähnt – seit 1992 auf allen öffentlichen Straßen in Deutschland fahren durfte.

[27] Davies, Alex. 2021. *Driven, The Race to Create the Autonomous Car,* S. 20. New York, London, Toronto, Sydney, New Delhi.

des autonomen Fahrens zu schreiben – die Markteinführung beginnt gerade erst. Was heute geschrieben werden kann, ist eine Geschichte der *Forschung* zum autonomen Fahren, eine Geschichte einer Technologie, die lange Zeit im Bereich der Grundlagenforschung verblieb.

Im Gegensatz zu anderen historisch interessanten Technologien ist das automatisierte Fahren Teil der jüngsten Geschichte, Teil der Gegenwart. Wir schreiben Geschichte „während sie noch raucht“[28], wie Barbara Tuchman sagte. Was bedeutet das für die Zukunft? Wird autonomes Fahren für immer ein Traum bleiben? Wir sollten uns bewusst sein, dass die Technikgeschichte nicht nur voller Prognosen darüber ist, was zu einem bestimmten Zeitpunkt in der Zukunft *verwirklicht werden wird,* sondern auch voller Prognosen auf der Gegenseite, nämlich was in Zukunft *niemals existieren wird.* Und auch diese erwiesen sich oft als falsch, wie das Beispiel von Wilbur Wright zeigt, einem der frühen Flugpioniere. Er sagte 1901 zu seinem Bruder Orville, dass „der Mensch auch in fünfzig Jahren noch nicht fliegen“ werde.[29] Laut seinem Biografen sagte er sogar, der Mensch werde in tausend Jahren nicht fliegen.[30] Doch bereits zwei Jahre später, am 17. Dezember 1903, fand der erste erfolgreiche Motorflug der Gebrüder Wright in Kitty Hawk, North Carolina, statt.

Die 20-Jahre-Prognose erwies sich hinsichtlich Markteinführung und Massenverbreitung als falsch. Doch wenn wir unseren Blick auf technische Durchbrüche richten, sehen wir, dass das autonome Fahren mehrere solcher Kitty-Hawk-Momente hatte – etwa 1994 bei der Abschlussdemonstration von PROMETHEUS, als die beiden Mercedes von UniBwM und Daimler autonom auf dreispurigen Autobahnen mit bis zu 130 km/h fuhren. Sogar ein zweifacher Spurwechsel wurde autonom durchgeführt, wie wir später in diesem Buch entdecken werden. Aus dieser Perspektive existiert das autonome Fahren bereits seit über 20 Jahren – allerdings nur im Bereich der Forschung.

Heute werden die Zeitspannen, die für die Markteinführung genannt werden, deutlich kürzer.[31] Wir sollten uns bewusst sein, dass in den letzten zehn Jahren immer mehr Prototypen autonomer Fahrzeuge auf unseren Straßen unterwegs sind und in den letzten Jahren die Entwicklungsanstrengungen weiter in Richtung nutzbarer Systeme vorangeschritten sind.

Waymo bietet seit Dezember 2018 einen Level-4-Autonomie-basierten Ride-Hailing-Service mit 600 Minivans für eine ausgewählte Gruppe von 1000 „Early Riders“

[28] Tuchman, Barbara. 1982. In Geschichte denken, Essays, S. 31. Düsseldorf. (Dank an Hannah Zindel für den Hinweis auf dieses Zitat).

[29] Rescher, Nicholas. 1998. *Predicting the Future: An Introduction to the Theory of Forecasting,* S. 2. New York.

[30] Kelly, Fred C., Hrsg. 2002. *Miracle at Kitty Hawk, The Letters of Wilbur & Orville Wright,* S. 42. New York.

[31] Wetmore 2020, S. 70.

in Phoenix, Arizona, USA, an.[32] Die Taxis fahren in einem genau definierten – „geofenced“ – geografischen Gebiet und sind nur bei gutem Wetter (kein Regen, kein Sandsturm) im Einsatz. Im Herbst 2019 begann Waymo sogar, einige ihrer Chrysler Pacifica-Fahrzeuge ohne Sicherheitsfahrer zu betreiben.[33] Allerdings werden die Fahrzeuge in Echtzeit von Waymo-Mitarbeiter:innenn überwacht, was bedeutet, dass diese Art von „Autonomie“ stark von menschlicher Arbeit abhängt. Dennoch gibt es drei Gründe, warum das Experiment in Phoenix einen wichtigen Einschnitt in der Geschichte des autonomen Fahrens darstellt: Die Fahrzeuge sind nun auf öffentlichen Straßen verfügbar. Sie fahren ohne Fahrer. Und die Nutzer:innen sind nicht nur Ingenieurinnen oder Ingenieure. Zum ersten Mal verlässt diese Technologie den reinen Forschungsbereich und wird langsam zu einer Technologie in Anwendung.

1.4 Begriffe zur Charakterisierung von automatisiertem und autonomem Fahren

Bevor wir die im Rahmen der Untersuchung angewandte Methode vorstellen, sollten wir unser Thema präziser definieren. Was genau ist autonomes Fahren? Eine Definition kann mit vier Begriffen beginnen, die heute in populären Mediendiskursen, aber auch in vielen ingenieurwissenschaftlichen Artikeln austauschbar verwendet werden. *Automatisiertes Fahren* und *autonomes Fahren* konzentrieren sich auf die Aufgabe (das Fahren) und werden meist nicht weiter unterschieden. Zwei weitere Begriffe beziehen sich auf das Fahrzeug selbst, indem sie es als *selbstfahrendes Fahrzeug*[34] bezeichnen oder es mit einem noch populäreren Begriff als *fahrerloses Fahrzeug* klassifizieren. Der folgende Abschnitt differenziert diese Begriffe und zeigt, dass sie unterschiedliche Phänomene bezeichnen.

Die Society of Automotive Engineers (SAE International) prägte 2014 sechs Stufen der Fahrzeug-*Automatisierung,* die zum offiziellen Standard für die Automobilindustrie wurden. Diese oft zitierte Klassifikation basiert auf dem Maß an Aufmerksamkeit, das die Fahrerin oder der Fahrer zur Bedienung des Fahrzeugs aufbringen muss.[35]

---

[32] Ohnsman, Alan. 2018. At Waymo, It's Launch Time for Google's Biggest Moonshot. *Forbes,* 13. November 2018, online unter: https://www.forbes.com/sites/alanohnsman/2018/11/30/10-million-miles-later-waymo-ceo-says-its-self-driving-cars-are-ready-for-prime-time/#222ddf675e7e.

[33] Hawkins, Andrew J. 2019. Waymo's Driverless Car: Ghost-Riding in the Back Seat of a Robot Taxi. *The Verge,* 9. Dezember 2019, online unter: https://www.theverge.com/2019/12/9/21000085/waymo-fully-driverless-car-self-driving-ride-hail-service-phoenix-arizona. Zugriff am 3. September 2020.

[34] Interessanterweise verwenden Nuro, Waymo und Uber den Begriff „self-driving“ für ihre Fahrzeuge (Wetmore 2020, S. 70).

[35] SAE International. 2019. SAE J3016, Levels of Driving Automation. https://www.sae.org/news/press-room/2018/12/sae-international-releases-updated-visual-chart-for-its-“levels-of-driving-automation”-standard-for-self-driving-vehicles. Zugriff am 2. Juli 2019.

Level 0 bedeutet ein manuell betriebenes Fahrzeug, einschließlich Warnsystemen.[36] In Level 1 (Fahrerassistenz oder „hands on") teilt sich die fahrende Person die Kontrolle mit einem automatisierten System, das entweder die Längs- *oder* Querführung übernimmt. Ein Beispiel ist der adaptive Tempomat (ACC): Die Fahrerin oder der Fahrer steuert die Querführung des Fahrzeugs (Lenkung), während die Längsführung (Beschleunigung, Bremsen) automatisiert ist. Eine neuere Technologie ist der Spurhalteassistent.

In Stufe 2 (Teilautomatisierung oder „hands off") steuert das automatisierte System *sowohl* die Quer- als auch die Längsbewegung, aber der Fahrende muss den Prozess überwachen und *sofort* eingreifen, wenn erforderlich. Dies wird auch als teilautomatisiertes Fahren bezeichnet. Es ist heute bereits auf dem Markt verfügbar, beispielsweise mit dem Tesla *AutoPilot,* der Fahrspuren folgt und den Abstand zum vorausfahrenden Fahrzeug hält. Unter bestimmten Bedingungen kann er auch automatisierte Spurwechsel durchführen. Die Bezeichnung *AutoPilot* wurde kritisiert, da sie den Eindruck erwecken kann, dass eine Überwachung des Systems durch die fahrende Person nicht mehr zwingend erforderlich ist. Heute sind viele tödliche Unfälle mit Teslas bekannt, bei denen der AutoPilot im Einsatz war. Der erste Todesfall ereignete sich im Mai 2016, als ein Sattelschlepper in Williston, Florida, vor einem Tesla nach links abbog – das System bremste nicht und der Fahrer, der das System nicht überwachte, kam ums Leben. Das teilautomatisierte Fahren erwies sich als gefährliches Konzept, da die Fahrerin oder der Fahrer nicht aktiv fahren muss, aber jederzeit in der Lage sein muss, die Kontrolle zu übernehmen.[37] Wenn das System Vertrauen erweckt, ist der Weg zur Ablenkung offen und kann zu neuen Unfalltypen führen.

In Stufe 3 (bedingte Automatisierung oder „eyes off") kann der Fahrende seine Aufmerksamkeit auf andere Aufgaben als die Überwachung des automatisierten Systems richten. Sie oder er darf zum Beispiel einen Film ansehen oder eine Zeitung lesen. Die Kontrolle wird vom Menschen auf das Fahrzeug übertragen – das System überwacht nun die Fahrsituation und kann Handlungen ausführen, die sofortige Reaktionen erfordern, wie Notbremsungen. Es kann fundierte Entscheidungen treffen, etwa das Überholen anderer Fahrzeuge.

Dennoch muss der menschliche Insasse wie in Stufe 2 bereit sein, einzugreifen – er hat lediglich mehr Zeit, diese Aufgabe zu übernehmen. Wie viele Sekunden für die Übergabe von der Maschine an den Menschen angemessen wären, ist derzeit Gegenstand von Diskussionen (etwa zehn Sekunden). Stufe 3 wird heute als auf bestimmte, kontrollierte Umgebungen wie Autobahnen beschränkt vorgestellt. Doch

---

[36] Eine neue Version der SAE-Norm (2019) erwähnt „automatische Notbremsung" in Level 0. Es handelt sich um ein Assistenzsystem, das den Fahrer zunächst warnt und zum Handeln auffordert. Reagiert der Mensch nicht, bremst das System automatisch – unabhängig vom Fahrer. Da es jedoch keine dauerhafte Kontrolle über das Fahrzeug ausübt und die Rolle des Fahrers nicht verändert, wird es nicht in Level 1 eingeordnet.

[37] Torchinsky, Jason. 2019. *Robot, Take the Wheel: The Road to Autonomous Cars and the Lost Art of Driving,* 96ff. New York.

wenn man bedenkt, dass ein Fahrzeug bei 120 km/h pro Sekunde 33 Meter zurücklegt, kann diese Übergabe selbst auf Autobahnen erhebliche Risiken bergen. Im schlimmsten Fall übernimmt die fahrende Person die Kontrolle nicht wieder. Aus diesem Grund entschied Volvo 2017, künftig keine Fahrzeuge der Stufe 3 zu entwickeln.[38] Audi entwickelte einen Staupiloten der Stufe 3 für den A8, musste dessen Einführung 2020 jedoch wegen fehlender rechtlicher Rahmenbedingungen absagen.[39] Zu diesem Zeitpunkt war es ausdrücklich verboten, die Hände vom Lenkrad zu nehmen.[40]

Stufe 4 (hohe Automatisierung oder „mind off") ist eine weiterentwickelte Version von Stufe 3. Nun wird die lenkende Person zum Passagier, der sogar schlafen oder den Fahrersitz verlassen. Menschliche Aufmerksamkeit ist nicht mehr erforderlich. Diese Stufe ist auf bestimmte Umgebungen wie Autobahnen oder Parkhäuser beschränkt. Sie ähnelt automatisierten Shuttles an Flughäfen. Waymo, Uber, Baidu und MOIA arbeiten an dieser Art der Automatisierung. Peugeot erklärte, keine Fahrzeuge über Stufe drei hinaus zu entwickeln, da dies zu hohe Zusatzkosten für den Fahrzeugpreis verursachen würde.[41]

Stufe 5 (volle Automatisierung) ist „wahrscheinlich ein Mythos", sagt John Krafcik, CEO von Waymo.[42] Das bedeutet, dass das Fahrzeug unter allen Bedingungen

---

[38] Volvo, Volvo Cars CEO urges governments and car industry to share safety-related traffic data, Pressemitteilung, 3. April 2017, in: https://www.media.volvocars.com/global/en-gb/media/pressreleases/207164/volvo-cars-ceo-urges-governments-and-car-industry-to-share-safety-related-traffic-data. Zugriff am 3. Juli 2019.

[39] Schmidt, Herbie. 2020. Audi steckt beim autonomen Fahren zurück. In *Neue Zürcher Zeitung,* 28. April 2020, online in: https://www.nzz.ch/mobilitaet/auto-mobil/autonomes-fahren-stufe-3-audi-verzichtet-im-a8-auf-staupilot-ld.1553933. Zugriff am 24. Mai 2020.

[40] Am 21. Juli 2021 verabschiedete Deutschland ein Gesetz, das den Betrieb autonomer Fahrzeuge der Stufe 4 im öffentlichen Straßenverkehr legalisierte. Unter der Voraussetzung einer örtlichen Begrenzung auf ein definiertes Einsatzgebiet betrifft es Anbieter von Personen- und Gütertransport, Shuttles auf festgelegten Routen, Gütertransport zwischen Verteilzentren oder bei Lieferfahrten (Gesetz zur Änderung des Straßenverkehrsgesetzes und des Pflichtversicherungsgesetzes – Gesetz zum autonomen Fahren. In Bundesgesetzblatt Jahrgang 2021, Teil I, Nr. 48, ausgegeben zu Bonn am 27. Juli 2021, S. 3108–3114). Seit dem 5. August 2022 ist der Betrieb eines autonomen Fahrzeugs der Stufe 3 in Europa legal (DURCHFÜHRUNGSVERORDNUNG (EU) 2022/1426 DER KOMMISSION). Auf Straßen ohne Fußgänger, ausgestattet mit Fahrspuren, die physisch vom Gegenverkehr getrennt sind, ist der Fahrer nicht mehr verpflichtet, die Hände am Lenkrad zu halten, und es ist nicht mehr vorgeschrieben, das Fahrzeug zu überwachen. Die Geschwindigkeit ist jedoch auf 60 km/h begrenzt – dies zeigt deutlich, dass Staus auf der Autobahn der Hauptanwendungsfall sind. Ab dem 1. Januar 2023 ist eine Geschwindigkeit von 130 km/h erlaubt, wenn das Fahrzeug in der Lage ist, Spurwechsel ohne menschliches Eingreifen durchzuführen.

[41] Feitz, Anne. 2019. Premiers coups de frein sur la voiture autonome. *Les Echos,* 26. März 2019, online in: https://www.lesechos.fr/tech-medias/intelligence-artificielle/premiers-coups-de-frein-sur-la-voiture-autonome-1003606. Zugriff am 3. Juli 2019.

[42] Ohnsman, Alan. 2018. At Waymo, It's Launch Time for Google's Biggest Moonshot. *Forbes,* 13. November 2018, online in: https://www.forbes.com/sites/alanohnsman/2018/11/30/10-million-miles-later-waymo-ceo-says-its-self-driving-cars-are-ready-for-prime-time/#222ddf675e7e.

fahren könnte, unter denen auch Menschen fahren können. Ein menschlicher Fahrer muss niemals die Kontrolle übernehmen, er wird zum Passagier, der nicht einmal einen Führerschein benötigt. Im Gegensatz zu Stufe 4 kann das Fahrzeug in allen Umgebungen, in allen Landschaften und Ländern sowie unter allen meteorologischen und Verkehrsbedingungen fahren. Da es sogar ohne menschlichen Passagier betrieben werden kann, handelt es sich nicht nur um ein selbstfahrendes Auto, sondern kann mit dem populäreren Begriff „fahrerloses" Fahrzeug bezeichnet werden. Die ersten drei Stufen der Automatisierung können nicht als fahrerlos bezeichnet werden: Die Rolle der Fahrerin bzw. des Fahrers verändert sich, aber ein Fahrender – im Sinne einer Person, die eingreifen können muss – ist erforderlich.

Bemerkenswert ist, dass selbst ein Fahrzeug der Stufe 5 nicht in der Lage wäre zu entscheiden, wohin es fahren soll, wenn ihm nicht ein Ziel von einem Menschen oder einem Algorithmus vorgegeben wird. Es kann auch nicht autonom entscheiden, wann es starten soll. Aus diesem Grund schlug Jason Torchinsky vor, die SAE-Skala um eine sechste Stufe zu ergänzen.[43]

Interessanterweise erwähnt die SAE-Skala nur verschiedene Grade der *Automatisierung* und vermeidet den Begriff *Autonomie.* Die Technik-Historikerin Martina Heßler erläutert den wichtigen Unterschied zwischen beiden Begriffen: *Automatisierte* Technologien funktionieren ohne menschliches Eingreifen, werden aber von Menschen programmiert und sind daher vorhersehbar.[44] *Autonome* Technologien gehen einen Schritt weiter. Sie lernen selbstständig und können sich an neue Situationen anpassen. Basierend auf großen Datenmengen aus unterschiedlichen Quellen *entwickeln* autonome Systeme Algorithmen, um ein Problem zu lösen, ein Ziel zu erreichen. Der wichtigste Punkt bei *autonomen* Technologien ist, dass sie *Entscheidungsfähigkeit* besitzen, die auf aktuellen Sensordaten beruht; sie müssen nicht zwingend von einem Menschen programmiert worden sein. Daher ist es nicht vorhersehbar, wie ein autonomes System zu einer Entscheidung gelangt, betont Heßler.

Ein Beispiel kann den Unterschied weiter verdeutlichen: Ein *automatisiertes* System erhält eine Eingabe, ein *autonomes* System entscheidet selbstständig auf Basis der Sensordaten. Moderne *automatisierte* Waschmaschinen führen beispielsweise eine Reihe vorprogrammierter Anweisungen aus, die im Voraus von einem menschlichen Bediener ausgewählt werden müssen (Gewebeart, Temperatur, Zeit). Wird die Maschine eingeschaltet, funktioniert sie ohne Hilfe externer Akteure. Eine automatisierte Maschine kann sich nicht an Veränderungen in der Umgebung anpassen.[45]

---

[43] Torchinsky, S. 181f.

[44] Heßler, Martina. 2019. Technik und Autonomie, Kulturhistorische Bemerkungen zu einem komplexen Verhältnis. In *Autonome Systeme und Arbeit,* Hrsg. Hartmut Hirsch-Kreinsen und Anemari Karacic, S. 259. Bielefeld.

[45] Tessier, Catherine. 2015. Autonomie: enjeux techniques et perspectives. In *Drones et killer robots: faut-il les interdire?,* Hrsg. Ronan Doaré, Didier Danet und Gérard de Boisboissel, S. 2. Rennes.

Wäre eine Waschmaschine in der Lage, die Wäsche selbst zu prüfen und zu entscheiden, wann welche Art von Kleidung (Farbe, Gewebe) wie lange und bei welcher Temperatur gewaschen werden soll, wäre sie eine autonome Waschmaschine. Sie könnte komplexe Entscheidungen treffen und sich an die Umgebung anpassen. Während ein *automatisiertes* Fahrzeug eine Prozedur oder Aufgabe ohne menschliches Eingreifen ausführen kann, werden die Fahrfunktionen eines *autonomen* Fahrzeugs von einer *selbststeuernden* Technologie übernommen, unabhängig von der menschlichen Entscheidungsfähigkeit. Das Fahrzeug wird beispielsweise *selbstständig* die Entscheidung treffen, einen Spurwechsel durchzuführen. Da es sich an Veränderungen in der Umgebung anpassen kann, könnte es sich sogar *weigern,* in bestimmten Situationen autonom zu funktionieren.

Vor diesem Hintergrund können wir zu den SAE-Stufen und den oben erwähnten, in den Medien gebräuchlicheren Begriffen zurückkehren und zusammenfassen, dass die niedrigeren Automatisierungsstufen (Stufe 2–3) mit den Begriffen selbstfahrend und automatisiert bezeichnet werden können, während die höheren Stufen mit den Begriffen autonom (Stufe 4–5) beschrieben werden. Wie bereits oben erläutert, entspricht nur Stufe 5 dem Begriff fahrerlos.

Der Grad des menschlichen Eingreifens ist nicht die einzige Methode, um automatisiertes vom autonomen Fahren zu unterscheiden. Andere Definitionen erklären den Unterschied in Bezug auf die Infrastruktur: Nach Tsugawa hängt *automatisiertes* Fahren von einer speziell dafür errichteten Infrastruktur ab (Leitkabel, Magnetmarkierungen usw.).[46] Daher bezeichnet er es als kooperatives Fahren. Im Gegensatz dazu versteht Tsugawa *autonomes* Fahren als unabhängig von diesen Infrastrukturen, wobei lediglich GPS und Fahrbahnmarkierungen genutzt werden, zwei Elemente, die für mehr Zwecke als nur das autonome Fahren konzipiert sind. Auch andere Ingenieure teilen diese Definition: Graefe und Kuhnert definieren einen vollständig autonomen Roboter in dem Sinne, „dass keine speziellen Installationen auf der Straße vorgesehen werden (z. B. verlegte Kabel oder Funkbaken) und dass keine externe Rechenleistung“ benötigt wird.[47] Der Roboter wird „nur die bereits vorhandenen Markierungen und Verkehrsschilder nutzen“ und muss mit manuell gesteuerten Fahrzeugen koexistieren.

Autonome Systeme lassen sich auch nach ihrem Grad an Autarkie oder „Selbstgenügsamkeit“ unterscheiden, d. h. danach, wie sehr sie auf andere Einrichtungen und Dienste angewiesen sind. Die meisten heutigen zivilen visuellen Systeme zur Fahrzeugführung sind netzwerkbasiert, sie funktionieren nur mit GPS und kontinuierlich aktualisierten, hochpräzisen Karten. Da sie auf Systeme angewiesen sind, die über das Fahrzeug hinausgehen, sind sie nicht autark. Kann ein System seine Aufgabe ohne diese Elemente erfüllen, ist es autark. Wie wir später sehen werden, nutzte die UniBwM maschinelles Sehen, um autonome Systeme zu schaffen, die so autark wie möglich sind.

---

[46] E-Mail von Sadayuki Tsugawa an den Autor, 30. August 2019.

[47] Graefe, Volker, und Klaus-Dieter Kuhnert. 1992. Vision-Based Autonomous Road Vehicles. In *Vision-Based Vehicle Guidance,* Hrsg. Ichiro Masaki, S. 2. New York.

1.5 Stand der Forschung

Bis zur Jahrhundertwende war autonomes Fahren für Historiker:innen kein wichtiges Forschungsthema und wurde in der Automobilhistoriografie vernachlässigt. Die ersten historischen Übersichten wurden von Ingenieur:innenen und Praktiker:innen veröffentlicht, die im Bereich der Fahrzeugautomatisierung arbeiteten.[48] Dissertationen und technische Fachartikel in ingenieurwissenschaftlichen Zeitschriften leiten ihre Ergebnisse oft mit einer kurzen Zusammenfassung des Forschungsstands ein, in der die von den beteiligten Personen als historisch bedeutsam angesehenen Meilensteine genannt werden.

Eine der ersten historischen Studien zu Automated Highway Systems (AHS) in den Vereinigten Staaten wurde 2003 vom Historiker Jameson M. Wetmore veröffentlicht.[49] Im Jahr 2015 veröffentlichte Marc Weber vom Computer History Museum in Kalifornien einen Beitrag zur Geschichte verschiedener Arten autonomer Fahrzeuge, darunter seegestützte Geräte und Raketen.[50]

Seit 2017 sind mehrere Bücher erschienen, die sich mit dem Aufkommen des autonomen Fahrens beschäftigen, jedoch meist aus einer Silicon-Valley-Businessperspektive.[51] Buchveröffentlichungen mit historischem Interesse sind selten, meist handelt es sich um populärwissenschaftliche Darstellungen ohne Interesse

---

[48] Siehe zum Beispiel Fenton, Robert E. 1994. IVHS/AHS: Driving into the Future. *IEEE Control Systems Magazine* 14 (6): 13–20. Shladover, Steven. 2007. PATH at 20 – History and Major Milestones. *IEEE Transactions on Intelligent Transportation Systems* 8 (4): 584–592. Tsugawa, Sadayuki, 2008. A History of Automated Highway Systems in Japan and Future Issues, Institute of Electrical and Electronics Engineers. *International Conference on Vehicular Electronics and Safety,* Ohio, USA, 22. September 2008, S. 2–3. Dickmanns, Ernst Dieter, 2016. Summary of contributions to Vision-based Autonomous Vehicles. http://www.dyna-vision.de/main/Review2016%20of%20ContribVisBasAutVeh.html

[49] Wetmore, Jameson M. 2003. Driving the Dream, The History and Motivations Behind 60 Years of Automated Highway Systems in America. In *Automotive History Review,* Sommer 2003, S. 4–19.

[50] Weber, Marc. 2014. Where to? A History of Autonomous Vehicles. http://www.computerhistory.org/atchm/where-to-a-history-of-autonomous-vehicles

[51] Jamthe, Sudha. 2017. 2030 The Driverless World: Business Transformation from Autonomous Vehicles, (unabhängig veröffentlicht). Wadhwa, Vivek, und Alex Salkever. 2019. *The Driver in the Driverless Car: How Our Technology Choices Will Create the Future, Oakland* 2017. 2. Aufl. Simoudis, Evangelos. 2017. *The Big Data Opportunity in Our Driverless Future.* Menlo Park. Eliot, Lance. 2018. Introduction to Driverless Self-Driving Cars: The Best of the AI Insider, (kein Veröffentlichungsort angegeben). McGrath, Michael E. 2018. *Autonomous Vehicles: Opportunities, Strategies, and Disruptions* (unabhängig veröffentlicht). Herrmann, Andreas, Walter Brenner und Rupert Stadler. 2018. *Autonomous Driving: How the Driverless Revolution will Change the World.* Bingley. Sperling, Daniel. 2018. *Three Revolutions: Steering Automated, Shared, and Electric Vehicles to a Better Future.* Washington, DC. Vaid, Kamal. 2018. Selbst ist das Auto – automatisiertes und autonomes Fahren, Die Zukunft der Mobilität, Schriftenreihe der Northern Business School zur angewandten Wissenschaft, Band 10, Hamburg.

an einer detaillierten Darstellung der Forschungskonzepte: 2018 veröffentlichte der Autor Michael Fallon ein Buch über die Geschichte selbstfahrender Autos, das einen schnellen Überblick über einige Meilensteine gibt.[52] Auffällig ist, dass die Forschungsanstrengungen von Ford in den letzten Kapiteln stark hervorgehoben werden, was den Eindruck einer einseitigen Darstellung erweckt. Der Automobilhistoriker Dan Albert schrieb 2018 ein populäres Buch über die Autokultur des 20. Jahrhunderts auf dem Weg zu fahrerlosen Autos.[53] Im selben Jahr erwähnte der Verkehrsexperte Samuel Schwartz einige der frühen historischen Errungenschaften in seiner Beschreibung der dramatischen Revolution, die selbstfahrende Autos mit sich bringen werden.[54] 2019 produzierte der Autor Malcolm Gladwell den Dokumentarfilm *Autonomy* (Regie: Alex Horwitz). Der Film enthält Interviews mit einigen der Ingenieure, die auch die Hauptprotagonisten dieses Buches sind. Der Film ist jedoch nur auf Amazon Prime in den USA verfügbar. In seinem Buch *Robot, Take the Wheel* gab Jason Torchinsky 2019 einen kurzen Überblick über die zahlreichen Forschungsfahrzeuge und deren Implikationen für die Zukunft.[55] Er präsentiert zudem viele aufschlussreiche Ideen zu möglichen Auswirkungen selbstfahrender Autos in der Zukunft.

Zwei weitere Bücher gehen mehr ins Detail, beschränken ihre historische Rückschau jedoch auf die DARPA-Challenges. Lawrence D. Burns, ehemaliger F&E-Direktor von General Motors, veröffentlichte 2018 einen sehr interessanten Erlebnisbericht über diese Wettbewerbe.[56] Ein weiteres Buch zu den DARPA-Challenges, 2021 veröffentlicht von Alex Davies, dem Herausgeber der Zeitschrift Wired, erwähnt einige frühe Pioniere des autonomen Fahrens, jedoch nur auf fünf von 300 Seiten.[57]

Diese Literaturübersicht zeigt, dass die langfristige Forschungsgeschichte des autonomen Fahrens – einschließlich der Geschichte mobiler Roboter – bislang nicht ausführlicher in einer Monografie behandelt wurde. Eine umfassende, vertiefte Untersuchung der Wege oder Entwicklungslinien, die die verschiedenen technologischen Konzepte des automatisierten und autonomen Fahrens in den letzten 50 Jahren in unterschiedlichen geografischen Räumen genommen haben, fehlt bislang. Dieses Buch macht einen Anfang, um diese Lücke zu schließen.

---

[52] Fallon, Michael. 2019. *Self-Driving Cars, the New Way Forward.* Minneapolis.

[53] Albert, Dan. 2018. *Are We There Yet?: The American Automobile Past, Present, and Driverless.* New York.

[54] Schwartz, Samuel I. 2018. *No One at the Wheel: Driverless Cars and the Road of the Future.* New York.

[55] Torchinsky, Jason. 2019. *Robot, Take the Wheel: The Road to Autonomous Cars and the Lost Art of Driving.* New York.

[56] Burns, Lawrence D. 2018. *Autonomy: The Quest to Build the Driverless Car – And How It Will Reshape Our World (Together with Christopher Shulgan).* London.

[57] Davies, Alex. 2021. *Driven, The Race to Create the Autonomous Car,* New York.

1.6 Historische und geografische Abgrenzung sowie zentrale Forschungsfrage

Das Hauptziel der vorliegenden Studie ist es, die wichtigsten Beiträge der transnationalen Forschung zum automatisierten und autonomen Fahren während der fünf Jahrzehnte von 1950 bis zum Jahr 2000 darzustellen. Ursprünglich war geplant, das Buch ausschließlich auf das autonome Fahren zu konzentrieren und die Untersuchung mit den 1970er Jahren beginnen zu lassen. Dieser Zeitraum erwies sich jedoch als zu eng gefasst. Wäre die gesamte frühe Forschung zum *automatisierten* Fahren – wie etwa Kabelsteuerungs-Experimente – ignoriert worden, wären die treibenden Kräfte hinter dem Streben nach *autonomem* Fahren in den 1970er Jahren unsichtbar geblieben. Wäre das Aufkommen mobiler Roboter und der Computer Vision in den 1960er Jahren nicht berücksichtigt worden, wäre es unmöglich gewesen, die historische Genealogie, Quellen und Ursprünge des autonomen Fahrens zu verstehen. Daher umfasst das Buch nun einen erweiterten historischen Zeitraum von 50 Jahren. Der geografische Fokus unserer Untersuchung liegt auf den Vereinigten Staaten, Japan und Europa, da die wichtigsten Projekte in diesen drei großen Industrieregionen der Welt angesiedelt waren. Ziel der drei Fallstudien ist es, die unterschiedlichen Ansätze, experimentellen Systeme und Technologien in einer vergleichenden Perspektive zu beschreiben.

Die Untersuchung wird von folgender Leitfrage geleitet: *Wer beteiligte sich wann und wo mit welchen technischen Konzepten und Artefakten an der Forschung zu automatisierten und autonomen Landfahrzeugen?* Oder in naiverer Form: *Wer hat das fahrerlose Auto erfunden?*

Der Begriff *Landfahrzeug* ist wichtig, da er eine systematische Eingrenzung unseres Themas beinhaltet: Autonome Luftfahrzeuge (Hubschrauber, Flugzeuge, Drohnen), Unterwasserfahrzeuge (Torpedos, U-Boote) und Wasserfahrzeuge (Schiffe) haben jeweils eine eigenständige, umfangreiche Geschichte.[58] Sie sind von diesem Buch ausgeschlossen, das sich ausschließlich auf Landfahrzeuge konzentriert. Der Begriff Landfahrzeuge ist zudem bedeutsam, weil er anzeigt, dass wir uns nicht nur für Systeme interessieren, die in Automobile integriert wurden – auch mobile Roboter sind eingeschlossen.

Die vier Unterfragen lassen sich weiter ausdifferenzieren:

Wer betrieb die Forschung? Wir haben beschlossen, das Zusammenspiel verschiedener akademischer, staatlicher, industrieller und militärischer Akteure in jedem der drei geografischen Räume als eine wichtige *Leitlinie* für unsere Darstellung zu nutzen. Ein Fokus auf unterschiedliche Akteure zeigt, dass die Technologieentwicklung stets von spezifischen Interessen, Forschungsstrategien, Förderpolitiken,

[58] Ein wichtiger Aspekt, der in unsere Studie nicht integriert wurde, ist die Tatsache, dass autonome Systeme zuerst in Flugzeugen eingeführt wurden. Es wäre empfehlenswert, dass zukünftige Studien die Erkenntnisse dieser Technikgeschichte in ihre Darstellung einbeziehen.

historischen Ereignissen, sehr unterschiedlichen Zielsetzungen und Hoffnungen beeinflusst wird und keinem vorgegebenen Pfad folgt. Es sei auch erwähnt, dass die meisten hier vorgestellten Akteure öffentliche Labore staatlich geförderter Universitäten sind. Die Privatindustrie ist zwar präsent, steht aber nicht im Mittelpunkt der Studie. Es wäre übertrieben zu behaupten, die Automobilindustrie sei an der Forschung zum autonomen Fahren „weder interessiert noch beteiligt“ gewesen.[59] In den Anfangsjahren investierte GM in das Feld, in den 1980er Jahren starteten Volkswagen und Daimler eigene Projekte. Weitere Akteure der Automobilbranche, insbesondere in Japan, könnten ebenfalls in diesem Bereich aktiv gewesen sein. Doch die restriktive Publikationspolitik der Automobilindustrie erschwert die historische Forschung, da wichtige Quellen nicht zugänglich sind.

Es ist ebenfalls wichtig zu betonen, dass Ingenieure und Praktiker aus unterschiedlichen Wissensgemeinschaften und akademischen Disziplinen (Elektrotechnik, Künstliche Intelligenz, Robotik, Automobilindustrie und Verteidigungsforschung) eine entscheidende Rolle in diesem Buch spielen. In gewisser Weise sind sie die Hauptakteure. Dies unterstreicht, dass nicht nur die „Technologie“, sondern soziale Kräfte – Ideen, Hoffnungen und Bestrebungen der Ingenieursgemeinschaften – die materiellen Bedingungen für die verschiedenen Konzepte des automatisierten und autonomen Fahrens prägten.

Wann begann die Forschung? In historischen Studien sind Daten wichtig, da sie es ermöglichen, Konzepte, Experimente, Erfindungen und Ereignisse in einem historischen Kontext zu *verorten.* Sie erlauben es, Kontakte zwischen verschiedenen geografischen Zonen und Verbindungen zu anderen Forschergruppen hervorzuheben. Sie können aber auch belegen, dass an manchen Erfindungen zeitgleich an verschiedenen Orten gearbeitet wurde, ohne dass die unterschiedlichen Akteure etwas voneinander wussten. Schließlich ermöglichen sie den Nachweis, dass ein Pionier ein bestimmtes Konzept, eine bestimmte Technologie oder ein Ereignis zu einem bestimmten Zeitpunkt in der Geschichte *zum ersten Mal* angewandt, entwickelt oder organisiert hat. Es kann kritisiert werden, dass manche Technik-Historiker Daten fetischisieren und Forschungsprozesse übermäßig personalisieren. Aus unserer Sicht erscheint es jedoch wichtig, zu identifizieren, wer etwas zuerst getan hat und wann. Das bedeutet nicht, das Ingenieurswesen als einen von Genies in abgeschotteten Laboren isoliert betriebenen Prozess zu begreifen, in dem brillante Ideen ohne Austausch mit der Außenwelt entstehen. Die Zuschreibung von Ideen an einzelne Forscher sollte nicht darüber hinwegtäuschen, dass sie von Kollegen, Forschungsnetzwerken, Informationen aus anderen Bereichen und Ingenieursgemeinschaften beeinflusst werden. Forscher in den drei Regionen tauschten Wissen auf internationalen Konferenzen und über wissenschaftliche Publikationen aus.

Wenn ein Ingenieursteam beansprucht, ein bestimmtes System als erstes erfunden zu haben, ist es wichtig zu untersuchen, wie es sein eigenes Design als das erste rechtfertigt. Ann Johnson betont, dass „jede Maschine als ‚die erste‘ beansprucht

[59] Davies, S. 19.

werden könnte, wenn die Definition dieser Maschine nur speziell genug wäre."[60]
Auf das erste autonome Fahrzeug, das sich durch ein Labor bewegt, folgt das erste autonome Fahrzeug, das im Freien mit analogen Bordcomputern fährt, gefolgt vom ersten Fahrzeug mit digitalen Bordcomputern und so weiter. Das bedeutet, „Erste" sind immer zugleich Zweite, Dritte, Dreißigste usw., je nach Kontext, in dem sie betrachtet werden.
Das Interesse an „Ersterfindungen" bedeutet nicht, dass ein erster Ansatz zu einer Fragestellung immer die endgültige Lösung ist. Nicht nur die erste Spielart eines Systems, sondern auch die letzte ist von Bedeutung – wir werden auch analysieren, unter welchen Umständen ein Konzept *aufgegeben* wurde, weil es nicht als zukunftsträchtig angesehen wurde. Und wir werden sehen, dass manche Konzepte, die als aufgegeben galten, in der Zukunft wieder auftauchen können.

Wo fand die Forschung statt? Wie bereits oben gesehen, ist die Frage nach der Zeit mit der Frage nach dem Raum verknüpft: Die Experimente zur Fahrzeugautomatisierung – sowohl automatisiert als auch autonom – wurden in unterschiedlichen geografischen Regionen durchgeführt. Um die Forschungsanstrengungen in den drei Regionen zu verstehen, mussten wir ihre unterschiedlichen historischen und gesellschaftlichen Rahmenbedingungen berücksichtigen. Jedes Land hatte unterschiedliche Motivationen, in Automatisierung zu investieren. Die Forschung erfolgte unter verschiedenen Bedingungen, was wiederum auf die erste Frage verweist, da die Finanzierung durch unterschiedliche lokale Akteure erfolgte. Es ist auch wichtig zu verstehen, dass die Frage nach dem Raum nicht auf nationale und kulturelle Einheiten beschränkt ist, sondern auch unsere Aufmerksamkeit auf die sehr unterschiedlichen Orte oder Umgebungen der Forschungsfahrzeuge lenkt: Labore, Plätze, Teststrecken, Autobahnen – und die Wüste.

Welche Automatisierungskonzepte mit welcher Technologie wurden entwickelt? Technische Artefakte – die mechanischen und elektronischen Geräte, die für das automatisierte und autonome Fahren entwickelt wurden – dienten als zweite *Leitlinie* für unsere Darstellung. Wie oben erwähnt, haben wir beschlossen, zwei verschiedene Typen von Forschungsfahrzeugen oder Prototypen in unsere Darstellung aufzunehmen – Automobile und Roboter. Einerseits dienten modifizierte Automobile, ausgestattet mit unterschiedlichen elektronischen Geräten, als Versuchsfahrzeuge. Andererseits wurden speziell entwickelte Roboter mit fortgeschrittenen Fähigkeiten zur Wahrnehmung und Mobilität zu Forschungszwecken eingesetzt.[61]
Sie werden als mobile Roboter bezeichnet. Marc Weber fasst zusammen, dass ein

[60] Johnson, S. 104. Johnson identifiziert beispielsweise mehrere erste Antiblockiersysteme, da deren Konstruktion unterschiedliche Fragen beantwortete – ein erstes kommerziell verfügbares System, ein erstes Seriengerät, ein erstes Vierrad-System, ein erstes elektronisches System, ein erstes integriertes System … (Johnson, S. 134f.).

[61] Stationäre Roboter, die beispielsweise in Fertigungsumgebungen eingesetzt werden – fest montiert und für wiederkehrende Aufgaben zuständig –, werden in dieser Publikation nicht berücksichtigt.

mobiler Roboter zunächst die Umgebung *wahrnehmen* muss, zweitens die Außenwelt *modellieren* und Entscheidungen treffen muss. Drittens muss er *reagieren,* um seine Position in der Umgebung zu verändern. Während Wahrnehmung und Reaktion „mit bekannter Technologie machbar" sind, liegt die eigentliche Herausforderung im zweiten Schritt, der Verarbeitung und Maschinenintelligenz, die für die Interpretation erforderlich ist.[62]
Einige der speziell ausgerüsteten Automobile können ebenfalls als mobile Roboter bezeichnet werden, da die Aufgaben, die sie erfüllen müssen, und die Methoden, die sie anwenden, denen von Robotern ähneln. Es ist wichtig zu verstehen, dass vollautonome Autos im historischen Sinne keine Autos mehr sind – ohne die historische Figur des menschlichen Fahrers werden sie „sich von Automobilen grundlegend unterscheiden", wie Torchinsky feststellte.[63] Die Kommerzialisierung und das Auftreten dieser Roboterfahrzeuge im öffentlichen Raum werde die „erste massenhafte Einführung potenziell tödlicher autonomer Maschinen in der Menschheitsgeschichte" darstellen.[64]

Alle in diesem Buch vorgestellten Fahrzeuge werden auch in anderen Quellen erwähnt, jedoch meist ohne eine detaillierte Beschreibung ihrer Fähigkeiten. Ziel dieses Buches ist es, die Leistungsfähigkeit sowohl der mobilen Roboter als auch der automobilen Forschungsfahrzeuge zu bewerten, wobei besonderes Augenmerk auf vier Faktoren gelegt wird:

Erstens ist es wichtig, ob ein Fahrzeug *eigenständig* war oder von externer Rechenleistung abhing.
Zweitens ist die *Umgebung* entscheidend, wie bereits erwähnt. Johnson betont, dass die Hauptorte für Automobiltests das Labor und die Teststrecke sind.[65] Die Untersuchung wird zeigen, dass die Verfügbarkeit von Teststrecken in allen drei Regionen ein wichtiger Faktor war. Doch diese Testgelände sind geschlossene und sehr kontrollierte Umgebungen. Daher schlagen wir vor, einen dritten Raum hinzuzufügen: Wurden die Fahrzeuge unter *realen Bedingungen auf öffentlichen Straßen* getestet? Überquerten sie sogar unwegsames Gelände?
Drittens ist die *Geschwindigkeit* der Versuchsfahrzeuge ein Indikator dafür, ob das System gut funktionierte.[66]
Viertens ist die *Distanz* entscheidend, die zwischen Abschaltungen des Systems zurückgelegt wurde – funktionierte das System nur mit regelmäßigen Stopps? Eine fünfte Frage betrifft insbesondere die automobilen Forschungsfahrzeuge: Wenn Berichte von erfolgreichen Testfahrten sprachen, mussten wir präzisieren,

[62] Weber 2014, in: http://www.computerhistory.org/atchm/where-to-a-history-of-autonomous-vehicles/

[63] Torchinsky, S. 109f.

[64] Torchinsky, S. 111.

[65] Johnson, S. 64.

[66] In der Forschungsliteratur finden sich häufig widersprüchliche Geschwindigkeitsangaben – dies wurde im direkten Kontakt mit den an den Projekten beteiligten Forschern korrigiert.

ob Längs- *und* Querbewegungen automatisiert waren oder nur eine davon. Und vor allem mussten wir automatisierte von autonomen Fahrzeugen unterscheiden.

Als Ergebnis der detaillierten Beschreibung der Akteure, der historischen und geografischen bzw. kulturellen Situationen sowie der technischen Fähigkeiten werden wir am Ende der Untersuchung eine weitere Frage beantworten können: Lassen sich unterschiedliche Forschungsparadigmen oder historische Perioden der Forschung zum automatisierten und autonomen Fahren identifizieren? Sind diese Perioden transnational oder spezifisch für jede Region und jeden kulturellen Kontext? Eine wichtige Hypothese, die in diesem Buch überprüft wird, ist, ob ein *Wandel vom geführten zum sehenden Fahrzeug im 20. Jahrhundert beobachtet werden kann.*[67] Abschließend werden wir versuchen, die Frage zu beantworten, ob sich aus der Geschichte Lehren für die heutige Entwicklung ziehen lassen.

1.7 Quellen und Methoden

Um diese Fragen zu beantworten, stützt sich die Untersuchung auf eine große Anzahl von *Primärquellen* – wissenschaftliche Artikel, Monographien und Filme – von Ingenieuren und Praktikern aus den Laboren, die an der Forschung beteiligt waren.

Diese Primärquellen wurden auf fünf Wegen erschlossen: Unsere Untersuchung begann mit einer Recherche im Online-Archiv des Institute of Electrical and Electronics Engineers (IEEE), einer der weltweit wichtigsten Berufsvereinigungen von Ingenieur:innen auf diesem Gebiet. Primärquellen – Artikel in wissenschaftlichen Fachzeitschriften – wurden zunächst mit den Suchbegriffen „Automated driving“, „autonomous driving“, „Unmanned ground vehicles“ und „vehicle automation“ gefunden. In einem zweiten Schritt wurden weitere Artikel durch die Eingabe der Namen von Ingenieuren, die auf diesem Gebiet Beiträge geleistet haben, gefunden, zum Beispiel Ernst Dieter Dickmanns, Robert Fenton, Michel Parent, Steven Shladover, Chuck Thorpe, Sadayuki Tsugawa, Walter Zimdahl. Drittens wurden zusätzliche Quellen durch Online-Recherchen in Datenbanken, Zeitschriften, Büchern und auf den Webseiten der Institute gefunden. Viertens wurden weitere Quellen durch die Auswertung der in diesen Artikeln zitierten Literatur erschlossen. Fünftens wurden dem Autor wichtige Quellen direkt von Praktikern zugesandt, die über mehrere Jahrzehnte an der Entwicklung dieser Technologien ge-

[67] Um ein häufiges Missverständnis des Themas zu vermeiden, müssen wir betonen, dass mit „Sehen“ nicht nur optisches Sehen in Analogie zum menschlichen Auge gemeint ist, sondern ein Prozess, der auf Wahrnehmung und Sensorik basiert. In dieser Definition basiert ein sehendes Auto nicht nur auf Kameras, sondern auch auf Sensoren wie Radar, Lidar, Infrarotdetektoren, Ultraschallsensoren und Odometrie.

arbeitet haben. Besonders graue Literatur, wie zum Beispiel Forschungsberichte, wurde durch diese persönlichen Kontakte zugänglich gemacht.

Auf Basis dieser Primärquellen war es unser Ziel, die Konzepte und Funktionen der verschiedenen technologischen Artefakte detailliert, aber dennoch verständlich darzustellen, um die Zugänglichkeit für ein breites Publikum zu gewährleisten. Die Publikation soll für Wissenschaftler:innen der Technikgeschichte, Science and Technology Studies, Ingenieur:innne aus dem Fachgebiet, Führungskräfte der Automobilindustrie, aber auch für politische Entscheidungsträger:innen und Medienschaffende, die die aktuelle Entwicklung verfolgen, von Interesse sein.

1.8 Theoretischer Hintergrund

Die Geschichte der Forschung zum automatisierten Fahren kann aus unterschiedlichen Perspektiven betrachtet werden. Der nächste Abschnitt hat das Ziel, meine Forschung im Feld der Technikgeschichte zu verorten und ihren theoretischen Hintergrund hervorzuheben.

1.8.1 Artefakte und das Stufenmodell des Fortschritts

Bis in die 1960er Jahre war die Technikgeschichtsschreibung von *internalistischen* Ansätzen von Ingenieuren geprägt, die Erfindungen, Konstruktionen, Maschinen, materielle Objekte und wissenschaftliche Entdeckungen untersuchten.[68] Es war eine Geschichte „von Technikern für Techniker", wie der Historiker Günther Oetzel hervorhebt.[69] Eine *deterministische* Sichtweise auf Technik dominierte, die die Gesellschaft als von der Technik bestimmt konzipierte. Diese rein *technische* Technikgeschichte interessierte sich nur für Artefakte, da sie scheinbar eine Fortschrittskette bildeten, betont der Soziologe Otto Ulrich.[70] Der Historiker Wolfgang König zeigt, dass diese Fortschrittsvorstellung einen religiösen Ursprung hat. Sie stammt aus dem Christentum und bedeutete eine Hinwendung zu Gott. In der Moderne wurde sie säkularisiert und bedeutete die Beherrschung der Natur – und wurde daher mit der Entwicklung der Technik assoziiert.[71]

[68] König, Wolfgang. 2009. *Technikgeschichte, Eine Einführung in ihre Konzepte und Forschungsergebnisse,* S. 46. Stuttgart.

[69] Gleitsmann, Rolf-Jürgen, Kunze, Rolf-Ulrich, Oetzel, Günther, *Technikgeschichte,* Konstanz 2009, S. 183.

[70] Ullrich, Otto. 1980. Der Charakter des Fortschritts moderner Technologien, Zur Geschichtsphilosophie der Technikgeschichtsschreibung. In *Technologie und Politik,* Heft 16, S. 47. Hamburg.

[71] König, S. 100.

Oft hatte diese konventionelle Geschichtsschreibung das Ziel, einzelne Wissenschaftler und Ingenieure zu glorifizieren. *Die heroische Figur großer Männer,* die Meisterwerke der Menschheit erfanden, stand im Mittelpunkt dieser Studien.[72] Der französische Technikphilosoph Pierre Musso nannte diese Vorstellung vom schöpferischen Genie die „romantische Vision" von Innovation.[73]

Die Geschichte des Computers kann als Beispiel für diese Art der Geschichtsschreibung dienen, da sie meist von Mitgliedern der Computer-Community und nicht von Historiker:innen verfasst wurde. Informatiker waren vor allem daran interessiert, „Ersterfindungen" festzustellen – den ersten Digitalrechner, den ersten Mikroprozessor usw. Ein weiteres Beispiel ist die Geschichte des Automobils, die ebenfalls zu oft als Fortschrittsgeschichte geschrieben wurde, angetrieben von einer Abfolge oder Kette präzise datierter Schlüsselerfindungen großer Männer, wie der Technikhistoriker Kurt Möser kritisiert.[74]

Seit den 1960er Jahren wurde die von Ingenieur:innenen betriebene Technikgeschichte durch eine von Historiker:innen betriebene Technikgeschichte abgelöst.[75] Nun wurde die Abfolge technischer Artefakte nicht mehr nur als Ergebnis technischer Forschung gesehen, sondern auch als Resultat wirtschaftlicher, politischer und sozialer Einflüsse. Ursachen und Wirkungen der Technik wurden in einem breiteren Kontext betrachtet. Der kulturelle Kontext der Technik gewann zunehmend an Bedeutung. Heute ist es unmöglich, eine Technikgeschichte als Weg großer Männer und großer Innovationen, als Geschichte von Maschinen und technischen Objekten allein zu schreiben, betont Bruno Jacomy. Seiner Ansicht nach sollten technikhistorische Studien das große Ganze betrachten, sie müssen die Lebensweise, den sozialen und historischen Kontext in ihre Erzählung integrieren.[76] Die Genealogie einer Technologie und ihrer Anwendungsfälle sollte in die Forschung einbezogen werden, betont Günter Rohpol.[77]

Die internalistische Perspektive mit ihrem vereinfachenden Stufenmodell des Fortschritts vernachlässigte die Tatsache, dass Technik sehr unterschiedliche Ergebnisse haben kann und immer verschiedene Nutzungsweisen einschließt. Das bedeutet, dass historische Ereignisse kontingent, offen und nicht determiniert sind. Nach Ulrich Wengenroth sollten Historiker:innen den Begriff des technologischen Wandels dem des Fortschritts vorziehen. Wandel ist ein weniger teleologischer

---

[72] Oetzel, S. 220, König, S. 20, 40.

[73] Musso, Pierre, Laurent Ponthou und Éric Seuillet. 2007. *Fabriquer le futur 2, L'imaginaire au service de l'innovation,* S. 6. Paris.

[74] Möser, Kurt. 2012. Innovationskulturen um das Automobil?, In *Innovationskulturen um das Automobil, Von gestern bis morgen, Stuttgarter Tage zur Automobil- und Unternehmensgeschichte,* Hrsg. Rolf-Jürgen Gleitsmann, Jürgen E. Wittmann, Wiss. Schriftenreihe der Mercedes-Benz Classic Archive, Bd. 16, S. 26. Mühlacker/Mühlhausen.

[75] König, S. 54f.

[76] Jacomy, Bruno. 1990. *Une histoire des techniques,* S. 10. Paris.

[77] Rohpohl, Günter. 1999. *Allgemeine Technologie, Eine Systemtheorie der Technik,* München Wien, S. 56 (zit. in: König, S. 50).

und offenerer Begriff.[78] Aus diesem Grund haben wir den Begriff technologischer Wandel im Titel unserer Publikation gewählt.

Computerhistoriker wie Michael S. Mahoney lehnten die Vorstellung ab, alle Quellen „in einen einzigen Strom“ zu vereinen, der beispielsweise von Charles Babbages Analytical Engine bis zu George Booles Algebra reicht, als ob ihre Konzepte miteinander verbunden wären.[79] Wie Mahoney betont auch Möser, dass die Geschichte des Automobils und seiner Technik nicht als Kette von Innovationen geschrieben werden kann, die aufeinander aufbauen.[80] Es wäre zum Beispiel falsch, eine genealogische Verbindung zwischen den ABS-Systemen der 1930er und der 1970er Jahre zu behaupten.[81] Dasselbe gilt für Führungskabel (1950er Jahre) und Machine-Vision-Konzepte (1980er Jahre).

Die Technikhistorikerin Anne-Françoise Garçon stimmt der Auffassung zu, dass technologischer Wandel immer vom Bestreben getrieben ist, Technik zu verbessern – doch sollte nicht vergessen werden, dass das, was für ein Objekt oder ein bestimmtes Verfahren richtig ist, nicht zwangsläufig für die globale Entwicklung der Technik gilt, die von regressiven Momenten, nützlichen Rückschritten beeinflusst wird, die die Entwicklung in andere Richtungen lenken können.[82] David Edgerton hat kürzlich gezeigt, dass die Einführung neuer Technologien nicht das Ende der Nutzung alter Technologien bedeutete.[83]

Möser nennt drei Beispiele, warum das Stufenmodell der Innovation irreführend ist: Erstens werden manche Innovationen zwar auf dem Markt eingeführt, später aber wieder eingestellt.[84] Zweitens können Innovationen verschwinden und später unter anderen soziotechnischen Bedingungen und Nutzeraufmerksamkeiten wieder auftauchen (z. B. das Kurvenlicht). Wie wir sehen werden, lässt sich dieser Mechanismus auch im Bereich des automatisierten Fahrens beobachten (z. B. Führungskabel). Drittens waren Innovationen wie der Sicherheitsgurt lange bekannt, bevor sie zum Standard wurden. Widerstände von Nutzer:innen und Industrie verzögerten ihre Einführung.

Wenn das Stufenmodell nicht hilfreich ist, wie lässt sich dann die historische Entwicklung der Technik konzeptualisieren? Nach Möser sollte das Interesse der

[78] Wengenroth, Ulrich. 1997. Technischer Fortschritt, Deindustrialisierung und Konsum, Eine Herausforderung für die Technikgeschichte. In *Technikgeschichte* 64, S. 1–18.

[79] Mahoney, Michael S. 1988. The History of Computing in the History of Technology. *Annals of the History of Computing,* April–Juni 1988, 10(2): S. 5.

[80] Möser, S. 41.

[81] Johnson, Ann. 2009. *Hitting the Brakes, Engineering Design and the Production of Knowledge,* S. 25. Durham und London.

[82] Garçon, Anne-Françoise. 2012. *L'Imaginaire et la pensée technique, Une approche historique, XVIe-XXe siècle,* S. 17. Paris.

[83] Edgerton, David. 2008. *The shock of the old, Technology and global history since 1900.* London.

[84] Beispielsweise wurde das Proconten-System von Audi, das das Lenkrad von der Brust des Fahrers entfernte, 1986 eingeführt und 1990 wieder eingestellt.

Historiker auf die anonyme Geschichte gelenkt werden, im Gegensatz zur überpersonalisierten Erzählung von Erfindungen und Erfindern.[85] Anstelle einzelner Erfindungen sollten „Innovationskulturen“, also die Rekonstruktion langer historischer Trends, ein zentrales Ziel der historischen Forschung sein.

Weitere theoretische und methodische Anregungen für die Analyse von Innovationsprozessen finden sich in Ansätzen der Science and Technology Studies (STS). So schlug der Technikhistoriker Michael S. Mahoney vor, dass Historiker:innen die Praktiken und Artefakte von Ingenieur:innen in den Blick nehmen sollten. Die STS-Wissenschaftlerin Ann Johnson (1965–2016) veröffentlichte eine von Mahoney betreute Fallstudie zur Geschichte von Antiblockiersystemen (ABS), einer Technologie, die – ähnlich wie das automatisierte Fahren – von „vielen verschiedenen Akteuren, Institutionen und Artefakten, eingebettet in eine Vielzahl dynamischer nationaler, wirtschaftlicher und kultureller Kontexte“[86] über mehrere Jahrzehnte entwickelt wurde. Johnson entschied sich, die Beziehung zwischen drei Elementen – Wissen, Artefakte und soziale Gemeinschaften – in den Mittelpunkt zu stellen.[87]

Erstens hebt Johnson hervor, dass im Vergleich zu wissenschaftlichen Praktiken die Arbeit und Wissensproduktion von Ingenieuren „deutlich untererforscht“ und untertheoretisiert ist.[88] Der Philosoph Davis Bairs zeigte in *Thing knowledge: A Philosophy of Scientific Instruments* (2004), dass Artefakte in der Erkenntnistheorie meist „ignoriert“ wurden.[89] Aus diesem Grund können Konzepte aus der Wissenschafts- und Philosophiegeschichte nicht direkt auf das Ingenieurwesen angewendet werden. Johnson betont den Unterschied zwischen wissenschaftlichem Wissen und Ingenieurwissen: „Ingenieurwissen ist eine eigenständige Form von Wissen“[90], das „selten die Form formaler wissenschaftlicher Theorien annimmt“[91] – es „liegt häufig in den Artefakten selbst“, die von Ingenieuren entworfen werden, „oder im Prozess des Entwerfens dieser Artefakte“. Daher erfordert eine Untersuchung des Ingenieurwesens „besondere Aufmerksamkeit für Objekte und die Art und Weise, wie Artefakte Wissen sowohl tragen als auch Wissen begrenzen und formen können.“[92] Nach Johnson entstehen rund um Artefakte drei Arten von Wissen: „das Wissen, das die ersten Schritte des Artefakt-Designs bestimmt, das Wissen, das im Prozess des Entwerfens des Artefakts entsteht, und das Wissen, das für die Nutzung des Artefakts erforderlich ist.“[93]

[85] Möser, S. 50.
[86] Johnson, S. ix.
[87] Johnson, S. 14.
[88] Johnson, S. 6, S. 9.
[89] Johnson, S. 8.
[90] Johnson, S. ix.
[91] Johnson, S. 7.
[92] Johnson, S. 7.
[93] Johnson, S. 13.

Zweitens betont Johnson die Existenz einer Wissensgemeinschaft in der ABS-Forschung, also einer „kleinen informellen Gemeinschaft von Praktikern, die sich um eine sich gleichzeitig entwickelnde Fragestellung sammelt".[94] Eine Wissensgemeinschaft kann sehr vielfältig sein – „mehrsprachig, multidisziplinär"[95] – benötigt jedoch eine gemeinsame Sprache und muss sich auf ein gemeinsames Problem konzentrieren.

Diese theoretische Perspektive ist für unser Thema sehr produktiv, da Johnsons Ansatz genutzt werden kann, um die Forschungsgeschichte des autonomen Fahrens nachzuzeichnen, die sich ebenfalls über mehr als fünfzig Jahre erstreckt und sich auf Konzepte, Prototypen, Fahrzeuge, Hard- und Software konzentriert, getragen von Ingenieursgemeinschaften weltweit.

Im letzten Jahrzehnt zeigte das Fachgebiet Technikgeschichte ein erneutes Interesse an der materiellen Kultur, wie bei Johnson. Im Zuge dieses *material turn* haben wir uns entschieden, materiellen Objekten, Instrumenten und technischen Artefakten besondere Aufmerksamkeit zu schenken – Führungskabeln, Magnetnägeln, Abtastspulen, Wegmessern, Aktuatoren, Geschwindigkeitsmessern, Computern, Sensoren (Kameras, Radar, Lidar), aber auch *infrastrukturellen Dingen* wie dem Global Positioning System (GPS) und virtuellen Dingen wie Software und Karten. Dinge sind von Bedeutung.

All diese Artefakte sind ohne ihre Integration und Vernetzung in mobile Labore, Forschungsfahrzeuge oder mobile Roboter – eine zweite Kategorie von Artefakten, die das Durchqueren des Raums ermöglichen – nichts. Mit diesen rollenden Laboren erhält das Experimentieren eine weitere räumliche Dimension – die Teststrecke.

Im Gegensatz zum Bereich ABS hat die Forschung zum automatisierten oder autonomen Fahren ihren Ursprung in einem weitaus vielfältigeren Feld. Forschungsprojekte der Elektrotechnik, der Automobilindustrie und militärisch finanzierte Informatik- und Robotikinstitute bildeten jeweils eigene Wissensgemeinschaften. Übernimmt man das Konzept der Wissensgemeinschaft von Ann Johnson, so zeigt sich, dass mindestens drei unterschiedliche Gemeinschaften an der Entwicklung des automatisierten und autonomen Fahrens beteiligt waren: Straßenbauingenieure, Robotiker und Vertreter des Verteidigungsbereichs. Erst Mitte der 1980er Jahre entstand eine Wissensgemeinschaft zum automatisierten Fahren. So wussten Akteure wie die UniBwM vor dieser Zeit nichts von den Forschungsaktivitäten in Japan und den USA. Wir werden sehen, dass die verschiedenen Forschungsfelder zu bestimmten Zeitpunkten der Geschichte konvergierten, z. B. als die Carnegie Mellon University an der von DARPA geförderten KI-Robotikforschung teilnahm, bei den Demo-Programmen des Militärs ab 1990 und der auf das Automobil fokussierten PATH-Demo 1997.

---

[94] Johnson, S. ix.

[95] Johnson, S. 20.

1.8.2 Von der Erfindung zur Innovation

Da das Buch sich auf technologische Erfindungen und Innovationen konzentriert, erscheint eine kurze Diskussion dieser Begriffe angebracht. Nach einer Definition von David Edgerton ist eine Erfindung die *Schöpfung* einer neuen *Idee,* während eine Innovation die *erstmalige Nutzung* eines neuen *Geräts* ist.[96] Eine präzisere Definition von Joseph Schumpeter (1883–1950) unterscheidet beide Begriffe nach ihrer Fähigkeit, einen Markt zu erobern.[97] Eine Erfindung ist die erstmalige Beschreibung – in verbaler Form, als Zeichnung, als Modell oder Prototyp – einer neuen Technologie. Sie ist stets eine Lösung für ein Problem. Eine Innovation besteht aus drei Elementen – der Erfindung, der Entwicklung der Technologie bis zur Marktreife und der Diffusion am Markt. Zusammenfassend ist eine Innovation die Einführung neuer „Dinge, Ideen oder Vorgehensweisen" in den Markt, zum Beispiel Walkmans, Videorekorder, Kopiergeräte oder der hochfeste Stahl, der die flexiblen Formen moderner Autos ermöglicht.[98]

Erfindungen und Patente allein können die Dynamik der Technologieentwicklung nicht erklären – nur ein kleiner Teil von ihnen führt zu Innovationen im Sinne von Produkten auf dem Markt. Daher haben Erfindungen in der Technikgeschichte keinen zentralen Platz mehr – die meisten modernen Technikstudien stellen Innovationen in den Mittelpunkt ihres Interesses.[99]

Die folgende Untersuchung schlägt vor, diese Perspektive zu differenzieren: Einerseits ist es richtig, dass die *Erfindungen,* die in 40 Jahren Forschung zur Fahrzeugautomatisierung gemacht wurden, nicht zur Markteinführung vollständig autonomer Fahrzeuge geführt haben. Sie führten nicht zu einer disruptiven Innovation *Sprunginnovation,* die der Technikhistoriker Bertrand Gille als ein neues technologisches System, ein neues *soziokulturelles und wirtschaftliches Ensemble* (wie das Internet) definiert. Die in diesem Buch dargestellten Forschungen – überwiegend Grundlagenforschung – waren nicht von dem Ziel getrieben, unmittelbar eine marktfähige Innovation zu erreichen. Das Intelligent Vehicle in Japan, das Navlab in den USA und VaMoRs in Deutschland – um nur einige zu nennen – waren experimentelle Geräte. Ihr primäres Ziel war nicht, zu Produkten für den Markt entwickelt zu werden. Ihr Hauptziel war ein wissenschaftlicher Beitrag zur Grundlagenforschung. Mit anderen Worten: Die meisten der in diesem Buch beschriebenen Artefakte sind eher Erfindungen als Innovationen.

---

[96] Edgerton, S. ix.

[97] Schumpeter, Joseph A., *Konjunkturzyklen, Eine theoretische, historische und statistische Analyse des kapitalistischen Prozesses,* Göttingen 1961 (siehe auch König, S. 57, 60).

[98] Nagano, Hiroshi, 2012. Science and Technology Policy in Japan. In *The Dynamics of Regional Innovation, the Policy Challenges in Europe and Japan,* Hrsg. Lecler, Yveline, Yoshimoto, Tetsuo und Fujimoto, Takahiro, S. 33. Singapur.

[99] König, S. 60.

Andererseits jedoch trugen diese Erfindungen zu *inkrementellen Innovationen* bei, die die Leistungsfähigkeit bestehender Geräte wie Fahrerassistenzsysteme verbesserten. Die Kombination dieser inkrementellen Innovationen könnte eines Tages zur disruptiven Innovation eines autonomen Fahrzeugs führen: Sie würde nicht nur die Hauptelemente des Autos, wie sie seit über 100 Jahren bekannt sind, verbessern, sondern ein völlig anderes technisches System schaffen.

1.9 Gliederung der Studie

Nach der Darstellung des theoretischen Hintergrunds folgt die Gliederung unserer Untersuchung: Das Buch ist in drei chronologisch geordnete *Teile* mit verschiedenen *Kapiteln* unterteilt, die wiederum unterschiedliche *Abschnitte* enthalten. Die innere Struktur jedes Teils folgt einer eher lockeren chronologischen Ordnung, da die Konzepte verschiedener Akteure – Wissenschaft und Automobilindustrie, die an automatisierten Autobahnsystemen arbeiten, sowie Robotik- und Militärakteure, die unbemannte Bodenfahrzeuge erforschen – in separaten Unterkapiteln behandelt werden. Diese Unterkapitel folgen dann jeweils ihrer eigenen chronologischen Abfolge.

Da die meisten der unterschiedlichen Ansätze durch ähnliche Bemühungen in anderen Ländern beeinflusst wurden, wäre auch eine systematische statt einer geografischen und chronologischen Gliederung des Buches möglich gewesen. Die Entscheidung für eine geografische Struktur der Publikation wurde ausschließlich aus praktischen Gründen getroffen. Da eine Vielzahl unterschiedlicher Projekte vorgestellt werden musste, erschien es sinnvoll, Sprünge zwischen verschiedenen Ländern so weit wie möglich zu vermeiden. Dies soll *nicht* den Eindruck erwecken, dass die Forschungsanstrengungen eher nationale als transnationale Bezüge hätten. Um ihre Verbindungen und Gegenüberstellungen hervorzuheben, wurde es bevorzugt, mit Querverweisen auf Aktivitäten in anderen Ländern zu arbeiten.

Der **erste Teil** des Buches stellt die Forschung zur Fahrzeugautomatisierung in den Vereinigten Staaten vor. In chronologischer Reihenfolge werden zunächst die frühen Ansätze mit Führungskabeln und die Forschung zum Automated Highway System präsentiert. Es folgt ein Überblick über verschiedene mobile Roboter. Nach einer ausführlichen Darstellung verteidigungsbezogener Projekte kehren wir zur AHS-Entwicklung der 1990er Jahre zurück.

Da Japan rasch mit eigenen Projekten nachzog, konzentriert sich der **zweite Teil** auf die Technologieentwicklung in diesem Land. Japan war eines der ersten asiatischen Länder, das mit Experimenten zum automatisierten Fahren begann. Die ersten Kapitel stellen MITI vor, einen Hauptakteur der japanischen Forschungspolitik. Die zunehmende Zahl von Verkehrsunfällen, ein Faktor, der die Forschung zur Fahrzeugautomatisierung motivierte, wird ebenfalls erwähnt. Der Hauptteil präsentiert die ersten Führungskabel-Experimente des Government Mechanical Laboratory in den 1960er Jahren. Die folgenden Kapitel zeichnen den Übergang zu Machine-Vision-Konzepten in den 1970er Jahren nach. Zu dieser

Zeit arbeitete das Mechanical Engineering Laboratory am ersten visuell geführten autonomen Fahrzeug, das 1977 vorgestellt wurde. Es erfasste und verarbeitete (an Bord) Bilder von Leitplanken am Straßenrand mittels zweier vertikal ausgerichteter Kameras.

Europa wird im **dritten Teil** behandelt, da die wichtigsten Projekte hier erst später im 20. Jahrhundert begannen. Der Schwerpunkt liegt auf visuell geführten Fahrzeugen mit Bordcomputern, entwickelt von Ernst Dieter Dickmanns und seinem Team an der Universität der Bundeswehr München in Deutschland. Das erste Kapitel beschreibt die frühen Experimente zum automatisierten Fahren in Europa, mit Fokus auf Führungskabel-Forschung in England und Deutschland in den 1960er Jahren. Das zweite Kapitel stellt den Übergang zu Vision-Systemen in Europa Ende der 1970er Jahre dar, mit dem mobilen Roboter HILARE in Frankreich und Experimenten zu dynamischen maschinellen Sehsystemen an der UniBwM in Deutschland. Auch Experimente der Automobilindustrie zu visuellen Führungssystemen werden vorgestellt (Volkswagen Opto-Pilot). Das dritte Kapitel widmet sich den Konzepten, Forschungsfahrzeugen und Meilensteinen der UniBwM in Deutschland, insbesondere den Testfahrten mit VaMoRs und dem 4-D-Ansatz von Ernst Dieter Dickmanns. Das vierte Kapitel konzentriert sich auf das PROMETHEUS-Programm der Europäischen Union (1988–1994). Es gibt einen Überblick über die Forschungsfahrzeuge VITA-II und VaMP. Nach einem Abschnitt über das Vision-System der zweiten Generation von VaMoRs werden die Leistungen von VaMP und VITA-II bei der abschließenden PROMETHEUS-Demonstration in Paris (1994) detailliert, gefolgt von einem Überblick über den Stand anderer Forschungsprojekte in Frankreich, Großbritannien und Deutschland zu dieser Zeit. Das fünfte Kapitel befasst sich mit den Forschungsanstrengungen nach PROMETHEUS (1995–2000), insbesondere in Frankreich (Praxitèle, Cycab und La Route Automatisée). Die nächsten Abschnitte heben zwei wichtige Demonstrationen hervor: die Langstreckenfahrt von VaMP von München nach Odense (1995) und die Mille Miglia in Automatico der Universität Parma in Italien (1998). Das sechste Kapitel geht in der Chronologie zurück und stellt die verteidigungsbezogenen Aktivitäten in Europa vor. Beginnend mit dem französischen Militärprojekt DARDS wird das experimentelle Robotikprogramm PRIMUS in Deutschland zusammen mit dem AutoNav-Abkommen (1997–2003) und dem Vision-System der dritten Generation (EMS) der UniBwM präsentiert.

Literatur

Albert, Dan. 2018. *Are We There Yet?: The American Automobile Past, Present, and Driverless*. New York.

Bidwell, J.B. 1959. Vehicles and Drivers – 1980, General Motors Research Laboratories, Presented at SAE Annual Meeting, Detroit.

Bishop, Richard. 2001. Whatever Happened to Automated Highway Systems (AHS)? Originally published in the August–September 2001 issue of Traffic Technology International, online in: https://staff.washington.edu/jbs/itrans/bishopahs.htm. Zugegriffen: 3. Juli 2019.

Burns, Lawrence D. 2018. *Autonomy: The Quest to Build the Driverless Car – And How It Will Reshape Our World (Together with Christopher Shulgan).* London.

Carey, James, and John Quirk. 2009. The History of the Future. In *Communication as Culture: Essays on Media and Society*. New York, London.

Davies, Alex. 2021. *Driven, The Race to Create the Autonomous Car*, New York, London, Toronto, Sydney, New Delhi.

Delcker, Janosch. 2018. The man who invented the self-driving car. *Politico*, July 19, 2018, online in: https://www.politico.eu/article/delf-driving-car-born-1986-ernst-dickmanns-mercedes/.

Dickmanns, Ernst Dieter. 1986. Computer Vision in Road Vehicles – Chances and Problems. *ITCS-Symposion on "Human Factors Technology for Next-Generation Transportation Vehicles"*, Amalfi, Italy.

———. 1993. Interview, Der Lotse geht an Bord. *Hochschulkurier*, S. 6–7.

———. 2002. The Development of Machine Vision for Road Vehicles in the Last Decade. *Intelligent Vehicle Symposium* 1: 268–281.

———. 2016. Summary of contributions to Vision-based Autonomous Vehicles. http://www.dyna-vision.de/main/Review2016%20of%20ContribVisBasAutVeh.html.

Edgerton, David. 2008. *The shock of the old, Technology and global history since 1900*. London.

Eliot, Lance. 2018. Introduction to Driverless Self-Driving Cars: The Best of the AI Insider, (no place of publication mentioned).

Fallon, Michael. 2019. *Self-Driving Cars, the New Way Forward*. Minneapolis.

Feitz, Anne. 2019. Premiers coups de frein sur la voiture autonome. *Les Echos*, March 26, 2019, online in: https://www.lesechos.fr/tech-medias/intelligence-artificielle/premiers-coups-de-frein-sur-la-voiture-autonome-1003606. Zugegriffen: 3. Juli 2019.

Fenton, Robert E. 1994. IVHS/AHS: Driving into the Future. *IEEE Control Systems Magazine* 14 (6): 13–20.

Garçon, Anne-Françoise. 2012. *L'Imaginaire et la pensée technique, Une approche historique, XVIe-XXe siècle*. Paris.

General Motors. 1940. Futurama, Exhibition brochure, USA.

Gleitsmann, Rolf-Jürgen, Rolf-Ulrich Kunze, and Günther Oetzel. 2009. *Technikgeschichte,* Konstanz.

Graefe, Volker, and Klaus-Dieter Kuhnert. 1992. Vision-Based Autonomous Road Vehicles. In *Vision-Based Vehicle Guidance*, Hrsg. Ichiro Masaki, 1–29. New York.

Hawkins, Andrew J. 2019. Waymo's Driverless Car: Ghost-Riding in the Back Seat of a Robot Taxi. *The Verge*, December 9, 2019, online in: https://www.theverge.com/2019/12/9/21000085/waymo-fully-driverless-car-self-driving-ride-hail-service-phoenix-arizona. Zugegriffen: 3. Sept. 2020.

Herrmann, Andreas, Walter Brenner, and Rupert Stadler. 2018. *Autonomous Driving: How the Driverless Revolution will Change the World*. Bingley.

Heßler, Martina. 2019. Technik und Autonomie, Kulturhistorische Bemerkungen zu einem komplexen Verhältnis. In *Autonome Systeme und Arbeit*, Hrsg. Hartmut Hirsch-Kreinsen and Anemari Karacic, 247–274. Bielefeld.

Jacomy, Bruno. 1990. *Une histoire des techniques*. Paris.

Jamthe, Sudha. 2017. 2030 The Driverless World: Business Transformation from Autonomous Vehicles, (independently published).

Johnson, Ann. 2009. *Hitting the Brakes, Engineering Design and the Production of Knowledge*. Durham and London.

Kelly, Fred C., Hrsg. 2002. *Miracle at Kitty Hawk, The Letters of Wilbur & Orville Wright*. New York.

König, Wolfgang. 2009. *Technikgeschichte, Eine Einführung in ihre Konzepte und Forschungsergebnisse*. Stuttgart.

Kröger, Fabian. 2012. Fahrerlos und unfallfrei. Eine frühe automobile Technikutopie und ihre populärkulturelle Bildgeschichte. In *Technology Fiction, Technische Visionen und Utopien in der Hochmoderne*, Hrsg. Uwe Fraunholz and Anke Woschech, 93–114. Bielefeld.

———. 2014. Die Zukunft, die nie eintrat, Über die Nützlichkeit filmischer Zukunftsbilder des autonomen Fahrens für die Prospektive. *Technology Assessment – Theory and Practice (TATuP),* N° 1/2014, Verkehrszukünfte – Visionen jenseits aktueller öffentlicher Aufmerksamkeit, S. 3–6.

———. 2015. Das automatisierte Fahren im gesellschaftsgeschichtlichen und kulturwissenschaftlichen Kontext. In *Autonomes Fahren, Technische, rechtliche und gesellschaftliche Aspekte,* Hrsg. M. Maurer, J.C. Gerdes, B. Lenz, and H. Winner, 41–67. Heidelberg.

———. 2016a. Automated Driving in its Social, Historical and Cultural Contexts. In *Autonomous Driving, Technical, Legal and Social Aspects*, Hrsg. M. Maurer, J.C. Gerdes, B. Lenz, and H. Winner, 41–68. Heidelberg.

———. 2016b. Le long cheminement de l'imaginaire cinématographique de la voiture autonome. In *Choc de Mobilités*, Hrsg. Mathieu Flonneau and Stéphane Levesque, 55–67. Paris.

Latour, Bruno. 1992. *Aramis ou l'amour des techniques*, Paris.

Lutz, Randolph B. 1966, April. *The Motor Vehicle of the Future*. Michigan Department of State Highways, Technical Report Number 2.

Mahoney, Michael S. 1988, April–June. The History of Computing in the History of Technology. *Annals of the History of Computing* 10 (2): 113–125.

———. 2005. The Histories of Computing (s). *Interdisciplinary Science Reviews* 30 (2): 119–135.

McGrath, Michael E. 2018. *Autonomous Vehicles: Opportunities, Strategies, and Disruptions* (independently published).

Minx, Eckard, and Rainer Dietrich. 2015. *Autonomes Fahren, Wo wir heute stehen und was noch zu tun ist*, 38–55. Ladenburg.

Mom, Gijs. 2004. *The Electric Vehicle, Technology and Expectations in the Automobile Age*. Baltimore, London.

Möser, Kurt. 2012. Innovationskulturen um das Automobil?, In *Innovationskulturen um das Automobil, Von gestern bis morgen, Stuttgarter Tage zur Automobil- und Unternehmensgeschichte*, Hrsg. Rolf-Jürgen Gleitsmann, Jürgen E. Wittmann, Wiss. Schriftenreihe der Mercedes-Benz Classic Archive, Bd. 16, 25–50. Mühlacker/Mühlhausen.

Musso, Pierre, and Laurent Ponthou, Éric Seuillet, Hrsg. 2007. *Fabriquer le futur 2, L'imaginaire au service de l'innovation.* Paris.

Nagano, Hiroshi. 2012. Science and Technology Policy in Japan, In *The Dynamics of Regional Innovation, the Policy Challenges in Europe and Japan*, Hrsg. Yveline Lecler, Tetsuo Yoshimoto, and Takahiro Fujimoto, Singapore.

Ohnsman, Alan. 2018. At Waymo, It's Launch Time for Google's Biggest Moonshot, in: *Forbes*, November 13, 2018, online in: https://www.forbes.com/sites/alanohnsman/2018/11/30/10-million-miles-later-waymo-ceo-says-its-self-driving-cars-are-ready-for-prime-time/#222ddf675e7e.

Packer, Jeremy. 2008. Automobility and the Driving Force of Warfare: From Public Safety to National Security. In *The Ethics of Mobility, Rethinking Place, Exclusion, Freedom and Environment*, Hrsg. Sigurd Bergmann and Tore Sager, 39–64. Hampshire, Burlington.

Rescher, Nicholas. 1998. *Predicting the Future: An Introduction to the Theory of Forecasting*. New York.

Schmidt, Herbie. 2020. Audi steckt beim autonomen Fahren zurück. In *Neue Zürcher Zeitung*. April 28, 2020, online in: https://www.nzz.ch/mobilitaet/auto-mobil/autonomes-fahren-stufe-3-audi-verzichtet-im-a8-auf-staupilot-ld.1553933. Zugegriffen: 24. Mai 2020.

Schwartz, Samuel I. 2018. *No One at the Wheel: Driverless Cars and the Road of the Future*. New York.

Sfez, Lucien. 2002. La technique comme fiction, *Revue européenne des sciences sociales*, XL-123, published December 3, 2009, online in: http://journals.openedition.org/ress/612. Zugegriffen: 23. Aug. 2020.

Shladover, Steven. 2007. PATH at 20 – History and Major Milestones. *IEEE Transactions on Intelligent Transportation Systems* 8 (4): 584–592.

Shladover, Steven E., Jane Lappin, Robert P. Denaro, and Bryant Walker Smith. 2018. Introduction: The Transportation Research Board's 2013 Workshop on Road Vehicle Automation. In *Road Vehicle Automation*, Hrsg. Gereon Meyer and Sven Beiker, 1–12.

Simoudis, Evangelos. 2017. *The Big Data Opportunity in Our Driverless Future*. Menlo Park.

Sperling, Daniel. 2018. *Three Revolutions: Steering Automated, Shared, and Electric Vehicles to a Better Future*. Washington, DC.

Tessier, Catherine. 2015. Autonomie: enjeux techniques et perspectives. In *Drones et killer robots: faut-il les interdire?*, Hrsg. Ronan Doaré, Didier Danet, Gérard de Boisboissel, Rennes.

Torchinsky, Jason. 2019. *Robot, Take the Wheel: The Road to Autonomous Cars and the Lost Art of Driving*. New York.

Tsugawa, Sadayuki. 2008. A History of Automated Highway Systems in Japan and Future Issues, Institute of Electrical and Electronics Engineers. *International Conference on Vehicular Electronics and Safety*, Ohio, USA, September 22, 2008, S. 2–3.

Tuchman, Barbara. 1982. In Geschichte denken, Essays. Düsseldorf.

Ullrich, Otto. 1980. Der Charakter des Fortschritts moderner Technologien, Zur Geschichtsphilosophie der Technikgeschichtsschreibung. *Technologie und Politik*, Issue 16, Hamburg, S. 23–51.

Urry, John. 2004. The 'System' of Automobility. *Theory, Culture and Society* 21 (4/5): 25–39.

Vaid, Kamal. 2018. *Selbst ist das Auto – automatisiertes und autonomes Fahren*, Die Zukunft der Mobilität, Schriftenreihe der Northern Business School zur angewandten Wissenschaft, Band 10, Hamburg.

Wadhwa, Vivek, and Alex Salkever. 2019. *The Driver in the Driverless Car: How Our Technology Choices Will Create the Future*, Oakland 2017. 2. Aufl.

Weber, Marc. 2014. Where To? A History of Autonomous Vehicles, May 8, 2014, in: http://www.computerhistory.org/atchm/where-to-a-history-of-autonomous-vehicles/.

Wengenroth, Ulrich. 1997. Technischer Fortschritt, Deindustrialisierung und Konsum, Eine Herausforderung für die Technikgeschichte. *Technikgeschichte* 64: 1–18.

Wetmore, Jameson M. 2003. Driving the Dream, The History and Motivations Behind 60 Years of Automated Highway Systems in America. *Automotive History Review*, Summer 2003, S. 4–19.

———. 2020. Reflecting on the Dream of Automated Vehicles, Visions of Hands Free Driving Over the Past 80 Years. *Technikgeschichte* 87 (1): 69–94.

Kapitel 2
Geschichte der Forschung zur Fahrzeugautomatisierung in den Vereinigten Staaten

In chronologischer Reihenfolge stellt der erste Teil dieses Buches den historischen Kontext, die Zielsetzungen sowie verschiedene technische Konzepte der Forschung zum automatisierten und autonomen Fahren in den Vereinigten Staaten vor.

Das erste Kapitel beginnt mit frühen Experimenten zu automatisierten Schnellstraßensystemen. Es werden die Bemühungen der Elektronik- und Automobilindustrie (Radio Corporation of America, General Motors) zur kabelbasierten Fahrzeugführung in den 1950er Jahren dargestellt. In den 1960er Jahren beteiligten sich öffentliche Institutionen wie die Ohio State University an den Bestrebungen, mit einem langfristigen Forschungsprogramm ein Automated Highway System zu realisieren. Diese Experimente waren von Ansätzen der Elektrotechnik geprägt. Ein weiteres Ergebnis war ein Personal-Rapid-Transport-System mit Führungskabeln, entwickelt von Bendix.

Während das erste Kapitel auf Systeme zur Fahrzeugführung fokussiert, stehen die folgenden Kapitel im Zeichen eines ganz anderen Fahrzeugtyps – mobile Roboter wurden für das *autonome* Fahren wesentlich relevanter als die Experimente mit Führungskabeln. Das zweite Kapitel widmet sich der akademischen Forschung an mobilen Robotern seit den 1960er Jahren. Es beginnt mit einem Abschnitt über die Anfänge der Künstlichen Intelligenz und einem kurzen historischen Porträt der Defense Advanced Research Projects Agency (ARPA/DARPA), die den Großteil der Robotikforschung finanzierte. Die folgenden Abschnitte stellen zwei mobile Roboter vor: Das Stanford Cart, gebaut vom Stanford Mechanical Engineering Laboratory, wurde mit dem Ziel konzipiert, ferngesteuerte Weltraummissionen zu erproben. Später nutzte das Stanford Artificial Intelligence Lab (SAIL) das Stanford Cart zur Erforschung von Computer Vision und Hinderniserkennung. Der Roboter folgte einem Bottom-up-Ansatz – auf Basis von Sensordaten orientierte er sich in der Welt. Shakey, ein vom Stanford Research Institute entwickelter Roboter, verfolgte hingegen den Top-down-Ansatz – er versuchte, seine Umgebung durch logisches Schlußfolgern zu verstehen.

F. Kröger, *Vom automatisierten zum autonomen Fahren*,
https://doi.org/10.1007/978-3-032-11350-4_2

Das dritte Kapitel stellt eine Reihe von Roboterfahrzeugen vor, die in den 1980er und 1990er Jahren an der Carnegie Mellon University in Pittsburgh entwickelt wurden. Beginnend mit dem CMU Rover und dem Terregator liegt der Fokus auf den unterschiedlichen Fähigkeiten der NavLab-Forschungsfahrzeuge (1986–1995).

Die nächsten Kapitel wenden sich der militärischen Forschung zu: Nach einem vierten Kapitel über das Autonomous Land Vehicle (ALV) der DARPA (1983–1989) werden im fünften Kapitel die Demo I-III-Experimente des US Army Research Lab in den 1990er Jahren vorgestellt.

Das sechste Kapitel kehrt zur AHS-Entwicklung zurück und behandelt die Demo '97 in San Diego mit ihren Platooning- und Free-Agent-Demonstrationen. Die Navlabs 6–10 der CMU werden hier präsentiert.

2.1 Frühe Forschung zu automatisierten Autobahnsystemen

Die Idee eines automatisierten Schnellstraßensystems geht auf die Futurama-Ausstellung von General Motors auf der Weltausstellung 1939 in New York zurück. Der Industriedesigner Norman Bel Geddes entwarf eine riesige Modelllandschaft, die ein automatisches Verkehrssystem der Zukunft demonstrierte, gesteuert durch Funkübertragungen.[1] Dies war das erste Mal, dass die Idee eines Automated Highway System (AHS) – einer Schnellstraße mit speziellen Fahrspuren für eigens ausgerüstete Fahrzeuge, die vollständig automatisch gesteuert werden[2] – öffentlich propagiert wurde. In diesem System wird die Kontrolle aller Fahrfunktionen vom Fahrer auf eine Kooperation von Fahrzeug und Infrastruktur übertragen. 1940 schlug Bel Geddes in seinem Buch *Magic Motorways* vor, Straßen mit Zahnradbahnen auszustatten, auf denen Autos mit Zahnrädern vorwärtsbewegt werden.[3] Er beschrieb außerdem ein System funkgesteuerter Fahrzeuge, die durch elektromagnetische Felder angetrieben werden. Bis zum Ende des Zweiten Weltkriegs wurden diese Ideen jedoch technisch nicht weiterentwickelt und blieben abstrakte Konzepte.

Das folgende Kapitel stellt die ersten technischen Konzepte automatisierter Schnellstraßensysteme vor, die in den 1950er Jahren von Elektroingenieuren der Radio Corporation of America (RCA) und General Motors entwickelt wurden.[4]

[1] Eine ausführlichere Beschreibung findet sich bei: Kröger, Fabian, 2016. Automated Driving in its Social, Historical and Cultural Contexts. In *Autonomous Driving, Technical, Legal and Social Aspects,* Hrsg. Maurer, M., Gerdes, J.C., Lenz, B., Winner, H., 48–53. Heidelberg.

[2] Rillings, Jim. 1997, Februar. *The National Automated Highway System: Cooperative Program.* National Automated Highway System Consortium, S. 4.

[3] Bel Geddes, Norman, 1940. *Magic Motorways,* S. 100. New York.

[4] Zworykin, V.K., und L.E. Flory. 1958. Electronic Control of Motor Vehicles on the Highway. *Highway Research Board Proceedings* 37: 436–451.

Anschließend werden die Experimente zur automatischen Lenkung und Steuerung eines Fahrzeugnetzwerks behandelt, die in den 1960er und 1970er Jahren am Bureau of Public Roads (BPR) und der Ohio State University durchgeführt wurden.

2.1.1 Der erste Führungskabel-Prototyp von GM und RCA (1953–1960)

Das erste technische Konzept für automatisiertes Fahren wurde von der Elektronik- und Automobilindustrie entwickelt. Da die Automatisierung des Straßenverkehrs auf der Idee beruhte, dass Fahrzeuge Informationen empfangen und senden sollten, überrascht es nicht, dass der erste Prototyp von einem Radiounternehmen konstruiert wurde:

Der Fernseh-Pionier Vladimir Zworykin (1889–1982) von den RCA Laboratories in Princeton, New Jersey, begann 1953 mit Arbeiten zur Automatisierung des Straßenverkehrs.[5] Er war überzeugt, dass *fahrzeugbasierte* Sensorsysteme wie „Antikollisionsradar, Ultraschallgeräte und Infrarotdetektoren" *allein* nicht ausreichen würden, um das Problem von Verkehrsunfällen und Staus zu lösen. Das einzige System, das alle Anforderungen erfülle, müsse „in der Straße selbst" installiert werden, also in der Infrastruktur.

Zworykins Ansatz basierte auf zwei Komponenten: einem Führungskabel für die Querführung und rechteckigen Drahtschleifen, die in die Fahrbahn eingelassen wurden, für die Längsführung. Fahrzeuge sollten, einem „Kabel mit Hochfrequenzstrom in der Fahrbahnmitte" folgend – ein direkt vom der Eisenbahn übernommenes Konzept – automatisch die Spur halten. Sechs mal zwanzig Fuß große Detektorschleifen in der Straße sollten Kollisionen vermeiden, indem sie das Vorhandensein und die Geschwindigkeit eines Fahrzeugs erfassen und ein Warnsignal an das nachfolgende Fahrzeug senden: „Wenn ein Fahrzeug eine Schleife überfährt, wird die Induktivität der Schleife durch das Metall des Fahrzeugs verändert", erklärt Zworykin.[6] Dieses Signal wird dann von einer „elektronischen Schaltung" unter der Straße erkannt. Sie erzeugt eine „fliegende Spur" von Warnsignalen, die Gaspedal und Bremsen des nächsten Fahrzeugs auslösen.

Zworykin betont, dass die Kabel in der Straße auch als „Kommunikationssystem" genutzt werden könnten. Die Straßenbehörde könnte Warnungen direkt an den Fahrer senden, „eine vollständige, sofortige Darstellung der Verkehrslage" erhalten und messen, ob alle Fahrzeuge die Geschwindigkeitsbegrenzungen einhalten.

---

[5] Zworykin, Vladimir K. 1959. The Human Aspect of Engineering Progress. The Fourth Clerk Maxwell Memorial Lecture, 1. Juli 1959, Cavendish Laboratory, Cambridge. *Journal of the British Institution of Radio Engineers*, September 1959, S. 537.

[6] Ebd., S. 538.

Abb. 2.1 Eine Illustration des Warnsystems von RCA, 1961 (Quelle: RCA. Bildquelle: Flory (1961), S. 272)

Zworykin sah 1959 vor, dass das System in drei Stufen entwickelt werden könnte. Zunächst würde nur die Straße ausgerüstet. „Detektoren schalten Warnleuchten“ über vorausfahrende Fahrzeuge ein, wenn die Sicht durch einen Hügel, eine Kurve oder Nebel behindert ist (Abb. 2.1). In der nächsten Stufe sollten die Fahrzeuge ausgerüstet werden, um diese Warnungen zu erkennen. Dem Fahrer sollten optische oder akustische Signale gegeben werden. In der dritten Stufe würden Fahrzeuge Lenkung und Geschwindigkeitsregelung automatisch anpassen. Zworykin betont, dass diese drei Stufen auch „viele Jahre nebeneinander bestehen“ könnten.[7]

Unter der Leitung von Zworykin wurde dieses elektronische Schnellstraßenkontrollsystem von den RCA-Ingenieuren Leslie E. Flory, George W. Gray und Winthrop S. Pike entwickelt.[8] 1953 demonstrierte das RCA-Team erstmals ein verkleinertes System mit Modellautos (1:5) im Labor des RCA Centers. Nach Angaben des Historikers James Wetmore wurde es gemeinsam mit General Motors (GM) entwickelt[9], die 1956 unter der Leitung von J. B. Bidwell mit Arbeiten an Automatisierungskonzepten begannen. 1956 popularisierte GMs Werbeschau Motorama die führungskabelgebundene Schnellstraße mit dem Konzeptfahrzeug Firebird II. Bald zeigten auch öffentliche Stellen Interesse an der Idee: Laut dem RCA-Journal *Electronic Age* ließen sich der Verkehrsingenieur Leland M. Hancock und sein Direktor, L. N. Ress, Staatsingenieur des Department of Roads des

[7] Ebd., S. 539.

[8] Autor unbekannt, Highway of the future. In *Electronic Age (RCA- Journal),* Januar 1958, Bd. 17, Nr. 1, S. 13.

[9] Wetmore 2003, S. 6.

Bundesstaates Nebraska, von einem Artikel über das Experiment im Colliers Magazine inspirieren.[10] Sie beschlossen, das System in Zusammenarbeit mit RCA auf einer realen Schnellstraße zu erproben.

Die erste vollständige Straßeninstallation des Systems wurde am 10. Oktober 1957 auf einem 400 Fuß (122 m) langen Abschnitt einer neu gebauten Straßenkreuzung von US Route 77 und Highway 2 am Stadtrand von Lincoln, Nebraska, vorgeführt.[11] Nahezu einhundert staatliche und bundesstaatliche Beamte, Vertreter der Automobilindustrie und Medienvertreter nahmen an der RCA-Demonstration teil.[12] Während das Auto einer elektronischen Spur folgte, wiesen Presseberichte auf die Ähnlichkeiten der Testfahrten in Nebraska und bei GM mit den Prinzipien der Eisenbahn hin.[13]

Während dieses Experiments wurde nur die laterale Steuerung – das Halten der Fahrspur – mit dem Leitdraht automatisiert. Eine automatische Längsregelung wurde bei diesem Ereignis nicht gezeigt – der Fahrer musste die Beschleunigung manuell anpassen. Doch „es ersetzte das Sehvermögen des menschlichen Fahrers“, wie Torchinsky feststellte.[14] Laut *Electronic Age* gaben ferngesteuerte Warnleuchten dem Fahrer optische und akustische Warnsignale, wenn er einem vorausfahrenden Fahrzeug zu dicht folgte. Die Windschutzscheibe des Chevrolet Bel Air-Testfahrzeugs war abgedeckt, und der Fahrer passte die Geschwindigkeit anhand einer ausschlagenden Nadel auf einem M1-Fahrzeugdetektormessgerät[15] im Innenraum an, entworfen von Leland Hancock. Ein Video vom Testlauf bestätigt diese Konfiguration.[16] Es ist offensichtlich, dass dieses Experiment gefährlich war: In einem Moment musste ein Testfahrer das System abschalten – er hatte vergessen, einen Schalter umzulegen, und war im Begriff, auf ein vorausfahrendes Auto aufzufahren.[17] Aus heutiger Sicht ist das Experiment jedoch bedeutsam, da es die erste Demonstration eines infrastruktur-basierten Fahrerassistenzsystems in einer realen Autobahnsituation und eine frühe Version einer intelligenten Straße

[10] Autor unbekannt, Highway of the future. In *Electronic Age (RCA- Journal),* Januar 1958, Band 17, Nummer 1, S. 13.

[11] Zworykin 1959, S. 540, und unbekannter Autor, Highway of the future. In *Electronic Age,* Januar 1958, Band 17, Nummer 1, S. 12f.

[12] Fallon, Michael. 2019. *Self-Driving Cars, the New Way Forward,* S. 30. Minneapolis.

[13] Mann, Martin, 1958 Mai. The Car That Drives Itself. *Popular Science,* 172, S. 75–79 und 226–227.

[14] Torchinsky, Jason. 2019. *Robot, Take the Wheel: The Road to Autonomous Cars and the Lost Art of Driving,* S. 60. New York.

[15] Verschiedene Fahrzeugdetektoren aus diesem Testlauf befinden sich heute im Bestand der Nebraska State Historical Society (siehe Nebraska State Historical Society, Online-Archiv, online unter: https://nebraskahistory.pastperfectonline.com/search?utf8=✓&search_criteria=%22automatic+driving%22&searchButton=Search (abgerufen am 18. Juni 2019)).

[16] Bildquelle: JournalStarNews (Youtube-Konto), Driverless Car (Videotitel). In Youtube, hochgeladen am 13. September 2017, online unter: https://www.youtube.com/watch?v=Eufcsa46gGk (abgerufen am 13. Juni 2019).

[17] Fallon, Michael, 2019. *Self-driving cars, The new way forward,* S. 30. Minneapolis.

Abb. 2.2 RCA-Demonstration mit zwei Chevrolet Impala in Princeton am 5. Juni 1960. Der Unicontrol-Joystick ist links neben dem Fahrersitz positioniert. (Credits: RCA. Bildquelle: Kurman 2017)

war. RCA war zuversichtlich, dass automatische Autobahnen 20 Jahre später, also 1975, realisiert würden.

Am 14. Februar 1958 testete General Motors die Führungsfunktion auf einer Teststrecke in Originalgröße im Technical Center von GM in Warren, Michigan. In einer Pressemitteilung wurde das Fahrzeug als erstes „automatisch geführtes Automobil" vorgestellt,[18] ein Chevrolet von 1958 folgte einem Führungskabel von einer Meile Länge bei niedrigen Geschwindigkeiten, bis zu 15,65 m/s (35 mph).[19]

Am 5. Juni 1960 wurde das System auf der viertel Meile langen Oval-Teststrecke im Hauptquartier von RCA David Sarnoff in Princeton, New Jersey, vorgeführt. Reporter waren eingeladen, in zwei Chevrolet Impala-Testfahrzeugen mitzufahren, von denen eines kein Lenkrad, sondern einen Joystick namens Unicontrol besaß (Abb. 2.2).[20] Neben der Teststrecke präsentierte GM auch ein Modell des Systems im Maßstab 1:40.

[18] General Motors: „An automatically guided automobile cruised along a one-mile check road at General Motors technical Center today…", Pressemitteilung, USA 1953.

[19] Fenton, Robert E., und Robert J. Mayhan. 1991 Februar. Automated Highway Studies at the Ohio State University – An Overview. *IEEE Transactions on Vehicular Technology* 40 (1), S. 107. (zitiert nach: Zworykin, Flory, 1958 und Gardels, K. 1960. *Automatic car controls for electronic highways.* General Motors Research Laboratories, Rep. GMR-276. Warren, MI).

[20] Ingraham, Joseph C. 1960. Electronic Roads Called Practical; New System of Guiding Cars Safely on Highways Is Shown at Princeton Fruit of 7 Years' Study R.C.A. and G.M. Jointly Conducted It – Full Use Seen 15 Years Away. *The New York Times,* 6. Juni, 1960.

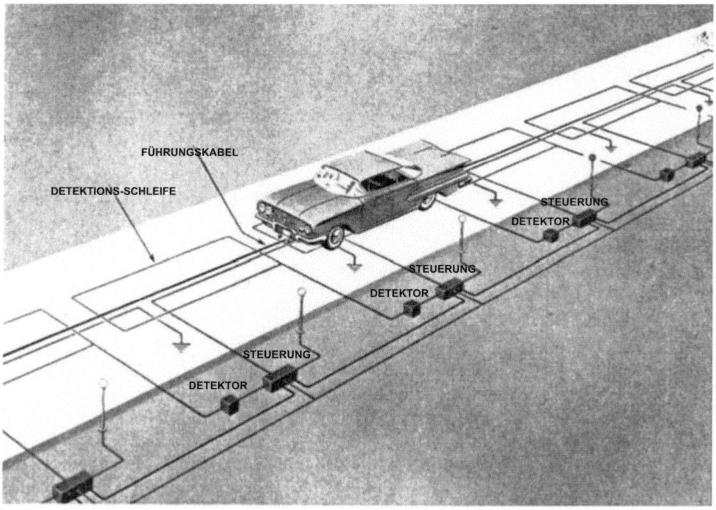

Abb. 2.3 Grafische Darstellung des Führungskabelsystems. (Credits & Bildquelle: Flory, L. E., Electronic Control of Highway Vehicles, Mai 1961, S. 271)

Entlang der Straße wurde eine Kette von transistorisierten Detektorschaltungen installiert (siehe Abb. 2.3), die jeweils mit rechteckigen Drahtschleifen in der Fahrbahn verbunden waren. Dieses System konnte die Position, Richtung und Geschwindigkeit jedes metallischen Fahrzeugs auf der Oberfläche erfassen. Zwei Messgeräte auf dem Armaturenbrett zeigten die Geschwindigkeit und den Abstand zum vorausfahrenden Fahrzeug an. Die Presse bezeichnete dies als „intelligente Straße", ein Begriff, der heute wieder verwendet wird.[21] Nach Ümit Özgüner et al. zeigten die Testfahrzeuge von GM automatisierte „Spurverfolgung, Spurwechsel- und Fahrzeugfolgefunktionen".[22] Wir konnten jedoch keinen Nachweis für Spurwechselfunktionen finden. Das System war zudem in zwei weiteren Aspekten sehr begrenzt: Erstens weist James Wetmore darauf hin, dass der Fahrer nicht vollständig aus dem Regelkreis entfernt wurde, da das System von GM nur für Autobahnen vorgesehen war. In ländlichen Gebieten und Städten musste der Mensch das Lenkrad wieder übernehmen.[23] Zweitens stellten die hohen Investitionen, die zur Realisierung eines solchen Systems notwendig gewesen wären, ein Hindernis dar: RCA-Beamte schätzten, dass das System etwa 10 % zu den Baukosten der Straße hinzufügen würde – „100.000 $ pro Meile über die gesamte Strecke."[24] Doch zu Beginn der 1960er Jahre war dies der Stand der Technik in der Fahr-

---

[21] Quigg, Doc. 1960, 7. Juni. Reporter Rides Driverless Car. In *The Press-Courier.*

[22] Özgüner, Ümit, Tankut Acarman und Keith Alan Redmill. 2011. *Autonomous Ground Vehicles,* S. 3. Boston, London.

[23] Wetmore 2020.

[24] Kilbon, Kenyon. 1960, Herbst. Tomorrow's Thruway is Here Today! *Electronic Age,* S. 29.

zeugautomatisierung: Zur gleichen Zeit begannen das Road Research Laboratory in Großbritannien und das Government Mechanical Laboratory in Japan ebenfalls mit Tests von Führungskabeln (siehe Abschn. 3.2 und 4.1).

2.1.2 Fahrzeugsteuerungsstudien an der Ohio State University (1964–1980)

Das ursprünglich von der Elektronik- und Automobilindustrie erfundene und getestete Leitdrahtkonzept wurde in den folgenden Jahrzehnten zum Gegenstand akademischer Forschung. Von 1964 bis 1980 wurde an der Ohio State University (OSU) unter Leitung des Elektroingenieurs Robert E. Fenton und unter der Führung von Robert L. Cosgriff, dem Leiter des Communication and Control Systems Laboratory der Universität, ein ambitioniertes Programm zu dem, was heute als Automated Highway Systems (AHS) bezeichnet wird, durchgeführt.

Die Forschungsanstrengungen wurden durch die wachsende Zahl von Fahrzeugen und Verkehrsunfällen in den Vereinigten Staaten motiviert. Das Hauptziel des Programms war die Entwicklung von „Reglern für die Längs- und Querführung von Fahrzeugen."[25] Es wurde vom Ohio Department of Highways und dem Bureau of Public Roads (BPR), später dem Department of Transportation (DOT) und schließlich von der Federal Highway Administration (FHWA) finanziert. Es wurde Teil eines großen AHS-Programms, das vom BPR Ende der 1960er Jahre initiiert wurde.[26]

Die Arbeiten von Fenton werden in der Literatur zum automatisierten Fahren regelmäßig erwähnt, eine detailliertere Darstellung fehlt jedoch bislang.[27] Aus diesem Grund gibt der folgende Abschnitt einen chronologischen Überblick über die wichtigsten technischen Konzepte, die an der OSU entwickelt wurden.

Die Untersuchung von Abstandsregelsystemen begann bereits 1962.[28] Die ersten Regelungsstudien „konzentrierten sich auf die Situation, in der ein Fahrzeug einem vorausfahrenden Fahrzeug unter quasi-stationären Bedingungen folgt",[29] das heißt ohne Geschwindigkeitsänderungen.

---

[25] Fenton, Mayhan, 1991, S. 100.

[26] Fenton, Robert E. 1994 Dezember. IVHS/AHS: Driving into the Future. *IEEE Control Systems Magazine* 14 (6), S. 14.

[27] Shladover, Steven E., Jane Lappin, Robert P. Denaro und Bryant Walker Smith. 2018. Introduction: The Transportation Research Board's 2013 Workshop on Road Vehicle Automation. In *Road Vehicle Automation,* Hrsg. Gereon Meyer und Sven Beiker. Cham, Heidelberg, New York, Dordrecht, London, S. 7 und Özgüner, Ümit, Tankut Acarman und Keith Alan Redmill. 2011. *Autonomous Ground Vehicles,* S. 3. Boston, London.

[28] Fenton, Robert E. 1970 Februar. Automatic Vehicle Guidance and Control – A State of the Art Survey. *IEEE Transactions on Vehicular Technology VT* 19 (1), S. 155.

[29] Fenton, Mayhan 1991, S. 102.

Von 1964 bis 1971 untersuchte das OSU-Programm die Längsregelung in einer *asynchronen* Umgebung – einem Netzwerk von Fahrzeugen ohne systemweites Synchronisationssignal. In diesem Szenario konnte ein Fahrzeug jederzeit in ein automatisiertes Schnellstraßensystem einfahren, indem es lediglich anderen gesteuerten Fahrzeugen folgte. Bei Feldversuchen wurden das Überholen eines vorausfahrenden Fahrzeugs, Notbremsungen und das Folgen eines Fahrzeugs bei Geschwindigkeiten „bis zu 30 m/s" getestet, berichtet Fenton.[30]

Im November 1967 testete die Ohio State University ein Längsregelsystem mit einer Plymouth-Limousine von 1965.[31] Bremsen, Beschleunigung und Lenkung wurden durch ein elektrohydraulisches Regelungssystem im geschlossenen Regelkreis betätigt. Am Beispiel der Steuerung der Drosselklappe erläutert Fenton: „Das Eingangssignal wurde mit einem Signal von einem Potentiometer verglichen, das mit dem Systemausgang – der Stellung der Drosselklappe – gekoppelt war. Das entstehende Fehlersignal wurde an ein elektrohydraulisches Steuerventil angelegt, das wiederum einen hydraulischen Stellantrieb steuerte, der mit der Drosselklappe verbunden war."[32] Dasselbe System wurde auch für die Brems- und Lenkmechanismen eingesetzt.

Ein Analogrechner mit 9 Festkörper-Operationsverstärkern und 8 Potentiometern zur Datenerfassung war im Kofferraum des Fahrzeugs installiert.[33] Die Daten wurden auf einem Vierkanal-FM-Magnetbandgerät aufgezeichnet und später im Labor auf einem Analogrechner ausgewertet.[34] Ein benzinbetriebener Motor-Generator auf dem Forschungsfahrzeug diente zur Stromversorgung des bordeigenen Analogrechners und der Aufzeichnungsgeräte.[35]

Für die Querführung des Fahrzeugs wurde ein Leitdraht verwendet, aber auch die Geschwindigkeit und der Längsabstand zwischen zwei Fahrzeugen mussten geregelt werden. Allerdings war Ende der 1960er Jahre kein Sensor für ein Abstandsregelsystem verfügbar. Ein fahrzeugmontiertes Doppler-Radar und ein Infrarotsystem befanden sich in der Entwicklung,[36] aber es war offensichtlich, dass sie „noch viele Jahre nicht verfügbar sein würden".[37] Dies ist ein sehr wichtiger Punkt, da ein technologischer Ersatz für den fehlenden Sensor gefunden werden musste.

---

[30] Fenton, Mayhan 1991, S. 103 und Fenton 1994, S. 18.

[31] Fenton, Robert E., Robert L. Cosgriff, Karl W. Olson und Lyle M. Blackwell. 1968 April. One Approach to Highway Automation. *Proceedings of the IEEE* 56 (4), S. 559 und Bender, James G., Robert E. Fenton und Karl W. Olson. 1971 November. An Experimental Study of Vehicle Automatic Longitudinal Control. *IEEE Transactions on Vehicular Technology* VT-20 (4), S. 118.

[32] Bender, James G. und Robert E. Fenton. 1969 November. A Study of Automatic Car Following. *IEEE Transactions on Vehicular Technology* VT-18 (3), S. 136.

[33] Fenton et al. 1968, S. 559.

[34] Bender et al. 1971, S. 118.

[35] Fenton et al. 1968, S. 559.

[36] Bender et al. 1971, S. 118.

[37] Fenton, Mayhan 1991, S. 103.

Im ersten Teil des Testprogramms wurde die *Längsregelung* durch die Simulation eines zu folgenden „Phantom"-Fahrzeugs realisiert, das durch ein Signal repräsentiert wurde, welches in den Bordcomputer eingespeist wurde.[38] Dieses virtuelle Fahrzeug lieferte die Geschwindigkeitsvorgaben für das folgende Fahrzeug. In der zweiten Phase wurden Abstand und Geschwindigkeit zwischen dem gesteuerten und dem vorausfahrenden Fahrzeug über eine „mechanische Aufwickelrolle"[39] oder „Jo-Jo",[40] auch „federgetriebenes Band" genannt,[41] erfasst. Eine „Aufwickeltrommel" mit einem Kabel war an der vorderen Stoßstange des Testfahrzeugs montiert. Das Kabel war mit dem Heck eines vorausfahrenden Fahrzeugs verbunden und wurde gespannt gehalten, was den Eindruck einer „Abschleppvorrichtung" vermittelte, wie ein Journalist beobachtete.[42] Mit dieser physischen Verbindung wurde der Abstand zwischen dem vorausfahrenden und dem folgenden Fahrzeug kontinuierlich gemessen – es war eine Möglichkeit, elektronisches Feedback zu simulieren. Das Kabel ermöglichte es dem Testfahrzeug, dem vorausfahrenden Fahrzeug zu folgen und dabei einen definierten Abstand, von den Ingenieuren als „headway" bezeichnet, einzuhalten. Ein ähnliches System wurde auch an der Technischen Hochschule Darmstadt in Deutschland eingesetzt – ein Kabel zwischen zwei Fahrzeugen diente zur Abstandsmessung zum vorausfahrenden Fahrzeug.[43]

Es ist offensichtlich, dass dieses mechanische Kabelsystem nicht für den allgemeinen Straßeneinsatz entwickelt wurde, sondern ausschließlich experimentellen Zwecken diente. Heute wird es durch Radar, Lidar, Bildverarbeitungssysteme sowie Daten anderer Fahrzeuge und von der Straßeninfrastruktur ersetzt.[44]

Die OSU-Ingenieure arbeiteten auch an einer radikalen Modifikation der Mensch-Maschine-Schnittstelle des Fahrzeugs: Das Lenkrad und das Gaspedal wurden entfernt,[45] lediglich die Bremsen blieben aus Sicherheitsgründen angeschlossen. Falls erforderlich, konnte das Fahrzeug manuell mit einem neuen „Steuerknüppel" gesteuert werden, der von Fenton entworfen wurde: „Nach vorne drücken und man beschleunigt; zurückziehen und man bremst; nach links oder rechts neigen und schon fährt man in diese Richtung."[46]

[38] Bender et al. 1971, S. 118, Fenton et al. 1968, S. 559.

[39] Fenton et al. 1968, S. 557.

[40] Bender et al. 1971, S. 118.

[41] Özgüner, Ümit, Tankut Acarman und Keith Alan Redmill. 2011. *Autonomous Ground Vehicles*, S. 3. Boston, London.

[42] Hartford, Bill. 1967, April. You ‚Fly' this Car with a Stick. *Popular Mechanics*, S. 207.

[43] Hartwich, Erwin und Walter Zimdahl. 2012. Regelung von Straßenfahrzeugen: Ein Zeitzeugenbericht aus dem Institut von Prof. W. Oppelt, TH Darmstadt. *at-automatisierungstechnik* 60 (6), S. 341.

[44] Fenton, Robert E. 1994, Dezember. IVHS/AHS: Driving into the Future. *IEEE Control Systems Magazine* 14 (6), S. 18.

[45] Bender et al. 1971, S. 118.

[46] Hartford 1967, S. 88.

Abb. 2.4 Die beweglichen Empfangsspulen des 1965er Plymouth-Versuchsfahrzeugs der Ohio State University. (Quelle: OSU. Bildquelle: Fenton et al. 1968, S. 564)

Leider waren die Ergebnisse mit dem Steuerknüppel nicht zufriedenstellend, da die vollständige Fahrzeugsteuerung nur mit zwei Bewegungsebenen erfolgen musste. Dies erforderte eine gute Koordination, um Geschwindigkeits- und Lenkbefehle gleichzeitig zu regeln. Da es kein „Gefühl" für die Bremsen gab, führte dies zu übermäßigem Bremsdruck. Und die Lenkung war nur bei Geschwindigkeiten über 30 mph zufriedenstellend.[47]

Daher wurde ein weiterer Steuerknüppel entwickelt, der zwischen Fahrer- und Beifahrersitz montiert war – ähnlich dem Unicontrol im Firebird III Konzeptfahrzeug, das GM 1958 vorgestellt hatte. Die Ingenieure integrierten einen kleinen Finger, „der sich proportional zu Abweichungen im Abstand nach vorne aus dem Kopf zurückzieht oder hervortritt."[48] Dieser Mechanismus bot eine „taktilen Unterstützung für den Fahrer". Das Labor untersuchte auch „akustische und visuelle Methoden, um den Fahrer darauf hinzuweisen, dass er abdriftet, aber keine war so effektiv wie das taktile System."[49]

Während die longitudinale Steuerung von Fahrzeugen in den 1960er und 1970er Jahren von vielen Gruppen untersucht wurde, waren die OSU-Experimente und eine Studie von GMC mit einem busähnlichen Fahrzeug die einzigen beiden

[47] Fenton et al. 1968, S. 563.

[48] Hartford 1967, S. 89.

[49] Ebenda, S. 207.

Untersuchungen in den USA, die bis zu Feldtests der Steuerungen fortschritten.[50] Die Experimente mit der Aufwickelrolle und dem Steuerknüppel wurden auf einer 4,5 Meilen langen, geraden Landstraße[51] „in der Nähe von Ashville, Ohio, und auf einem noch nicht eröffneten 8,05 km langen Abschnitt der Interstate 70 bei Columbus, Ohio" durchgeführt.[52] Später wurden die Tests auf dem Testgelände des Transportation Research Center (TRC) von Ohio durchgeführt, das 70 Meilen miteinander verbundene Teststrecken umfasste.[53]

Laut Fenton wurde das System auf diesen Straßen mit einer Durchschnittsgeschwindigkeit von 30 und 40 mph getestet.[54] In anderen Veröffentlichungen behauptet Fenton jedoch, dass das longitudinale Steuerungssystem bei Geschwindigkeiten von bis zu 65 mph (104 km/h)[55] und sogar „bis zu 70 mi/h" getestet wurde.[56]

1969 schlugen Fenton und sein Kollege Karl Olson vor, ein zentral gesteuertes System automatisierter Autobahnen mit Ein- und Ausfahrten zu entwickeln, während alle anderen Straßen nicht automatisiert bleiben sollten.[57] Das Hauptversprechen war, dass dieses *Dual-Mode-System* die Fahrstreifenkapazität der Autobahnen erhöhen und Verkehrsunfälle reduzieren würde. Um dieses System zu realisieren, übernahmen die Ingenieure die evolutionäre Vision von Zworykin – wie in den vorangegangenen Kapiteln ausführlich dargestellt. Künftige elektronische Autobahnen sollten sich aus den heutigen entwickeln und dabei drei Entwicklungsstufen durchlaufen: Beginnend mit Fahrerassistenzsystemen, sollten Fahrzeuge in der zweiten Stufe teilweise automatisiert werden und schließlich in der letzten Stufe den Übergang zur vollständigen automatischen Fahrzeugsteuerung erreichen.[58]

Der fehlende Sensor „war der Hauptgrund für den Wechsel der OSU-Aktivitäten zum Punktfolge-Ansatz",[59] auch *synchronisierte* longitudinale Steuerung genannt. Fenton und Mayhan erklären, dass das Auto den synchronen Signalen eines „imaginären Förderbands folgt, das in gleichmäßig beabstandete Felder unterteilt ist und sich mit konstanter Geschwindigkeit durch ein Autobahnnetz bewegt. Jedem elektronischen Feld würde höchstens ein Fahrzeug zugewiesen, und dieses Fahrzeug müsste sich stets im Zentrum des Feldes halten." Dieses System erfordert die Synchronisation des gesamten Netzes auf einer speziellen Spur eines automatisierten Autobahnsystems (AHS). Allerdings „erfordern alle synchronen

[50] Fenton 1994, S. 18.

[51] Fenton et al. 1968, S. 562.

[52] Fenton et al. 1968, S. 565 und Bender et al. 1971, S. 118.

[53] Fenton et al. 1968, S. 565.

[54] Ebenda, S. 562.

[55] Fenton, Robert E., und Karl W. Olson. 1969, Juli. The Electronic Highway. *IEEE Spectrum,* S. 64.

[56] Fenton 1970, S. 155.

[57] Fenton, Olson, 1969, S. 60–66.

[58] Ebenda, S. 61.

[59] Fenton, Mayhan 1991, S. 103.

Ansätze aktive Elektronik im Fahrbahnbelag oder am Straßenrand".[60] OSU arbeitete Mitte der 1970er Jahre an dieser sektorbasierten Steuerung von Fahrzeugen.[61]

Von den späten 1960er Jahren bis 1979[62] wurden an der OSU Studien zur automatisierten lateralen Steuerung mit Führungsdrahtkabeln durchgeführt, die ein Magnetfeld erzeugten.[63]

Wie im vorangegangenen Kapitel gezeigt, wurde diese Technologie erstmals in den 1950er Jahren von RCA und GM[64] entwickelt. In den 1960er Jahren arbeitete auch das britische Road Research Laboratory auf diesem Gebiet.[65] In diesen frühen Konzepten wurde nur ein einziges Kabel in die Straße eingelassen. Das „Kabel wird durch Wechselstrom angeregt, der in der Umgebung des Kabels ein Magnetfeld erzeugt. Dieses Feld induziert in jeder der abgestimmten Empfangsspulen, die beidseitig der Fahrzeugmittellinie angebracht sind, eine Spannung. Die Differenz dieser Spannungen wird genutzt, um die Position des Fahrzeugs relativ zur Fahrstreifenmittellinie zu bestimmen und die Lenksteuerung zu betätigen."[66]

Ein Hauptproblem dieses Systems war das Vorhandensein von Eisenmaterialien auf der Straße sowie die Stahlbewehrung von Straßen und Brücken – beides führte zu Fehlern. Daher testeten die OSU-Forscher 1967 ein System mit zwei Kabeln an beiden Straßenseiten und einem Phasendetektionssystem.[67] Es hatte den Vorteil, den Erfassungsbereich von 2 Fuß (Abstand zwischen den Empfangsspulen im Ein-Kabel-System) auf 8 Fuß (Abstand zwischen den beiden Kabeln) zu vergrößern.[68] Beeinflusst von diesen US-amerikanischen Experimenten untersuchte das Government Mechanical Laboratory in Japan im Mai 1968 ebenfalls das Zwei-Kabel-System (siehe Abschn. 3.2.2).

OSU entwickelte eine experimentelle Sensoranordnung für das Zwei-Kabel-System: Zwei vertikal und horizontal arbeitende Empfangsspulen wurden „in einer Kunststoffkapsel an der Fahrzeugfront" montiert.[69] Die Spulenkapsel bewegte sich an einem schwenkbaren Arm, „der mechanisch mit dem Lenksystem verbunden war."[70] Das folgende Bild (Abb. 2.4) zeigt die Vorderräder beim Linkseinschlag und die Spulenkapsel auf der linken Seite des Fahrzeugs.

[60] Fenton 1994, S. 18.

[61] Fenton, Mayhan 1991, S. 111.

[62] Ebenda, S. 106.

[63] Fenton, Olson 1969, S. 65.

[64] Flory, Leslie E., et al. 1962 September. Electronic techniques in a system of highway vehicle control. *RCA Review* 23, S. 293–310.

[65] Giles, G.C., Martin, J.A. 1969 Juli. Cable installation for vehicle guidance investigations in the new research track at Crowthorne, Rept. RN/40 57/CGG, JAM, Road Research Laboratory, Crowthorne, England (zit. n.: Fenton, Robert E., Olson, Karl W. The electronic highway. *IEEE spectrum,* S. 66).

[66] Fenton et al. 1968, S. 564.

[67] Ebenda und Fenton, Mayhan 1991, S. 107.

[68] Fenton et al. 1968, S. 564.

[69] Fenton et al. 1968, S. 564 und Fenton, Olson 1969, S. 66.

[70] Fenton et al. 1968, S. 564.

Das System wurde bei Geschwindigkeiten von bis zu 70 mph (112 km/h) getestet, funktionierte jedoch wiederum nur auf Straßen „ohne eingelassene Stahlarmierung“.[71] Da die Störeinflüsse von Eisenmaterialien zu großen Querbeschleunigungen und damit zu erheblichem Unbehagen für die Fahrgäste führten, war das System auf diesen Straßen bei Geschwindigkeiten über 30 mph „unbrauchbar“.[72]

Schließlich beschloss die FHWA im Jahr 1977, die Entwicklung aktiver kabelgeführter Referenzsysteme am Straßenrand oder unter der Fahrbahn aufzugeben.[73] Nach Kürzungen im DOT/FHWA-Budget wurde die Testanlage geschlossen. Laut Fenton und Mayhan stellte die OSU daraufhin alle Studien zu Leitdrahtsystemen ein. Lediglich passive Vorrichtungen wie ein Leitplankenreflektor, der von einem seitlich ausgerichteten Radar erkannt werden konnte, wurden weiterentwickelt. „Das Drahtfolgesystem erfordert eine aktive Quelle in der Fahrbahn, während der Radaransatz lediglich eine passive Leitplanke vorsieht, wobei sich das aktive Gerät im Fahrzeug befindet.“[74] Mit dem Amtsantritt der Reagan-Regierung im Jahr 1981 wurden die Mittel des BPR für Verkehrssysteme drastisch gekürzt. Bis Mitte der 1980er Jahre wurde die Forschung zu automatisierten Transportsystemen eingestellt.[75]

2.1.3 *Bendix: Leitdrahttests für ein Personal Rapid Transit (PRT)-System*

Ein weiteres System, das Leitdrähte verwendete, soll hier kurz erwähnt werden. Es wurde Ende der 1960er Jahre von der Aerospace-Abteilung der Bendix Corporation in Ann Arbor entwickelt. Das Forschungsprogramm wurde vom Applied Physics Laboratory der Johns Hopkins University und dem Department of Transportation gefördert. Drei schwedische, auf DAF basierende Kalmar-Kleinlieferwagen (Tjorven) fuhren auf einer 5500 Fuß langen Teststrecke in Ann Arbor, die 1971 im Bau war.[76] Leitdrähte hielten die Fahrzeuge in Kontakt mit einem Computer-Kontrollzentrum, das eine sichere Route festlegte und den Abstand zwischen den fahrerlosen Fahrzeugen berechnete, gemessen durch Mikrowellensysteme.[77]

---

[71] Fenton, Olson 1969, S. 66.

[72] Fenton et al. 1968, S. 564.

[73] Fenton, Mayhan 1991, S. 107, 111.

[74] Fenton 1994, S. 16.

[75] Ebd., S. 15 und Ioannou, Petros A., 1997. Introduction. In *Automated Highway Systems,* Hrsg. Ioannou, Petros A, S. 4. New York/London.

[76] Autor unbekannt, Firm Devises Driverless Vehicle Controls. *Ann Arbor News,* 30. Juni 1972, online in: https://aadl.org/aa_news_1972060-firm_devises_driverless_vehicle_controls (abgerufen am 18. Juni 2019).

[77] Autor unbekannt, Bendix Works On Automatic Vehicle Project. *Ann Arbor News,* 19. Juni 1970, online in: https://aadl.org/aa_news_19700619-bendix_works_on_automatic_vehicle_project (abgerufen am 13. Juni 2019).

Ziel dieser Testanlage war es nicht, automatisierte Automobile zu entwickeln, sondern Abstandsmesssysteme für ein Personal Rapid Transit (PRT)-System zu erforschen. Diese schienengebundenen Systeme bestanden aus vollautomatischen Kleinfahrzeugen für 20 Passagiere, die auf computergesteuerten Fahrwegen verkehrten. Ein weiteres Konzept, genannt „People Mover", wurde entwickelt, um nach Fahrplan mit wesentlich kürzeren Intervallen als Busse zu verkehren. Beide Systeme waren nicht als Konkurrenz zum Automobilsystem gedacht, sondern sollten den öffentlichen Nahverkehr auf Flughäfen oder in Einkaufszentren revolutionieren.

2.2 Der Aufstieg der mobilen Roboter

Nach diesem Überblick über die Leitkabel-Experimente wenden wir uns nun einer ganz anderen Art der Technologieentwicklung zu, die etwa zur gleichen Zeit im Bereich der Robotik entstand. Es handelt sich um die Geschichte autonomer mobiler Roboter, die gegen Ende des Zweiten Weltkriegs begann. Langfristig waren die Entwicklungen in diesem Bereich für alle Arten der Fahrzeugautomatisierung weitaus bedeutsamer als die frühen Konzepte der Kabelsteuerung.

Zu den frühesten Anwendungen gehörten die „Turtles" oder „Schildkröten"-Roboter, die 1948 und 1949 vom Neurophysiologen William Grey Walter (1910–1977) entwickelt wurden.[78] Sie trugen die Namen Elmer und Elsie (Electromechanical Robot, Light-Sensitive) und waren mit Motoren, Relais und Fotozellen ausgestattet. Sie bewegten sich auf Lichtquellen zu, prüften Hindernisse und änderten ihre Richtung, um Kollisionen zu vermeiden. Damit waren sie die ersten mobilen Roboter, die durch Rückkopplung sinnvoll mit ihrer Umgebung interagierten.[79]

Ein weiteres Beispiel für einen frühen mobilen Roboter, der durch Bordelektronik gesteuert wurde, war das *Beast* des Applied Physics Laboratory der Johns Hopkins University (1964). Gesteuert durch Sonarsensoren und Fotozellen konnte es sich in „weiß getünchten Korridoren auf die Suche nach dunkel gefärbten Steckdosen" machen.[80] War der Batteriestand niedrig, schloss es sich selbst an eine Steckdose an und lud sich wieder auf.

Allen diesen Robotern war gemeinsam, dass sie nicht stationär, sondern beweglich waren und rudimentäre Wahrnehmungstechniken nutzten. Die Roboter von Grey Walter wichen sogar Hindernissen aus. All diese Fähigkeiten – Wahrnehmung, Mobilität, Hinderniserkennung und -vermeidung – sind zentrale Elemente des autonomen Fahrens. Aus diesem Grund verdienen die Forschungsarbeiten im Bereich der mobilen Roboter einen wichtigen Platz in diesem Buch.

---

[78] Crevier, S. 31.

[79] Henderson, S. 15.

[80] Nilsson, Nils J. 2010. *The Quest for Artificial Intelligence, a History of Ideas and Achievements,* S. 162. New York: Cambridge University Press.

Der folgende Abschnitt beginnt mit einer kurzen historischen Einführung in die frühen Schritte der KI-Entwicklung in den Vereinigten Staaten von Amerika. Außerdem stellen wir den wichtigsten Akteur auf diesem Gebiet vor – DARPA, eine Behörde des Verteidigungsministeriums, die jahrzehntelang KI- und Robotikforschung förderte. Die Darstellung wurde um zwei Schlüsseldaten zentriert: Die Dartmouth-Konferenz 1956 und den Sputnik-Schock 1957. Der Hauptteil des Kapitels stellt dann zwei der einflussreichsten Roboter des 20. Jahrhunderts vor, das Stanford Cart und Shakey. Weltweit wurden noch viele weitere mobile Roboter entwickelt, doch mussten wir uns jene beschränken, die für das autonome Fahren am bedeutsamsten sind.[81]

2.2.1 KI-Forschung und die Gründung von DARPA

Künstliche Intelligenz ist ein Teilgebiet der Informatik, das nach Computerintelligenz sucht. Wissensmanagement, Wahrnehmung, Bildanalyse, Spracherkennung, Robotik und maschinelles Lernen sind die Hauptbereiche der KI. Sie basiert auf Erkenntnissen anderer Disziplinen wie Psychologie, Wirtschaftswissenschaften, Philosophie, Pädagogik und Neurowissenschaften.

Die Forschung zur Künstlichen Intelligenz begann 1956 mit einem zweimonatigen Workshop am Dartmouth College in Hanover, New Hampshire. Die Konferenz wurde vom Informatiker John McCarthy, dem Mathematiker Claude Shannon, dem Kognitionswissenschaftler Marvin Minsky und dem Informatiker Nathan Rochester organisiert. Heute gilt diese Konferenz als das „offizielle Geburtsdatum" eines neuen akademischen Feldes, das darauf abzielt, intelligente Maschinen zu bauen. Es ist üblich, die Geschichte der KI mit der Dartmouth-Konferenz beginnen zu lassen, doch sollte erwähnt werden, dass die Idee eines elektronischen Gehirns – einer denkenden Maschine – ohne die Beiträge dreier theoretischer Schulen nicht möglich gewesen wäre: Berechenbarkeit (Alan Turing), Informationstheorie (Claude Shannon) und Kybernetik (Norbert Wiener).

Im Konferenzprogramm hieß es, „jeder Aspekt des Lernens oder jedes andere Merkmal von Intelligenz kann prinzipiell so präzise beschrieben werden, dass eine Maschine in der Lage ist, es zu simulieren."[82] Nach dieser Annahme haben das menschliche Gehirn und ein Computer gemeinsam, dass sie keinen direkten Zugang zur Welt haben. Beide sind auf interne symbolische Repräsentationen der Außenwelt angewiesen. Aus dieser Perspektive ist Intelligenz nichts anderes als „die Fähigkeit, Symbole zu verarbeiten", erklärt der KI-Forscher Daniel Crevier. Diese Fähigkeit ist unabhängig von der Hardware, die sie unterstützt – „Reihen

---

[81] Für eine Darstellung weiterer mobiler Roboter siehe Meystel 1991.

[82] McCarthy, John; Minsky, Marvin; Rochester, Nathan; Shannon, Claude, A Proposal for the Dartmouth Summer Research Project on Artificial Intelligence (1955), zit. in: Crevier, Daniel. 1993. *The Tumultuous History of the Search for Artificial Intelligence,* S. 26. New York.

elektronischer Schalter in einem Digitalrechner oder feuernde Neuronen im Gehirn.“[83]

Es war John McCarthy, der dem Vorhaben, Computer zum Denken zu bringen, den Namen Künstliche Intelligenz gab.[84] Marvin Lee Minsky, ein Schüler McCarthys, der später das AI-Lab am Massachusetts Institute of Technology (MIT) gründete, definierte KI als „die Wissenschaft, Maschinen Dinge tun zu lassen, die Intelligenz erfordern würden, wenn sie von Menschen ausgeführt würden.“[85] Die Fähigkeit, Symbole nach bestimmten Regeln zu verknüpfen – *computation* genannt – wurde als Weg zur maschinellen Intelligenz angesehen.[86]

Seit ihrer Etablierung als Forschungsfeld folgte die Entwicklung der KI regelmäßigen Zyklen von Begeisterung und Enttäuschung. Die zehn Jahre von 1965 bis 1975 werden oft als das „Goldene Zeitalter“ der KI-Forschung bezeichnet. Die KI-Forschung konzentrierte sich auf Experimente mit großen, stationären Computern, die das menschliche Gehirn und die Fähigkeit zu denken untersuchten.[87] Ende der 1960er Jahre waren Computerprogramme erfolgreich beim Lösen von Problemen in Algebra und Geometrie, beim Beweisen von Theoremen, beim Lernen und Kommunizieren in vereinfachtem Englisch sowie beim Schachspielen.[88] Diese frühen Fortschritte verführten viele KI-Forscher dazu, optimistische Zeitpläne zu verkünden und überzogene Behauptungen aufzustellen.[89] Der KI-Pionier Herbert Simon prognostizierte, dass „Maschinen innerhalb von zwanzig Jahren jede Arbeit verrichten können, die ein Mensch tun kann.“ John McCarthy startete 1963 das Stanford-AI-Projekt mit dem Ziel, „innerhalb eines Jahrzehnts eine vollintelligente Maschine zu bauen“, und Marvin Minsky sagte 1967, dass nur sehr „wenige Bereiche des Intellekts außerhalb des Reichs der Maschinen bleiben werden“.[90]

Doch zu Beginn der 1970er Jahre blieben die versprochenen Ergebnisse aus. Die mangelnde Verarbeitungsgeschwindigkeit und der geringe Speicherplatz der Computer waren ein Faktor, der die Fortschritte begrenzte. Während Computer schwierige geometrische Probleme bearbeiten konnten, erwiesen sich scheinbar einfache Aufgaben wie Gesichtserkennung oder das Bewegen in einem Raum ohne Kollision als äußerst schwierig. Paradoxerweise, „leisten Maschinen Dinge gut, die Menschen schwerfallen, während sie bei dem, was uns leichtfällt, schlecht abschneiden“, betont der Informatiker Hans Moravec.[91] Besonders das maschi-

[83] Crevier, S. 48.

[84] Ebd., S. 49f., siehe auch Moravec, Hans. 1988. *MIND Children, The Future of Robot and Human Intelligence,* S. 8. Cambridge, London.

[85] Crevier, S. 9.

[86] Siehe Lenzen, Manuela. 2018. *Künstliche Intelligenz, Was sie kann & was uns erwartet,* S. 36. München.

[87] Siehe Moravec 1988, S. 16.

[88] Siehe ebd., S. 8f.

[89] Siehe Crevier, S. 6

[90] Ebd., S. 109.

[91] Moravec 1988, S. 9, siehe auch Crevier, S. 40.

nelle Sehen erwies sich als sehr komplex und machte in den 1970er Jahren kaum Fortschritte. Crevier beschreibt das maschinelle Sehen als „eine der härtesten Nüsse, die es in der KI zu knacken gilt“[92], da Computer nur mit Zahlen umgehen können und daher jedes Bild als Zahlenmatrix dargestellt werden muss.[93] Das Verteidigungsministerium zeigte Interesse an diesem Bereich und finanzierte daher Moravecs Forschung mit dem Stanford Cart.

Um die verschiedenen Konzepte des autonomen Fahrens, die in den folgenden Kapiteln detailliert werden, zu verstehen, sollten zwei Konzepte der KI im Hinterkopf behalten werden:

Die frühen Ansätze von Minsky und McCarthy „konzentrierten sich auf die Entwicklung künstlicher Denk- und Problemlösungsfähigkeiten sowie auf die Suche nach Wegen, Wissen so zu kodieren, dass es automatisch abgerufen und genutzt werden konnte.“[94] Crevier erklärt, dass diese klassischen KI-Ansätze auf die Schaffung einer symbolverarbeitenden Maschine abzielten, die über ihr Handeln nachdenken und einen Plan formulieren kann.[95] Dieser Fokus auf das Denken wird auch als *Top-down-Ansatz* der Maschinenintelligenz bezeichnet. Wie später gezeigt wird, folgte der Roboter Shakey diesem Konzept.

Hans Moravec vertritt einen anderen Ansatz: Er betont, dass Intelligenz immer mit „der Fähigkeit zur Wahrnehmung und Erkundung“ der Umgebung verbunden ist.[96] Seiner Ansicht nach sollte die KI-Forschung zunächst „Wahrnehmung und Mobilität“ erforschen. Komplexes Verhalten sollte aus einfachen Interaktionen entstehen.[97] Dies wird als *Bottom-up-Ansatz*[98] bezeichnet, der beispielsweise durch das späte Stanford Cart repräsentiert wird, wie wir in den folgenden Abschnitten sehen werden. Moravec schätzte 1988, dass vollintelligente Maschinen in 40 Jahren möglich sein sollten, wenn sich Top-down- und Bottom-up-Ansatz auf halbem Weg vereinen.[99]

Während der 1970er Jahre betrachteten die meisten Robotikforscher „Mobilität als unnötige Komplikation eines ohnehin schon überaus schwierigen Problems.“[100] Eine große Zahl von Forschungslaboren arbeitete mit Roboterarmen, die an Computer angeschlossen waren, „aber kaum eines verfügte über Roboterfahrzeuge“, betont Moravec. Dies erklärt die wichtige Rolle der mobilen Roboter und Forschungsfahrzeuge, die später vorgestellt werden.

---

[92] Crevier, S. 89, 91.

[93] Die Notwendigkeit, mit Konzepten zur Darstellung der raumzeitlichen (vierdimensionalen: 4-D) Welt und der Bewegungsprozesse von Objekten darin zu beginnen, wurde um 1980 erkannt, wie wir in Abschn. 4.3.1 sehen werden.

[94] Henderson, S. 90.

[95] Crevier, S. 36, 40.

[96] Moravec 1988, S. 16.

[97] Henderson, 90f.

[98] Moravec 1988, S. 17.

[99] Ebenda, S. 20.

[100] Moravec 1988, S. 13.

Seit den 1960er Jahren wurde der Großteil der Robotikforschung in den USA von der *Advanced Research Projects Agency* (ARPA) des US-Militärs, später bekannt als DARPA, finanziert. So förderte die Agentur beispielsweise Projekte am Massachusetts Institute of Technology (MIT), an der Carnegie Mellon University (CMU) und an der Stanford University mit Millionenbeträgen.[101] Daher soll im Folgenden ein kurzes Porträt dieser Regierungsbehörde gegeben werden, basierend auf zwei neueren Publikationen, die ihre Geschichte nachzeichnen.[102]

ARPA wurde während des Kalten Krieges gegründet, ausgelöst durch ein Ereignis, das nur ein Jahr nach der Dartmouth-Konferenz stattfand: Am 4. Oktober 1957 brachte die Sowjetunion den ersten Satelliten in die Erdumlaufbahn. Er wurde Sputnik genannt, was auf Russisch Weggefährte bedeutet. Der Satellit wog 184 Pfund und „seine einzige Funktion bestand darin, die Erde zu umkreisen und ein Signal auszusenden, das vom Boden aus verfolgt werden konnte."[103] Sein Start löste das sogenannte *Space Race* zwischen den USA und der Sowjetunion im Kalten Krieg aus, einen erbitterten Wettstreit beider Nationen in der Weltraumforschung.

In den ersten Tagen nach dem Start von Sputnik spielte die Eisenhower-Regierung dessen Bedeutung herunter. Noch gab es keine Panik oder Hysterie, die später als „Sputnik-Schock" bezeichnet wurde, betont Sharon Weinberger.[104] Doch Lyndon Johnson, Fraktionsführer der oppositionellen Demokratischen Partei, verkündete, dass die Sowjets bald Bomben aus dem All abwerfen könnten. Tatsächlich konnte die für den Start von Sputnik verwendete R-7-Rakete auch dazu genutzt werden, einen Atomsprengkopf in wenigen Minuten überallhin zu schicken. Diese Erzählung wurde in den Massenmedien weiterentwickelt, als einen Monat später, am 3. November 1957, die Sowjets einen zweiten, größeren Sputnik starteten, der eine Hündin namens Laika an Bord hatte. In den folgenden Wochen wuchs in der amerikanischen Öffentlichkeit die Sorge, dass die Sowjets bald einen Menschen ins All schicken könnten.[105]

Der Kernphysiker Ernest Lawrence und der ehemalige Wissenschaftler des Manhattan-Projekts Charles Thomas schlugen dem Verteidigungsminister die Gründung einer zentralen Forschungsbehörde für die Weltraumforschung vor.[106] Das Militär war gegen diese Idee, doch nach der Explosion der Vanguard-Rakete am 6. Dezember 1957 – sie sollte einen Satelliten der Marine ins All bringen[107] –,

[101] Crevier, S. 52–107, 64–65.

[102] Jacobsen, Annie. 2015. *The Pentagon's Brain, An Uncensored History of DARPA, America's Top Secret Military Research Agency.* New York und Weinberger, Sharon. 2018. *The Imagineers of War: The Untold History of DARPA, the Pentagon Agency That Changed the World.* New York.

[103] Weinberger, S. 32.

[104] Ebenda, S. 32 f.

[105] Am 12. April 1961 wurde der Kosmonaut Juri Gagarin der erste Mensch im All und umkreiste die Erde in 108 Minuten.

[106] Weinberger, S. 36, Jacobsen, S. 51.

[107] Schließlich war es das Team des ehemaligen NS-Raketenwissenschaftlers Wernher von Braun, das mit dem Explorer-1, basierend auf der Jupiter-C, am 31. Januar 1958 den ersten amerikanischen Satelliten in die Umlaufbahn brachte.

genehmigte Eisenhower die Gründung der neuen Behörde, die *Advanced Research Projects Agency* (ARPA) genannt wurde.[108]

Am 7. Februar 1958 wurde ARPA offiziell als unabhängige Behörde gegründet, die dem Verteidigungsminister unterstellt war. Ihre ursprüngliche Begründung war, im Space Race mit der Sowjetunion aufzuholen und eine weitere technologische Überraschung zu verhindern.[109] Um dieses Ziel zu erreichen, musste ARPA Bedürfnisse erkennen, bevor sie existierten, erklärte Neil McElroy, Verteidigungsminister von 1957–1959.[110]

Für kurze Zeit war ARPA mit „allen zivilen und militärischen Weltraumprogrammen" betraut und wurde zum Nachfolger des 1915 gegründeten National Advisory Committee for Aeronautics (NACA).[111] Die Hauptaufgabe von ARPA bestand darin, „einen Weg zu finden, wie die Vereinigten Staaten gegen einen nuklearen Angriff verteidigt werden können."[112] Eines der bedeutendsten frühen Projekte von ARPA war ein Raketenschild in der Magnetosphäre, der anfliegende Interkontinentalraketen (ICBM) zerstören sollte. Dieser militärische Fokus wurde noch verstärkt, als ARPA „im Oktober 1958 angewiesen wurde, seine wissenschaftlichen Satellitenprogramme" an eine neu gegründete zivile Behörde, die National Aeronautics and Space Administration (NASA), abzugeben.[113] 1959 verlor ARPA jegliche Verantwortung für das Weltraumprogramm.[114]

Im nächsten Jahrzehnt bestand „das Leitprinzip" der ARPA darin, „vielversprechende Forscher zu suchen und ihnen einfach ein Budget zu geben, mit dem sie in ihren eigenen einzigartigen und verrückten Richtungen forschen konnten. Das war der Geist während der Shakey-Zeit, der späten Sechzigerjahre", erklärt Crevier.[115] In dieser Zeit arbeitete ARPA an umstrittenen Waffenprojekten, gehirngesteuerten Computern, Parapsychologie und Magie. Im Kontext des amerikanischen Engagements im Vietnamkrieg (1955–1975) und wachsender öffentlicher Besorgnis über die Macht eines militärisch-industriellen Komplexes änderte sich diese Politik in den letzten Kriegsjahren. Da die Ausgaben des Pentagon außer Kontrolle zu geraten schienen, schlug ein von Senator Mike Mansfield geleitetes Komitee vor, die Mittel des Verteidigungsministeriums ausschließlich auf militärische Zwecke zu beschränken. Mansfield war „ein kriegsgegnerischer Demokrat aus Montana"[116]. Am 19. November 1969 verabschiedete der Kongress das „Mansfield Amendment" zum Defense Procurement Authorization Act von 1970 (Public Law 91–121). Sie verlangte, dass nur Forschung mit „einem direkten und

108 Weinberger, S. 38.

109 Weinberger, S. 204, siehe auch Moravec 1988, S. 21, Jacobsen, S. 239.

110 Jacobsen, S. 51.

111 Weinberger, S. 44.

112 Ebenda, S. 46.

113 Ebenda, S. 51.

114 Ebenda, S. 89f.

115 Crevier, S. 115.

116 Jabobsen, S. 226.

offensichtlichen Bezug zu einer spezifischen militärischen Funktion oder Operation" finanziert werden sollte.[117] Am 23. März 1972 spiegelte sich dieser Wandel auch im Namen der Behörde wider: Aus ARPA wurde nun die Defense Advanced Research Projects Agency (DARPA).[118] Ihre neue Verpflichtung bestand darin, nur noch „missionsorientierte, direkte Forschung statt grundlegender, nicht zielgerichteter Forschung" wie in den 1960er Jahren zu finanzieren, wie ein Bericht des NRC erklärt.[119] Doch laut Ceruzzi „sollte die Änderung nicht die Grundlagenforschung an Universitäten lahmlegen, sondern lediglich Grundlagen- von angewandter Forschung trennen."[120]

Die Behörde beschloss 1973, sich wieder auf ihr ursprüngliches Mandat zu konzentrieren – technologische Überraschungen zu vermeiden. Mit dem Aufstieg der Computer in den 1970er Jahren verlagerte DARPA ihren Fokus auf Technologien für Führung, Kontrolle und Kommunikation (C3).[121] Die Arbeit der ARPA war „spekulativ, mit einem Zeithorizont von zehn bis fünfundzwanzig Jahren in die Zukunft", betont Jacobsen.[122] ARPA-Direktor Rechtin charakterisierte die Behörde als eine Organisation für Vorbedarfsforschung: Forschung müsse betrieben werden, bevor der Bedarf entsteht – wenn der Bedarf da ist, sei es zu spät, um mit der Forschung zu beginnen. So finanzierte DARPA auch nach dem Mansfield Amendment weiterhin Grundlagenforschung, da diese oft langfristig zu paradigmatischen Durchbrüchen führt. Die militärische Finanzierung wissenschaftlicher Forschung zielte nicht auf die sofortige Bereitstellung neuer Waffen, sondern vielmehr auf die langfristige Anhäufung von Wissen und Know-how. Im Bereich Robotik etwa „konzentrierten sich die meisten DARPA-Programme darauf, verschiedene Aspekte der Robotik voranzutreiben, statt Kriegsroboter zu bauen."[123] Häufig sollten neue robotische Systeme eine „spezifische Fähigkeit" demonstrieren, die nicht für das Schlachtfeld bestimmt war, sagt Weinberger. Das erklärt, warum die Behörde unmittelbar nach dem Mansfield Amendment Grundlagenforschung zur Computer Vision mit dem Stanford Cart finanzierte.

Um die Dominanz der DARPA-Finanzierung in der Geschichte der Fahrzeugautomatisierung zu verstehen, ist zu beachten, dass die Vereinigten Staaten auf Bundesebene kein Forschungs- und Technologieministerium besitzen, auch wenn die National Science Foundation als Regierungsbehörde für die Förderung von

[117] Nilsson, S. 203, siehe auch Jacobsen, S. 226, Dickson, David, 1984. The New Politics of Science, S. 122. New York (zit. n. Ceruzzi, S. 258).

[118] Weinberger, S. 203.

[119] Fleck, James, 1982. Development and Establishment in Artificial intelligence. In *Scientific Establishments and Hierarchies, Sociology of the Sciences Yearbook,* Hrsg. Elias N., Martins H., Whitley R. Bd. 6, Dordrecht, zit. ohne Seitenangabe in: Committee on Innovations in Computing and Communications, et al. (Hrsg.), Funding a Revolution: Government Support for Computing Research, 1999, S. 213. Washington.

[120] Ceruzzi, S. 258.

[121] Jacobsen, 243f.

[122] Ebd., S. 226.

[123] Weinberger, S. 329.

Grundlagenforschung zu nennen ist. Aus diesem Grund werden viele Initiativen zu Zukunftstechnologien vom US-Verteidigungsministerium finanziert. DARPA betreibt keine eigenen Forschungslabore, sondern setzt ihr Programm durch Verträge „mit Industrie, Universitäten, gemeinnützigen Organisationen und staatlichen F&E-Laboratorien" um.[124] Die Behörde agiert im Spannungsfeld zwischen verschiedenen akademischen Forschungseinrichtungen, politischen und militärischen Akteuren, Investitionsinteressen und technologischen Möglichkeiten – und bildet so ein Netzwerk, das als *militärisch-wissenschaftlicher Komplex* bezeichnet werden kann.

Abschließend lässt sich festhalten, dass ohne die bedeutenden finanziellen Ressourcen der DARPA Grundlagenforschung zu Technologien, die für das autonome Fahren eine entscheidende Rolle spielen, nicht möglich gewesen wäre. Ohne diese militärische Förderung würden diese Technologien vermutlich nicht existieren oder zumindest in anderer Form.

2.2.2 Forschung zur Fernsteuerung am Stanford Mechanical Engineering Laboratory (1960–1966)

Im Kontext des Wettlaufs ins All entstand der erste mobile Roboter, der zur Geschichte des autonomen Fahrens beitrug. Er kann als der „eigentliche Beginn der Technologie des autonomen Fahrens" betrachtet werden.[125]

Die erste Version des Forschungsfahrzeugs, das später unter dem Namen Stanford Cart berühmt wurde, entstand im Rahmen der amerikanischen Bemühungen um eine bemannte Mondmission: Finanziert durch einen NASA-Vertrag, sollte es ursprünglich als Forschungsplattform dienen, um zu lernen, wie man einen Mondrover von der Erde aus mithilfe von Videoinformationen fernsteuert.[126]

Im Jahr 1960 baute James Adams, ein Doktorand am Department of Mechanical Engineering der Stanford University, das Fahrzeug: „Das Cart hatte vier kleine Fahrradreifen mit Elektromotoren, die von einer Autobatterie gespeist wurden, und trug eine Fernsehkamera mit festem Blick nach vorne. Es wurden Tests sowohl mit Zweiradlenkung wie bei einem Auto als auch mit Vierradlenkung durchgeführt, bei der die Räder und die Fernsehkamera gemeinsam schwenkten", erklärt der Informatiker Lester Earnest.[127]

---

[124] Congressional Research Service, Defense Advanced Research Projects Agency: Overview and Issues for Congress, Aktualisiert am 19. August 2021, online unter: https://sgp.fas.org/crs/natsec/R45088.pdf (abgerufen am 27. Juni 2022).

[125] Torchinsky, S. 63.

[126] Moravec, Hans, *Obstacle Avoidance and Navigation in the Real World by a Seeing Robot Rover,* Dissertation, Computer Science Department, Stanford University, März 1980, Kapitel 2: Geschichte, in: http://www.frc.ri.cmu.edu/users/hpm/project.archive/robot.papers/1975.cart/1980.html.thesis/a02.html

[127] Earnest, Lester, Stanford Cart, 2018. https://web.stanford.edu/~learnest/les/cart.html (abgerufen am 3. Februar 2019).

Aus historischer Sicht war die entscheidende Idee an dieser frühen Version des Stanford Cart, ein Fahrzeug mit einer Kamera zu kombinieren. Doch die Kamera diente noch nicht als Auge des Carts – sondern nur als zusätzliches Auge für einen Menschen: Earnest erläutert, dass die Bilder der bordeigenen Fernsehkamera über ein „sehr langes Kabel“ an einen menschlichen Operator in einem Labor übertragen wurden, der die Steuerung mithilfe eines Fernsehbildschirms bediente. Um die Kommunikationsverzögerung Erde–Mond zu simulieren, wurden die Steuerbefehle um zweieinhalb Sekunden verzögert, bevor sie an das Cart gesendet wurden. Mit dieser Verzögerung war das Cart jedoch sehr langsam. Er konnte „bei einer Geschwindigkeit von mehr als 0,2 mph“, also ca. 9 cm/s, nicht mehr gesteuert werden.[128] Im Jahr 1962 fügte der Doktorand Paul W. Braisted einen Analogrechner hinzu, der die zukünftige Position des Carts vorhersagte.[129] Dadurch konnte die Geschwindigkeit etwas erhöht werden: Nun war eine Steuerung mit 5 mph, also ca. 2,22 m/s, möglich.[130]

Doch im selben Jahr wurden die Experimente in Stanford durch die beschleunigten politischen Ambitionen des Raumfahrtprogramms unterbrochen: „Wir haben uns entschlossen, zum Mond zu fliegen“ – mit dem Ziel, Unterstützung für das Apollo-Programm zu gewinnen, verkündete Präsident John F. Kennedy am 12. September 1962 vor 40.000 Menschen an der Rice University (Rice Stadium) in Houston (Texas), dass die Vereinigten Staaten bis zum Ende des Jahrzehnts eine bemannte Mission zum Mond schicken würden. Mit diesem ehrgeizigen Ziel erschien der unmittelbare Einsatz der mit dem Cart entwickelten Fernsteuerungstechnologie nicht mehr realistisch, und das Fahrzeug blieb zwischen 1963 und 1966 ungenutzt. Auf die wichtigen Fortschritte des Stanford Cart werden wir nach einem Abschnitt über einen anderen Roboter, genannt Shakey, zurückkommen.

2.2.3 *Shakey, der Roboter – Stanford Research Institute (1966–1972)*

Nur acht Meilen von der Stanford University entfernt wurde am Stanford Research Institute (SRI), einer 1946 gegründeten, von Industrie und öffentlicher Hand ge-

[128] Adams, James L. 1961. *Remote Control with Long Transmission Delays,* Dissertation Maschinenbau. Stanford University.

[129] Braisted, Paul. 1963. *Study of a Predictor for Remote Control Systems Operating with Signal Transmission Delays, PhD in Mechanical Engineering.* Stanford University.

[130] Earnest 2018.

förderten Forschungseinrichtung, ein weiterer auf Sehen und Bewegung spezialisierter Roboter entwickelt.[131]

Im November 1963 schlug der KI-Pionier Charles Rosen vom SRI vor, einen mobilen Roboter zu entwickeln, der über die Fähigkeit zum logischen Denken verfügt. Er sollte in der Lage sein, „die Mustererkennungs- und Gedächtnisfähigkeiten neuronaler Netze mit höherstufigen KI-Programmen zu kombinieren", erklärt Nils J. Nilsson, der später einer der Leiter dieses Projekts wurde.[132] 1964 entschied die Advanced Research Projects Agency (ARPA), den Roboter zu finanzieren, und zwei Jahre später erhielt SRI einen Vertrag über 750.000 Dollar.[133]

Eines der militärischen Ziele des Projekts war es, „Automaten zu entwickeln, die in der Lage sind, Informationen in feindlicher Umgebung zu sammeln, zu verarbeiten und zu übermitteln", wie es in einer ARPA-Erklärung heißt.[134] Das Militär hoffte, ein Gerät zur Informationsgewinnung „hinter feindlichen Linien zu erhalten: im Grunde einen mechanischen Spion", erläutert Crevier.[135] Nilsson erinnert sich, dass „jemand die Idee hatte, den Roboter auf einer Straße in China abzusetzen und ihn Panzer zählen zu lassen".[136]

In den folgenden Jahren entwickelte das Artificial Intelligence Center (AIC) des SRI einen mobilen Roboter namens *Shakey* (Abb. 2.5). Shakey erhielt seinen Namen einfach deshalb, weil er „zitterte, wenn er abrupt anhielt".[137] Fast zwei Meter hoch, bestand Shakey aus einer dreirädrigen Plattform mit Tastsensoren an den Stoßfängern, einem Gestell mit einer Kamerasteuerungseinheit und einer Bordlogik sowie oben einer Fernsehkamera, einem Sonar-Entfernungsmesser und einer Funkantenne. Sein Name und seine Gestalt könnten eine personifizierende Wirkung auf den Roboter gehabt haben. Die Wissenschaftler sprachen

---

[131] SRI entwickelte den Tintenstrahldruck (1961), die Computermaus (1964) und gründete das Unternehmen Siri (2007), das 2010 von Apple übernommen wurde. ARPA war einer der wichtigsten Geldgeber des SRI. Die größte Errungenschaft war das ARPANET, der Vorläufer des modernen Internets. Am 29. Oktober 1969 empfing eine Computer-Konsole am SRI das Wort Lo, die erste über das ARPANET gesendete Übertragung (Weinberger, S. 220). Im April 1969 beschloss das Kuratorium der Stanford University, die Verbindung zum Stanford Research Institute zu beenden (Weinberger, S. 219). 1970 trennte sich das SRI von der Stanford University und wurde 1977 zu SRI International. Dies war eine Reaktion auf die Kritik von Vietnamkriegsgegnern, die befürchteten, dass die Universität durch die Finanzierung von DARPA Teil des militärisch-industriellen Komplexes werde (siehe auch Julia, Luc. 2019. *L'intelligence artificielle n'existe pas,* S. 35. Paris).

[132] Nilsson, S. 162.

[133] Shakey der Roboter, in: https://history-computer.com/Dreamers/Shakey.html (abgerufen am 5. Dezember 2019).

[134] ARPA, Automaton work statement, veröffentlicht in: Nilsson, S. 164.

[135] Crevier, S. 94.

[136] Cassel, David, 2017. Remembering Shakey, the First Intelligent Robot. *The New Stack,* 5. März 2017, online in: https://thenewstack.io/remembering-shakey-first-intelligent-robot/ (abgerufen am 5. Dezember 2019).

[137] Nilsson, S. 164.

Abb. 2.5 Shakey, der Roboter, 1968. (Bildnachweis: SRI International. Bildquelle: https://fr.wikipedia.org/wiki/Shakey_le_robot/, CC BY-SA 3.0)

von Shakey als „er" und das Life Magazine nannte ihn 1970 die „erste elektronische Person".[138]

Nilsson betont, dass Shakey der erste mobile Roboter war, der die Fähigkeit besaß, seine Umgebung wahrzunehmen (Wände, Türen, Objekte zu lokalisieren), über seine eigenen Handlungen nachzudenken, einen Kurs zu planen, autonom zu agieren (Objekten auszuweichen) und aus der Ausführung seiner Pläne zu lernen.[139] Shakey wurde in erster Linie „durch Programme gesteuert, die logische Schlüsse zogen",[140] wobei Software für Wahrnehmung, Weltmodellierung und Handeln zum Einsatz kam. Mit dieser Konfiguration war der Roboter ein Ausdruck des Top-down-Ansatzes.

[138] Darrach, Brad, 1970. Meet Shaky, the first electronic person. *LIFE Magazine,* 20. November 1970, S. 58 und 68.

[139] Nilsson, S. 175.

[140] Moravec 1988, S. 14.

Maschinelles Sehen war für Shakey eine schwierige Aufgabe, „weil das Erscheinungsbild eines Objekts sich radikal ändern kann, je nachdem, aus welchem Winkel es betrachtet wird.“[141] Es ist wichtig zu verstehen, dass Shakeys Seh- und Bewegungssoftware nur in der Lage war, Kamerabilder „einfacher, einfarbiger, flacher Objekte“ zu interpretieren.[142] Daher lebte Shakey in einer Blockwelt, die aus sieben Räumen bestand, die durch acht Türöffnungen verbunden waren.

Wenn ein menschlicher Bediener Shakey eine Aufgabe auf Englisch gab – durch eine Tür gehen, einen Block bewegen – plante der Roboter, wie er sie lösen konnte. Shakey war über eine bidirektionale Funk- und Videoverbindung mit einem DEC PDP-15 und einem DEC PDP-10 Computer im Labor verbunden. Diese externen Computer verarbeiteten die übertragenen Video- und Sensordaten, erkannten Muster und sendeten Bewegungsbefehle an den Roboter zurück. Shakey konnte große rechteckige Holzblöcke auf dem Boden der Laborumgebung bewegen.[143] Nach Abschluss der Aufgabe wurde die Handlungsroutine gespeichert und den Aktionsmodellen für die zukünftige Nutzung hinzugefügt. Shakey lernte durch Analogie: Wenn ein Bild einem bereits zuvor gesehenen Bild ähnelte, konnte eine Entscheidung auf Grundlage dieser Ähnlichkeit getroffen werden.[144]

Durch das Zählen seiner Radumdrehungen behielt Shakey seine eigene Position im Blick – eine Methode, die als *dead reckoning navigation* bezeichnet wird. Diese Methode spielt eine wichtige Rolle in der gesamten Forschung zum autonomen Fahren. Als klassischer KI-Roboter musste Shakey „ein ‚Weltmodell‘ auf Basis der eingehenden Daten erstellen und dann Handlungen planen und berechnen.“[145] Um navigieren zu können, musste Shakey seine interne Karte aktualisieren, bevor er ein Hindernis im Raum bewegen konnte. Das Ergebnis war eine sehr geringe Bewegungsgeschwindigkeit – jede Bewegung verbrauchte etwa „eine Stunde Computerzeit und hatte eine hohe Ausfallwahrscheinlichkeit“, bemerkt Hans Moravec,[146] und kommt zu dem Schluss, dass der Roboter „im Konzept beeindruckend, in der Ausführung jedoch bemitleidenswert“ war. Seiner Meinung nach lag das Problem nicht in der Planung der Bewegungen, sondern „in den Programmen, die die Rohdaten der Sensoren interpretierten und auf die Empfehlungen reagierten.“ Doch das Problem der Bewegungssteuerung und der Interpretation der Sensordaten war für die Entwickler von Shakey „von nachrangiger Bedeutung“, erklärt Moravec.[147] Ohne weitere Belege fasst Douglas W. Gage sogar zusammen, dass Shakey „zu seiner Zeit als Fehlschlag galt“, weil der Roboter nie autonom funktionierte.[148] Das Projekt endete 1972, als DARPA sich

[141] Henderson, S. 87.

[142] Moravec 1988, S. 14.

[143] Crevier, S. 95.

[144] Darrach, S. 61.

[145] Henderson, S. 88.

[146] Moravec 1988, S. 15.

[147] Ebenda, S. 14.

[148] Gage, Douglas W. 1995 Sommer. UGV History 101: A Brief History of Unmanned Ground Vehicle (UGV) Development Efforts. *Unmanned Systems,* Sonderausgabe zu Unmanned Ground Vehicles 13 (3), S. 2.

zurückzog, weil die Grundlagenforschung an Robotern nicht mehr zur neuen Ausrichtung auf praktische Anwendungen passte.[149]

Trotz seiner Einschränkungen wurde Shakey zu einer Legende in der Welt der Robotik. Nach Nilsson werden seine Suchtechniken, Steuerungsmechanismen, Lern- und Sehstrategien „heute weit verbreitet eingesetzt“,[150] insbesondere „viele der Bildverarbeitungstechniken“.[151]

Drei Beispiele für die „langfristigen Auswirkungen“[152] seiner Algorithmen können genannt werden: Erstens wurde für Shakey eine Methode entwickelt, die es dem Roboter ermöglichte, zu erkennen, wann Punkte in einem Bild auf einer Linie liegen. Die Videobilder der Kamera wurden dann in eine Linienrepräsentation umgewandelt. Ursprünglich 1962 von Paul Hough entwickelt (Hough-Transformation) und 1972 von Peter E. Hart und Richard O. Duda angepasst, ist dieser Merkmalsextraktionsalgorithmus heute einer der „am weitesten verbreiteten Algorithmen im Bereich Computer Vision.“[153] Seit 2014 wird er in Spurhaltewarnsystemen von Autos eingesetzt[154] und dient nun der Entwicklung mehrerer selbstfahrender Autos.[155]

Zweitens war die Steuerungssoftware von Shakey erstmals in drei hierarchische Ebenen gegliedert: Programme auf der untersten Ebene erfassten die Sensordaten und steuerten die Motoren zur Kontrolle der physischen Aktionen – das Rollen und Drehen des Roboters sowie das Schwenken und Neigen seiner Kamera. Programme auf der mittleren Ebene verarbeiteten die Bilder der Fernsehkamera und planten Aktionen wie die autonome Navigation zu einer Zielposition. Shakey konnte Hindernisse umgehen, indem er Teilziele definierte, und mit unvorhergesehenen Ereignissen umgehen: Ein 24-minütiger Film, der 1969 vom Ingenieurteam produziert wurde, zeigt, wie Charles Rosen – als Gremlin verkleidet und mit einem schwarzen Umhang – die Position einer Kiste verschiebt, die Shakey schieben sollte.[156] Der Roboter passte daraufhin seinen Kurs an die neuen Koordinaten an (Fehlerkorrektur). Die höchste Programmebene plante die Ausführung komple-

---

[149] Nilsson, S. 175.

[150] Ebenda, S. 165.

[151] Ebenda, S. 174.

[152] Engineering and Technology History Wiki, Milestones: SHAKEY: The World’s First Mobile Intelligent Robot, 1972, zuletzt geändert am 24. Mai 2017, online in: http://ethw.org/Milestones:SHAKEY:_The_World’s_First_Mobile_Intelligent_Robot,_1972 (abgerufen am 5. Dezember 2019).

[153] Ebenda.

[154] Ebenda.

[155] Cassel 2017.

[156] Stanford University Libraries (Youtube-Konto), Shakey: Experiments in Robot Planning and Learning (1972) (Videotitel), Shakey, An experiment in robot planning and learning, produziert von Peter Hart und Nils Nilsson, unterstützt von Michael Wilber, gefördert von der Advanced Research Projects Agency und der National Aeronautics and Space Administration, Forschung durchgeführt vom Artificial Intelligence Center am Stanford Research Institute, Menlo Park, Kalifornien. Hochgeladen am 23. September 2016, online unter: https://www.youtube.com/watch?v=GmU7SimFkpU (abgerufen am 5. Dezember 2019).

xerer Aktionen: Sie konnte die eingehenden Daten verarbeiten und Befehle an die Schaltkreise senden, die die Elektromotoren steuerten. Diese Drei-Ebenen-Architektur wurde zum Vorbild für viele zukünftige Roboter. So verwendete beispielsweise Stanley – der selbstfahrende VW Touareg, der 2005 die DARPA Grand Challenge gewann – wie Shakey eine Software mit hierarchischen Ebenen, bestätigt Projektleiter Sebastian Thrun.[157]

Drittens kombinierte das Planungsprogramm Stanford Research Institute Problem Solver (STRIPS) Aktionen der mittleren Ebene, um neue Aufgaben auszuführen, Pläne umzusetzen und Fehler zu beheben. Es wurde „zur Grundlage vieler nachfolgender Planungssysteme". Der A*-Pfadfindungsalgorithmus wird in einer Vielzahl von Anwendungen zur Berechnung von Fahrtrouten eingesetzt,[158] z. B. zur Routenplanung der Mars-Rover Spirit und Opportunity, die 2004 den Mars erreichten, sowie Curiosity, der 2014 auf dem Mars ankam.[159]

Von *Wired Magazine* im Jahr 2006 als fünftbester Roboter aller Zeiten ausgezeichnet,[160] wird Shakey heute im Computer History Museum in Mountain View, Kalifornien, ausgestellt. 2017 wurde er vom IEEE als „Meilenstein" der Technikgeschichte ausgezeichnet.[161]

2.2.4 Das Stanford Cart am Stanford Artificial Intelligence Lab SAIL (1965–1980)

Das Stanford Artificial Intelligence Laboratory (SAIL) wurde 1963 vom KI-Pionier John McCarthy mit Mitteln der Advanced Research Projects Agency (ARPA) des US-Verteidigungsministeriums gegründet. Zwischen 1963 und 1973 gab SAIL

---

[157] Siehe Abb. 5 in Thrun, Sebastian, et al. 2006. Stanley: The Robot that Won the DARPA Grand Challenge. *Journal of Field Robotics* 23(9), S. 661–692, online unter: https://onlinelibrary.wiley.com/doi/epdf/10.1002/rob.20147 (Zugriff am 7. Mai 2018).

[158] Nilsson S. 168.

[159] Milestones: SHAKEY: The World's First Mobile Intelligent Robot, 1972. In Engineering and Technology History Wiki (zuletzt geändert am 24. Mai 2017), online unter: http://ethw.org/Milestones:SHAKEY:_The_World's_First_Mobile_Intelligent_Robot,_1972 (abgerufen am 5. Dezember 2019).

[160] WIRED listete sehr unterschiedliche Roboter aus Technik, Fiktion, Literatur auf, beginnend mit Stanley, Astroboy, Spirit und Opportunity, Robby the Robot, Shakey usw. (siehe Capps, Robert, 2006. The 50 best robots of all time. *WIRED,* 1. Januar 2006, online unter: https://www.wired.com/2006/01/robots-3/ [abgerufen am 1. Oktober 2019]).

[161] Die Meilenstein-Plakette in der Lobby des SRI in Menlo Park fasst zusammen, dass Shakey „seine Umgebung wahrnehmen, implizite Fakten aus expliziten ableiten, Pläne erstellen, Fehler bei der Ausführung von Plänen beheben und sich in normalem Englisch verständigen konnte." (Engineering and Technology History Wiki, Milestones: SHAKEY: The World's First Mobile Intelligent Robot, 1972, 16. Februar 2017, in: http://ethw.org/Milestones:SHAKEY:_The_World's_First_Mobile_Intelligent_Robot,_1972).

10 Millionen Dollar an DARPA-Mitteln aus.[162] Von 1965 bis 1980 war das Labor im D.C. Power-Gebäude an einem abgelegenen Ort in den Santa Cruz Mountains untergebracht.[163] Seine Architektur „erinnerte an eine fliegende Untertasse, die in zwei Teile zerbrochen und auf dem Hügel abgestürzt war."[164] Wie bereits in Abschn. 2.2.1 erwähnt, war das Ziel des Labors, „innerhalb eines Jahrzehnts eine vollintelligente Maschine zu bauen."[165] Es wurde zu einem der weltweit führenden Zentren für KI-Forschung.

Die Vision des autonomen Fahrens war von Anfang an Teil von SAIL. In dieser Zeit „begannen KI-Enthusiasten davon zu träumen, dass Autos klug genug sein könnten, um gewöhnliche Straßen selbstständig zu befahren", bestätigt Marc Weber vom Computer History Museum in Kalifornien.[166] 1965 hatte der Informatiker Lester Earnest die Idee, ein experimentelles Roboter-Straßenfahrzeug mit visueller Steuerung zu entwickeln.[167] Er erwarb das Stanford Cart – vorgestellt in Abschn. 2.2.2 – von James Adams, der Professor am Mechanical Engineering Lab der Stanford University geworden war. Da das Fahrzeug seiner Video- und Fernsteuerungstechnik beraubt war, rekrutierte Earnest Rodney Schmidt, einen Graduierten und Funkamateur. Dieser musste im Rahmen seiner Abschlussarbeit über automatische Autos einen neuen Fernsehsender und eine Funksteuerung – basierend auf einem Modellflugzeug – bauen.[168] Der Sender übertrug Bilder an den SAIL-Computer, und die Funkverbindung diente dazu, Steuerbefehle an den Cart zu senden.

Als Schmidt 1967 begann, an der Computersteuerung des Carts zu arbeiten, wurde John McCarthy, Direktor von SAIL, auf das Projekt aufmerksam und übernahm die Betreuung von Earnest. McCarthy diskutierte mit Rodney Schmidt „die Idee, den emotionalen und manchmal irrationalen menschlichen Autofahrer durch ein effizienteres, sichereres, computergesteuertes Navigationssystem zu ersetzen", berichtet Lisa Nocks.[169] In dieser Zeit schrieb McCarthy ein visionäres Papier

---

[162] Davies, Alex, 2021. *Driven, The Race to Create the Autonomous Car,* S. 80. New York, London, Toronto, Sydney, New Delhi.

[163] Das Gebäude (1600 Arastradero Road, etwa auf halber Strecke zwischen Page Mill Road und Alpine Road) wurde nach Donald Clinton Power, Präsident der General Telephone & Electronics Corporation, benannt. Nachdem die Pläne für ein Forschungszentrum aufgegeben wurden, schenkte das Unternehmen das Gebäude der Stanford University. Es wurde 1986 abgerissen.

[164] Autor unbekannt, Take me, I'm Yours, The autobiography of SAIL, 1991, online unter: http://infolab.stanford.edu/pub/voy/museum/pictures/AIlab/SailFarewell.html

[165] Moravec 1988, S. 20.

[166] Weber, Marc. 2014. Where To? A History of Autonomous Vehicles, 8. Mai, 2014, in: http://www.computerhistory.org/atchm/where-to-a-history-of-autonomous-vehicles/.

[167] Earnest 2018.

[168] Moravec, Hans. 1980, März. *Obstacle Avoidance and Navigation in the Real World by a Seeing Robot Rover,* Dissertation, Computer Science Department, Stanford University, Kapitel 2: Geschichte, in: http://www.frc.ri.cmu.edu/users/hpm/project.archive/robot.papers/1975.cart/1980.html.thesis/a02.html

[169] Nocks, Lisa. 2007. *The Robot: The Life Story of a Technology,* S. 102. Westport.

über „Computer Controlled Cars“,[170] in dem er ein vollständig autonomes Fahrzeug voraussah. Er stellte sich einen Nutzer vor, der „kein Fahrer sein“ und das Auto nicht einmal „begleiten“ müsse. McCarthy skizzierte vier Anwendungsfälle, die den heutigen Diskussionen über die potenziellen Vorteile des autonomen Fahrens sehr ähnlich sind: Das „computergesteuerte Auto“ könnte von „Kindern, alten Menschen und Blinden“ genutzt werden, es könnte zum Abholen telefonisch bestellter Einkäufe in Geschäfte geschickt werden, es könnte nach dem Aussteigen der Passagiere automatisch parken (Valet-Parking) und es könnte „leichter als ein herkömmliches Auto gemeinsam genutzt werden“.

Das zentrale technische Element von McCarthys Aufsatz war die Idee, den Computer mit einer Fernsehkamera auszustatten, die „denselben visuellen Input wie der menschliche Fahrer“ nutzt. Wie Jason Torchinsky hervorgehoben hat, war dies ein entscheidender Schritt in Richtung maschinelles Sehen – die Kamera hatte nicht die Aufgabe, Bilder an einen menschlichen Bediener zu liefern, sondern sollte dem Cart die Fähigkeit verleihen, zu sehen, Hindernisse zu erkennen und ihnen auszuweichen.[171] In Bezug auf die Experimente mit dem Stanford Cart erkannte McCarthy auch, dass die Funkverbindung zu einem externen Computer durch einen Bordcomputer ersetzt werden musste. Das würde das Fahrzeug unabhängig von einem Zentralrechner machen. Da es auf speziellen Fahrspuren für Autobahnen fahren könnte, wären Änderungen an der bestehenden Straßeninfrastruktur nicht notwendig. Er stellte zudem fest, dass das Stanford Artificial Intelligence-Lab „die einzige Organisation ist, die derzeit an der rechnergestützten Steuerung eines Fahrzeugs mittels Bildverarbeitung arbeitet“. Dies ist vermutlich korrekt, da die japanischen Forscher erst Anfang der 1970er Jahre begannen, ihre Forschung auf visuelle Ansätze auszurichten.

Für McCarthy war das Hauptziel autonomer Fahrzeuge eine höhere Sicherheit: Er schätzte, dass die Zahl der Verkehrstoten „auf ein Fünftel“ der aktuellen Zahlen reduziert werden könnte, d. h. auf 10.000 pro Jahr. Er räumte jedoch auch ein, dass „vollständige Sicherheit nicht garantiert werden kann“. Die Rechnersteuerung würde sogar neue Unfallursachen schaffen – aber „nur die Hälfte“ der verbleibenden Todesfälle würde der „Unzuverlässigkeit der Elektronik“ zugeschrieben. Er betonte, dass „ein Computerprogramm, das in der Lage ist, zuverlässig alle Eventualitäten zu bewältigen, die beim Autofahren auftreten können, komplexer sein muss als jedes bisher geschriebene“. Da die Ausfallraten der aktuellen elektronischen Systeme nicht akzeptabel seien, wären umfangreiche Entwicklungs- und Testanstrengungen notwendig. Schließlich schätzte McCarthy, dass die Entwicklung eines rechnergesteuerten Autos Millionen von Dollar kosten und der Preis bis zu 800.000 $ betragen würde. Selbst nach 20 Jahren würde es „den Preis des Autos verdoppeln“.

Unterstützt von McCarthy nahm sich Rodney Schmidt „als Dissertationsthema die Aufgabe vor, ein Fahrzeug zu bauen, das autonom im Verkehr auf un-

[170] McCarthy, John, 2019. Computer Controlled Cars, (laut Autor um 1968 verfasst und in den 1970er Jahren überarbeitet), online unter: http://jmc.stanford.edu/commentary/progress/cars.pdf (abgerufen am 1. Oktober 2019).

[171] Torchinsky, S. 64.

veränderten Wegen mithilfe von Bord-Sensorinformationen navigieren kann."[172] Er schrieb ein Programm für den PDP-6 (Programmed Data Processor-6) Computer des Labors[173], der einen KA10-Prozessor (0,65 MIPS) verwendete. Das System belegte laut Earnest „eine Fläche etwa so groß wie ein Basketball-Halbspielfeld".[174]

Dieses Programm ließ das Cart automatisch einer kontrastreichen weißen Linie unter kontrollierten Lichtverhältnissen folgen. Doch mit einer Geschwindigkeit von etwa 0,8 mph (~ 0,36 m/s) war es erneut extrem langsam. Und laut Moravec funktionierte das System nur gelegentlich. Nach Abschluss seiner Dissertation im Jahr 1971,[175] schätzte Schmidt, dass die technischen Herausforderungen zukünftige Experimente „zunehmend schwierig und unrealistisch" machen würden.[176] Dennoch bedeutete dieses Experiment einen Fortschritt von der Fernsteuerung zum autonomen Fahren mittels machine vision: Da das Computer-Vision-System nun eine bewegte Maschine steuerte, war dies ein bedeutender Meilenstein.

Von 1970 bis 1973 entwickelte der Doktorand Bruce Baumgart ein System, das es dem Cart ermöglichte, „seine eigene Position zu bestimmen, indem es" die Fernsehbilder mit Bildern aus einem 3D-Modell des Labors und seiner Umgebung verglich. Er ersetzte die analoge Verbindung durch eine digitale, doch laut Moravec waren die Ergebnisse erneut nicht zufriedenstellend.

1973 kam Hans Moravec zum AI Lab und nutzte das Cart mit dem Ziel, einen Hindernisvermeider zu bauen. Seine Forschung zur Roboternavigation mit dem Cart wurde von 1973 bis 1980 von DARPA, der National Science Foundation und der National Aeronautics and Space Administration (NASA) gefördert.[177]

Moravec baute die Steuerverbindung um und entwickelte die Hardware und die Motorsubroutinen des Carts weiter. Sein Kollege Lynn Quam arbeitete an einem Bildverarbeitungssystem, das Stereobilder zur Lokalisierung von Objekten nutzte. Während der International Joint Conference on Artificial Intelligence (IJCAI) 1973 steuerte Moravec das Cart zu Demonstrationszwecken per Fernbedienung durch das AI-Labor. Doch ein Unfall unterbrach seine Forschung: Das Cart stürzte von einer Rampe, und als es auf der Seite lag, lief Batteriesäure in die Elektronik.[178] Während die Fernsehkamera nicht beschädigt wurde, dauerte die Reparatur des Videoüberträgers 9 Monate (Abb. 2.6).

---

[172] Nocks, S. 102.

[173] Der PDP-6 war 1963 von der Digital Equipment Corporation (DEC) entwickelt worden. DEC war ein Startup-Unternehmen des MIT (Crevier, S. 63). Der PDP-6 arbeitete wie die meisten dieser frühen Computer mit 36-Bit-Wörtern. Weltweit wurden von DEC nur 23 Maschinen dieses Typs verkauft.

[174] Earnest 2018.

[175] Schmidt, Rodney. 1971. *A Study of the Real-Time Control of a Computer-Driven Vehicle.* PhD in Elektrotechnik. Stanford University.

[176] Schmidt zit. in: Moravec 1980, Kapitel 2: Geschichte, in: http://www.frc.ri.cmu.edu/users/hpm/project.archive/robot.papers/1975.cart/1980.html.thesis/a02.html

[177] Henderson, S. 133.

[178] Moravec 1980, Kapitel 2: Geschichte, in: http://www.frc.ri.cmu.edu/users/hpm/project.archive/robot.papers/1975.cart/1980.html.thesis/a02.html

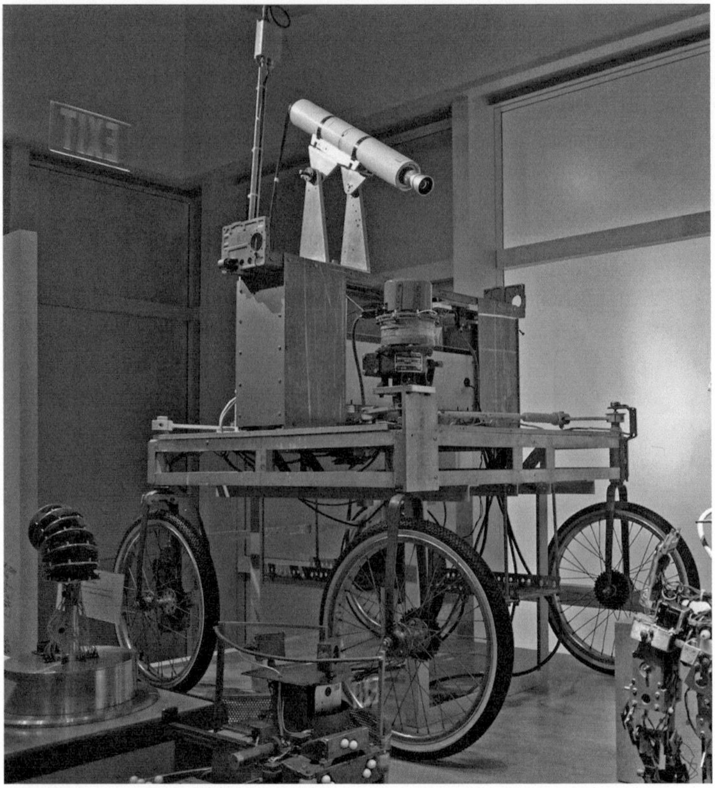

Abb. 2.6 Der Stanford Cart, heute im Computer History Museum, Mountain View. (Bildnachweis: Don DeBold auf FlickR, 2011, CC-BY-2.0. Bildquelle: https://flickr.com/photos/28156071@N00/5900601910)

Im Oktober 1979 durchquerte das Cart erfolgreich einen mit Stühlen gefüllten Raum ohne menschliches Eingreifen und navigierte „ausschließlich mittels Bildverarbeitung“.[179]

Das Cart ging dabei in mehreren Schritten vor: Nach dem Start des *obstacle avoiding program* fragte das Cart nach einem Ziel. Nachdem ihm mitgeteilt wurde, dass es eine bestimmte Strecke vorwärts fahren sollte, bewegte sich die Kamera auf dem Cart auf einer Schienenmechanik von einer Seite zur anderen und machte neun Aufnahmen im Abstand von 6,5 cm.[180] Diese Bilder wurden vom *interest operator* anhand ihres Kontrasts verglichen, um markante Merkmale zu

[179] Moravec 1980, Kapitel 7: Stereo, online in: http://www.frc.ri.cmu.edu/users/hpm/project.archive/robot.papers/1975.cart/1980.html.thesis/p07.html

[180] Moravec 1980, Kapitel 3: Überblick, online in: http://www.frc.ri.cmu.edu/users/hpm/project.archive/robot.papers/1975.cart/1980.html.thesis/p03.html

finden. Ein weiteres Programm, der *camera solver,* bestimmte dann deren dreidimensionale räumliche Position und kartierte die Hindernisse um das Cart herum. Diese Landkarte ermöglichte es dem fahrenden Cart, eine Route zu planen, die anhand der neu eingehenden Bilder der Kamera laufend angepasst wurde. Der *correlator* versuchte anschließend, alle Merkmale in den anderen acht Bildern zu finden. Im nächsten Schritt plante der *navigator* eine Route, die diese Hindernisse mit großem Sicherheitsabstand umgeht. Nach Empfang der Lenk- und Fahrbefehle vom externen DEC KL10[181] Computer (2,5 MIPS)[182] im Labor, verbunden über eine TV-Verbindung, bewegte sich das Cart einen Meter weit. Im nächsten Schritt machte die Kamera erneut neun Aufnahmen und der Korrelator versuchte, alle zuvor identifizierten Merkmale wiederzufinden. Diese Auswertung dauerte stets 10 bis 15 Minuten. Der Prozess wurde fortgesetzt, „bis das Cart sein Ziel erreicht oder bis irgendein Desaster das Programm beendet", bemerkt Moravec sarkastisch.[183]

Mit einer Geschwindigkeit von „3 bis 5 Metern pro Stunde"[184] dauerte der 20 Meter lange Indoor-Parcours laut Moravec etwa 5 Stunden: „Das Cart bewegte sich alle 10–15 Minuten einen Meter, ruckartig. Nach jedem Meter hielt es an, machte einige Aufnahmen und dachte lange darüber nach. Dann plante es eine neue Route, fuhr ein Stück und hielt wieder an." Auch wenn dieser Indoor-Lauf als Erfolg galt, räumt Moravec ein, dass „es jedoch etwa jedes vierte Mal scheiterte".[185]

Die Langsamkeit des Wagens wurde bei Fahrten im Freien problematisch, da sich in den 15 Minuten zwischen den einzelnen Aufnahmen die Sonne bewegte und damit auch die Schatten, und das System die sich bewegenden Schatten mit ihren Kanten für Hindernisse hielt, während es die tatsächlichen Hindernisse wie Stühle, die überfahren wurden, ignorierte.[186] Die „Vorstellung des Programms von der eigenen Position des Wagens wurde zunehmend fehlerhaft".

Trotz dieser technischen Schwierigkeiten nimmt das Stanford Cart einen wichtigen Platz in der Technikgeschichte ein: Es stellt einen „gigantischen Sprung in der Robotik" dar[187] und kann als „der einflussreichste Roboter" der 1970er Jahre angesehen werden.[188] „Nach den Jahren des langsamen Fortschritts nach Shakey" lenkte er die Aufmerksamkeit wieder auf das Gebiet der Robotik, betont die In-

[181] Der KL10 war der erste mikroprogrammierte PDP-10-Prozessor und wurde 1975 von der Digital Equipment Corporation kommerzialisiert.

[182] Earnest 2018.

[183] Moravec 1980, Kapitel 3.

[184] Moravec 1980, Kapitel 9: Evaluation, online in: http://www.frc.ri.cmu.edu/users/hpm/project.archive/robot.papers/1975.cart/1980.html.thesis/p09.html

[185] Moravec 1988, S. 32.

[186] Moravec 1980, Vorwort, online in: http://www.frc.ri.cmu.edu/users/hpm/project.archive/robot.papers/1975.cart/1980.html.thesis/index.html

[187] Torchinsky, S. 64.

[188] Murphy, Robin R. 2000. *Introduction to AI Robotics,* S. 67. Cambridge/London: The MIT Press.

formatikerin Robin Murphy.[189] Während sich der Großteil der Literatur über mobile Roboter – aus der Informatik,[190] der Computertechnik[191] und des Maschinenbaus[192] – auf die technischen Spezifikationen des Carts konzentriert, wird seine historische Bedeutung am besten von Hans Moravec selbst erklärt. Ihm zufolge war es „der erste mobile Roboter, der von einem Großrechner gesteuert wurde, der *nicht* schlussfolgerte, und das erste Testfeld für maschinelles Sehen.“[193] Der wichtigste Punkt ist, dass sein Ansatz von der Philosophie von Shakey abwich, indem er „sein anfängliches Verständnis der Welt direkt von seinen Sensoren“ – also von unten nach oben – und nicht aus einem vorprogrammierten internen Weltmodell bezog, betont Lisa Nocks vom IEEE History Center.[194]

Im Jahr 1980 wurde das Stanford Artificial Intelligence Laboratory geschlossen und seine Aktivitäten in das Department of Computer Science auf dem Stanford-Campus integriert.[195] Das Cart wurde bis 1987 eingelagert, als es eine zweite Karriere als Ausstellungsobjekt des Computer Museums in Boston begann. Es wurde Teil des Smart Machines Theater oder Robot Theater, einer „Sammlung von Artefakten auf der Bühne, die nacheinander beleuchtet werden, wobei einige in ihren Glanzmomenten bewegt werden, synchronisiert mit einem Video, was beweist, dass selbst alte Roboter eine zweite Karriere im Showbusiness haben können.“[196] Nach der Schließung des Bostoner Museums wurden die Roboter und andere Artefakte an dessen Nachfolger, das Computer History Museum in Mountain View, Kalifornien, übergeben. Seit 2011 ist das Stanford Cart dort als statisches Ausstellungsstück zu sehen.

2.3 Die mobilen Roboter der Carnegie Mellon University

Nachdem Hans Moravec 1979 an der Stanford University promoviert hatte, wechselte er an das Robotics Institute der Carnegie Mellon University (CMU) in Pittsburgh, das im selben Jahr von Raj Reddy, einem weiteren SAIL-Absolventen, gegründet worden war. Das Institut widmete sich explizit mobilen Robotern. Während der CMU Rover (1981) und der Terregator (1984) für den Einsatz in

---

[189] Ebenda, S. 254.

[190] Murphy 2000, S. 67, Dudek, Gregory, und Michael Jenkin. 2010. *Computational Principles of Mobile Robotics*. Cambridge, New York, Melbourne, Madrid: Cambridge University Press. (Erstausgabe: 2000). Nilsson, Nils J. 2010. *The Quest for Artificial Intelligence, a History of Ideas and Achievements*. New York: Cambridge University Press, Kapitel 12.2.

[191] Meystel gibt einen guten Überblick über alle Typen mobiler Roboter (Meystel, S. 36–39).

[192] Stone, Wesley L. 2005. The History of Robotics. In *Robotics and Automation Handbook*, Hrsg. Thomas R. Kurfess, S. 6. Boca Raton, London, New York, Washington: CRC Pess.

[193] Moravec 1988, S. 20.

[194] Nocks, S. 102.

[195] Das SAIL wurde 2004 wiedereröffnet, mit Sebastian Thrun als neuem Direktor.

[196] Earnest 2018.

Innenräumen konzipiert waren, begann das Navigation Laboratory (NavLab) der CMU 1986 mit der Entwicklung einer Serie von Outdoor-Roboterfahrzeugen. In mehr als 30 Jahren entstanden aus der Forschung elf verschiedene experimentelle Fahrzeuge. Die meisten Mittel wurden von DARPA bereitgestellt.[197]

2.3.1 Der CMU Rover (1981–1984)

Mit dem Ziel, die mit dem Stanford Cart begonnene Arbeit zur visuellen Navigation fortzusetzen, entwickelte Moravec einen neuen mobilen Roboter, den CMU Rover, später Pluto genannt.[198] Er war einen Meter hoch, wog 198 Pfund (90 kg) und hatte eine zylindrische Form mit einem Durchmesser von 30 cm.

Der Rover zeichnete sich durch zwei Innovationen aus: seine Lenkung und seine Sensorausstattung. Das erste Ziel war es, die Einschränkungen der „kinematischen Struktur“ des Stanford Cart zu überwinden, die – wie im vorangegangenen Kapitel beschrieben – auf einem lenkbaren System nach dem Vorbild eines Autos basierte.[199] Der CMU Rover verfügte über „drei einzeln steuerbare Radbaugruppen“,[200] was eine hohe Lenkflexibilität ermöglichte, die für den Einsatz eines Arms am Rover notwendig war: Seine Mobilität konnte dazu genutzt werden, das Schultergelenk des Arms zu ersetzen. So konnte er „mit seinem Arm eine Tür öffnen, sich in gerader Linie durch die Türöffnung bewegen und sich um seine vertikale Achse drehen, um den Armkontakt zum Offenhalten der Tür aufrechtzuerhalten.“[201]

Das zweite Ziel war die Verbesserung der Sensorausstattung des Roboters: Der CMU Rover war mit einer modifizierten Kamerahalterung ausgestattet, die es möglich machte, die TV-Kamera zu schwenken, zu neigen und zu verschieben – Bewegungen, die mit dem Stanford Cart nicht möglich waren.[202] Der Rover nutzte außerdem Nahbereichs-Infrarot- und Fernbereichs-Sonar-Näherungssensoren sowie „ein Dutzend Bordprozessoren“[203] für „schnelle lokale Entscheidungsfindung, Servosteuerung und Kommunikation.“[204]

[197] Thorpe, Charles E. 1990. Kapitel 1: Einführung. In *Vision and Navigation: The Carnegie Mellon Navlab,* Hrsg. Charles E. Thorpe, S. 6f. Boston.

[198] Moravec, Hans. 1982. The CMU rover. *AAAI Proceedings,* S. 377.

[199] Dudek, Gregory, und Michael Jenkin. 2010. *Computational Principles of Mobile Robotics.* Cambridge, New York, Melbourne, Madrid: Cambridge University Press (Erstausgabe: 2000), ohne Seitenangabe, Kapitel Early Autonomous Robots.

[200] Moravec 1982, S. 377.

[201] Stone, S. 7.

[202] Dudek, Gregory, und Michael Jenkin. 2010. *Computational Principles of Mobile Robotics.* Cambridge, New York, Melbourne, Madrid: Cambridge University Press (Erstausgabe: 2000), ohne Seitenangabe, Kapitel Early Autonomous Robots.

[203] Etwa die Hälfte der Prozessoren waren 16-Bit-MC 68000 s (Moravec 1982, S. 377).

[204] Moravec 1982, S. 377.

Abb. 2.7 Der zweite CMU Rover (Neptune). Bild bereitgestellt von der CMU

Doch erneut befand sich die wichtigste Rechenleistung – die für die Bildverarbeitung erforderlich war – *außerhalb* des Roboters im Labor: ein VAX 11/780 Host-Computer, ein FPS-100-Array-Prozessor und ein spezielles analoges Datengerät. Diese neuen Bildverarbeitungs-Arrays, „die die Bildanalyse etwa hundertmal schneller machten als beim alten Cart“,[205] waren über eine Fernsteuerverbindung mit dem Rover verbunden.

Laut Chuck Thorpe funktionierte Pluto jedoch nie besonders gut. Der Vorteil des Roboters – „dass man Lenkung und Geschwindigkeit jeder der drei Radsätze unabhängig steuern konnte“ – war zugleich sein Nachteil: Wenn die Räder nicht exakt synchronisiert waren, „arbeitete er gegen sich selbst und kam meist zum Stillstand.“[206]

Aus diesem Grund folgte auf Pluto der wesentlich einfachere Roboter Neptune (Abb. 2.7). Mit einem gabelmontierten Rad und zwei parallelen Rädern ähnelte

[205] Henderson, S. 135.

[206] E-Mail von Chuck Thorpe an den Autor, 3. Februar 2020.

er einem Kinder-Dreirad.[207] „Er blieb stehen, während er sein Vorderrad lenkte, bewegte sich dann mit konstanter Geschwindigkeit und festem Lenkwinkel (beschrieb also einen Kreisbogen), hielt dann an und änderte die Lenkposition.“[208] Laut Thorpe funktionierte dieses minimalistische Design sehr gut und ermöglichte Experimente mit Bildverarbeitung und Sonar.

Der dritte Roboter trug den Namen Uranus und lag hinsichtlich Komplexität und Leistungsfähigkeit zwischen Pluto und Neptune. Es handelte sich um einen omnidirektionalen mobilen Roboter, der vier Mecanum-Räder aus Schweden verwendete. Jedes dieser Spezialräder war mit zwölf frei drehbaren Gummiwalzen ausgestattet.[209] Dies verlieh Uranus die Fähigkeit, sich in alle Richtungen zu bewegen.

2.3.2 Der Terregator (1984)

Während der CMU Rover auf Tests in Innenräumen beschränkt war, wurden die ersten Außentests mit einem Fahrzeug namens Terregator (Terrestrial Navigator) durchgeführt, das im Mai 1984 in Betrieb genommen wurde.[210] Als Anwendungsfälle wurden gefährliche Umgebungen definiert, etwa „Bau, Bergbau, Wartung von Nuklearanlagen, Materialtransport und Militär“.[211]

Die Aufgabe des sechsrädrigen, skid-gelenkten Fahrzeugs (Abb. 2.8) bestand darin, autonom der Straße zu folgen, wobei Videokameras, ein Entfernungsmesssonar und ein Stromgenerator zum Einsatz kamen. Ein Bordcomputer empfing Befehle auf hoher Ebene von einem externen Supervisor und führte Steuerbefehle auf niedriger Ebene an die Motoren aus.[212] Im Mai 1985 wurde ein Laserdistanzmesser am Fahrzeug angebracht. Es nutzte außerdem „akustische Sensorik zur Hindernisvermeidung“.[213] Davies berichtet, dass der Terregator in den späten 1980er Jahren das erste autonome Fahrzeug war, das mit einem LIDAR ausgestattet wurde.[214]

---

[207] Podnar, Gregg W. 1985a, Februar. The NEPTUNE Mobile Robot. In *Annual Report, Technical Report CMU-RI-TR-86-04,* Robotics Institute, Carnegie Mellon University, S. 123–125.

[208] E-Mail von Chuck Thorpe an den Autor, 3. Februar 2020.

[209] Podnar, Gregg W. 1985b, Februar. The URANUS Mobile Robot. In *Annual Report, Technical Report CMU-RI-TR-86-04.* Robotics Institute, Carnegie Mellon University, S. 127–129.

[210] Champeny-Bares, Lee, Coppersmith, Syd, Dowling, Kevin, 1991, Mai. *The Terregator Mobile Robot, Field Robotics Center.* Pittsburgh: The Robotics Institute, Carnegie Mellon University. http://citeseerx.ist.psu.edu/viewdoc/download?doi=10.1.1.68.6410&rep=rep1&type=pdf, S. 14 (Zugriff am 13. Dezember 2019).

[211] Ebd., S. 9.

[212] Ebd., S. 28.

[213] Cmurobotics (Youtube-Account), Terregator – CMU – Field Robotics Circa 1983 (Videotitel). In Youtube, hochgeladen am 13. Oktober 2016, online unter: https://www.youtube.com/watch?v=beGRM9ZmWlI (Zugriff am 13. Dezember 2019).

[214] Davies, S. 100.

Abb. 2.8 Das Forschungsfahrzeug Terregator, 1984. (Bildnachweis & Bildquelle: CMU)

Im Oktober 1984 „hatte der Terregator seine ersten Fahrten unter Kontrolle seines Bildverarbeitungssystems absolviert, wenn auch langsam und mit häufigen Stopps", berichtet der Historiker Alex Roland.[215] Während die Bewegungen des Stanford Cart und des CMU Rover durch regelmäßige Stopps unterbrochen wurden, bewegte sich der Terregator „kontinuierlich weiter" behauptet hingegen ein CMU-Video. Anstatt Einzelbilder zu verarbeiten, verarbeitete der Terregator Bildströme.[216] Thorpe erklärt diesen Widerspruch damit, dass das Fahrzeug „von meh-

[215] Roland, Alex, und Philip Shiman. 2002. *Strategic Computing, DARPA and the Quest for Machine Intelligence,* S. 229. Cambridge, London.

[216] Todd Jochem (Youtube-Account), Navlab 84–94 (Videotitel), Carnegie Mellon University, Navlab: Vision & Navigation 1984–1994, Werbevideo, 1994. In Youtube, hochgeladen am 19. Januar 2018, online unter: https://www.youtube.com/watch?v=yfVxt-eBVLo, 2:44 (Zugriff am 3. Dezember 2019).

reren Gruppen mit unterschiedlichen Techniken genutzt wurde“.[217] Während die frühe Arbeit an der Stereoverarbeitung Stopps erforderte, ermöglichte eine weiterentwickelte Version des Terregator mit Sonarverarbeitung eine kontinuierliche Bewegung.

Der Terregator kartierte einen Teil einer Mine,[218] „konnte Treppen steigen und über Bahngleise hüpfen, lief jedoch nicht gut auf Gras.“[219] Die Außentests wurden im Schenley Park in der Nähe des Campus durchgeführt, wo die Ingenieure Techniken zur Erkennung von Kanten oder Farbkontrasten einer Straße testeten. Es war jedoch sehr schwierig für die Schwarzweißkameras, die Kanten des grauen Asphalts im Schenley Park zu unterscheiden. Der Roboter verwechselte manchmal Baumstämme mit ihren scharfen, festen Kanten mit der Straße „und versuchte, diese zu erklimmen“, berichtet Moravec.[220] Dies wird auch von William Whittaker bestätigt.[221] Schließlich mussten die Forscher sogar „Klebeband verwenden, um die Straßen zu markieren“.[222] Als Lehre aus diesen Experimenten setzte das von Martin Marietta entwickelte Autonomous Land Vehicle (ALV) (siehe Abschn. 2.4) nicht nur auf gerade Linien.

Das Hauptproblem bestand darin, dass der Terregator weiterhin per Funk entweder von einem externen menschlichen Supervisor oder einem stationären 1-MIPS-Computer ferngesteuert wurde.[223] Er bewegte sich nur mit einer Geschwindigkeit von wenigen Zentimetern pro Sekunde, da die „Übertragungsbandbreite zwischen dem Fahrzeug und seinen externen Computern viel zu gering war, um alle Daten mit ausreichender Geschwindigkeit zu übertragen“, erklärt Alex Roland.[224] Eine Sekundärquelle berichtet von einer Geschwindigkeit von 1 km/h und einer Zykluszeit von 3 Sekunden.[225] Die begrenzte Rechenleistung, der Einsatz von Schwarzweißkameras und frühe Algorithmen waren laut Thorpe weitere Gründe für die langsame Bewegung.[226]

Nun war klar, dass ein Roboterauto unabhängig von externer Ausrüstung funktionieren sollte. Daher ersetzte das CMU-Team den Terregator 1986 durch ein neues Fahrzeug, den Navlab 1, das das Übertragungsproblem durch eine Onboard-Lösung vermied. Die neue Konfiguration ermöglichte zudem Außentests weit entfernt vom Labor. „Mobile Roboter sind der Punkt, an dem Künstliche Intelligenz auf die reale physische Welt trifft“[227] betont Chuck Thorpe: „Nur indem wir echte

[217] E-Mail von Chuck Thorpe an den Autor, 3. Februar 2020.
[218] Champeny-Bares et al. 1991, S. 7.
[219] Roland, S. 236.
[220] Moravec 1999, S. 43.
[221] Schefter, Jim. 1985, Oktober. Look, Ma! No Driver. *Popular Science,* S. 114.
[222] Roland, S. 230.
[223] Champeny-Bares et al. 1991, S. 9, 28.
[224] Roland, S. 236.
[225] Meissner, S. 1.6
[226] E-Mail von Chuck Thorpe an den Autor, 3. Februar 2020.
[227] Thorpe, Charles E. 1990. Kapitel 1: Einführung. In *Vision and Navigation: The Carnegie Mellon Navlab,* Hrsg. Charles E. Thorpe, S. 1. Boston.

Roboter bauen, Tests in realistischen Umgebungen durchführen und dann ins Labor zurückkehren, um von Neuem zu beginnen, können wir mit Zuversicht behaupten, dass unsere Theorien angemessen sind und unsere Systeme funktionieren.“[228]

2.3.3 Das NavLab (1986–1990), später NavLab 1 genannt

Im Rahmen des großen nationalen Programms „On Strategic Computing“ – das in Abschn. 2.5 noch ausführlicher vorgestellt wird – förderte DARPA 1984 die Forschung am Autonomous Land Vehicle.[229] Gleichzeitig verfolgte Chuck Thorpe sein Promotionsstudium am Fachbereich Informatik der CMU. Er „verfasste einen Antrag an DARPA, in dem er Techniken für das Fahren unter gefährlichen Bedingungen beschrieb. Infolgedessen finanzierte die Behörde das erste NavLab.“[230]

1986 stattete das Team um William „Red“ Whittaker einen handelsüblichen blauen Chevy-Kastenwagen (Abb. 2.9) mit nach vorne und hinten gerichteten Farbfernsehkameras sowie einem großen ERIM-Laserdistanzmesser aus. Dieser scannte 40 Meter der vorausliegenden Straße und lieferte ein 3D-Bild der Hindernisse.[231] Auch Sonarsensoren wurden zur Hinderniserkennung eingesetzt.

Abb. 2.9 Der Navlab 1 Chevy-Kastenwagen während Experimenten im Schnee. (Bildnachweis & Bildquelle: CMU)

[228] Ebd., S. 2.

[229] Kanade, Takeo. Vorwort. In *Vision and Navigation: The Carnegie Mellon Navlab,* Hrsg. Charles E. Thorpe, S. xiii.

[230] Nocks, S. 106.

[231] Thorpe, Charles, Martial Hebert, Takeo Kanade und Steven Shafer. 1991a, August. Toward Autonomous Driving: The CMU Navlab, Part I, Perception. *IEEE Expert* 6 (4), S. 37.

Der Chevrolet Van – NavLab genannt, später NavLab 1, wurde von Takeo Kanade und Chuck Thorpe genutzt, um ein neues Seh-System zu entwickeln. Es war das erste eigenständige Fahrzeug der CMU. Als Lehre aus dem Terregator-Projekt trug der Van seine eigene Stromversorgung, war mit bordeigener Computertechnik ausgestattet und bot sogar ausreichend Platz für fünf Doktoranden.[232] Ein WARP-Supercomputer (10*10 MFLOPS) und vier Sun-3 Workstations waren für die Extraktion von Bildmerkmalen, Routenplanung und Analyse zuständig. Die Bildauswertungszeiten betrugen 10 Sekunden (1 km/h) mit den SUN-Computern und 4 Sekunden (3 km/h) mit dem WARP-Computer.[233] Ein inertiales Navigationssystem half, die Position des Fahrzeugs zu verfolgen. Es verfügte außerdem über einen „68.020-basierten Prozessor" zur Steuerung des Lenkrads und der Längsbeschleunigung.[234] Die Computerausstattung hatte einen Wert von 1/2 Million US-Dollar.[235]

Im Gegensatz zum Autonomous Land Vehicle konnte der NavLab auch von einem menschlichen Fahrer zu einem Testgelände gefahren werden. Er wurde sogar – ohne Genehmigung – auf öffentlichen Straßen getestet.[236] Es saß jedoch stets ein Sicherheitsfahrer hinter dem Lenkrad und ein großer roter Stopp-Knopf war vorhanden.

Während der ersten Tests fuhr der Navlab 1 mit „zwei Zentimetern pro Sekunde auf sauberen Gehwegen",[237] später „mit zehn Zentimetern pro Sekunde"[238] und mit den Bild- und Distanzalgorithmen der Warp-Maschine mit „50 cm/s".[239] Das Ingenieurteam erklärt, dass die Abtastrate des Laserdistanzmessers „zu langsam für das Fahren mit hoher Geschwindigkeit auf Autobahnen" war.[240] 1987 bewegte sich das Forschungsfahrzeug mit einer Geschwindigkeit von 2,7 mph

[232] Roland, S. 243.

[233] Thorpe, Thorpe, Charles, Martial H. Hebert, Takeo Kanade und Steven A. Shafer. 1988, Mai. Vision and Navigation for the Carnegie-Mellon Navlab. *IEEE Transactions on Pattern Analysis and Machine Intelligence* 10 (3): 362–373. Siehe auch: Mysliwetz, Birger, 1990. Parallelrechner-basierte Bildfolgen-Interpretation zur autonomen Fahrzeugsteuerung, Diss. UniBwM/LRT/ISF, S. 14.

[234] Pomerleau, Dean A. 1993. *Neural Network Perception for Mobile Robot Guidance,* S. 4. New York.

[235] Nocks, S. 106.

[236] Thorpe, Chuck, Ein Zeitzeugeninterview 2010 geführt von Peter Asaro und Selma Šabanović, Indiana University, Bloomington Indiana, für die Indiana University und die IEEE, in: http://ethw.org/Oral-History:Chuck_Thorpe#Interview (abgerufen am 7. Mai 2018).

[237] Thorpe, Charles, Martial Hebert, Takeo Kanade und Steven Shafer. 1991b, August. Toward Autonomous Driving: The CMU Navlab, Part II, System and Architecture. *IEEE Expert* 6 (4), S. 51.

[238] Roland, S. 243.

[239] Thorpe, Charles, Martial H. Hebert, Takeo Kanade und Steven A. Shafer. 1988, Mai. Vision and Navigation for the Carnegie-Mellon Navlab. *IEEE Transactions on Pattern Analysis and Machine Intelligence* 10 (3), S. 372.

[240] Thorpe, Charles, Martial Hebert, Takeo Kanade und Steven Shafer. 1991a, August. Toward Autonomous Driving: The CMU Navlab, Part I, Perception. *IEEE Expert* 6 (4), S. 37.

(4,3 km/h) auf einem vorprogrammierten Pfad. Das entspricht etwa Schrittgeschwindigkeit, wie Thorpe in einer Fernsehsendung des History Channel bestätigt.[241]

Um den Van bei diesen sehr niedrigen Geschwindigkeiten zu steuern, war das Fahrzeug mit einem computergesteuerten hydraulischen Antriebsstrang ausgestattet: Mitglieder des NavLab-Teams geben in einem Artikel von 1990 an, dass „der niedrige Gang Niedriggeschwindigkeits-Experimente (0–20 km/h) unterstützt; der hohe Gang (0–40 km/h) transportiert das Fahrzeug im manuellen Modus auf öffentlichen Straßen".[242] Das bedeutet, dass zu dieser Zeit die Experimente zum automatisierten Fahren mechanisch auf 20 km/h begrenzt waren. Ein Bericht von 1991 gibt jedoch eine etwas höhere Geschwindigkeitsangabe und bestätigt, dass „auf typischer strukturierten Straßen der Navlab bis zu seinem mechanischen Limit von 28 Kilometern pro Stunde" (17,3 mph) fährt.[243] Ein Bericht für die Intelligent Vehicles Conference 1995 gibt an, dass Ende der 1980er Jahre der Navlab 1 seine Höchstgeschwindigkeit von 20 mph[244] (32,1 km/h) „auf einer Vielzahl realer Straßen" erreichte.[245] Hans Moravec berichtet, dass der Van 1990 – mit schnelleren Computern (10 MIPS) – eine Höchstgeschwindigkeit von 40 km/h (24,8 mph) erreichte. Er fügt jedoch hinzu, dass „fast jedes Mal, wenn ein neuer Straßentyp oder eine neue Bedingung auftrat, die Programme angepasst werden mussten".[246] Eine Aussage, die Todd Jochem als „100 % zutreffend" bestätigte.[247]

Die zitierten Quellen erlauben keine genauere Beschreibung der Umstände, unter denen diese Geschwindigkeiten erreicht wurden. Es lässt sich nur zusammenfassen, dass um 1990 der NavLab 1 eine Geschwindigkeit zwischen 17,3 und 24,8 mph (28–40 km/h) erreichte. Todd Jochem bestätigt dem Autor dieses Buches, dass „etwa 20 mph ziemlich zutreffend ist". Da in den Quellen die genaue Straßen- und Hindernisart nicht genannt wird, ist der Aussagewert dieser Angaben dennoch begrenzt.

---

241 Cmurobotics (Youtube-Account), History Channel 1998: Driverless Car Technology Overview at Carnegie Mellon University (Videotitel). In Youtube, hochgeladen am 29. September 2017, online unter: https://www.youtube.com/watch?v=2KMAAmkz9go, Min. 4:06 (abgerufen am 3. Dezember 2019).

242 Dowling, Kevin, Robert Guzikowski, Jim Ladd, Henning Pangels, Sanjiv Singh und William Whittaker. 1990. Navlab. An Autonomous Navigation Testbed. In *Vision and Navigation. The Carnegie Mellon Navlab,* Hrsg. Charles E. Thorpe, S. 273–275. Boston/Dordrecht/London.

243 Thorpe, Charles, Martial Hebert, Takeo Kanade und Steven Shafer. 1991a, August. Toward Autonomous Driving: The CMU Navlab, Part I, Perception. *IEEE Expert* 6 (4), S. 31.

244 Jochem, Todd, Pomerleau, Dean, Kumar, Bala, Armstrong, Jeremy, PANS: A Portable Navigation Platform. In *Proceedings of the Intelligent Vehicles '95. Symposium,* S. 107, auch in: https://www.cs.cmu.edu/~tjochem/nhaa/navlab5_details.html (abgerufen am 3. August 2018).

245 Thorpe, Charles, Martial Hebert, Takeo Kanade und Steven Shafer. 1991b, August. Toward Autonomous Driving: The CMU Navlab, Part II, System and Architecture. *IEEE Expert* 6 (4), S. 51.

246 Moravec 1999, S. 43.

247 E-Mail von Todd Jochem an den Autor, 10. Mai 2020.

2.3.4 *Das NavLab 2 Militärfahrzeug (1990)*

Von 1990–1996 konzentrierte sich die CMU auf das Demo-II-Programm der DARPA, das darauf abzielte, unbemannte Bodenfahrzeuge zu demonstrieren (siehe Abschn. 2.5). In den 1990er Jahren verlagerte sich der Forschungsschwerpunkt „von der Straßenfahrt zum Einsatz im Gelände, einschließlich rauem Terrain, mehreren Fahrzeugen und komplexen Missionen.“[248] Aus diesem Grund wurde ein modifiziertes High Mobility Multipurpose Wheeled Vehicle (HMMWV) – ausgesprochen Humvee – als neues Testfahrzeug eingesetzt. Es wurde vom United States Army Tank-automotive and Armaments Command (TACOM) bereitgestellt und NavLab 2 genannt. Der NavLab1 Chevy Van wurde nicht ersetzt, das Labor verdoppelte laut Jochem lediglich seine Testkapazität mit einem zweiten Fahrzeug.[249]

Der Militärjeep wurde vom Ingenieurteam als „eine gute Plattform für die Geländenavigation angesehen, wo zusätzliche Robustheit erforderlich ist und kurze (weniger als 10 Meilen) Missionen die Regel sind. Für die Forschung zum Fahren auf Straßen ist er aufgrund seiner Größe, Komplexität und seines launischen Betriebsverhaltens nicht gut geeignet.“[250] Beispielsweise war sein übermäßiges Gewicht von 2361 kg für die schlechte Beschleunigungsleistung verantwortlich.

Das Fahrzeug war mit computergesteuerten Aktuatoren für Gas, Bremse und Lenkung ausgestattet. Stereokameras und ein Laserdistanzmesser wurden zur Hindernisvermeidung eingesetzt, eine Videokamera für die Straßenverfolgung und Teleoperation, ein Doppler-Radar zur Messung der Bodengeschwindigkeit und -erfassung sowie GPS und ein inertiales Navigationssystem zur Lage- und Positionsbestimmung.[251] Die Datenverarbeitung wurde durch drei Sparc 10 Workstations (20 MIPS) sichergestellt. Mit diesen Rechnern wurde laut dem Ingenieurteam die Hinderniserkennung „in 600 Millisekunden“ erreicht, und die Erfassungszeit betrug im Durchschnitt 500 Millisekunden.[252] Doch die Geschwindigkeit der Hinderniserkennung sagt nichts über deren Qualität aus: Einige Quellen geben an, dass Navlab 2 „nicht zwischen Steinen und hohem Gras, Bäumen und Berghängen oder sogar Schlamm und festem Untergrund unterscheiden konnte.“[253]

---

[248] Hebert, Martial, Charles E. Thorpe und Anthony Stentz. 1997. Introduction. In *Intelligent Unmanned Ground Vehicles, Autonomous Navigation Research at Carnegie Mellon,* Hrsg. Martial H. Hebert, Charles E. Thorpe und Anthony Stentz, S. 1. New York.

[249] E-Mail von Todd Jochem an den Autor, 10. Mai 2020.

[250] Jochem et al. 1995, S. 107.

[251] Hebert et al., S. 3.

[252] Thorpe, Charles, Martial Hebert, Takeo Kanade und Steven Shafer. 1991a, August. Toward Autonomous Driving: The CMU Navlab, Part I, Perception. *IEEE Expert* 6 (4), S. 38.

[253] De Vries, Marten Johannes, Kachroo, Pushkin und Ozbay, Kaan, Hrsg. 1998. Intelligent transportation systems. In *Proceedings of the Society of Photo-Optical Instrumentation Engineers (SPIE),* Bd. 3207, 15.–17. Oktober 1997, S. 98. Pittsburgh.

Das Ziel des NavLab 2-Testfahrzeugs war es, „Techniken zu entwickeln, die es künstlichen neuronalen Netzen ermöglichen, mobile Roboter anhand visueller Eingaben zu steuern“, erklärt Dean Pomerleau, damals Doktorand in der Navlab-Gruppe.[254] Er entwickelte einen lernfähigen Straßenverfolger namens *Autonomous Land Vehicle In a Neural Network (ALVINN),* der als Navigationssystem diente. Im Gegensatz zu früheren regelbasierten Systemen, die mit If-Then-Anweisungen arbeiteten – *wenn* diese Bedingung erfüllt ist, *dann* führt das Programm diese Aktion aus – können neuronale Netze die beste Lösung aus mehreren Optionen wählen und vor allem lernen: Ein künstliches neuronales Netz muss von einem Bediener darauf trainiert werden, wie es fahren soll.

Für die Steuerung auf niedriger Ebene wurden zwei Motorola-68.000-Computer eingesetzt[255] und zwei weitere Computer für die Wahrnehmungsverarbeitung.[256]

Das Team verfolgte einen Ansatz maschinellen Lernens: Während er sein Auto fuhr, filmte Pomerleau die Straße und speiste Bilder von Fahrbahnmarkierungen sowie Daten zur Lenkrichtung in das Computersystem ein, das so lernte, wann es das Lenkrad drehen musste.[257] Moravec erinnert sich, dass frühe Versionen des neuronalen Netzes „Stunden an Training benötigten, bereitgestellt durch Simulatorszenen oder lange Videobänder menschlicher Autofahrten.“[258] Später wurde die Lernzeit auf 5 Minuten reduziert. „Für längere Fahrten erhielt das System die neuronalen Verbindungsgewichte für viele Straßentypen. Es testete diese gegen die aktuelle Straße, wobei die Konsistenz der Lenkerausgabe als Maß für die Eignung diente.“[259] Es erhielt als Eingabe visuelle Straßeninformationen sowie die aktuelle Position des Lenkrads und erzeugte als Ausgabe die Lenkbefehle.

Auch zur Bildauswertungszeit finden sich in der Literatur unterschiedliche Angaben: Ein Zeitschriftenartikel erwähnt, dass ALVINN im Straßenverfolgungsmodus „etwa ein Fünfzehntel einer Sekunde pro Bild“ benötigte[260]. Eine andere Quelle gibt an, dass 10 Bilder pro Sekunde digitalisiert wurden.[261] Der Unterschied zwischen 10 Hz und 15 Hz könnte darauf zurückzuführen sein, „auf welcher Computerhardware ALVINN lief; es entwickelte sich über mehrere Jahre

[254] Pomerleau 1993, S. 5

[255] Jochem et al. 1995, S. 107.

[256] Todd Jochem (Youtube-Account), Navlab 2 on Flagstaff Hill Pittsburgh People, Places, and Things (Videotitel), TV-Sendung von 1994, Reporterin: Lisa Beatty, veröffentlicht am 7. Januar 2018, in: https://www.youtube.com/watch?v=btJDzWt82wU (abgerufen am 3. August 2018).

[257] Davies, S. 83.

[258] Moravec 1999, S. 43.

[259] Ebd., S. 43f.

[260] Thorpe, Charles, Martial Hebert, Takeo Kanade und Steven Shafer. 1991a, August. Toward Autonomous Driving: The CMU Navlab, Part I, Perception. *IEEE Expert* 6 (4), S. 36.

[261] Todd Jochem (Youtube-Account), Navlab 84–94 (Videotitel), Carnegie Mellon University, Navlab: Vision & Navigation 1984–1994, Werbevideo, 1994. In Youtube, hochgeladen am 19. Januar 2018, online in: https://www.youtube.com/watch?v=yfVxt-eBVLo, Min. 2:44 (abgerufen am 3. Dezember 2019).

und verschiedene Computerarchitekturen, einschließlich des WARP", erklärt Thorpe.[262]

Diese technischen Modifikationen könnten auch erklären, warum die Geschwindigkeitsangaben für den Navlab 2 von Jahr zu Jahr variieren: Moravec berichtet, dass ALVINN 1991 „30 km stark befahrene Autobahn mit 70 km/h" (43 mph) zurücklegte.[263] Ein Werbevideo der CMU aus dem Jahr 1992 gibt an, dass Navlab 2 „bis zu 55 mph schnell und bis zu 22 Meilen weit" fuhr.[264] 55 mph werden auch in einem Film des History Channel bestätigt.[265] Ein Artikel in den Proceedings der Intelligent Vehicle Conference 1993 präzisiert, dass der Navlab 2 „einem vorausfahrenden Fahrzeug auf einer kurvenreichen Straße bei leichtem Verkehr mit 32 km/h" (19 mph) sicher folgte.[266] 1994 gab Todd Jochem an, dass der Navlab 2 auf Stadtstraßen bis zu 25 mph (40 km/h) fuhr.[267] Ein CMU-Video von 1994 gibt an, dass ALVINN Strecken von bis zu 100 Kilometern „und mit Geschwindigkeiten von über 110 km/h" (68 mph) zurückgelegt hat,[268] eine Angabe, die von Todd Jochem bestätigt wurde.[269] Laut Thorpe wurde dieses Ergebnis jedoch nicht mit dem Navlab 2 Army-Jeep, sondern mit Navlab 5, einem Pontiac Minivan, erzielt (siehe Abschn. 2.3.6).

Um diese außergewöhnlichen Leistungen für ein automatisiertes Fahrzeug zu verstehen, muss hervorgehoben werden, dass ALVINN laut Chuck Thorpe lediglich die Spur hielt und keine Hindernisse erkannte oder vermied.[270] Ein Bericht des Ingenieurteams für die Intelligent Vehicle-Konferenz 1995 präzisiert, dass die Software das Fahrzeug „über unwegsames Gelände, Hindernissen ausweichend, mit Geschwindigkeiten bis zu 6 mph und auf der Straße mit 70 mph" steuerte.[271]

---

[262] E-Mail von Chuck Thorpe an den Autor, 3. Februar 2020.

[263] Moravec 1999, S. 44.

[264] Todd Jochem (Youtube-Account), Navlab 2 Cross Country Navigation 1992 (Videotitel), Offizielles Video der CMU, 1992. In Youtube, hochgeladen am 8. Januar 2018, in: https://www.youtube.com/watch?v=HmLafSKdCRs, Min. 1:43 (abgerufen am 3. Dezember 2019).

[265] Cmurobotics (Youtube-Account), History Channel 1998: Driverless Car Technology Overview at Carnegie Mellon University (Videotitel). In Youtube, hochgeladen am 29. September 2017, online in: https://www.youtube.com/watch?v=2KMAAmkz9go, Min. 4:06 (abgerufen am 3. Dezember 2019).

[266] Sukthankar, R., RACCOON: A Real-time Autonomous Car Chaser Operating Optimally At Night. In Proceedings of the Intelligent Vehicles '93 Symposium, S. 37.

[267] Todd Jochem (Youtube-Account), Navlab 2 on Flagstaff Hill Pittsburgh People, Places, and Things, TV-Sendung von 1994, Reporterin: Lisa Beatty, veröffentlicht am 7. Januar 2018, in: https://www.youtube.com/watch?v=btJDzWt82wU, Min. 6:18 (abgerufen am 3. Dezember 2019).

[268] Todd Jochem (Youtube-Account), Navlab 84–94 (Videotitel), Carnegie Mellon University, Navlab: Vision & Navigation 1984–1994, Werbevideo, 1994. In Youtube, hochgeladen am 19. Januar 2018. In Youtube, online in: https://www.youtube.com/watch?v=yfVxt-eBVLo, Min. 2:59 (abgerufen am 3. Dezember 2019).

[269] E-Mail von Todd Jochem an den Autor, 10. Mai 2020.

[270] E-Mail von Chuck Thorpe an den Autor, 3. Februar 2020.

[271] Jochem et al. 1995, S. 107 (Hinweis: Zur besseren Lesbarkeit wurde m.p.h. in der Originalquelle durch mph ersetzt).

Jochem merkt jedoch an, dass die vollständige Hinderniserkennung „erst 1996 und 1997 auf denselben Straßen“ mit NavLab 6 und 7 erreicht wurde.[272]

2.3.5 Die NavLab 3 und 4 Fahrzeuge (1994)

Die Fahrzeuge NavLab 3 und 4 sollten ebenfalls erwähnt werden, auch wenn Moravec sie als „unwichtig“ einstuft.[273] Thorpe berichtet, dass Dean Pomerleau 1994 vorzog, ein anderes Forschungsfahrzeug zu nutzen, das leichter zu fahren war als der Hummer. Er hatte die Idee, seinen eigenen Honda Accord zu nehmen und ihn mit einem „Motor, der über einen Riemen das Lenkrad dreht“, umzurüsten. Außerdem „brachte er eine Kamera am Rückspiegel an, stellte einen Laptop hinein, schloss ihn an den Zigarettenanzünder an, und er hatte ein Roboterauto.“[274] Das Fahrzeug, genannt Navlab 3, wurde verwendet, um die Algorithmen mit kostengünstigerer Computertechnik zu testen. Es fuhr 1000 Meilen auf der Autobahn, im Verkehr, und erreichte eine Höchstgeschwindigkeit von 60 mph, „aber nur beim Spurhalten“.[275] Da der Bediener Geschwindigkeit und Bremsen kontrollierte, handelte es sich nur um ein teilautomatisiertes Fahrzeug.[276]

Wie der Navlab 2 war auch der Navlab 4 ein Humvee, jedoch war er mit einem „neuen, gemeinsam von K2T und CMU entwickelten, abtastenden Laserdistanzmesser“ ausgestattet.[277]

2.3.6 Die NavLab 5 Testfahrt No Hands Across America (1995)

Am 23. Juli 1995 nutzten Dean Pomerleau und der Doktorand Todd Jochem vom Robotics Institute der Carnegie Mellon University ein teilautomatisiertes Auto für eine Fahrt von Pittsburgh, Pennsylvania, nach San Diego. Die Testfahrt wurde als „No Hands Across America“ beworben und zielte darauf ab, das Fahrzeug per Bildverarbeitung zu steuern, während die menschlichen Fahrer Gas und Bremse bedienten. Das Forschungsfahrzeug – ein 1990er Pontiac Trans Sport, gespendet von Delco Electronics – wurde NavLab 5 genannt (Abb. 2.10).[278]

---

[272] E-Mail von Todd Jochem an den Autor, 10. Mai 2020.

[273] Moravec 1999, S. 44.

[274] Thorpe 2010.

[275] E-Mail von Chuck Thorpe an den Autor, 3. Februar 2020.

[276] E-Mail von Todd Jochem an den Autor, 10. Mai 2020.

[277] Thorpe, Chuck. 1998. Mobile Robots and Smart Cars. In *Field and Service Robotics,* Hrsg. Alexander Zelinsky, S. 3. Berlin, New York.

[278] Das Forschungsprogramm wurde von Delco Electronics, AssistWare Technology und der Carnegie Mellon University finanziert, mit zusätzlicher Unterstützung von Andrew Corporation und RDI Computer Corporation.

Abb. 2.10 Der NavLab 5, ein Pontiac Trans Sport. (Bildnachweis & Bildquelle: Todd Jochem)

Die Hauptidee war, das Fahrzeug so wenig wie möglich zu modifizieren und die verbesserte Effizienz der Elektronik zu nutzen, um alles über den vorhandenen Fahrzeuggenerator zu betreiben. Die Testfahrt diente auch dazu, zu sehen, wie das System auf verschiedene Straßentypen im ganzen Land reagiert. Sie war Teil eines Forschungsprojekts, das von der NHTSA und dem National Automated Highway System Consortium (NAHSC)[279] finanziert wurde, das in Abschn. 2.6 dieses Buches vorgestellt wird.

Die Größe der Ausrüstung war deutlich kleiner als bei den früheren Navlabs. Sie bestand aus einem tragbaren Laptop (50 MIPS), einer Windschutzscheibenkamera über dem Rückspiegel und einem GPS-Empfänger, alles betrieben über den Zigarettenanzünder des Autos.[280] Das Bildverarbeitungssystem war sehr einfach: Der Computer nutzte die Bilder der Kamera, um die Position des Fahrzeugs auf der Straße zu bestimmen. Es wurden Fahrbahnmarkierungen, Straßenränder, Spurrillen, Verfärbungen der Fahrbahn und die Position des vorausfahrenden Fahrzeugs genutzt, um die Fahrbahnmitte zu erkennen. „Autonomes Spurhalten, seitliche Fahrbahnverlassenswarnung“ und ein kartenbasiertes Kurvenwarnsystem liefen auf dem *Portable Advanced Navigation Support (PANS),* das Daten von GPS

[279] U. S. Department of Transportation, Request for Applications to Establish a National Automated Highway System Consortium, Vertragsnummer DTFH61-94-X-0000, 15. Dezember 1993.

[280] Jochem, Todd, Pomerleau, Dean, No Hands Across America General Information, (ohne Datum) https://www.cs.cmu.edu/~tjochem/nhaa/general_info.html (Zugriff am 3. August 2018).

und einem faseroptischen Drehratengyroskop nutzte. Das System hatte den Vorteil, auf handelsüblichen Komponenten zu basieren, die in einem Serienfahrzeug eingesetzt werden konnten. Die Positionsbestimmung und Fahrzeugsteuerung erfolgten auf einer tragbaren Workstation der Sparc LX-Klasse. Da es 1995 noch keine detaillierten Straßenkarten gab, wurde das GPS nur zur Geschwindigkeitsberechnung, nicht zur Navigation verwendet. Zu dieser Zeit war GPS selektiv verfügbar, was bedeutete, dass seine Nutzung eine hochpräzise Positionsbestimmung bot, dies aber sehr teuer war.

In dieser Zeit gab CMU den Ansatz mit neuronalen Netzen auf: Um 1994 wurde der allgemeine Lernmechanismus von ALVINN durch ein leistungsfähigeres Programm mit dem Namen *RALPH (Rapidly Adapting Lateral Position Handler)* ersetzt, das auch Spurwechsel im dichteren Verkehr bewältigen konnte. Da es nahezu unmöglich war, einem neuronalen Netz Domänenwissen beizubringen, „wurden die bekannten Randbedingungen eingebaut, und nur die veränderlichen Teile wurden gelernt", erklärt Moravec.[281] Es konnte auch deutlich schneller lernen, „fast augenblicklich", ergänzt Jochem.[282] Dies war ein entscheidender Erfolgsfaktor.

Es muss jedoch betont werden, dass nur die Lenkbefehle (Querführung) von RALPH übernommen wurden. Die menschlichen Fahrer mussten Gas und Bremse (Längsführung) des Pontiac bedienen – auch wenn im geringen Verkehr der Tempomat einen Großteil der Längsführung übernahm.[283]

Während der *No Hands Across America*-Testfahrt fuhr der Navlab 5 erfolgreich „bei Dunkelheit, starkem Schneefall und strömendem Regen".[284] Nur frisch asphaltierte Straßen ohne Fahrbahnmarkierungen, niedrige Sonnenstände und Schatten zwangen die Sicherheitsfahrer, das Lenkrad wieder zu übernehmen.

Als sie am 31. Juli 1995 ihr Ziel erreichten, hatte RALPH das Fahrzeug während 98,2 Prozent der 2800 Meilen langen Strecke ohne Eingriff eines menschlichen Fahrers gesteuert. Die Teilnehmer gaben an, dass die Durchschnittsgeschwindigkeit über 60 mph (100 km/h) lag.[285]

Nach der erfolgreichen Testfahrt wurde das NavLab-Team eingeladen, 1997 an einer Demonstration eines automatisierten Highway-Systems in San Diego teilzunehmen. Bei dieser Präsentation automatisierter Fahrzeuge fuhren die NavLab-Busse und -Autos mit Geschwindigkeiten um 60 mph auf einem abgesperrten Abschnitt der neuen High-Occupancy-Vehicle-(HOV)-Spuren des Interstate 5. Dieses Ereignis wird in Abschn. 2.6.3 näher beschrieben.

[281] Moravec 1999, S. 44.

[282] E-Mail von Todd Jochem an den Autor, 10. Mai 2020.

[283] E-Mail von Chuck Thorpe an den Autor, 3. Februar 2020.

[284] Jochem, Todd, Pomerleau, Dean, No Hands Across America Journal. http://www.cs.cmu.edu/~tjochem/nhaa/Journal.html (Zugriff am 3. August 2018).

[285] Auf einer abgesperrten Teststrecke erreichte der NavLab 5 laut den Ingenieuren sogar 90 mph (Jochem et al. 1995, S. 107).

2.4 Die Strategic Computing Initiative und das ALV-Programm der DARPA (1984–1988)

Während die KI-Forschung in den 1970er Jahren unter Finanzierungskürzungen litt, waren die technologischen und kulturellen Rahmenbedingungen der 1980er Jahre günstiger. Der Erfolg von Personal Computern wie dem IBM-PC 5150 (1981), der erste Flug des Space Shuttle (ebenfalls 1981) und der Erfolg von Science-Fiction-Filmen wie Star Wars V und VI (1980, 1983) sind nur drei Beispiele für ein Jahrzehnt, das Technikbegeisterung verkörpert. Das Gebiet der Computer Vision entwickelte sich erheblich weiter und die Nachfrage des Privatsektors boomte, mit Fokus auf wissensbasierten Systemen.[286]

In diesem historischen Kontext startete DARPA eine Initiative im Bereich der Informatik und bedeutende Fördermittel wurden verfügbar. Im Oktober 1983 stellte die Behörde einen Zehnjahresplan mit einem Budget von 1 Milliarde US-Dollar für KI-Forschung vor, die *Strategic Computing Initiative (SCI).*[287] Um die massiven Ausgaben zu rechtfertigen, verwies DARPA auf das Fifth Generation Computer System (FGCS) in Japan, das 1981 vom MITI gestartet wurde. Dieses Forschungsprogramm zielte auf die Entwicklung von Multiprozessor-Computern für Wissensverarbeitung auf Basis riesiger Datenbanken. Es war ein Versuch, Japan zur führenden Nation in der Computertechnologie zu machen. Mit einem Budget von 850 Millionen US-Dollar hatte Japan das Ziel, eine künstliche Intelligenz zu schaffen, die „lockere Gespräche führen, Sprachen übersetzen, Bilder interpretieren und wie Menschen denken kann".[288] Für die US-Regierung wurde dieses Projekt als Bedrohung ihrer technologischen Dominanz auf dem Computermarkt gesehen. Ein weiterer Sputnik-Schock sollte vermieden werden.

Das Hauptziel des FGCS-Projekts – eine Software zu entwickeln, die wie menschliche Intelligenz denken kann – wurde jedoch nie erreicht. Das Scheitern des Fifth Generation Computer System-Projekts zeigte erneut, dass der Engpass der KI nicht die Hardware, sondern die Softwareentwicklung ist. Während die Hardware stets „übermenschliche Fähigkeiten" in Geschwindigkeit und Sensorik besitzt, bleibt die Software das Hauptproblem, bestätigt Jochem.[289]

Die Strategic Computing Initiative der DARPA hatte das Ziel, das weltweit fortschrittlichste Computersystem für Echtzeitanwendungen zu entwickeln. Vollständige Maschinenintelligenz – eine Maschine, die sehen, hören, sprechen und denken kann wie ein Mensch – war das Ziel.[290] Drei Bereiche wurden betrachtet,

---

[286] Crevier, S. 201f.

[287] Weinberger, S. 279f.

[288] Crevier, S. 211f.

[289] E-Mail von Todd Jochem an den Autor, 10. Mai 2020.

[290] Roland, S. 4.

entsprechend den Zielen der drei Hauptzweige des Militärs – Luftwaffe, Marine und Heer:

Das Ziel des Pilot's Associate-Programms war es, „ein interaktives Computersystem zu entwickeln, das einen Kommandanten eines Kampfflugzeugs unterstützt".[291] Neben diesem „R2D2"-ähnlichen elektronischen Copiloten,[292] sollte eine „schiffsgestützte strategische Wissensbasis" entwickelt werden: Das Battle Management System sollte dem Oberbefehlshaber der US-Pazifikflotte helfen, den Einsatz von fast 300 Schiffen in den Regionen des Pazifiks und des Indischen Ozeans zu überwachen.[293] Das dritte geförderte Projekt war das Autonomous Land Vehicle (ALV), entwickelt von dem Luft- und Raumfahrtunternehmen Martin Marietta, das später mit Lockheed fusionierte. Es begann im August 1984 und wurde über einen Zeitraum von 42 Monaten mit 10,6 Millionen Dollar finanziert.[294] Die Idee, ein Fahrzeug zur Entwicklung von KI-Technologien einzusetzen, kann als „Schlüsselelement angesehen werden, das die US-amerikanischen und japanischen Fünfte-Generation-Computerprogramme voneinander trennt", da es die Ingenieurteams zwang, ihre Algorithmen schnell auf Hardware zu testen.[295] Dieser Vorteil wurde auch in Japan erkannt, wo das ALV-Projekt das MITI zusammen mit Nissan und Fujitsu dazu inspirierte, das „Personal Vehicle System" zu starten (siehe Abschn. 3.5.1).

Mehr als die anderen Projekte war das ALV „das Vorzeigeprogramm" der SCI-Initiative, betont der Historiker Alex Roland.[296] Die New York Times bezeichnete das ALV als eines der „meistpublizierten Ziele" der Strategic Computing Initiative.[297] Öffentliche Vorführungen des Fahrzeugs wurden abgehalten und die Presse eingeladen.

Bereits 1981 entschied DARPA, dass es an der Zeit sei, autonome Fahrzeuge zu entwickeln, die in der Lage sind, große Entfernungen „in Kriegsgebieten oder anderen gefährlichen Bereichen" ohne menschlichen Bediener zurückzulegen, schreibt Hans Moravec.[298] Daniel Crevier präzisiert, dass das ALV-Projekt auf ein Roboterfahrzeug für „Missionen wie Waffenlieferung, Aufklärung, Munitionshandhabung und Nachschub im Hinterland" abzielte.[299] Es sollte „so schnell wie ein laufender Soldat über unwegsames Gelände fahren, Hindernisse umfahren" und „sich insektenartig fortbewegen". Nilsson betont, dass das ALV „der Vorläufer militärischer Fahrzeuge sein sollte, die sich ungesteuert auf Straßen und im Ge-

[291] Nilsson, S. 289.

[292] Crevier, S. 214.

[293] Nilsson, S. 290.

[294] Ebenda, S. 292, Roland, S. 222.

[295] Schefter, Jim. 1985, Oktober. Look, Ma! No Driver. *Popular Science,* S. 116.

[296] Roland, S. 233.

[297] Weinberger, S. 280.

[298] Moravec 1988, S. 21, siehe auch Nocks, S. 105.

[299] Crevier, S. 210f.

lände bewegen können".[300] Computer-Vision-Programme galten als entscheidend, um diese Fahrzeuge über ihre Umgebung zu informieren. Diese mobilen Roboterfahrzeuge „mussten Gefahren wie andere Fahrzeuge, Felsen, Bäume, Gräben, Wasserhindernisse sowie steiles oder schlammiges Gelände vermeiden. Sie mussten außerdem in der Lage sein, Landmarken und andere bedeutende Objekte in ihrer unmittelbaren Umgebung zu identifizieren. Sie sollten vollständig eigenständig sein, wobei alle Berechnungen an Bord durchgeführt werden."

1984 wählten Vertreter von DARPA und dem Engineering Topographical Laboratory in Fort Belvoir Martin Marietta als Hauptauftragnehmer aus. „Martin hatte Erfahrung in Robotik und im Bau ferngesteuerter Fahrzeuge und verfügte über einen Forschungsstandort außerhalb von Denver, der sich ideal für Fahrzeugtests eignete."[301] Azriel Rosenfeld von der University of Maryland, der mit DARPA ein Bildverarbeitungsprogramm entwickelte, unterstützte Martin Marietta. Laut Roland war er auch der erste, der ein ALV vorschlug. Chuck Thorpe und Takeo Kanade von der Carnegie Mellon University waren für die Algorithmen zur Straßenverfolgung und Parallelverarbeitung zuständig. Ihre Erfahrung mit Terregator und Pluto/Neptune, zwei früheren Testplattformen der CMU für Onboard-Sensoren (siehe Abschn. 2.3.1 und 2.3.2), machte sie zur „offensichtlichen Wahl", schreibt Roland.[302]

Weitere Auftragnehmer aus Wissenschaft und Industrie waren ebenfalls am Projekt beteiligt: Das Massachusetts Institute of Technology arbeitete an Parallelalgorithmen, die University of Rochester entwickelte die Parallelprogrammierumgebung, SRI arbeitete an der räumlichen Repräsentation, Hughes Research Labs an der Hindernisvermeidung, ADS an der Objektmodellierung, die Columbia University an Bildverarbeitungsalgorithmen, die University of Southern California in San Diego und die University of Massachusetts in Amherst an Zielbewegungserkennung und -verfolgung, Honeywell an der Verfolgung beweglicher Ziele und General Electric entwickelte dreidimensionale Modelle auf Basis zweidimensionaler Bilddaten.

Das ALV war ein acht Tonnen schweres Fahrzeug auf einem geländegängigen Fahrgestell mit vier Achsen und acht nicht lenkbaren Rädern auf jeder Seite (Abb. 2.11). Angetrieben von einem Dieselmotor, waren die Räder durch Ketten verbunden, sodass das Fahrzeug durch Skid-Steering „wie ein Panzer, indem es ein Räderpaar anhielt, während das andere weiterlief", manövrieren konnte.[303] Es verfügte zudem über ein sehr ausgeklügeltes aktives Federungssystem – „wenn es abbiegen wollte, entlastete es die Eckräder und verlagerte mehr Gewicht auf die mittleren Räder, was das Wenden erheblich erleichterte."[304]

[300] Nilsson, S. 292.

[301] Roland, S. 222.

[302] Ebenda, S. 224.

[303] Roland, S. 226.

[304] E-Mail von Chuck Thorpe an den Autor, 3. Februar 2020.

Abb. 2.11 Das Autonomous Land Vehicle (ALV) wog acht Tonnen und war 2,7 Meter breit, 3 Meter hoch und 5,2 Meter lang. (Quelle: Martin Marietta. Bildquelle: https://paleofuture.com/blog/2013/4/30/darpa-spent-1-billion-trying-to-build-a-real-life-skynet-in-the-1980s)

Die einteilige Karosserie, „neun Fuß breit, zehn Fuß hoch und vierzehn Fuß lang",[305] bestand aus Fiberglas und war weiß lackiert. Ihr Design veranlasste den Historiker Alex Roland, das ALV als „großes, unbeholfenes, kastenförmiges Monster" mit einem „zyklopischen Auge an der Front" zu beschreiben. Es „sah eher nach Science-Fiction der 1950er Jahre aus als nach *Terminator*",[306] kommentiert Sharon Weinberger.

Ein Offizier der Armee beklagte, das ALV sei für das Militär nutzlos – riesig, langsam und weiß lackiert, würde es auf dem Schlachtfeld leicht zum Ziel werden.[307] Er missverstand das Ziel des Fahrzeugs: Das visuelle System war die „Hauptfähigkeit, die DARPA am ALV demonstrieren wollte", betont Roland.[308] DARPA förderte bereits in den 1960er Jahren die Forschung zur maschinellen Bildverarbeitung und seit den 1970er Jahren das Bildverständnis. Doch „hochwertiges, echtzeitfähiges, dreidimensionales" Bildverständnis war noch nicht entwickelt worden.

---

[305] Roland, S. 226.

[306] Weinberger, S. 328.

[307] Roland, S. 246.

[308] Ebenda, S. 220.

Roland weist darauf hin, dass Computer Vision eine schwierige Aufgabe ist: Das Bild einer Videokamera muss zunächst in eine binäre Form umgewandelt werden, die ein Computer lesen kann. Zweitens muss der Computer – zumindest im ALV – eine interne Repräsentation dieses Bildes erzeugen. Drittens soll er Informationen aus dem Bild extrahieren – und „das ist der schwierigste Teil“. All diese Funktionen sind rechenintensiv, sie benötigen viel Zeit – aber ein fahrendes Fahrzeug muss dies in Echtzeit leisten. Das wäre nur mit Parallelverarbeitung möglich, also der gleichzeitigen Ausführung von Rechenprozessen.

Um die Wahrnehmung zu gewährleisten, wurden zwei „Augen“ an der Front des Fahrzeugs angebracht: Eine Farbvideokamera – nicht analog, sondern mit mehreren CCDs – auf dem Dach des ALV verfolgte die Straßenränder.[309] 1985 dauerte das Scannen eines einzelnen Videobildes etwa 1/30 s, aber die Verarbeitung des Bildes im Computer etwa 2 s. Daher waren Echtzeitentscheidungen nicht möglich. Doch laut Azriel Rosenfeld war dies bereits ein Fortschritt – als das Programm ein Jahr zuvor gestartet wurde, dauerte die Bildverarbeitung noch 2 Minuten.[310]

Das zweite „Auge“ war hinter einem großen rechteckigen Fenster an der Front des ALV verborgen. Es enthielt einen Zwei-Achsen-Laser-Entfernungsmesser des Environmental Research Institute in Michigan – wie er auch für das NavLab 1 verwendet wurde.[311] Der Laser scannte die Straße für ½ Sekunde, und in den nächsten 3 s analysierte der Vicom-Computer das Bild.[312] Das System erkannte Hindernisse mit einer Mindesthöhe von 0,5 m.[313] Beide Methoden, Video und Lidar, hatten spezifische Vorteile: Video bot eine bessere Winkelauflösung und Laser eine höhere Entfernungsgenauigkeit, erklärt David Morgenthaler, Leiter der Computer-Vision-Abteilung von Martin Marietta.[314]

Die Bilder wurden von bordeigenen Computern analysiert, die von einer 12-kW-Diesel-Hilfsstromversorgung gespeist wurden. Das ALV verfügte über drei Racks mit mehreren Intel-Computern – der Hauptrechner basierte auf dem Intel-80286-Prozessor – für die Fahrzeugnavigation, einen VICOM-Bildprozessor und ein AC-System. Die Computer arbeiteten mit einer Geschwindigkeit von 50 MIPS.[315] Die vom Bildverarbeitungssystem gewonnenen Daten wurden verwendet, „um ein Modell der vorausliegenden Szene zu erzeugen. Höherwertige Entscheidungsprozesse wurden von den Modulen Goal Seeker und Navigator durchgeführt, die dann den gewünschten Pfad an das Pilotmodul weitergaben, das das Fahrzeug tatsächlich steuerte“, erklärt Douglas W. Gage.[316]

---

[309] Laut Thorpe war der Ausgang der CCDs dennoch analog und musste später in digitale Eingänge umgewandelt werden (E-Mail von Chuck Thorpe an den Autor, 3. Februar 2020).

[310] Schefter, Jim. 1985, Oktober. Look, Ma! No Driver. *Popular Science,* S. 114.

[311] Roland, S. 229.

[312] Schefter, S. 114.

[313] Strachan, S. 53.

[314] Schefter, S. 94.

[315] Moravec 1999, S. 41.

[316] Gage, S. 3, siehe auch Nilsson, S. 292.

Im Mai 1985 absolvierte das ALV erfolgreich seine erste Demonstration auf Martins Testgelände bei Denver.[317] Es folgte einer 1 km langen, asphaltierten Geraden mit einer Durchschnittsgeschwindigkeit von 3 km/h.[318] Laut einem Bericht des Ingenieurteams durchquerte das ALV im Juni 1986 eine 4,2 km lange Teststrecke in Denver mit Geschwindigkeiten von bis zu 10 km/h und bewältigte dabei enge Kurven und unterschiedliche Fahrbahnbeläge.[319] Im Oktober 1986 „umfuhr das ALV Hindernisse, während es auf der Straße blieb, und es wurden auf einer geraden, hindernisfreien Strecke Geschwindigkeiten von bis zu 20 km/h erreicht."[320] Doch Mysliwetz[321] und Meissner[322] wenden ein, dass das ALV bei einer Bildauswertungszeit von 2–3 s – wie oben erwähnt – bei dieser Geschwindigkeit 10–15 Meter völlig blind zurücklegte.

1987 begannen Geländetests. Das ALV war nun mit „zwei VICOM-Computern für Stereovision, einem Butterfly für Navigations-Reasoning und einer Warp-Parallelmaschine mit SUN-Frontend für die Bildverarbeitung" ausgestattet.[323] Im August 1987 „führte das ALV die erste autonome Geländefahrt auf Basis von Sensordaten durch"[324] auf einer 0,6 km langen Offroad-Strecke mit Geschwindigkeiten bis zu 3 km/h, „wobei Gräben, Steine, Bäume und andere kleine Hindernisse umfahren wurden", berichtet Gage.[325] Nach Roland war dies „das erste Mal, dass ein autonomes Fahrzeug sich selbstständig im Gelände nach einer selbst gewählten Route bewegte, basierend nur auf digitalen Kartendaten und Sensoreingaben. Das Fahrzeug umfuhr erfolgreich Erosionsrinnen, Büsche, Felsvorsprünge und steile Hänge."[326]

Andere Berichte behaupten, dass das ALV schließlich im November 1987 eine Höchstgeschwindigkeit von 20 km/h „mit einem verbesserten Farbsegmentierungsalgorithmus unter Verwendung eines Bayes-Klassifikators" erreichte.[327] Die Durchschnittsgeschwindigkeit lag bei 14 km/h – vier mehr als gefordert[328] – „über

---

[317] Roland, S. 226.

[318] Ebenda, S. 228. Bestätigt in Turk, S. 357f.

[319] Turk, Mathew A., David G. Morgenthaler, Keith D. Gremban und Martin Marra. 1988, Mai. VITS–A Vision System for Autonomous Land Vehicle Navigation. *IEEE Transactions on Pattern Analysis and Machine Intelligence* 10 (2), S. 358, 342.

[320] Turk et al., S. 342.

[321] Mysliwetz, S. 13.

[322] Meissner, S. 1.8.

[323] Roland, S. 244.

[324] National Research Council. 2002. *Technology Development for Army Unmanned Ground Vehicles,* S. 153. Washington.

[325] Gage, ebenda. Andere Quellen geben eine Geschwindigkeit von 3,5 km/h und eine längste autonome Navigationsstrecke von 735 m an (Strachan, S. 53).

[326] Roland, S. 245.

[327] Olin, K.E., Vilnrotter, F.M., Daily, M.J., Reiser, K. 1987. Developments in knowledge-based vision for obstacle detection and avoidance. In *Proceedings of the Image Understanding Workshop,* Los Angeles, S. 78–86, zit. in: National Research Council. 2002. *Technology Development for Army Unmanned Ground Vehicles,* S. 153. Washington.

[328] Roland, S. 245.

unterschiedliche Fahrbahnbeläge, Straßenbreiten und Schatten hinweg, während Hindernisse umfahren wurden".[329] Kurioserweise wurden diese Ergebnisse nie auf internationalen Konferenzen präsentiert, und es fehlen Videoquellen, die diese Erfolge dokumentieren könnten.

Trotz erheblicher Fortschritte betrachten einige Beobachter das ALV oder den Smart Truck – der im Herbst 1987 eingestellt wurde –[330] als eines „der größten unerfüllten Versprechen" der KI-Technologie, wie Daniel Crevier sagte.[331] Wie das japanische Fifth Generation Project erreichte auch die Strategic Computing Initiative ihr Ziel einer hochentwickelten Maschinenintelligenz nicht – man sollte sich erinnern, dass ursprünglich eine Höchstgeschwindigkeit von etwa 60 km/h erwartet wurde.[332]

Mehrere Autoren bestätigen, dass die größte Herausforderung des ALV darin bestand, mit begrenzter Hardware eine korrekte maschinelle Bildverarbeitung zu gewährleisten: Moravec bezeichnet das ALV-Projekt als „überambitioniert"[333] und „verfrüht", weil die Rechenleistung nicht ausreichte. „Die Sensorverarbeitungszeit wurde als begrenzender Faktor für die Höchstgeschwindigkeit des Fahrzeugs genannt", bestätigt Roland.[334] Auch Crevier betont, dass „leistungsfähigere Bildverarbeitungshardware den entscheidenden Unterschied gemacht hätte."[335] Die „Größe, Kosten und der Energieverbrauch" des Laserscanners und der Computer waren laut Larry Matthies vom Jet Propulsion Laboratory ebenfalls ein wesentliches Hindernis für den Fortschritt.[336]

Nach Ansicht anderer Beobachter war es jedoch nicht die Hardware, sondern die Software, die das Hauptproblem darstellte. Moravec berichtet, dass die einfachen Straßenerkennungstechniken des ALV – und auch des frühen NavLab – „oft getäuscht wurden und beide kaum in der Lage waren, eine Straße über einen ganzen Kilometer zu halten."[337] Roland enthüllt, dass das Bildverarbeitungssystem des ALV „von Monat zu Monat, Tag zu Tag und sogar von Test zu Test unterschiedlich funktionierte."[338] Es konnte zuverlässig den Asphalt der Straße von dem Schotter an den Seitenrändern unterscheiden, hatte aber Schwierigkeiten, Schmutz auf der Straße zu erkennen, unter unterschiedlichen Lichtverhält-

---

329 Gage, S. 3.

330 Roland, S. 246. Hinweis: Das Fahrgestell gelangte an die CMU und wurde als Transportfahrzeug für einen der robotischen Versuche zum Abstieg vom Mt. Erebus verwendet (siehe Wettergreen, David, Chuck Thorpe und William Whittaker. 1993. Exploring Mount Erebus by Walking Robot. *International Conference of Intelligent Autonomous Systems,* S. 72–81).

331 Crevier, S. 210.

332 Adam, John A. 1986, Januar. Aerospace and Military. In *IEEE Spectrum,* S. 79.

333 Moravec 1999, S. 41.

334 Roland, S. 245.

335 Crevier, S. 311.

336 Matthies, Larry H. 1998. Robotic Perception for Autonomous Navigation of Mars Rover. *1998 Symposium on Frontiers in Engineering,* September 1998, S. 1.

337 Moravec 1999, S. 41.

338 Roland, S. 234, siehe auch Nilsson, S. 294.

nissen zu arbeiten und Asphaltflicken von Straßenreparaturen sowie Baumschatten zu unterscheiden[339] – ähnlich wie der Terregator. Es verwechselte „leblose Objekte, wie einen Baumstamm, mit dem Fahrbahnrand."[340] Der „Smart Truck" hatte laut Weinberger auch Probleme, Steine von Schatten zu unterscheiden.[341] Abschließend lässt sich sagen, dass die Entwickler „zu viel Zeit mit ausgefeilter Hardware und zu wenig mit der Entwicklung besserer Algorithmen verbrachten", betont Jochem.[342] Auch Weinberger kommt zu dem Schluss, dass die Algorithmen nicht sehr gut funktionierten.[343] Ein Algorithmus funktionierte nur auf ebenem Gelände, der andere nicht in Kurven.[344] Nach Roland war eine der wichtigsten Erkenntnisse, dass „kein einzelnes Wahrnehmungssystem alle möglichen Straßenkonfigurationen abdecken konnte". Es „musste auf spezifische Umstände, Bedingungen und Aufgaben zugeschnitten werden".[345]

Kanade kritisierte das Programm als „zu sehr von Demonstrationen getrieben".[346] Nach Roland wurden „ad-hoc-Lösungen von der Stange" verwendet, um die engen Demonstrationsfristen einzuhalten.[347] Er stimmt zu, dass die „Tyrannei der Demonstration" und das Risiko eines „öffentlichen Scheiterns" die Ingenieure von Martin Marietta davon abhielten, ihr Innovationspotenzial zu entfalten. Daher blieb der Pull-Effekt aus.

Schließlich wird auch als problematisch angesehen, dass das ALV „ohne großes Interesse oder Unterstützung durch die Armee, den erwarteten Endnutzer des Systems" konzipiert, finanziert und gemanagt wurde.[348] Das Militär hatte in diesen Jahren noch „keinen Bedarf an robotischen Kampffahrzeugen", erklärt Roland.[349] In der Folge wurde das nachfolgende UGV-Programm, das im nächsten Kapitel beschrieben wird, gemeinsam von DARPA und der Armee durchgeführt.

Andere Ingenieure teilen diese überwiegend kritischen Meinungen nicht. Thorpe betrachtet das ALV als einen „bedeutenden Meilenstein" der Strategic Computing Initiative. Seiner Ansicht nach wies es auf Verbesserungen hin – „bessere Ladar-Systeme, bessere Computer und bessere Algorithmen" – und bereitete zudem den Boden für „Straßenverfolgung, Hindernisvermeidung, Planung und das Befahren von Geländerouten" und „führte direkt sowohl zu Demo II/III als auch zu automatisierten Autobahnen."[350] Es sei zudem erwähnt, dass Laserscanner,

[339] Ebenda, S. 234.
[340] Weinberger, S. 328.
[341] Ebenda, S. 280.
[342] E-Mail von Todd Jochem an den Autor, 10. Mai 2020.
[343] Weinberger, S. 328.
[344] Roland, S. 234.
[345] Ebenda, S. 247.
[346] Ebenda, S. 245.
[347] Ebenda, S. 243.
[348] Ebenda, S. 248.
[349] Ebenda, S. 246.
[350] E-Mail von Chuck Thorpe an den Autor, 3. Februar 2020.

Videokameras und inertiale Navigationssysteme – wie sie im SCI ALV-Programm verwendet wurden – heute die Basistechnologien der meisten Projekte für fahrerlose Autos darstellen.

Das ALV wurde 1987 eingestellt, doch die mit dem ALV erprobten Algorithmen, Sensoren und Computersysteme wurden um 1987 in zwei Militärfahrzeuge integriert, die im Rahmen des ersten intelligenten Fahrzeugprojekts der Armee – dem Advanced Ground Vehicle Technology (AGVT)-Programm – entwickelt wurden: Erstens kooperierte TARDEC mit Lockheed Martin, um die Robotertechnologie in einen M113 Schützenpanzer der Food Machinery Corporation (FMC), Santa Clara, zu integrieren. Es wurde berichtet, dass der Panzer im autonomen Modus 24 km/h und mit Hinderniserkennung 8 km/h erreichte.[351] Zweitens testete General Dynamics die Technologie mit einem vierrädrigen, gepanzerten Rapid Reaction Vehicle (RRV).[352]

2.5 Die Demo I-III Programme der US-Armee

Das Interesse an robotergestützter Kriegsführung wuchs nach 1990, insbesondere im Zuge des Golfkriegs. Mit dem Einsatz unbemannter Luftfahrzeuge – Drohnen – für Aufklärungsmissionen während der Operationen Desert Shield und Desert Storm (1990/1991) begann die US-Armee, das Potenzial unbemannter Bodenfahrzeuge (UGV) zu erkennen.

Ein UGV ist ein ferngesteuertes, halb- oder vollautonomes Fahrzeug, das am Boden ohne menschliche Anwesenheit an Bord operiert. Nach einer Definition der DARPA erhält ein autonomes UGV seinen Auftrag von einem Menschen, ist aber, „nachdem es aus seiner Umgebung gelernt hat und auf sie reagiert", „eigenständig" und „arbeitet ohne weitere menschliche Eingriffe".[353] Wie die meisten robotischen Systeme können UGVs für monotone (Patrouillen), schmutzige (nukleare, biologische und chemische Detektion) und gefährliche Aufgaben (Bombenentschärfung) eingesetzt werden.

Im Jahr 1990 vereinte der US-Kongress alle bodengebundenen Roboterfahrzeuge in einem Tactical Systems Office innerhalb des Verteidigungsministeriums

---

[351] Kuan, D., und U.K. Sharma. 1987. Model Based Geometric Reasoning for Autonomous Road Following. *Proceedings of the IEEE Int. Conf on Robotics and Automation,* Raleigh, NC, USA, 31. März – 3. April 1987, S. 416–423.

[352] Ebenda, Kuan, D., und G. Phipps. 1987. A-Shuan Hsueeh, Autonomous Land Vehicle Road Following. *Proceedings of the First International Conference on Computer Vision,* London, England, Juni 1987, S. 557–566, Tamaney, L.S., 1987. Real Time Intelligent Control of a Mobile Robot, NATO Advanced Research Workshop on Mobil Robot Implementation, Porto, Portugal, 28. Sept. – 2. Okt.

[353] Defense Advanced Research Projects Agency, Next Generation Explosive Ordnance Disposal Remote Controlled Vehicle (NGEODRCV), Common Systems Architecture, Draft version 5, Arlington 2001, zit. in: National Research Council 2002, S. 24.

und schuf den ersten Unmanned Ground Vehicle Master Plan.[354] Das Army Laboratory Command (LABCOM), das mehrere Armeelabore vereinte,[355] bündelte seine Forschungsanstrengungen mit denen des Tank Automotive Research And Development and Engineering Command (TARDEC) und startete drei von DARPA geleitete Programme für unbemannte Bodenfahrzeuge.[356]

Diese Forschungsprogramme, genannt Demo I-III, waren „ausdrücklich auf militärische Anwendungen ausgerichtet",[357] und hatten einen speziellen militärischen Anwendungsfall für zukünftige UGVs im Blick – die Reconnaissance, Surveillance and Target Acquisition (RSTA)-Mission, auch Scout-Mission genannt.[358] Ihr Ziel ist es, dem Militär detaillierte Informationen über Fähigkeiten und Standorte feindlicher Kräfte in einem feindlichen Gebiet zu liefern. Daher werden sie im angelsächsischen Kontext auch als Intelligence, Surveillance, Target Acquisition and Reconnaissance (ISTAR)-Missionen bezeichnet. Die durch Überwachungstechnologien gewonnenen Informationen können zur Erkennung und Erfassung potenzieller Ziele führen. Auf Basis dieses erhöhten „Situationsbewusstseins" können fundierte Entscheidungen getroffen werden. RSTA-Missionen dienen zudem der Gefechtsbeurteilung während und nach militärischen Operationen – etwa, um zu bestätigen, ob ein Ziel tatsächlich zerstört wurde oder nicht.

Heute werden Satelliten und unbemannte Luftfahrzeuge regelmäßig für diese Zwecke eingesetzt. Doch RSTA-Missionen am Boden spielen weiterhin eine wichtige Rolle in vielen Kriegsgebieten. Da sie zu den gefährlichsten Missionen militärischer Operationen zählen, sind sie offensichtlich eines der wichtigsten Einsatzszenarien für Bodenroboter.

Wie das ALV-Programm der 1980er Jahre waren auch die Demo-Programme keine direkte Antwort auf militärische Anforderungen, betonen Stuart I. McMillan und Jason G. McPhee von der Naval Postgraduate School in Kalifornien.[359] Nach Ansicht der Autoren werden neue Lösungen häufig dem Militär angeboten. Erst im Nachhinein kann das Militär – durch Präzisierung seiner eigenen Anforderungen – eine Nachfragedynamik erzeugen.

---

[354] Roland, S. 246, Department of Defense, Unmanned Ground Vehicle Master Plan, Juli 1992. https://apps.dtic.mil/dtic/tr/fulltext/u2/a277757.pdf (abgerufen am 25. Juni 2020).

[355] Das LABCOM vereinte acht Labore: das Army Research Office (ARO), das Atmospheric Sciences Laboratory (ASL), das Ballistic Research Laboratory (BRL), das Electronics Technology and Devices Laboratory (ETDL), die Harry Diamond Laboratories (HDL), das Human Engineering Laboratory (HEL), das Materials Technology Laboratory (MTL) und das Vulnerability Assessment Laboratory (VAL) (Moye, William T., The Genealogy of ARL, Mai 1997, S. 5).

[356] McMillan, Stuart I., und Jason G. McPhee. 2014. *An Analysis of the First Fifteen Years of the Department of Defense Framework for Unmanned Ground Systems,* Thesis, Naval Postgraduate School, Monterey, S. 28. Kalifornien.

[357] Roland, S. 246.

[358] Chun, Wendell H., und Todd M. Jochem. 1994. Unmanned Ground Vehicle Demo II: Demonstration A. *Unmanned Systems* 12 (1), S. 14.

[359] McMillan, McPhee, S. 283.

2.5.1 *Das Demo-I-Programm (1990–1992)*

Das Demo-I-Programm wurde 1990 gestartet und „konzentrierte sich in erster Linie auf Teleoperation“,[360] da sich diese Technologie bei der Steuerung unbemannter Luftfahrzeuge als erfolgreich erwiesen hatte. Die Technologie war von mehreren Forschungslaboren des LABCOM entwickelt worden, das mit anderen Forschungseinrichtungen der Armee fusionierte und zum U.S. Army Research Laboratory (ARL) wurde, das im Oktober 1992 gegründet wurde. Das ARL hatte den Auftrag, „ein zentrales Labor zu bilden, das sich auf wissenschaftliche Forschung, Technologieentwicklung und Analyse konzentriert.“[361]

Demo I setzte sechs verschiedene High Mobility Multi-purpose Wheeled Vehicles (HMMWV) ein, um drei Arten der Mobilität zu demonstrieren – computergestützte Teleoperation, halbautomatisierte Steuerung und hochautonome Modi wie *Retrotraverse* und Straßenfolgemodus. Alle Humvees wurden von einem entfernten Fahrzeug aus gesteuert, das als Kontrollzentrum diente. Ausgestattet mit Lenkrädern und Bremspedalen ermöglichte das Kontrollfahrzeug die gleichzeitige Steuerung von zwei teleoperierten HMMWVs.

Im April 1992 fand auf dem Aberdeen Proving Ground, Maryland, eine abschließende Demonstration der im Rahmen des Demo-I-Programms entwickelten teleoperierten unbemannten Bodenfahrzeuge statt.[362]

Charles Shoemaker vom Army Research Laboratory beschreibt die Unterschiede zwischen den sechs Fahrzeugen (Abb. 2.12)[363]:

Das erste Fahrzeug von den Harry Diamond Laboratories (HDL) demonstrierte die elektronische Steuerung von Lenkung, Gas, Bremse und Getriebe. Mit einer niedrigen Videodatenübertragungsrate konnte der Bediener das Fahrzeug mit geringer Geschwindigkeit (16 km/h) fernsteuern. Im Gegensatz zu allen in diesem Buch erwähnten zivilen Forschungsfahrzeugen waren nicht nur die Fahrfunktionen, sondern auch spezifische militärische Funktionen automatisiert: Der Humvee war mit einem automatischen Zielerfassungsmodul ausgestattet, das auf 4 CCD-Kameras basierte und ein Ziel in einer Entfernung von 1 km er-

---

360 Chun, Jochem, S. 14.

361 ARL History in: https://www.arl.army.mil/www/default.cfm?page=516 (abgerufen am 20. Juni 2020).

362 Gage, S. 5, McMillan, McPhee, S. 53.
Der Aberdeen Proving Ground ist das älteste Testgelände der US-Armee. Es wurde während des Ersten Weltkriegs (20. Oktober 1917) eingerichtet und diente der Erprobung von Waffen, insbesondere chemischer Kampfstoffe. Es ist auch Teil der Geschichte der Informatik: Die frühesten elektronischen Computer – ENIAC und EDVAC – wurden Ende der 1940er Jahre auf dem Testgelände installiert (Ballistics Research Laboratory).

363 Shoemaker, Charles. 2006. Development of Semi-Autonomous Robotic Ground Vehicles, DoD’s Ground Robotics Research Programs: Demo I through Demo III. In *Intelligent Vehicle Systems: 4 D/RCS Approach,* Hrsg. Raj Madhavan, Elena R. Messina und James Albus, 283–315. New York.

Abb. 2.12 Die sechs HMMWVs des Demo-I-Programms von links: Harry Diamond Laboratories (HDL), Ballistics Research Laboratory (BRL), zwei vom Tank Automotive Research And Development and Engineering Command (TARDEC), National Institute of Standards and Technology (NIST), Jet Propulsion Laboratory (JPL). (Bildnachweis & Bildquelle: Shoemaker (2006), S. 290)

kennen konnte. Das zweite HMMWV vom Ballistics Research Laboratory (BRL) hatte die gleiche Konfiguration wie das erste, aber sein Zielerfassungsmodul war laserbasiert: Auf einem Turm montiert, konnte der Laser auf ein entferntes Ziel gerichtet werden, das eine Rauchladung auslöste, um die genaue Zielerfassung zu bestätigen. Es sei darauf hingewiesen, dass die Demo-Programme keine automatischen Ziel*bekämpfungen* entwickelten, was bedeutet, dass der Feuerbefehl weiterhin in der Hand menschlicher Bediener lag. Aus diesem Grund waren sie nicht Teil der Entwicklung von Lethal Autonomous Weapon Systems. Auf diesen Punkt werden wir am Ende des Kapitels zurückkommen.

Das dritte Fahrzeug von TARDEC verwendete ein Teleoperationssystem vom Jet Propulsion Laboratory (JPL). JPL hatte nahezu echtzeitfähige Stereo-Algorithmen entwickelt, „die Entfernungsdaten aus 64 x 60 Pixel großen Bildern mit einer Bildrate von 0,5 Hz erzeugten" und automatische Hinderniserkennung sowie sicheres Anhalten zeigten, jedoch keine Hindernisvermeidung.[364] Laut einem Bericht des National Research Council „verwendete dieses Stereo-System Flächen-

[364] National Research Council 2002, S. 155.

korrelation und erzeugte Entfernungsdaten für jedes Pixel im Bild, analog zu einem LADAR.“ Das vierte Fahrzeug, ebenfalls von TARDEC, nutzte eine autonome Straßenfolgetechnologie aus dem früheren ALV-Programm, die Kanten erkennen konnte.

Das fünfte HMMWV vom National Institute of Standards and Technology (NIST) verfügte über die gleiche Technologie wie das erste von HDL, war jedoch mit einem „Retrotraverse“-Modus ausgestattet, der es dem Fahrzeug ermöglichte, einer Straße zu folgen, einen Weg zurückzuverfolgen und selbstständig auf demselben Weg zurückzukehren.[365] Das System basierte laut Strachan „ausschließlich auf den Ausgaben eines inertialen Dead-Reckoning-Systems“.[366]

Das sechste Fahrzeug vom Jet Propulsion Laboratory (JPL) war – wie der dritte Jeep von TARDEC – mit einer Teleoperationstechnologie von JPL ausgestattet. Es unterstützte jedoch eine längere Strecke und das Fahrzeug war zusätzlich mit einem taktischen Funksystem ausgerüstet.

Alle Teleoperationssysteme hatten den Nachteil, dass sie sehr arbeitsintensiv waren, da sie stets einen menschlichen Bediener benötigten.[367] Sie waren zudem auf eine große Kommunikationsbandbreite angewiesen.[368] Daher wurde der Pfad-Rückverfolgungsmodus als „einer der wichtigsten Durchbrüche“ von Demo I angesehen, da er es dem bedienenden Soldaten ermöglichte, andere Aufgaben zu übernehmen, während das UGV selbstständig zurückfuhr.[369] Leider funktionierte die Hinderniserkennung nur bei relativ großen Objekten (2 bis 3 Fuß) und war nicht für verschiedene Geländetypen geeignet.[370] Die Erkennung negativer Hindernisse – Gräben und große Löcher in der Oberfläche – stellte ebenfalls eine große Herausforderung dar. Die Straßenfolgetechnologien der frühen 1990er Jahre waren „auf Tageslicht, trockene Bedingungen, keine abrupten Kurvenänderungen und gute Kantenerkennung“ beschränkt.[371]

[365] Strachan, Jamie Robert, 2009. *NOVA: Nottingham Offroad Vehicle Architecture,* Dissertation, University of Nottingham. http://eprints.nottingham.ac.uk/10842/1/Microsoft_Word_Complete_Thesis_issue_M.pdf, S. 54.

[366] Ebenda, S. 54.

[367] McMillan, McPhee, S. 21.

[368] Spofford, John R., Raymond D. Rimey und Steve H. Munkeby. 1997. Overview of the UGV / Demo II program, online in: https://pdfs.semanticscholar.org/72fa/74930bb02e33e2c7d887f561dd78d4bf4271.pdf, Zugriff am 8. April 2020, S. 4.

[369] Ebenda, S. 39.

[370] McMillan, McPhee, S. 39.

[371] National Research Council 2002, S. 155.

2.5.2 *Das Demo-II-Programm (1992–1996)*

Das Demo-II-Programm begann 1992 und konzentrierte sich auf Missionen mit „einem Team autonomer Fahrzeuge, die Aufklärungsmissionen mit minimaler menschlicher Überwachung durchführen konnten.“[372] Dieses Szenario ist in Abb. 2.13 dargestellt. Aufklärungseinheiten „erleiden im Allgemeinen hohe Verlustraten während eines Konflikts, da sie leicht bewaffnet sind und als erste auf den Feind treffen“, betont Spofford.[373] Daher sind diese Missionen, wie bereits in der Einleitung zu diesem Kapitel erwähnt, besonders für den Einsatz robotischer Systeme geeignet.

Es wurden zwei experimentelle Szenarien entwickelt. In einer Offensivoperation sollte eine Gruppe kooperierender UGVs feindliches Gelände überwachen, Artilleriefeuer auf den Feind lenken und eine Aufklärungsmission in einem Dorf durchführen. In einer Defensivoperation sollten drei UGVs die Aufklärungsbemühungen feindlicher Kräfte überwachen und Aufklärung liefern. Die

Abb. 2.13 Szenario einer Aufklärungsmission mit unbemannten Bodenfahrzeugen und einer Drohne, Bediener im Vordergrund. (Bildnachweis: Unbekannter Künstler. Bildquelle: Spofford et al., S. 2)

[372] Strachan, S. 54.

[373] Spofford et al., S. 2.

Testfahrzeuge demonstrierten „überwachte Autonomie“[374] und wurden als Surrogate Semi-autonomous Vehicles bezeichnet.

Demo II wurde gemeinsam von DARPA und dem Office of the Secretary of Defense gefördert. Im Unterschied zur ersten Demonstration war Demo II nicht unter der Gruppe der Army Labs integriert, sondern unter Martin Marietta. Die meisten der Unterauftragnehmer hatten bereits am ALV-Projekt teilgenommen (siehe Abschn. 2.4).[375] Shoemaker betont, dass „ein Großteil der für Demo II eingesetzten Wahrnehmungs- und intelligenten Steuerungstechnologie von einem Team des Robotics Institute der CMU entwickelt wurde.“[376] Die Geländenavigationstechnologie von NavLab 2 (vorgestellt in Abschn. 2.3.4) wurde „die Kernsoftware“, die auf jedem der Demo II-Fahrzeuge eingesetzt wurde – autonomes Folgen von Straßen, Wegpunktnavigation und Hindernisvermeidung mit Reichweitenpunkten.[377]

Drei Zwischendemonstrationen, Alpha (1993), Bravo (1994) und Charlie (1995), wurden auf der alten Teststrecke des Autonomous Land Vehicle auf dem Waterton-Testgelände von Martin Marietta durchgeführt.[378]

Demo A, abgehalten am 7.–8. Juli 1993, zeigte die Teleoperation und autonome Navigation eines einzelnen M998-Humvee von AM General. Dessen Gas, Bremsen und Getriebe wurden ferngesteuert über Zug- und Druckkabel, die Lenkung erfolgte über einen Kraftantriebsriemen. Fünf Racks mit Steuerelektronik, Funkkommunikation, GPS, Computern (zwei SUN Sparc Workstations), Video- und Bildaufzeichnungs- sowie Verarbeitungsausrüstung befanden sich im Laderaum. Zwei Paare von Stereokameras waren über der Fahrerkabine angebracht – mit weitem Sichtfeld für die Navigation und mit engerem Sichtfeld für die Zielerfassung.[379]

Entwickelt für „Gebietsüberwachung und Überwachungseinsätze“,[380] folgte das Fahrzeug autonom einem vorgeplanten Pfad mithilfe von drei Technologien: Erstens wurde ein Inertialnavigationssystem (INS) eingesetzt, das Gyroskope und Beschleunigungsmesser kombiniert, um die Rotation und Beschleunigung des Fahrzeugs in 3D zu messen.[381] Zusammen mit GPS ergab sich daraus eine hochpräzise Bestimmung der UGV-Position.

---

[374] Chun, Jochem, S. 14.

[375] Carnegie Mellon University, Hughes Research Laboratories, Advanced Decision Systems, SRI, Teleos, Jet Propulsion Laboratory, University of Massachusetts, University of Michigan (Chun, Jochem, S. 15).

[376] Shoemaker, S. 296.

[377] Strachan, S. 54.

[378] Chun, Jochem, S. 15.

[379] Ebenda, S. 17, Strachan S. 54.

[380] Chun, Jochem, S. 15.

[381] Strachan, S. 50.

Zweitens wurden zwei verschiedene Algorithmen verwendet, STRIPE für unwegsames Gelände[382] und ALVINN für befestigten Untergrund: Der Algorithmus *Supervised TeleRobotics using Incremental Polygonal Earth geometry* (STRIPE) ermöglichte die Teleoperation des Humvee in schwierigem Gelände, wobei er einem Pfad aus 3D-Punkten folgte, den der entfernte menschliche Bediener mithilfe der Kamerabilder ausgewählt hatte. Wenn das Fahrzeug einen Hügel erreichte und ein Zielobjekt erkannt wurde, wurde ein simulierter Feuerbefehl ausgelöst. Nach der Zerstörung des Ziels setzte das UGV seine Fahrt fort.

Erreichte das Fahrzeug eine befestigte Straße, wechselte es zum Straßenfolgealgorithmus *Autonomous Land Vehicle in A Neural Network (ALVINN)* (siehe Abschn. 2.3.4), der ebenfalls an der Carnegie Mellon University entwickelt worden war.[383] Damit konnte der Humvee „autonom die Straße entlangfahren" unter Verwendung von Bildern einer einzelnen Kamera.[384] Die Systemarchitektur kombinierte hierarchische, Top-down- und behavioristische Bottom-up-Ansätze auf Basis von Rückkopplungsschleifen. Wie bei Shakey (siehe Abschn. 2.2.3) wurden drei hierarchische Ebenen kombiniert: Die unterste Steuerebene umfasste Basisfunktionen wie Sicherheitsprüfungen. Die mittlere lokale Aktionsebene enthielt Verhaltenselemente. Die höchste Ebene war die globale Aktionsebene mit kognitiven und logischen Funktionen wie Objekt- und Zielerkennung, Routen- und Aufgabenplanung sowie Missionsüberwachung. Dieser Ansatz wird als *Subsumption Architecture* bezeichnet und wurde in den 1980er Jahren von Rodney Brooks entwickelt.[385]

Demo B, das an zwei Tagen im Juni 1994 auf einer Strecke von 3 Kilometern stattfand, zielte auf „semiautonome Navigation" ab.[386] Es wurden drei Arten von Untergründen ausgewählt: Um auf einer befestigten oder unbefestigten Straße zu fahren, erstellte das Fahrzeug eine Karte und plante einen Pfad. Das Wahrnehmungssystem erkannte dann Objekte, die in der Karte vermerkt waren, und folgte der Straße, wobei es Hindernissen mithilfe eines Laserscanners und eines Stereovisionssystems – einer schwarz-weißen Charged Coupled Device (CCD) – auswich, das die Straßenränder identifizierte. Laut Shoemaker ermöglichte dies dem HMMWV, „sich entlang der Straße zu bewegen" mit einer Höchstgeschwindigkeit „von 25 km/h".[387]

Drittens bewältigte das Fahrzeug eine Geländestrecke, indem es GPS-Wegpunkten folgte. Diese Methode beinhaltete keine Hinderniserkennung, sodass der Humvee „leicht mit einem Objekt wie einem umgestürzten Baum oder einem an-

---

[382] Siehe Kay, Jennifer S. 1997, Januar. *STRIPE: Remote Driving Using Limited Image Data,* Dissertation. Carnegie Mellon University, Computer Science Department.

[383] Chun, Jochem, S. 16.

[384] Shoemaker, S. 296.

[385] Brooks, Rodney. 1986. A Robust Layered Control System for a Mobile Robot. *IEEE Journal of Robotics and Automation* 2 (1): 14–23, zit. in: Strachan, S. 24. Siehe auch Lenzen, S. 84f.

[386] McMillan, McPhee, S. 66.

[387] Shoemaker, S. 298.

deren Fahrzeug kollidieren konnte“, betont Shoemaker.[388] Auf Straßen war die maschinelle Bildverarbeitung nur mit 3 Bildern pro Sekunde möglich, sodass die Fahrzeuggeschwindigkeit „weniger als 10 km/h“ betrug.

Demo C fand an drei Tagen im Juli 1995 statt und zeigte die Kooperation von Fahrzeugen, gesteuert durch GPS. Eine gemeinsame Karte ermöglichte es, Hindernisse vom ersten an das zweite Fahrzeug zu übermitteln, das diese dann umfahren konnte. Dies war laut Shoemaker das erste Mal, dass in einem militärischen Robotikprogramm ein „taktisches Verhalten“ demonstriert wurde.[389] Wie bei Demo A bestand das Ziel des Fahrzeugs darin, einen Hügel zu erklimmen und „seinen Laserscanner in Richtung des erwarteten Ziels zu richten.“ Die Ziele wurden durch drei Panzer dargestellt: ein Bradley-Schützenpanzer, ein M60-Panzer und ein M113-Mannschaftstransporter.[390] Die Humvees hatten einen Sicherheitsfahrer an Bord, der jedoch nicht das Lenkrad übernehmen, sondern nur einen „Kill-Button“ betätigen konnte, um die Elektronik neu zu starten. Die Geschwindigkeit jedes Fahrzeugs im Gelände betrug bis zu 5 mph.

Die Abschlussdemonstration fand über drei Wochen im Mai und Juni 1996 in Ft. Hood, Texas, statt. Vier HMMWVs, „die kooperativ unter überwachter Autonomie betrieben wurden“[391] und von Lockheed-Martin entwickelt wurden,[392] nahmen am Abschlussevent von Demo II teil. Sie waren mit Stereovision für passive Navigation, Laserradar (Ladar) und autonomen Navigationssystemen ausgestattet, die von Martin Marietta integriert wurden. Es sei daran erinnert, dass Stereovision für militärische Zwecke attraktiv ist, da elektromagnetische Emissionen die Position eines UGV verraten könnten, das so zu einem leichten Ziel würde. Mit diesen Technologien konnten die Fahrzeuge Karten erstellen, ihre Position bestimmen, Hindernisse erkennen, einen Pfad planen und kommunizieren. Die drei Betriebsmodi der Fahrzeuge bestanden aus Teleoperation durch einen Menschen, technologieüberwachtem Fernfahren und semi-autonomer Mobilität.[393]

Drei offensive und defensive Szenarien wurden erprobt: In der Mission *Urban Assault* wurden drei Humvees gleichzeitig eingesetzt, um feindliche Soldaten in einer Stadt zu erkennen. In der Mission *Forward Observer* wurde ein einzelner Humvee in feindliches Gelände entsandt mit dem Ziel, „einen Feuerbefehl auf ein vom Bediener ausgewähltes Ziel zu geben“.[394] Die aufgesessene *Scout operation* wurde demonstriert, indem Fahrzeuge im Hinderniserkennungsmodus Buschwerk bei Geschwindigkeiten von max. 8 km/h auswichen, berichtet Shoemaker.[395] Die Demo II-Fahrzeuge erkannten Hindernisse von 0,5 m Höhe aus einer Entfernung

388 Ebenda, S. 299

389 Ebenda, S. 300.

390 Spofford et al. S. 17.

391 Gage, S. 5.

392 Strachan, S. 54.

393 Chun, Jochem, S. 1

394 Shoemaker, S. 301.

395 Ebenda, S. 272.

von 15 Metern.[396] Doch wie bei Demo I hatte das Stereovisionssystem laut Shoemaker Probleme mit negativen Hindernissen wie Löchern und Gräben.[397]

2.5.3 Das Demo III-Programm (1998–2002)

Finanziert durch das Office of the Secretary of Defense im Rahmen des Joint Robotics Program wurde Demo III 1998 gestartet und vom Army Research Laboratory geleitet.[398]

Erstmals wurden relevante Technologien für unbemannte Bodenfahrzeuge in einer transnationalen Kooperation zwischen den Vereinigten Staaten und Deutschland entwickelt. Ein Memorandum of Understanding (MoU) zwischen dem US-amerikanischen Verteidigungsministerium und dem deutschen Bundesministerium der Verteidigung (BMVg), unterzeichnet im März 1995, führte zur Vereinbarung über das Autonomous Vehicle Navigation Control System (AUTONAV). Sie kodifizierte einen Technologietransfer zwischen dem Demo III-Programm und dem vom BMVg an der UniBwM in Deutschland geförderten Bodenfahrzeugprogramm Intelligente Fahrzeug-Funktionen (IFF).[399]

Ein Bericht der US-Armee hebt das Interesse der amerikanischen Seite an dieser Vereinbarung hervor: „AUTONAV wird den Vereinigten Staaten die Kosten für die Entwicklung vergleichbarer Technologien ersparen. Diese Mittel können dann effizienter für die Entwicklung neuer, fortschrittlicher Kerntechnologien verwendet werden, die für intelligentere Maschinensteuerungssysteme erforderlich sind. Obwohl das Kooperationsprojekt in erster Linie auf militärische Anwendungen ausgerichtet ist, werden viele der im Rahmen des AUTONAV-Programms entwickelten Spitzentechnologien auch Doppelnutzungsanwendungen im zivilen und kommerziellen Bereich, wie etwa im Transportwesen, finden.“[400]

Die Vereinbarung wurde zwischen mehreren industriellen, akademischen und militärischen Partnern in beiden Ländern getroffen: Die deutsche Seite wurde durch die UniBwM und die Dornier GmbH Friedrichshafen vertreten. Die UniBwM lieferte den theoretischen Hintergrund für die Entwicklung des 4D/RCS-Ansatzes des Demo-III-Programms. Auf amerikanischer Seite beteiligten sich das National Institute of Standards and Technology (NIST) und die David Sarnoff Labs[401] am AUTONAV-Abkommen. Laut Albus waren auch das Jet Propulsion

[396] Strachan, S. 55.

[397] Shoemaker, S. 302.

[398] Shoemaker, S. 302f.

[399] Albus, S. 297.

[400] US Army Material Command, 1998. *The U.S. Army's Report on International Cooperative Programs,* Urbana-Champaign 1998, S. 1.

[401] Die Geschichte der Sarnoff-Labore reicht zurück bis zur Radio Corporation of America (RCA), einem 1919 gegründeten Elektronikunternehmen, das in den 1950er Jahren mit GM an automatisiertem Fahren arbeitete. 1951 gab RCA seinem Labor den Namen David Sarnoff Research Center. General Electric kaufte RCA 1986. 1988 wurde das David Sarnoff Research Center an SRI International übertragen. Zehn Jahre später wurde es zur Sarnoff Corporation und 2011 Teil von SRI.

Lab und das SAIC Center for Information Systems an der technologischen Unterstützung beteiligt.[402]

Das Ziel des Demo-III-Programms war laut McMillan und McPhee „Nachtmobilität, erhöhte Geschwindigkeiten auf befestigten Flächen und im Gelände, verbesserte Hinderniserkennung und -vermeidung, mit dem ultimativen Ziel, überwachtes autonomes Operieren zu erreichen“.[403] Das Verteidigungsministerium definierte drei Hauptziele des Programms: „Geländefahrt über bewachsenes Terrain mit Geschwindigkeiten bis zu 20 mph bei Tageslicht, 10 mph bei Nacht oder bei mäßig schlechtem Wetter und bis zu 40 mph auf der Straße. (2) Gewicht unter 2500 Pfund und V-22-transportierbar. (3) Durchführung von RSTA-Operationen entsprechend der Aufklärungsmission“.[404]

Um diese Ziele zu erreichen, entwickelte das Jet Propulsion Laboratory das Stereovisionssystem von Demo II weiter und arbeitete an thermischen Infrarot-Stereokameras für die Nachtsicht, genannt Forward Looking Infra-Red (FLIR) – übrigens eine Erfindung aus der Vietnam-Ära.[405] Das National Institute of Standards and Technology war für das Hinderniserkennungssystem mit einem zweiachsigen, abtastenden Schwartz Electro-Optics LADAR zuständig. LADAR ist die leistungsfähigste Wahrnehmungstechnologie, da „sie Tag und Nacht bei allen Lichtverhältnissen funktioniert“ und somit einen Vorteil gegenüber kamerabasierter Hinderniserkennung bietet, erklärt Strachan.[406] Für die Lokalisierung des Fahrzeugs wurde ein „differentielles GPS, unterstützt durch ein inertiales Navigationssystem und Odometrie“ eingesetzt.[407]

General Dynamics baute das neue Testfahrzeug, das deutlich kleiner als ein HMMWV war: Das eXperimental Unmanned Vehicle (XUV) war das erste wirklich unbemannte Fahrzeug, da es keinen Platz für einen Passagier bot. Es verfügte über Allradantrieb und Allradlenkung. Die Räder wurden hydrostatisch von einer Hydraulikpumpe angetrieben, die von einem 78-PS-Turbodieselmotor (VW NATO-Spezifikation) gespeist wurde. Das XUV war „dafür ausgelegt, weniger als 1500 kg zu wiegen, per Hubschrauber transportierbar“ und für Missionen bis zu 24 Stunden einsetzbar zu sein.[408] Die XUV-Plattform basierte auf der Modular Detection and Response – External (MDARS-E) Plattform.[409] Das folgende Bild (Abb. 2.14) zeigt das Fahrzeug mit seiner zweiachsigen Schwartz Electro Optics

---

[402] Albus, S. 297.

[403] McMillan, McPhee, S. 123.

[404] Department of Defense (DOD), Office of the Secretary of Defense, Joint robotics program master plan, Washington 2000, S. 45, zit. in: McMillan, McPhee, S. 126.

[405] Jacobsen, S. 248. Nachtsicht durch Infrarot wurde von DARPA seit 1961 erforscht und während des Vietnamkriegs entwickelt (Jacobsen, S. 276).

[406] Strachan, S. 63.

[407] Ebenda, S. 56.

[408] Albus, S. 296f.

[409] Shoemaker, S. 304.

Abb. 2.14 Das Demo III eXperimental Unmanned Vehicle. (Credits: General Dynamics. Bildquelle: Strachan, S. 56)

LADAR-Laser-Entfernungsmesskamera (links) und einem Schwenk-/Neigekopf mit zwei FLIR-Kameras und einem Stereopaar Farbkameras (rechts).

Demo III Alpha fand im Oktober 1999 auf dem Aberdeen Proving Ground statt und präsentierte die Prototypen von zwei halbautonomen XUVs, die von menschlichen Operatoren geführt wurden, welche ihre Missionen planten. Unabhängig voneinander fuhren die Fahrzeuge bei Tageslicht im Gelände mit einer Geschwindigkeit von etwa 10 mph im Stereo-Hinderniserkennungsmodus.[410] Die XUVs nutzten sowohl CCD-Tageslichtkameras als auch Wärmebildkameras, „um die Anforderungen bei Tag und Nacht zu erfüllen", berichtet Shoemaker.[411] Negative Hindernisse waren weiterhin schwer zu erkennen.

Demo III Bravo, ein Jahr später in Fort Knox durchgeführt, zeigte erneut zwei XUVs. Sie waren nun mit einem LADAR-Scanner ausgestattet, der die Qualität der Hinderniskartierung verbesserte. Mit verbesserter Software fuhren die Fahrzeuge laut Shoemaker nun mit einer Geschwindigkeit von 15–20 km/h.[412] Andere Quellen präzisieren, dass das Demo-III-XUV auf der Straße mit bis zu 60 km/h, im Gelände bei Tageslicht mit 35 km/h und im Gelände bei Nacht oder schlechtem Wetter mit 15 km/h fuhr.[413] Jochem merkt an, dass 35 km/h im Gelände „mit

[410] McMillan, McPhee, S. 126, Shoemaker, S. 309.

[411] Shoemaker, S. 305.

[412] Ebenda, S. 310.

[413] Madhavan, R., Hong, T., Messina, E., 2006. Temporal Registration of Sensed Range Images for Autonomous Navigation. In *Intelligent Vehicle Systems: 4 D/RCS Approach,* Hrsg. Madhavan, Raj, Messina, Elena R., Albus, James, S. 162. New York. Siehe auch Albus, S. 297.

jeglicher Art von Hindernissen unwahrscheinlich" seien, es sei denn, sie fuhren in „sehr einfachen Umgebungen".[414]

Demo III Charlie, die Abschlussveranstaltung, fand über sechs Tage im Oktober 2001 im Waldgebiet von Ft. Indianatown statt und zeigte vier XUVs, die unwegsames Gelände durchquerten, gefolgt von bemannten Humvees, die ihre Bewegungen überwachten.[415] Shoemaker fasst zusammen, dass die Fahrzeuge nun „vollständig autonome RSTA-Fähigkeiten" demonstrierten.[416] Die XUVs nutzten eine 4D/RCS-Softwarearchitektur, entwickelt von James Albus vom National Institute of Standards and Technology (NIST) in Gaithersburg, Maryland.[417] Sie kombinierte a-priori-Informationen wie Karten und Bedienereingaben mit Echtzeit-Sensordaten. Die 4D/RCS-Architektur integrierte das Real-Time Control System des NIST mit dem 4-D-Ansatz zur dynamischen maschinellen Bildverarbeitung, entwickelt vom Team um Dickmanns an der UniBwM (siehe Abschn. 4.3).[418]

Diese Zusammenarbeit führte schließlich zu einer Lösung für das wiederkehrende Problem der Graben-Erkennung: Am Ende des AUTONAV-Projekts im Jahr 2003 wurde mit dem VaMoRs-Van der UniBwM erstmals ein Stereosystem für vollformatige Videobilder und volle Bildrate erfolgreich demonstriert. Dieses System erkannte Gräben beim Fahren im Gelände frühzeitig und präzise.

Zusammenfassend lässt sich sagen, dass Demo I die Teleoperation und die Pfadwiederholungsfähigkeit von UGVs entwickelte und Demo II das autonome Folgen von Straßen voranbrachte. Die Hinderniserkennung blieb bis Demo III eine Herausforderung, als das Problem negativer Hindernisse (Gräben) gelöst wurde. Dennoch sollte erwähnt werden, dass die Bemühungen von DARPA, CMU und den anderen Partnern letztlich „zu keinem einsatzfähigen Roboter über die Teleoperationsfähigkeit hinaus führten".[419] Aus diesem Grund kommen McMillan und McPhee zu dem Schluss, dass die Demo-Programme zur Schaffung taktischer UGVs nicht erfolgreich waren.[420] Auch wenn in einigen Fällen halbautonome Roboter den Pfad zu ihrem ursprünglichen Einsatzort zurückverfolgten,[421] werden bis heutevon Soldaten im Feld nur ferngesteuerte Systeme eingesetzt, wie im nächsten Kapitel näher ausgeführt wird. Insbesondere RSTA-Missionen bleiben „äußerst komplex und schwierig für UGVs".[422]

---

414 E-Mail von Todd Jochem an den Autor, 10. Mai 2020.

415 McMillan, McPhee, S. 124, Shoemaker, S. 278.

416 Shoemaker, S. 311.

417 Albus, James, und Anthony Barbera. 2006. 4D/RCS Reference Model Architecture for Unmanned Ground Vehicles. In *Intelligent Vehicle Systems: 4 D/RCS Approach,* Hrsg. Raj Madhavan, Elena R. Messina und James Albus, 1–26. New York.

418 Albus, James S., und Alexander M. Meystel. 2001. *Engineering of Mind, An Introduction to the Science of Intelligent Systems,* S. 297. New York.

419 McMillan, McPhee, S. 274.

420 Ebenda, S. 69.

421 Ebenda, S. 274, 281.

422 Ebenda, S. 254.

Trotz dieser Schwierigkeiten nahm der politische Druck zur Einführung von UGVs zu, selbst als das Demo-III-Programm nicht eingestellt wurde: Im Jahr 2001 schrieb der Kongress vor, dass bis 2015 ein Drittel aller Bodenfahrzeuge unbemannt sein soll.[423] Die Entscheidung, die UGV-Entwicklung weiter voranzutreiben, könnte durch die rasante Entwicklung von Drohnen motiviert gewesen sein, einer Technologie, die „mindestens 10 Jahre weiter entwickelt ist als UGVs"[424] – die Bedingungen in der Luft sind wesentlich leichter zu beherrschen als am Boden. Der erste erfolgreiche Test einer bewaffneten Drohne fand im Februar 2001 in Nevada statt. Doch um vollautonome UGVs zu realisieren, fehlte ein „bedeutender technologischer Durchbruch", und das Verteidigungsministerium stellte 2004 die Erstellung von UGV-Masterplänen ein. Ein anderer Ansatz, der das neu realisierte GPS-System nutzte, schien vielversprechender, da er die Aufgabe für ein visuelles System erheblich reduzierte, indem der Weg über GPS-Wegpunkte vorgegeben wurde: 2004 startete DARPA seine erste Grand Challenge.[425] Ein Preis von 1 Million Dollar wurde für den Bau eines Roboterfahrzeugs ausgelobt, das autonom 142 Meilen durch einen vorgegebenen Offroad-Kurs in der kalifornischen Wüste fahren konnte, ähnlich denen im Irak und in Afghanistan. „Wenn ein Fahrzeug die Mojave durchqueren konnte, konnte es auch Afghanistan und Irak bewältigen."[426] Die Hauptaufgabe bestand nun darin, Hindernissen auf diesem Kurs auszuweichen. Man hoffte, dass ein offener Wettbewerb zwischen verschiedenen akademischen und industriellen Akteuren schneller zu Ergebnissen führen würde als rein militärische Forschungsprogramme.

2.5.4 *Ausblick: UGV-Entwicklung und das Verhältnis zwischen ziviler und militärischer Forschung*

Aus mehreren Gründen sind die Demo-Programme für die Perspektive dieses Buches von Bedeutung. Einerseits lenken sie unsere Aufmerksamkeit auf die unterschiedlichen Anwendungsfelder von Technologien, die autonome Entscheidungen versprechen. Wenn Technologien zur Automatisierung des Straßenverkehrs mit militärischen Technologien wie der automatischen Ziel*erfassung* kombiniert werden, entsteht ein völlig anderes System mit anderen Anwendungsfällen und anderen gesellschaftlichen Konsequenzen.

Um besser zu verstehen, worum es hier geht, folgt auf die Darstellung der historischen Entwicklungsschritte der UGVs ein kurzer Blick auf den Stand der Technik, insbesondere auf ihre aktuellen und möglichen zukünftigen Einsatzbereiche.

---

[423] US Congress 2001, S. 2549, Sec. 217.

[424] Krishnan, Armin, und Killer Robots. 2009. *Legality and Ethicality of Autonomous Weapons,* S. 11. Surrey/Burlington.

[425] McMillan, McPhee, S. 274.

[426] Davies, S. 24.

Es lässt sich zeigen, dass die Entwicklung bewaffneter UGVs nicht immer einem linearen Verlauf folgt. Abschließend wird das Dual-Use-Problem autonomer Fahrtechnologien thematisiert.

Im Jahr 2008 waren laut Armin Krishnan mehr als 6000 unbemannte Bodenfahrzeuge beim Pentagon im Einsatz.[427] Sie gehören zu insgesamt 11.000 Robotern, die beim US-Militär gelistet sind.[428] Der National Research Council in Washington veröffentlichte 2002 einen Bericht, der vier Typen unbemannter Bodenfahrzeuge unterscheidet – Searcher, Mule, Wingman und Hunter-Killer –, die mit unterschiedlichen Anwendungsfällen verbunden sind.[429] Sie können auch als Nachfolger in einer chronologischen Abfolge betrachtet werden.

Interessanterweise ist der einzige heute eingesetzte UGV ferngesteuert, unbewaffnet und verfügt über keine autonomen Fähigkeiten. Der *Searcher* ist ein kleiner, ferngesteuerter Roboter am Boden, der in erster Linie dazu dient, das Leben von Soldaten in extrem gefährlichen Umgebungen zu schützen. Sein wichtigster Anwendungsfall bleibt die Beseitigung improvisierter Sprengsätze (IEDs). In den Jahren 2003–2007 waren IEDs laut Washington Post für 63 % der getöteten und für 69 % der verwundeten US-Soldaten im Irak verantwortlich.[430] Nach Carafano und Gudgel trafen die ersten UGVs zur Minenräumung im April 2004 im Irak ein.[431] Ihre Zahl stieg von 150 im Jahr 2004 auf 5000 im Jahr 2005. Ende 2005 war dieser UGV-Typ zur Neutralisierung von mehr als 1000 IEDs eingesetzt worden.[432] Bis 2013 hatte die US-Armee 7000 dieser Roboter beschafft und 750 waren bei Minenräumungen zerstört worden.[433]

Das bekannteste Modell des Searcher ist der Packbot von iRobot. 2002 wurde er erstmals von US-Streitkräften in Afghanistan eingesetzt, „um Höhlen und Bunker zu räumen, Gebäude zu durchsuchen und verminte Felder mit Antipersonenminen zu überqueren."[434] Packbots wurden auch eingesetzt, um nach den Terroranschlägen 2001 die Trümmer des World Trade Centers zu durchsuchen. 2007 wurden sie verwendet, um die akustischen Signaturen von Scharfschützenfeuer im

---

[427] Krishnan, S. 10.

[428] Ebd., S. 2.

[429] National Research Council 2002, S. 10, 20, Strachan, S. 19.

[430] Autor unbekannt, More attacks, Mounting casualties. *The Washington Post,* 30. September 2007, online unter: https://www.washingtonpost.com/wp-dyn/content/graphic/2007/09/28/GR2007092802161.html (abgerufen am 7. Juli 2020).

[431] Carafano, James Jay, und Andrew Gudgel. 2008. The Pentagon's Robots: Arming the Future. In *Competitive Technologies for National Security,* Hrsg. James Jay Carafano, Andrew Gudgel und Alane Kochems, 27–32. Washington: The Heritage Foundation. online unter: https://www.heritage.org/node/15537/print-display. Abgerufen am 24. Juni 2020, S. 29.

[432] Bald wurde er zu einer bekannten Ikone in populären Filmen – ein HD-1 von Remotec war im Oscar-prämierten Film „The Hurt Locker" von Kathryn Bigelow aus dem Jahr 2010 zu sehen.

[433] Main, Douglas. 2013. Robots to the Rescue. *Popular Science,* 8. April 2013, online unter: https://www.popsci.com/trp-sponsored-article-slideshow/. Abgerufen am 7. Juli 2020.

[434] Merrin, William. 2019. *Digital War, A Critical Introduction.* Oxon/New York.

Nahen Osten zu erkennen.[435] Nach dem Erdbeben 2011 in Japan untersuchten sie das beschädigte Kernkraftwerk in Fukushima. Mit einem Gewicht von 18 kg ist der Packbot tragbar und kann aus fast 2 Metern Höhe abgeworfen werden. Um IEDs zu erkennen, kann er mit einem Lichtwellenleiterkabel gesteuert werden, um Funksignale zu vermeiden, die eine Explosion auslösen könnten. Bis 2008 hatten Packbots über 10.000 IEDs entschärft.[436]

Die nächsten drei im NRC-Bericht beschriebenen Robotertypen befinden sich in der Entwicklung und sind – nach öffentlich zugänglichen Informationen – noch nicht im Einsatz:

Der *Mule* oder *Donkey* ist ein halbautonomer Begleiter, der für logistische Aufgaben (Versorgungskonvois, medizinische Evakuierung, Transport von Verwundeten) auf einem vorgegebenen Weg eingesetzt werden kann. Er soll eine Geschwindigkeit von 40 km/h erreichen.[437] Sein Versprechen: Wenn militärische Konvois autonom fahren könnten, wäre es möglich, menschliche Verluste unter US-Soldaten zu vermeiden.[438]

Doch die RAND Corporation kam kürzlich in einem Bericht zu dem Schluss, dass das Szenario automatisierter Lkw, die dem Weg bemannter Lkw in einer Konvo-operation folgen – das sogenannte „partially manned concept" – zu riskant wäre. Nur der Einsatz von „automatisierten Lkw, die jeweils mit einem einzelnen Soldaten besetzt sind" und einem bemannten Lkw folgen – das sogenannte „minimally manned concept" –, wird von RAND als „für die Armee adaptierbar" angesehen, allerdings nur in städtischen Bereichen und auf Autobahnen. [439] Der Bericht betont, dass ein menschlicher Bediener benötigt wird, um „die derzeitigen Defizite der automatisierten Technologie auszugleichen". Da dieses Szenario die Zahl der Soldaten im Lkw von zwei auf einen reduziert, bliebe die Hauptmotivation – „Reduzierung von Soldatenverlusten" – erhalten.

Der *Wingman* könnte für Aufklärungs- und Erkundungsmissionen (RSTA), zum Nachweis biologischer oder chemischer Kampfstoffe, aber auch zur Bekämpfung von Scharfschützen eingesetzt werden. Er soll „die Augen und Ohren" des bemannten Abschnittsführers sein und eine Geschwindigkeit von 100 km/h erreichen.[440] Dieser Typ entspricht weitgehend den UGV-Szenarien, die während der Demo-Programme entwickelt wurden.

---

[435] Morris, Jefferson. 2006. iRobot's Dyer Sees Missions Multiplying for PackBot. *Aerospace Daily & Defense Report 217* (36), 24. Februar.

[436] Merrin, William. 2019. *Digital War, A Critical Introduction.* Oxon/New York.

[437] National Research Council 2002, S. 48.

[438] Weinberger, S. 334.

[439] McKay, Shawn, Matthew E. Boyer, Nahom M. Beyene, Michael Lerario, Matthew W. Lewis, Karlyn D. Stanley, Randall Steeb, Bradley Wilson und Katheryn Giglio. 2020. Automating Army Convoys, Technical and Tactical Risks and Opportunities. Santa Monica: RAND Corporation. in: https://www.rand.org/content/dam/rand/pubs/research_reports/RR2400/RR2406/RAND_RR2406.pdf. Abgerufen am 24. Juni 2020.

[440] National Research Council 2002, S. 27, 48.

Schließlich erwähnt der NRC-Bericht den *Hunter-Killer*, ein „netzwerkzentriertes autonomes Bodenfahrzeug“, das in Teams von mehreren Robotern eingesetzt werden könnte. Er sollte in der Lage sein, sich mit mindestens 120 km/h fortzubewegen.[441] Eine Hauptaufgabe könnte der Einsatz für RSTA-Missionen sein, doch laut Bericht werden sie auch als nützlich für die Durchführung von Hinterhalten angesehen.[442] Wie der Name bereits andeutet, ist der Hunter-Killer mit Waffen für „tödliches Direktfeuer“ ausgestattet[443] und „könnte mit Einsatzregeln für Feindbegegnungen programmiert werden“[444] – was bedeutet, dass „das Team feindliche Kräfte in der Killzone mit überwältigender tödlicher Gewalt töten würde“, wie der NRC-Bericht ausführt.[445] Daher muss er in der Lage sein, Nichtkombattanten zu identifizieren.

Der Hunter-Killer fällt unter die Kategorie eines Lethal Autonomous Weapon System (LAWS), definiert als eine Maschine, die Sensoren und Algorithmen verwendet, um ein Ziel auszuwählen und ein an Bord befindliches Waffensystem einzusetzen, um das Ziel ohne menschliche Kontrolle über das System zu zerstören.[446]

Im Jahr 2015 wurde eine Kampagne zur Beendigung dieser Killerroboter – „die dritte Revolution in der Kriegsführung nach Schießpulver und Atomwaffen“ – von über sechzig Nichtregierungsorganisationen (NGOs), führenden KI-Forschern und Unternehmern gestartet.[447] Dieser Appell wurde formuliert, weil die US-Politik die Entwicklung oder den Einsatz dieser *human out of the loop*-Systeme nicht verbietet. Im Jahr 2012 erklärte eine Richtlinie (3000.09) des Verteidigungsministeriums lediglich, dass autonome Waffensysteme „angemessene Ebenen menschlichen Urteilsvermögens über den Einsatz von Gewalt“ zulassen sollten.[448] Das bedeutet, dass eine direkte manuelle menschliche Kontrolle des Waffensystems nicht erforderlich ist. Es wird lediglich empfohlen, dass Menschen nicht vollständig aus dem Entscheidungsprozess ausgeschlossen werden. Die Richtlinie kann als Unterstützung eines *human on the loop*-Systems verstanden werden, was bedeutet, dass der Roboter „autonom Ziele auswählen und bekämpfen kann, aber ein in der Nähe befindlicher menschlicher Bediener eingreifen kann, um das System abzuschalten“, erklärt Alexander Velez-Green vom Center for a New Ameri-

441 Ebd., S. 48.

442 Ebd., S. 26ff.

443 Ebd., S. 3.

444 Strachan, S. 19.

445 National Research Council 2002, S. 27.

446 Congressional Research Service, Defense Primer, U.S. Policy on Lethal Autonomous Weapons Systems, 19. Dezember 2019.

447 Future of Life Institute, AUTONOMOUS WEAPONS: AN OPEN LETTER FROM AI & ROBOTICS RESEARCHERS, online unter: https://futureoflife.org/open-letter-autonomous-weapons/?cn-reloaded=1. Zugriff am 5. März 2020.

448 Department of Defense, Directive, Nr. 3000.09, Autonomy in Weapon Systems, 21. November 2012, S. 2, online unter: https://www.esd.whs.mil/Portals/54/Documents/DD/issuances/dodd/300009p.pdf

can Security.[449] Im Gegensatz dazu würde ein *human in the loop*-System auf eine Entscheidung des menschlichen Bedieners warten, bevor das Ziel bekämpft wird.

Diese Unterscheidung hilft zu verstehen, dass die Demo-Programme des US-Militärs nicht auf die Entwicklung eines autonom funktionierenden Waffensystems abzielten. Im Gegensatz zu zivilen institutionellen Forschungsrahmen arbeiteten sie jedoch nicht nur an automatisierten Navigationstechnologien für UGVs, sondern auch an „automatischen Zielerkennungstechnologien"[450] und simulierten ferngesteuerte Zielbekämpfungen. Während die automatische Ziel*erkennung* ein Ziel der Demo-Programme war, blieb die *Bekämpfung* der Ziele in den Händen menschlicher Bediener. Das bedeutet, dass die während der Demo-Programme entwickelten Technologien *human in the loop systems* waren, wie oben erläutert. Sie zielten nicht auf die Entwicklung von Lethal Autonomous Weapon Systems ab.

Die Klassifizierung des NRC-Berichts ist ebenfalls aufschlussreich, da sie aufeinanderfolgende Schritte auf dem Weg zu taktischen autonomen UGVs nahelegt, die in der tatsächlichen Entwicklung nicht von allen beteiligten Akteuren befolgt werden müssen.

Erstens wartete die Rüstungsindustrie nicht darauf, die Wingman-Stufe zu erreichen, um einen Roboter zu bewaffnen. Stattdessen wurde der Searcher bewaffnet: Das US-Robotikunternehmen Qinetiq-NA entwickelte eine bewaffnete Version des Foster-Miller TALON-Bombenentschärfungsroboters. Das als Special Weapons Observation Reconnaissance Detection System (SWORDS) bezeichnete System kann mit M249-Maschinengewehren, einem M16-Sturmgewehr oder einem Granatwerfer ausgerüstet werden. Im Jahr 2007 wurden drei dieser bewaffneten, kettengetriebenen SWORDS-Roboter im Irak eingesetzt.[451] Dies war das erste Mal, dass ein bewaffneter UGV in eine Kriegszone geschickt wurde. Nach Angaben des Politikwissenschaftlers Armin Krishnan patrouillierten diese Roboter auf den Straßen von Bagdad.[452] Krishnan betont jedoch auch, dass die Roboter weiterhin ferngesteuert wurden und nicht in der Lage waren, ihre Waffen ohne menschliche Kontrolle abzufeuern. Er zeigt zudem auf, dass ihre Waffen unbenutzt blieben und die Armee die Finanzierung des Systems einstellte.[453]

Zweitens war es laut dem Politikwissenschaftler Peter W. Singer vom Think Tank New America Foundation das erste Mal, dass ein Roboter eingesetzt wurde, um einen Menschen zu töten, als ein Soldat Anfang der 2000er Jahre eine Clay-

[449] Velez-Green, Alexander. 2015. *The Foreign Policy Essay: The South Korean Sentry – A „Killer Robot" to Prevent War,* 1. März 2015. https://www.lawfareblog.com/foreign-policy-essay-south-korean-sentry—killer-robot-prevent-war. Zugriff am 3. März 2020.

[450] Spofford et al., S. 1.

[451] The Inside Story of the SWORDS Armed Robot „Pullout" in Iraq, in: Popular Mechanics, 1. Oktober 2009, https://www.popularmechanics.com/technology/gadgets/a2804/4258963/

[452] Krishnan, S. 29.

[453] Ebd.

more-Mine an einen ferngesteuerten Marcbot-Überwachungsroboter befestigte, um einen Aufständischen im Irak zu töten.[454] Am 7. Juli 2016 wurde das gleiche Verfahren erstmals auf US-amerikanischem Boden angewandt, als Polizeikräfte einen ferngesteuerten militärischen ANDROS Mark V-A1-Roboter einsetzten, um den schwer bewaffneten Schützen Micah Xavier Johnson mit einer 1-Pfund-C-4-Sprengladung zu töten. Johnson hatte fünf Polizisten in Dallas ermordet.[455]

Beide Beispiele zeigen, dass die Normalisierung einer neuen Technologie – teleoperierte Roboter – zu improvisierten Anpassungen ihrer Funktion führen kann. Lange bevor ein speziell bewaffneter Roboter offiziell verkauft wird, werden sie für taktische Zwecke angepasst. Daraus lassen sich einige allgemeine Lehren für die Technologieentwicklung ziehen. Eine erste Lehre ist, dass der militärische Einsatz bewaffneter Roboter keinem linearen Einsatzpfad folgt. Bewaffnete Roboter können früher als erwartet entwickelt werden (SWORDS), was jedoch nicht bedeutet, dass sie sofort eingesetzt werden. Eine zweite Lehre ist, dass eine neue Technologie (PackBot) sehr schnell zu einer tödlichen Waffe umfunktioniert werden kann, nicht nur in Kriegsgebieten, sondern auch in anderen Bereichen wie dem Homeland, was über die ursprünglichen Entwicklungsziele hinausgeht.

Abschließend soll in diesem Kapitel kurz auf das Problem der Dual-Use-Technologien eingegangen werden. Wie wir gesehen haben, können autonome Lenk-, Navigations- und Hinderniserkennungstechnologien sowohl für zivile als auch für militärische Zwecke eingesetzt werden. Unsere Untersuchung der Forschungsgeschichte hat sogar gezeigt, dass es in den USA nie eine strikte Trennung zwischen ziviler und militärischer Entwicklung gab. Es ist offensichtlich, dass alle zugrunde liegenden technologischen Geräte für das autonome Fahren – Radare, Sonare, Infrarotkameras, Head-up-Displays usw. – zunächst als teure militärische Geräte entwickelt wurden, wie beispielsweise von Broggi et al. hervorgehoben.[456] Bisher wurde jedoch übersehen, dass die gemeinsamen Entwicklungsziele über die Hardwarekomponenten hinausgehen: Drei Ingenieure von Lockheed Martin Astronautics argumentieren in einem Aufsatz, dass „ein erheblicher Teil" der für Demo II entwickelten Technologie „direkte Relevanz" für das AHS-Programm des US-Verkehrsministeriums hatte. Sie betonen, dass „es mehrere Kandidatentechnologien mit Dual-Use-Potenzial für AHS gibt, wie etwa das

[454] Thielman, Sam. 2016. Use of Police Robot to Kill Dallas Shooting Suspect Believed to be First in US History. *The Guardian,* 8. Juli 2016, online unter: https://www.theguardian.com/technology/2016/jul/08/police-bomb-robot-explosive-killed-suspect-dallas. Zugriff am 24. Juni 2020.

[455] Gershgorn, Dave. 2016. Police Used Bomb Disposal Robot to Kill a Dallas Shooting Suspect. *Popular Science,* 8. Juli 2016, online unter: https://www.popsci.com/police-used-bomb-disposal-robot-to-kill-dallas-shooting-suspect/ und Farivar, Cyrus. 2016. Dallas deployment of robot bomb to kill suspect is „without precedent". *Ars technica,* 8. Juli 2016, online unter: https://arstechnica.com/tech-policy/2016/07/is-it-ok-to-send-a-police-robot-to-deliver-a-bomb-to-kill-an-active-shooter/. Zugriff am 24. Juni 2020.

[456] Bertozzi, Massimo, Alberto Broggi und Alessandra Fascioli. 2000. Vision-Based Intelligent Vehicles: State of the Art and Perspectives. *Robotics and Autonomous Systems* 32 (1), S. 2.

Folgen der Straße.“[457] Insbesondere „hat die Zielerkennungsarbeit (RSTA) eine gewisse Anwendung bei der Erkennung und Verifizierung von Hindernissen.“[458] Paraphrasiert man das Beispiel der Lockheed-Martin-Ingenieure, so lässt sich zusammenfassen, dass die Zielidentifikation mittels Computer Vision sowohl auf einen Fußgänger auf der Straße angewendet werden kann, was eine Bremsreaktion des Fahrzeugs auslöst – als auch auf die Identifikation einer feindlichen Position im Feld, was einen Schießbefehl auslöst. Diese Überschneidung ziviler und militärischer Forschungsinteressen lässt sich durch empirische Befunde belegen. So wurde beispielsweise die Forschung zur Fußgängererkennung an der Universität Parma von der US-Armee, TACOM (Vertragsnummer N68171–01-M-5857), finanziert.[459]

Wie wir gesehen haben, trägt militärische Forschung zu zivilen Anwendungen bei. Es ist jedoch ebenso produktiv, diese Perspektive umzukehren, wie es in Diskussionen über Dual-Use-Technologien üblich ist: Zivile Forschung trägt zu militärischen Anwendungen bei. Der NRC-Bericht betont, dass die seit den 1960er Jahren vom Verkehrsministerium finanzierte Forschung zur Automatisierung von Straßenfahrzeugen für die Entwicklung von UGVs von großer Bedeutung ist. Die Autoren heben den wirtschaftlichen Vorteil der Entwicklung von Dual-Use-Technologien hervor, da sie „die Kosten“ unbemannter Militärfahrzeuge „senken“ könnte. Der Bericht identifiziert die „Schlüsseltechnologien“ aus der zivilen Straßenverkehrsforschung – Sensorik, Navigation, Zielidentifikation, Steuerungs- und Kommunikationstechnologien –, die „auf UGVs anwendbar sein könnten“.[460] Der Bericht nennt als Beispiel für überlappende Technologien unter anderem die von Raytheon entwickelten Nachtsichtsensoren für Automobile, die erstmals 2000 von GM im Cadillac DeVille kommerzialisiert wurden. Weitere Beispiele sind Laser- oder Millimeterwellen-Radarsensoren, die andere Fahrzeuge in einer Entfernung von 150 Metern erkennen können, sowie Spurverfolgungssensoren, die für die Orientierung sowohl ziviler als auch militärischer Fahrzeuge in unbekannter Umgebung entscheidend sind. Drahtlose Kommunikationsstandards wie Dedicated Short-Range Communications (DSRC) „könnten in jeder Offroad-Kampfumgebung für die Kommunikation zwischen UGVs und sogar zwischen UGVs und UAVs eingesetzt werden.“[461] Schließlich werden automatische Fahrzeugfolgetechnologien genannt, die für Nachschubkonvois der Armee nützlich wären.

---

[457] Chun, Wendell, Faulconer, J. Walt, Munkeby, Steven, UGV Demo II Reuse Technology for AHS. In *Proceedings of the Intelligent Vehicles ‘95 Symposium*, S. 252.

[458] Ebenda.

[459] Bertozzi, Massimo, Alberto Broggi, Massimo Cellario, Alessandra Fascioli, Paolo Lombardi und Marco Porta. 2002. Artificial Vision in Road Vehicles. *Proceedings of the IEEE* 90 (7), S. 1269.

[460] „Erfassung der Fahrzeugposition relativ zu Fahrspuren, Erfassung der absoluten Fahrzeugposition (Global Positioning System (GPS) und Inertialnavigationssystem (INS) in Kombination mit anderen), Erfassung der Nähe zu anderen Fahrzeugen (Reichweiten bis zu 150 m), Identifikation und Gefahrenbewertung von Zielen im Sensorbereich, Fahrzeug-zu-Fahrzeug-Datenkommunikation, Fahrzeug-zu-Straßenrand-Datenkommunikation, Fahrzeugdynamikregelung, Erfassung und Schätzung des Straßenzustands, automatische Lenkregelung sowie Regelung von Fahrgeschwindigkeit und Abstand beim Folgen eines Fahrzeugs.“ [National Research Council 2002, S. 37]).

[461] Ebenda, S. 40.

Es lässt sich festhalten, dass automatisiertes Fahren und automatisierte Kriegssysteme auf derselben technologischen Basis beruhen. Beide Bereiche profitieren voneinander – und das in beide Richtungen. Es ist daher möglich, dass die großen Investitionen in das autonome Fahren der letzten Jahrzehnte die Entwicklung von UGVs in naher Zukunft beschleunigen werden. Diese Beobachtung sollte in die öffentliche Diskussion über die Chancen und Risiken des autonomen Fahrens einfließen.

2.6 Die Forschung zu Automated Highway Systems (1980–2000)

Nachdem wir 40 Jahre Robotikforschung dargestellt haben, müssen wir in unserer Chronologie zurückgehen und unsere Aufmerksamkeit wieder auf die Vision eines automatisierten Highway-Systems richten, die mit den Experimenten von GM, RCA und der Ohio State University begonnen hatte (Abschn. 2.1).

Die 1970er Jahre und der Großteil der 1980er Jahre waren eine schwierige Zeit für automatisierte Transportsysteme in den Vereinigten Staaten. In Analogie zu den KI-Wintern bezeichnete Steven Shladover diese Phase als „Winterschlaf".[462] Da die Reagan-Regierung (1981–1989) der Ansicht war, dass „weitere Sicherheitsstandards für die Industrie einfach zu belastend seien",[463] wurde das Verkehrsministerium (DOT) laut Shladover angewiesen, „die Verkehrsforschung und -entwicklung auf das Nötigste zu beschränken und keine neuen Initiativen zu ergreifen, die finanzielle Verpflichtungen nach sich ziehen würden".[464]

In der zweiten Hälfte der 1980er Jahre änderte sich die Situation, zunächst auf Bundesebene. Bedeutende Stauprobleme im Großraum Los Angeles und in der San Francisco Bay Area motivierten Kalifornien, die Forschung in einem Bereich zu beginnen, der später als Intelligent Transportation Systems (ITS) bezeichnet wurde – gemeint ist die Anwendung fortschrittlicher Informations- und Kommunikationstechnologien zur Verbesserung der Verkehrsinfrastruktur und der Fahrzeuge.[465] Lange bevor ein nationales ITS-Programm in den USA gestartet

[462] Shladover, Steven E. 2008. AHS Research at the California PATH Program and Future AHS Research Needs. *Proceedings of the 2008 IEEE International Conference on Vehicular Electronics and Safety,* Columbus, 22.–24. September, S. 4.

[463] The Diebold Institute for Public Policy Studies, Transportation Infostructures: The Development of Intelligent Transportation Systems, Westport 1995, S. 103.

[464] Shladover, Steven. 2007, Dezember. PATH at 20 – History and Major Milestones. *IEEE Transactions on Intelligent Transportation Systems* 8 (4): 584–592, zitierte Version (mit abweichenden Seitenzahlen) online unter: https://path.berkeley.edu/sites/default/files/path-at-20.pdf, S. 3 (abgerufen am 11. September 2020).

[465] Der Begriff Intelligent Transport Systems wurde 1991 von den USA und Japan und 1994 in Europa während des ersten Welt-ITS-Kongresses in Frankreich eingeführt. Nach einer Richtlinie der Europäischen Gemeinschaft (Richtlinie 2010/40/EG) wird ITS als ein System definiert, das Nutzer, Infrastruktur und Fahrzeuge über ein Informations- und Kommunikationsnetzwerk verbindet (Nowacki, G. 2012, September. Development and Standardization of Intelligent Transport

wurde, initiierten Caltrans – das kalifornische Verkehrsministerium – und das Institute of Transportation Studies der University of California in Berkeley 1986 das Forschungsprogramm Partners for Advanced Transit and Highways (PATH). Die aktivsten Teilnehmer kamen aus den Bereichen Maschinenbau, Elektrotechnik und Informatik.[466]

Die Vorreiterrolle Kaliforniens beeinflusste die Gründung mehrerer Institutionen und Gesetze auf nationaler Ebene: Im Juni 1988 wurde das Expertengremium Mobility 2000 ins Leben gerufen, angestoßen von Caltrans und PATH. Diese informelle Gruppe aus Vertretern von Industrie, Wissenschaft und Regierung versuchte, die US-Regierung zur Unterstützung von Intelligent Vehicle-Highway Systems (IVHS), später bekannt als ITS, zu bewegen.[467] Die Arbeit dieser Interessengruppe führte im August 1990 zur Gründung einer formellen Koordinierungsorganisation – der Intelligent Vehicle and Highway Society of America (IVHS America).[468] 1991 wurde IVHS America ein Bundesberatungsgremium des US-Verkehrsministeriums. Ihre Aufgabe war es, einen strategischen Plan für die Umsetzung von ITS als Ganzes zu entwickeln. Die Einführung eines Automated Highway System (AHS) in den USA war nur ein Element dieses Plans – der futuristischste und umstrittenste Teil.[469]

Das Akronym AHS ist ein enger gefasster Begriff als ITS und IVHS und bezeichnet eine Reihe von ausgewiesenen Fahrspuren auf einer beschränkt zugänglichen Straße, auf denen speziell ausgerüstete Fahrzeuge unter vollständig automatischer Kontrolle betrieben werden.[470] Es umfasst keine generalisierte Form

Fußnote 465 (Fortsetzung)
Systems. International Journal on Marine Navigation and Safety of Sea Transportation 6 (3), S. 404). Seit 1978 wurden die Forschungsanstrengungen unter dem Begriff Telematik zusammengefasst, eingeführt von den französischen Experten Simon Nora und Alain Minc, die die Wörter *télécommunication* und *informatique* verschmolzen (Nora, Simon, und Alain Minc. 1978. L'Informatisation de la Société: rapport à M. le Président de la République. Paris: La Documentation Française).

[466] Shladover 2007, S. 5.

[467] Das Akronym IVHS umfasst fünf Bereiche: (1) Verkehrsmanagementsysteme, die Staus vorhersagen und alternative Routen vorschlagen können, (2) Reisendeninformationssysteme, die Menschen bei der Zielerreichung unterstützen, (3) Fahrzeugsysteme zur Erhöhung der Sicherheit (wie Kollisionswarnung, autonomes Notbremsen, automatisierte Fahrspuren), (4) automatisierte Systeme für Nutzfahrzeuge und (5) Systeme für den öffentlichen Verkehr.

[468] Strategic Plan for Intelligent Vehicle Highway Systems in the United States, IVHS America, Report No: IVHS-AMER-92-3, 20. Mai 1992, Seite II-1.

[469] Im Herbst 1994 wurde IVHS America in Intelligent Transportation Society of America (ITS America) umbenannt, um einen breiteren, multimodalen Ansatz zu reflektieren, der nicht auf Automobile beschränkt ist. ITS America besteht zu etwa 50 % aus Unternehmen des privaten Sektors und zu 50 % aus Wissenschaft, Regierung und Verbänden (Cheon, Sanghyun. 2003. *An Overview of Automated Highway Systems (AHS) and the Social and Institutional Challenges They Face,* UC. Berkeley: University of California Transportation Center. online unter: https://escholarship.org/uc/item/8j86h0cj, S. 23. Abgerufen am 28. März 2020.

[470] Rillings, Jim. 1997, Februar. *The National Automated Highway System: Cooperative Program.* National Automated Highway System Consortium, S. 4.

des automatisierten Fahrens auf allen Straßen. Es wäre jedoch auch eine Vereinfachung, AHS ausschließlich als infrastrukturorientiert zusammenzufassen – sowohl die Straße als auch die Fahrzeuge müssen angepasst werden.

Parallel zur Gründung von IVHS America unterzeichnete der US-Kongress 1991 das Intermodal Surface Transportation Efficiency Act (ISTEA). Dieses Bundesgesetz (102–240) kann als „das erste Verkehrsgesetz der Post-Interstate-Ära" qualifiziert werden.[471] Laut einem Bericht des Verkehrsministeriums stellte es eine „Verschiebung des Schwerpunkts vom Bau eines Oberflächenverkehrssystems hin zum operativen Management und zur Instandhaltung dieses Systems" dar. Die Gesetzgebung lässt sich als ITS-getriebene Erneuerung der Infrastruktur des Highway-Systems zusammenfassen, insbesondere der wichtigsten Highway-„Korridore" zwischen großen urbanen Ballungsräumen.

Im deutlichen Gegensatz zu den politischen Prioritäten der 1980er Jahre setzte die ISTEA-Gesetzgebung bedeutende finanzielle Ressourcen frei. Laut einem Bericht von 1997 belief sich die gesamte ITS-Finanzierung nach der ISTEA-Gesetzgebung auf 991,1 Millionen Dollar.[472] Dieser Betrag wurde in mehrere hundert kleine Forschungsprogramme investiert, die sieben Kategorien abdeckten: Verkehrsmanagement, Reisendeninformation, öffentlicher Nahverkehr, elektronische Bezahlung, gewerblicher Fahrzeugbetrieb, Notfallmanagement sowie fortschrittliche Fahrzeugsteuerungs- und Sicherheitssysteme. Der zuletzt genannte Bereich umfasste Assistenzsysteme wie Kollisionswarnungen, automatische Bremssteuerungen – und auch „automatisierte Highway-Systeme, auf denen Fahrzeuge ohne Fahrer fahren konnten."[473]

Die lange Liste der Forschungsthemen zeigt, dass das Projekt eines automatisierten Highway-Systems nur einen kleinen Teil des Gesamtprogramms ausmachte. Laut dem oben genannten Bericht wurde das AHS-Programm von 1991 bis 1996 mit 49,8 Millionen Dollar gefördert, was nur 5 % der gesamten ITS-Finanzierung von 991,1 Millionen Dollar entspricht.[474] Dennoch war das AHS-Programm einer der sichtbarsten Teile dieser Initiative. Ein häufig zitierter Abschnitt des ISTEA-Gesetzes ist Abschn. 2.6, der den Verkehrsminister verpflichtet, „einen automatisierten Highway- und Fahrzeugprototyp zu entwickeln, aus dem zukünftige vollständig automatisierte intelligente Fahrzeug-Highway-Systeme entwickelt werden können. (…) Das Ziel dieses Programms ist es, bis 1997 die erste

[471] Auer, Ashley, Shelley Feese und Stephen Lockwood. 2016. History of Intelligent Transportation Systems, durchgeführt vom U.S. Department of Transportation, Intelligent Transportation Systems Joint Program Office, Bericht Nr. FHWA-JPO-16-329, erstellt von Booz Allen Hamilton, Mai 2016, S. 14.

[472] US Department of Transportation. 1997 März. The National Intelligent Transportation Systems Program: Where We've Been & Where We're Going, Bericht Nr. FHWA-JPO-97-0027, S. 3.

[473] Der Kongress der Vereinigten Staaten, Congressional Budget Office, High-Tech Highways: Intelligent Transportation Systems and Policy, Oktober 1995, online unter: https://www.cbo.gov/sites/default/files/104th-congress-1995-1996/reports/High-techHighways.pdf, S. 2 (abgerufen am 23. März 2020).

[474] US Department of Transportation 1997, S. 3.

vollständig automatisierte Fahrbahn oder eine automatisierte Teststrecke in Betrieb zu nehmen."[475]

Als Antwort auf diese Vorgabe schuf das Verkehrsministerium 1992 das National Automated Highway System Research Program (NAHSRP). Die Aufgabe, ein bundesweites AHS-Programm durchzuführen, wurde dem National Automated Highway System Consortium (NAHSC) übertragen, das im Dezember 1994 nach einer erfolgreichen Bewerbung auf eine Ausschreibung der Federal Highway Administration (FHWA) – einer dem Verkehrsministerium unterstellten Behörde für Highways – gegründet wurde.[476]

Unter der Leitung von General Motors war das NAHSC eine öffentlich-private Partnerschaft von neun Kernorganisationen aus Regierung, Industrie und Wissenschaft, darunter General Motors, das California Department of Transportation (Caltrans), die Carnegie Mellon University, das Luft- und Raumfahrtunternehmen Lockheed Martin, die Ingenieurunternehmen Bechtel und Parsons Brinckerhoff, die Elektronikunternehmen Delco und Hughes sowie die University of California-Berkeley.

PATH „hatte die führende Rolle im NAHSC bei der Entwicklung von Modellierungs- und Simulationswerkzeugen, für die zweite Phase der Entwicklung und Bewertung des Betriebskonzepts sowie für die Demonstration eines automatisierten Konvois von acht Fahrzeugen", berichtet Shladover.[477] Nahezu 100 Interessengruppen aus „Fahrzeugindustrie, Regierungsbehörden, der Highway-Planungsbranche, Fahrzeugelektronik, Umweltinteressen, Spediteuren, Betreibern des öffentlichen Verkehrs, Verkehrsnutzern und der Versicherungsbranche" beteiligten sich ebenfalls am Konsortium.[478]

Das NAHSC hatte den Auftrag, das bundesweite AHS-Programm im Rahmen einer kostengeteilten Kooperationsvereinbarung durchzuführen – 20 % der Investitionen mussten von den Mitgliedern selbst getragen werden. Das NAHSC schlug vor, von 1994 bis 2002 200 Millionen Dollar in das Forschungsprogramm zu investieren,[479] aber laut Shladover wurden letztlich nur 50 Millionen Dollar ausgegeben, als das Programm 1998 endete.[480]

---

[475] Section 6054(b) des Intermodal Surface Transportation Efficiency Act von 1991, 23 U.S.C. 307, 105 Stat. 291.

[476] Während die FHWA für Highways zuständig ist, ist die National Highway Traffic Safety Administration (NHTSA) für Fahrzeuge verantwortlich. Beide kooperieren bei Veranstaltungen wie Demo '97.

[477] Shladover 2007, S. 7.

[478] Cheon, S. 10.

[479] Bishop, Richard, Kevin Dopart und Steven Shladover. 2020. Commemorating the 20th Anniversary of the National Automated Highway Systems Consortium Demo '97 in San Diego, Powerpoint-Präsentation, online unter: https://path.berkeley.edu/sites/default/files/demo97foravs17v6.pdf. Abgerufen am 30. März 2020, S. 3.

[480] E-Mail von Steven Shladover an den Autor, 11. März 2020.

2.6.1 Die Demonstration eines automatisierten Autobahnsystems in San Diego (1997)

Die Zusammenarbeit der NAHSC-Partner kulminierte in einer öffentlichen Demonstration namens Demo '97, die heute als die erste Demonstration eines automatisierten Autobahnsystems (AHS) in Nordamerika gilt. Zwei Jahre zuvor fand die erste japanische AHS-Demonstration durch das Bauministerium statt (siehe Abschn. 3.5.3).

Demo '97 bestand aus einer Reihe von Live-Demonstrationen, die vom 7. bis 10. August 1997 auf einem neuen, 7,6 Meilen langen Abschnitt von Fahrgemeinschaftsspuren stattfanden, die durch Betonbarrieren von den Fahrspuren der Interstate-15 nördlich der Innenstadt von San Diego, Kalifornien, getrennt waren. Während der Veranstaltung legten 21 Fahrzeuge insgesamt 4468 Meilen in verschiedenen Modi des automatisierten Fahrens zurück. An der Veranstaltung nahmen 1000 Mitglieder der Öffentlichkeit, 100 Journalisten, 1400 VIPs und 1000 Vertreter der Industrie teil.

Während die Test- und Entwicklungsarbeiten vor der Demo abends und an Wochenenden stattfanden, wenn die Fahrgemeinschaftsspuren für die Allgemeinheit gesperrt waren, umfasste die Demo im August auch Werktage. Allerdings wurden die Spuren während der verkehrsarmen Mittagszeit genutzt, wenn sie für die Öffentlichkeit gesperrt waren. Dies ist bedeutsam, da andere Demonstrationen im realen Autobahnverkehr stattfanden (siehe Abschn. 4.4 zu Prometheus in Europa).

Demo '97 hatte das Ziel, die Machbarkeit eines AHS-Systems zu demonstrieren, das von der NAHSC wie folgt definiert wurde: „Eine speziell ausgestattete Fahrbahn, auf der Fahrzeuge automatisch betrieben werden können. (…) Fahrer, die das AHS nutzen möchten, lenken ihr speziell ausgerüstetes Fahrzeug auf die ausgewiesenen Fahrspuren der Autobahn und übergeben dann die Kontrolle an das System. (…) Wenn das Fahrzeug die vom Fahrer gewählte Ausfahrt erreicht, wird es in einen Übergangsbereich gelenkt, in dem der Fahrer die manuelle Steuerung wieder übernimmt.“[481]

Zwei Hauptgründe wurden für die Förderung der Automatisierung genannt.[482] Erstens wurden Fahrfehler – verursacht durch Müdigkeit, Unaufmerksamkeit, Alkoholeinfluss usw. – als Hauptursache für 90 % der jährlich auf US-Autobahnen zu verzeichnenden 40.000 Todesfälle und 5 Millionen Verletzungen identifiziert. Die Automatisierung versprach, die Zahl der Todesopfer zu senken und die Verkehrssicherheit zu erhöhen.

---

[481] NAHSC, What is An Automated Highway System?, Demo '97-Flyer, in: http://www.path.berkeley.edu/sites/default/files/my_folder_76/NAHSC_Brochure-Demo%26Groups-971.pdf, S. 1 (abgerufen am 17. Juni 2018a).

[482] Thorpe, Chuck, Todd Jochem und Dean Pomerleau. 1998. The 1997 Automated Highway Free Agent Demonstration. In *Proceedings of Conference on Intelligent Transportation Systems 1997,* S. 496.

Zweitens hoffte man, dass die Automatisierung die Effizienz der bestehenden Autobahnen steigern und „Staus auf Autobahnen verringern könnte, indem durch das engere Zusammenfahren automatisch gesteuerter Fahrzeuge in Kolonnen ein deutlich höherer Verkehrsfluss erreicht wird.“[483] Zur Zeit von Demo 97 verdoppelte sich der Verkehr alle zehn Jahre, aber es war nicht möglich, die Fahrspuren der Autobahnen ebenfalls zu verdoppeln. Der Bau einer neuen Spur konnte 100 Millionen Dollar pro Spurmeile kosten.[484] Bei manuell gesteuerten Fahrzeugen ist die Kapazität der Straßen auf etwa 2000 Fahrzeuge pro Spur und Stunde begrenzt. Neue Technologien versprachen, die Durchflussrate des Verkehrs zu verdoppeln oder zu verdreifachen, ohne neue Autobahnen bauen zu müssen. Umweltaspekte wie die Verringerung des Kraftstoffverbrauchs und der Abgasemissionen wurden ebenfalls thematisiert.[485] Es wurde jedoch auch diskutiert, ob die Automatisierung die Menschen dazu verleiten würde, weiter entfernt vom Arbeitsplatz zu wohnen und mehr zu fahren. Heute stehen all diese Fragen erneut auf der Tagesordnung.

Wie schon während Jahrzehnten der Forschung zur Straßenfahrzeugautomatisierung, propagierten einige Teilnehmer von Demo ‘97 übermäßig optimistische und ambitionierte Zeitpläne. Sie schätzten, dass automatisierte Autobahnsysteme „innerhalb von 20 Jahren in bestehende Autobahnen integriert werden könnten“,[486] ein Zeitraum, der die Forschungsgeschichte seit den 1930er Jahren begleitet, wie in der Einleitung dieses Buches dargelegt.

Doch die Veranstaltung erinnerte auch daran, dass die Idee automatischer Führungssysteme in mehr als 50 Jahren Forschung nie die Sphäre der Grundlagenforschung verlassen hatte: Das Konzeptfahrzeug Firebird II (XP-43) von General Motors wurde auf der Demo ‘97 mit dem Hinweis gezeigt, dass es „wieder fahrbereit gemacht“ worden sei.[487]

Der 1956 vorgestellte Firebird II war ein Showcar, das die Idee eines Automobils propagierte, das einem im Expressfahrstreifen der Autobahn verlegten Leitdraht folgen sollte. Eine GM-Broschüre von 1956 präzisiert, dass „keines der Systeme im Firebird II funktionsfähig ist. Sie dienen lediglich dazu, die Demonstration zu vervollständigen, wie ein elektronisch gesteuertes Auto für den Be-

[483] Rajamani, Rajesh, Han-Shue Tan, Boon Kait Law und Wei-Bin Zhang. 2000. Demonstration of Integrated Longitudinal and Lateral Control for the Operation of Automated Vehicles in Platoons. *IEEE Transactions on Control Systems Technology* 8 (4), S. 695.

[484] Thorpe, Jochem, Pomerleau 1997, S. 496.

[485] NAHSC, Where the research meets the road, S. 11 (abgerufen am 17. Juni 2018b).

[486] Ohio State University, Alternative technologies, Demo ‘97-Flyer, in: http://www.path.berkeley.edu/sites/default/files/my_folder_76/NAHSC_Brochure-Demo%26Groups-971.pdf, S. 48.

[487] Thorpe, Chuck, Jochem, Todd, Pomerleau, 2020. Dean, Automated Highways and the Free Agent Demonstration, online in: https://www.ri.cmu.edu/pub_files/pub2/thorpe_charles_1997_1/thorpe_charles_1997_1.pdf, S. 2 (abgerufen am 11. September 2020).

trieb auf der elektronischen Safety Autoway ausgerüstet sein sollte."[488] Es sollte bedacht werden, dass eine ausreichende Rechenleistung für die Autobahnautomatisierung erst 40 Jahre später verfügbar wurde.

Tatsächlich baute GM zwei Versionen des Firebird II, ein funktionsfähiges Auto mit einer Karosserie aus Glasfaser, das als Turbinen-Versuchsfahrzeug diente. Es wurde auf dem 5 Meilen langen Mesa Proving Ground in der Wüste von Arizona getestet, das 1952 eröffnet worden war. Der andere, nicht funktionsfähige Firebird II mit einer Karosserie aus Titan diente als Showcar ausschließlich für das Motorama.[489] Während das funktionsfähige Auto ein Lenkrad und Instrumente besaß, die Daten über die Whirlfire-Gasturbine lieferten, war das Showcar mit simulierten Systemen für die Autobahn der Zukunft ausgestattet: Ein doppelseitiges, flugzeugähnliches Lenkrad und zwei Fernsehbildschirme mit Kathodenstrahlröhren für Informationsanzeigen. Dieses Showcar wurde für die Filme *Key to the Future* und *Design for Dreaming* über eine automatische Autobahn namens „Auto-Way" verwendet. Beide Filme wurden den Besuchern des Motorama gezeigt.

David W. Temple betont, dass alle automatisierten Fahrsysteme des Firebird II Showcars „nur simuliert" waren.[490] Er berichtet aber auch, dass „etwa zwei Jahre nach dem GM Motorama 1956 funktionsfähige Systeme im Versuchsfahrzeug installiert und von GM-Ingenieuren erfolgreich der Presse vorgeführt wurden." Seinen Angaben zufolge wurde das Konzept erfolgreich auf dem Mesa Proving Grounds in Arizona getestet. Wie wir tatsächlich in Abschn. 2.1.1 gesehen haben, wurde das zugrundeliegende System 1958 auch im GM Technical Center in Michigan erfolgreich demonstriert.

Vierzig Jahre später hatte sich die Situation grundlegend geändert: Demo '97 zeigte sieben Szenarien für die Autobahnautomatisierung. Die folgenden Abschnitte konzentrieren sich auf die beiden größten Demonstrationen, die Kolonnenfahrt-Demo von PATH und die Free-Agent-Demo der Carnegie Mellon University. Beide Demonstrationen basierten auf Technologien von GM, Delco Electronics (später Delphi Automotive) und Hughes Aircraft, die von den beiden Universitäten in die Demonstrationen integriert wurden. Die PATH-Demo basierte auf einer Reihe vorheriger experimenteller Arbeiten an anderen Fahrzeugen, analog zu den Arbeiten der CMU, die in früheren Kapiteln ausführlich behandelt wurden. Die anderen, von Organisationen außerhalb des Kernkonsortiums präsentierten Szenarien werden in einem dritten Abschnitt erwähnt.

---

[488] General Motors, 2020. Firebird II, „Three-Zero-Four", The Gas Turbine Family Car, General Motors latest „Laboratory on Wheels", S. 13, in: The Old Car Manual Project, Brochures, GM Corporate and Concepts, http://www.oldcarbrochures.com/static/NA/GM%20Corporate%20and%20Concepts/1956_GM_Firebird_II/1956%20Firebird%20II-12-13.html (abgerufen am 23. April 2020).

[489] Temple, David W. 2015. *Motorama, GM's Legendary Show and Concept Cars,* S. 170f. North Branch.

[490] Ebd., S. 174.

2.6.2 Das Platooning-projekt von PATH, University of California

Das Partners for Advanced Transit and Highways (PATH)-Programm der University of California in Berkeley zeigte in San Diego ein vollständig automatisiertes Platooning-Szenario. Dieses Konvoifahren, das Koppeln mehrerer Fahrzeuge in einer Reihe mit verringerten Abständen, wurde vor allem als Lösung für Verkehrsstaus propagiert. Ausgestattet mit dieser Technologie könne jede Spur „mindestens doppelt so viel Verkehr aufnehmen wie heute", versprach PATH.[491] Wie bereits berichtet, war das Szenario auch mit einer Erhöhung der Sicherheit und der Reduzierung des Energieverbrauchs verbunden.

Nach Angaben von Steven Shladover, dem ehemaligen technischen Direktor von PATH, reicht die Idee, automatisierte Fahrzeuge in einem Konvoi (Platoon) zu formieren, bis in die 1970er Jahre zurück, als in mehreren Ländern an einem Automated Guideway Transit (AGT) geforscht wurde.[492] Nach dem Vorbild eines Eisenbahnzugs zielten diese Forschungsarbeiten auf die mechanische Kopplung automatisierter Fahrzeuge ab. Konvois, mit einer ausschließlich durch Steuerungssysteme realisierten Kopplung wurden erstmals von dem französischen Ingenieurbüro Engins MATRA im Rahmen eines Projekts zum automatisierten People Mover Aramis untersucht. Eine Pionierleistung erbrachte auch das deutsche Automobilunternehmen Volkswagen, das 1989 an einem Mehrfahrzeug-Konvoi namens „Kolonnenfahrt" arbeitete (siehe Abschn. 4.4.4).

PATH begann 1988 mit Experimenten zu Fahrzeugkonvois, die durch Magnetmarkierungen in der Fahrbahn geführt wurden.[493] 1991 war auf dem Richmond Field Station, einem Außenstandort der University of California in Berkeley, eine 300 m lange Teststrecke errichtet worden, um Versuche zur automatischen Lenkregelung durchzuführen. Um genaue Positionsmessungen innerhalb der Fahrspur zu ermöglichen, die bei allen Wetterbedingungen nutzbar sind – im Gegensatz zu kamerabasierten Systemen – entschied sich das PATH-Team, für die Querführung Referenzen in der Fahrbahnoberfläche zu verwenden: Keramikmagnete wurden im Abstand von 1 Meter in der Mitte der Teststrecke platziert. Die automatische Lenkung wurde mit einem Toyota Celica getestet, der mit einem hydraulischen Lenkaktuator von IMRA und Zeilenkameras ausgestattet war. Weitere Versuche zur Querführung wurden mit einem AMC Hornet durchgeführt.

Ein erstes Konvoi-Experiment von PATH wurde 1992 durchgeführt.[494] Versuche zur Querführung bei Geschwindigkeiten von 20–70 km/h wurden in ver-

---

[491] California PATH, Platoon Demonstration, Demo '97-Flyer, in: http://www.path.berkeley.edu/sites/default/files/my_folder_76/NAHSC_Brochure-Demo%26Groups-971.pdf, S. 15. Abgerufen am 17. Juni 2018.

[492] Shladover, Steven E. 1997. Gründe für den Betrieb von AHS-Fahrzeugen in Konvois. In *Automated Highway Systems,* Hrsg. Petros A. Ioannou, S. 15. New York, London.

[493] Shladover 2007, S. 6.

[494] E-Mail von Steven Shladover an den Autor, 11. März 2020.

schiedenen Kurventypen durchgeführt, und die Längsregelung wurde mit einem manuell gesteuerten Fahrzeug getestet, dem ein weiteres Auto „mit automatischer Längsregelung, aber manueller Lenkung“ folgte.[495] Es wurden Geschwindigkeiten zwischen 55 und 75 mph (88–120 km/h) erreicht. „Niedriggeschwindigkeitsversuche wurden auf dem Richmond Field Station durchgeführt, während Hochgeschwindigkeitsversuche auf der Teststrecke der California Highway Patrol Academy in West Sacramento, CA, und auf den I-15-Pendlerfahrspuren in San Diego stattfanden“, berichtet Shladover.[496] Vier von Ford gespendete Fahrzeuge wurden mit Gas- und Bremsaktuatoren, Front-Radarsensoren und drahtlosen LAN-Kommunikationssystemen ausgestattet.[497] Ein IBM-kompatibler 80.386-Computer wurde für Steuerungsfunktionen eingesetzt und ein VORAD-Doppler-Radar zur Hinderniserkennung verwendet. Während das Experiment mit einem Fahrzeug, das einem anderen folgte, 1992 abgeschlossen wurde, befanden sich Versuche mit einem Vierfahrzeug-Konvoi laut Shladover zu dieser Zeit „in Arbeit“.[498]

Diese Fähigkeit zum Vierfahrzeug-Konvoi wurde dann 1994 für Besucher „auf den I-15 HOV-Spuren in San Diego“ demonstriert.[499] Wie ein Video zeigt,[500] wurden für die Experimente vier von Ford gespendete Lincoln Town Car (Modell 1990–1994) eingesetzt (siehe Abb. 2.15). Diese PATH-Demonstration von 1994 kann als die erste öffentliche Demonstration eines AHS-Systems in der Geschichte angesehen werden, sofern man die VW-Experimente von 1989 ausschließt, da sie nicht öffentlich waren, und die MATRA-Demo von 1972, da sie keine Pkw verwendete.

Nach diesem historischen Überblick stellen wir nun die Konfiguration von PATH für die Demo 1997 vor: PATH setzte acht Buick LeSabre ein, modifiziert von Delco Electronics, General Motors, Hughes und der University of California (Abb. 2.16).[501] Durch die Wahl nahezu identischer Fahrzeuge konnten die Entwicklungskosten gesenkt und Komplikationen bei der Neugestaltung der Schnittstelle zwischen Steuerungssystem und unterschiedlichen Fahrzeugplattformen vermieden werden. Es war zudem einfacher, einheitliche Beschleunigungs- und Bremsleistungen zu erzielen, wenn die Fahrzeuge eng miteinander gekoppelt

[495] Shladover, Steven E. 1992. Das California PATH-Programm der IVHS-Forschung und sein Ansatz zur Fahrzeug-Straßen-Automatisierung. In *Proceedings of the Intelligent Vehicles ‘92 Symposium,* S. 350f. Detroit.

[496] Ebenda, S. 351.

[497] Shladover 2007, S. 7.

[498] Shladover 1992, S. 351.

[499] Shladover 2007, S. 7.

[500] Automatedhighway (Youtube-Account), NAHSC Demo 97 Platoon Scenario (Videotitel), hochgeladen am 23. April 2011, online unter: https://www.youtube.com/watch?v=aaLPBtS8b9E. Zugriff am 25. Januar 2020.

[501] NAHSC, Where the research meets the road, Demo ‘97-Flyer, in: http://www.path.berkeley.edu/sites/default/files/my_folder_76/NAHSC_Brochure-Demo%26Groups-971.pdf, S. 9. Zugriff am 17. Juni 2018b.

Abb. 2.15 Die erste Konvoi-Demonstration der Geschichte, vorgeführt von PATH 1994 auf der I-15 in San Diego, mit drei Lincoln Town Cars, die einem Ford Crown Victoria folgen. (Quelle: PATH. Bildquelle: Screenshot aus: Automatedhighway (Youtube-Account), NAHSC Demo 97 Platoon Scenario (Videotitel), hochgeladen am 23. April 2011, online unter: https://www.youtube.com/watch?v=aaLPBtS8b9E (Zugriff am 25. Januar 2020)

Abb. 2.16 Demo '97: Die Konvoi-Demonstration mit acht Buick LeSabre aus dem PATH-Programm, auf der I-15, San Diego. (Quelle: PATH. Bildquelle: http://www.path.berkeley.edu/sites/default/files/my_folder_76/NAHSC_Brochure-Demo%26Groups-971.pdf, S. 14)

waren, erklärt Shladover.[502] Einen Konvoi mit unterschiedlichen Fahrzeugen zu bilden, ist wesentlich schwieriger, da sie unterschiedlich beschleunigen und schalten. Aus diesem Grund wurden auch bei den japanischen AHS-Experimenten mit 19 Fahrzeugen im September 1996 ähnliche Fahrzeugmodelle eingesetzt – vier Toyota Crown, drei Nissan Cima, zwei Honda Accord und zwei Mitsubishi Diamante (siehe Abschn. 3.5.4).

Die Querführung der Buicks wurde durch Messung ihrer Position relativ zu permanenten Magnetmarkierungen realisiert, die „alle 1,2 m entlang der vom Fahrzeug befahrenen Strecke" eingelassen waren.[503] Shladover erläutert, dass das Magnetmarkierungs-Referenzsystem gewählt wurde, „weil es eine sehr hohe Genauigkeit bietet (die Position wird durchgängig mit einer Genauigkeit von mehr als 1 cm gemessen), die Möglichkeit, Ortsreferenzinformationen in einem Binärcode auf Basis der Abfolge von Nord- und Südpolen der Magnete zu codieren, und Robustheit bei allen Wetterbedingungen (unbeeinflusst von Regen, Schnee oder Eis auf der Straße)."[504] Insgesamt wurden 93.000 Magnetführungsmarken in den Mittellinien beider Fahrspuren installiert.

Drei Fluxgate-Magnetometer unter der vorderen Stoßstange und drei unter der hinteren Stoßstange der Buicks verfolgten die Magnetfelder der Markierungen in der Straßenmitte. Ein Pentium-Computer im Kofferraum (Abb. 2.17) nutzte die Messwerte, um die seitliche Position und den Gierwinkel des Fahrzeugs zu bestimmen. Diese Informationen wurden dann „verwendet, um Befehle für einen Elektromotor zu erzeugen, der in der Lenksäule montiert war."[505]

Die Längsregelung wurde durch Entfernungsinformationen eines modifizierten Delco-Radars an der Fahrzeugfront realisiert. Das Radar wurde ausschließlich zur Erkennung des vorausfahrenden Fahrzeugs eingesetzt. Es war mit einem Fahrzeug-zu-Fahrzeug-Kommunikationssystem gekoppelt, das 50-mal pro Sekunde Geschwindigkeits- und Beschleunigungsdaten der anderen Fahrzeuge empfing.[506] Zusätzlich übermittelten Digitalfunkgeräte von Hughes die Bewegungen des Führungsfahrzeugs mit 50 Hz an den Konvoi.[507] Die Geschwindigkeit war vorgegeben – ein Computer steuerte Gaspedal- und Bremsaktuatoren. Alle acht Fahrzeuge hielten einen Abstand von 5,5 Metern zueinander, was den Eindruck

[502] E-Mail von Steven Shladover an den Autor, 11. März 2020.

[503] California PATH, Automated Driving Mini-Demonstration. http://www.path.berkeley.edu/sites/default/files/my_folder_76/NAHSC_Brochure-Demo%26Groups-971.pdf, S. 34. Zugriff am 17. Juni 2018.

[504] E-Mail von Steven Shladover an den Autor, 11. März 2020.

[505] California PATH, Automated driving mini demonstration. http://www.path.berkeley.edu/sites/default/files/my_folder_76/NAHSC_Brochure-Demo%26Groups-971.pdf, S. 34.

[506] California PATH, Platoon Demonstration, Demo '97-Flyer. http://www.path.berkeley.edu/sites/default/files/my_folder_76/NAHSC_Brochure-Demo%26Groups-971.pdf, S. 15, 18. Abgerufen am 17. Juni 2018.

[507] Thorpe, Jochem, Pomerleau 1997, S. 4.

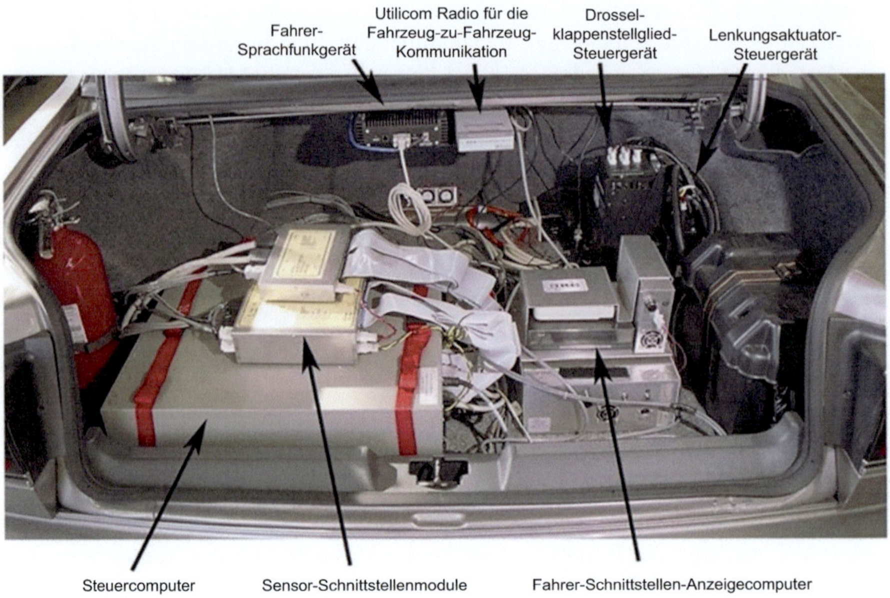

Abb. 2.17 Computerausrüstung im Kofferraum des Buick LeSabre. (Bildnachweis: PATH. Bildquelle: Bishop, Richard, Dopart, Kevin, Shladover, Steven, Commemorating the 20th Anniversary of the National Automated Highway Systems Consortium Demo '97 in San Diego, Powerpoint-Präsentation, online unter: https://path.berkeley.edu/sites/default/files/demo97foravs17v6.pdf (abgerufen am 30. März 2020), S. 8)

erweckte, sie würden dicht auffahren. Während der Entwicklungsphase wurden sogar Tests mit nur 4 Metern Abstand durchgeführt.[508] Für die eingeladenen Versuchspersonen fühlte sich dies wie eine mechanische Kopplung an, da das Regelsystem den Abstand mit so hoher Präzision einhielt.

Der Achter-Konvoi demonstrierte Beschleunigen, Abbremsen, Spurwechsel und Aufspaltungen, um anderen Fahrzeugen das Ein- und Ausfahren in den Konvoi zu ermöglichen.[509] Sie waren täglich 6–8 Stunden, über 3 Wochen hinweg, bei Autobahngeschwindigkeit im Einsatz.[510] Das Ingenieursteam bestätigt in einer Fachveröffentlichung 60 mph und erwähnt, dass die Machbarkeit des Systems bis zu Geschwindigkeiten von 80 mph nachgewiesen wurde.[511] Eine Videodokumentation zum Konvoiszenario belegt Geschwindigkeiten von 58–61 mph.[512] Shladover er-

---

[508] E-Mail von Steven Shladover an den Autor, 11. März 2020.

[509] NAHSC, Where the research meets the road, S. 9 (abgerufen am 17. Juni 2018).

[510] Rajamani et al., S. 707.

[511] Ebenda, S. 699, 705.

[512] Automatedhighway (Youtube-Account), NAHSC Demo 97 Platoon Scenario (Videotitel), hochgeladen am 23. April 2011, online unter: https://www.youtube.com/watch?v=aaLPBtS8b9E. Abgerufen am 25. Januar 2020.

läutert, dass die Geschwindigkeit von 58 mph „gewählt wurde, um unterhalb des letzten Schaltpunkts der Automatikgetriebe der Fahrzeuge zu bleiben. Wären wir etwas schneller gefahren, hätten wir uns an der Grenze zwischen den beiden höchsten Gängen befunden, und die Automatikgetriebe hätten unvorhersehbar zwischen diesen Gängen geschaltet, da wir sie nicht elektronisch steuern konnten. Wir haben auch bei deutlich höheren Geschwindigkeiten getestet und tatsächlich die automatische Lenkung eines einzelnen Fahrzeugs bei über 100 mph erprobt, um sicherzustellen, dass sie auch bei viel höherem Tempo zuverlässig funktioniert.“[513]

Das wichtigste Argument gegen dieses Führungskonzept war der enorme finanzielle Aufwand, der erforderlich gewesen wäre, um jede Autobahn mit Magnetnägeln auszustatten. Heute werden fahrzeugeigene Sichtsysteme (Kameras und/oder Laser) bevorzugt, die keine zusätzliche Infrastruktur in der Straße benötigen. Man könnte jedoch – wie Steven Shladover – auch argumentieren, dass ein Magnetsystem nach wie vor genauer und robuster gegenüber Witterungseinflüssen ist als jedes kamerabasierte System. Seiner Aussage nach „wird seine Genauigkeit heute nur von den leistungsstärksten (und teuersten) Lidars erreicht“. Er präzisiert zudem, „dass die Idee nie war, dies auf jede Meile Straße im Land anzuwenden, sondern nur auf die Hauptautobahnen mit hohem Verkehrsaufkommen.“ Er schätzt, „dass die Kosten für die Installation der Magnete weniger als 1 % der Kosten für den Bau der Fahrspur betrugen.“[514]

2.6.3 *Die Free Agent Demonstration der CMU (NavLabs 6–10)*

Das Szenario der Carnegie Mellon University umfasste fünf Fahrzeuge (Abb. 2.18): Zwei vollständig automatisierte Pontiac Bonneville (NavLab 6 und 7), ein teilautomatisierter Oldsmobile Silhouette Minivan (Navlab 8) und zwei vollständig automatisierte New Flyer Stadtbusse (Navlab 9 und 10) nahmen an der Demonstration teil. Die Busse wurden von der Houston Metro bereitgestellt, die daran interessiert war, Busse dicht hintereinander auf den HOV-Spuren fahren zu lassen, um deren Kapazität zu erhöhen.[515]

Die Navlabs verfolgten einen anderen Automatisierungsansatz als PATH: Während die Platoon-Fahrzeuge ihre Bewegungen aktiv koordinierten, arbeiteten die Navlabs unabhängig von Fahrzeug-zu-Fahrzeug-Kommunikation.[516] Aus diesem

[513] E-Mail von Steven Shladover an den Autor, 9. März 2020.

[514] E-Mail von Steven Shladover an den Autor, 29. Dezember 2022.

[515] Houston Metro, Demo ‘97-Flyer. http://www.path.berkeley.edu/sites/default/files/my_folder_76/NAHSC_Brochure-Demo%26Groups-971.pdf, S. 45. Zugriff am 17. Juni 2018.

[516] Siehe auch: Kanaris, Alexander, Petros Ioannou und Fu-Sheng Ho. 1997. Spacing and Capacity Evaluations for Different AHS Concepts. In *Automated Highway Systems,* Hrsg. Petros A. Ioannou, S. 136. New York, London.

Abb. 2.18 Zwei New Flyer Stadtbusse (Navlab 9 und 10), ein Oldsmobile Silhouette Minivan (Navlab 8) und zwei Pontiac Bonneville (Navlab 6 und 7). (Bildnachweis: CMU. Bildquelle: https://www.cs.cmu.edu/Groups/ahs/images/navlab_6_11_images/jpeg/nl_family1.jpg)

Grund nannte die CMU ihre Präsentation Free Agent Demonstration. Im Gegensatz zum PATH-Szenario waren sie auch unabhängig von Modifikationen der Straßeninfrastruktur (magnetische Markierungen). Das Ingenieurteam erklärt: „Die Philosophie hinter dem Free Agent Szenario ist es, die Fahrzeuge mit Sensoren zu umgeben und sämtliche Wahrnehmungs- und Entscheidungsprozesse an Bord der Fahrzeuge zu verlagern. Wenn die Fahrzeuge andere automatisierte Fahrzeuge erkennen, können sie mit ihnen kommunizieren und dicht beieinander fahren. Sie verfügen jedoch über genügend Wahrnehmungs- und Entscheidungsfähigkeit, um auch eigenständig, gemischt mit konventionell manuell gesteuerten Fahrzeugen, zu fahren. Diese Fähigkeit, eigenständig zu fahren, ist der Grund, warum sie als ‚Free Agents' bezeichnet werden."[517]

Alle fünf Navlabs waren mit denselben Systemen ausgestattet – Videokameras, Radar und Ladar: Um den Abstand zum vorausfahrenden Fahrzeug zu halten, verfolgte ein 77-GHz-Abstandsradar von Delco Ziele „innerhalb eines Sichtfelds von 12 Grad bis zu einer Reichweite von 150 Metern".[518] Die Fahrzeuge waren außer-

[517] Thorpe, Chuck, Todd Jochem und Dean Pomerleau. 1998. The 1997 Automated Highway Free Agent Demonstration. In *Proceedings of Conference on Intelligent Transportation Systems 1997,* S. 497.

[518] Thorpe, Chuck, Jochem, Todd, Pomerleau, Dean, Automated Highways and the Free Agent Demonstration, online in: https://www.ri.cmu.edu/pub_files/pub2/thorpe_charles_1997_1/thorpe_charles_1997_1.pdf, S. 6.

dem mit seitlich ausgerichteten Kurzstreckenradaren von Eaton Vorad und rückwärts gerichteten Ladars von Riegel mit einem Sichtfeld von 20 Grad ausgestattet. Jedes Fahrzeug hatte einen menschlichen Sicherheitsfahrer, der das System übersteuern konnte.[519] Die maschinelle Bildverarbeitung wurde mit dem von Dean Pomerleau entwickelten RALPH-System realisiert. Das Überkopf-Bild einer nach vorne gerichteten Videokamera, die vor dem Rückspiegel angebracht war, wurde „verarbeitet, um die Straßenkrümmung zu finden", die allen Straßenabschnitten am nächsten kam.[520] Dieses System war besonders in Kalifornien wichtig, wo Autobahnen mit erhabenen Punkten zur Markierung der Fahrbahnbegrenzungen ausgestattet sind – anstelle von aufgemalten Linien, auf die die meisten Systeme trainiert sind.

Mit diesen Techniken zeigte das CMU-Szenario „Geschwindigkeits- und Abstandsregelung, Spurführung, Spurwechsel, Hinderniserkennung und kooperative Ausweichmanöver".[521] Nach Angaben von Thorpe wurden während der fünf Wochen vor der Demonstration und der vier Tage der Demonstrationsfahrten von der CMU „12.500 autonome Meilen" auf dem Testkurs zurückgelegt. Nur 1 % der Meilen „wurden im manuellen Modus gefahren, bedingt durch verschiedene Systemstörungen", wie beispielsweise eine „übervorsichtige Sicherheitsabschaltung".[522]

Aus vergleichender Perspektive lassen sich einige Unterschiede zwischen der Platoon- und der Free Agent Demonstration hervorheben. Während die Platooning-Fahrzeuge von PATH keine Hinderniserkennung demonstrierten, integrierte die CMU diese Funktion in ihre Fahrzeuge. Im PATH-Szenario konnte ein Mensch das System während der Fahrt im Platoon nicht übersteuern – seine langsamen Reaktionen wären eine Gefahrenquelle gewesen. Bei der CMU-Demo konnte das System jederzeit wie ein Tempomat ein- und ausgeschaltet werden. Während das PATH-System auf hohe Verkehrsdichte abzielte und eine eigene Spur benötigte, funktionierte das CMU-System im Mischverkehr.

Thorpe, Jochem und Pomerleau erklären den Nutzen der unterschiedlichen Konzepte mit den unterschiedlichen Infrastrukturen rund um die Forschungseinrichtungen: Die meisten Autobahnen rund um Berkeley in der San Francisco Bay Area verfügen über mindestens drei Fahrspuren pro Richtung. Daher konnte eine Spur für das automatisierte Fahren reserviert werden. Im weniger urbanen Wes-

---

519 Erstmals war der Navlab 7 mit einer realistischen Fahrer-Schnittstelle ausgestattet. Sie bestand aus „kundenspezifischen Lenkradsteuerungen, einem in das Armaturenbrett integrierten Farb-Flachbildschirm, einer Head-up-Display-Einheit und einer Audio-Warnfunktion." (Team Navlab, Carnegie Mellon University, Demo '97-Flyer, in: http://www.path.berkeley.edu/sites/default/files/my_folder_76/NAHSC_Brochure-Demo%26Groups-971.pdf, S. 46. Zugriff am 17. Juni 2018.

520 Thorpe, Chuck, Jochem, Todd, und Pomerleau, Dean, Automated Highways and the Free Agent Demonstration, online in: https://www.ri.cmu.edu/pub_files/pub2/thorpe_charles_1997_1/thorpe_charles_1997_1.pdf, S. 6.

521 Ebd., S. 1.

522 Thorpe, Chuck. 1998. Mobile Robots and Smart Cars. In *Field and Service Robotics,* Hrsg. Alexander Zelinsky, S. 4. Berlin, New York.

ten von Pennsylvania rund um die Carnegie Mellon University sei Sicherheit ein wichtigeres Thema als Stau, so die Autoren. Ein von der Infrastruktur unabhängiger Ansatz sei hier angemessener, da die meisten Autobahnen nicht drei Spuren pro Richtung hätten und die Strecken sehr lang seien – Infrastrukturmodifikationen wären sehr teuer. Sie schließen daraus, dass jedes System „seine Nische hat, in der es angemessener sein kann".[523] Aus heutiger Sicht, 25 Jahre später, lässt sich jedoch feststellen, dass das Free Agent-Konzept deutlich mehr Akzeptanz gefunden hat.

Am Ende dieses Kapitels sei auch das dritte Szenario erwähnt, das den Übergang vom maschinellen Sehen zur Steuerung mittels magnetischer Markierungen demonstrierte: Das Joint Venture von PATH und Honda hatte das Ziel, den Übergang zwischen dem Betrieb auf einer hochverdichteten städtischen Autobahn mit magnetischen Markierungen in der Fahrbahn als Spurreferenz und einer weniger dichten ländlichen Umgebung zu zeigen, in der die Lenkgenauigkeit weniger kritisch ist und das Fahrzeug mittels Spurmarkierungserkennung durch Stereo-Videokameras in der Windschutzscheibe gesteuert wird. In beiden Teilen des Szenarios wurde zusätzlich zum Stereo-Vision-System ein Laserradar eingesetzt, um den Abstand zum vorausfahrenden Fahrzeug zu messen und Hindernisse zu erkennen. Zwei modifizierte und ein konventioneller Honda Accord – letzterer simulierte ein langsames, nicht automatisiertes Fahrzeug – wurden eingesetzt, um den Übergang zwischen diesen beiden Ansätzen (Platooning, automatisierte Spurwechsel sowie Hinderniserkennung und -vermeidung) zu demonstrieren.

Ein viertes alternatives Führungsszenario der Ohio State University unter Leitung des Elektroingenieurs Ümit Özgüner demonstrierte radarreflektierende Bänder in der Fahrbahnmitte, auf der Straßenoberfläche, hergestellt von 3M und getestet mit einer anderen Gruppe von Honda Accords. Das Band hatte eine Aluminiumschicht mit Schlitzen in der Mitte, die gut auf das 10-GHz-Kfz-Radar ansprach, das die Straße und andere Fahrzeuge an der Seite erkannte.[524] Zusammen mit einem Vision-System wurde es für die Querführung genutzt. Radar wurde auch zur Erkennung von Fahrzeugen an der Seite eingesetzt. Ein Lasersystem wurde für die Längsführung (Geschwindigkeit und Bremsen) verwendet.[525]

Die weiteren Szenarien demonstrierten die Infrastrukturanalyse durch Wartungsfahrzeuge (Lockheed Martin), den Einsatz von Fahrerassistenzradaren für schwere Lkw (Eaton Vorad) und ein evolutionäres Szenario für Fahrerassistenzsysteme (Toyota).

---

[523] Thorpe, Chuck, Jochem, Todd, Pomerleau, Dean, Automated Highways and the Free Agent Demonstration, S. 7.

[524] Ebd., S. 3.

[525] NAHSC, Where the research meets the road, S. 10.

2.6.4 Der Wandel von Infrastruktur- zu fahrzeugbasierten Lösungen

Zusammenfassend lässt sich sagen, dass die Ansätze von PATH / University of California Berkeley und der Carnegie Mellon University, die auf der Demo '97 präsentiert wurden, die beiden Hauptideen zur Fahrzeugautomatisierung repräsentieren, die im Laufe des zwanzigsten Jahrhunderts entwickelt wurden – der erste Ansatz basiert auf Unterstützung durch die Infrastruktur (wobei jedoch alle Steuerungsentscheidungen im Fahrzeug getroffen werden), der zweite konzentriert sich auf Lösungen an Bord des Fahrzeugs.[526]

Ein Bericht des TRB hebt hervor, dass das Verkehrsministerium zu Beginn der 1990er Jahre zwei „deutlich unterschiedliche Forschungswege" verfolgte.[527] Die NHTSA evaluierte teilautomatisierte Assistenzsysteme (z. B. Kollisionswarnsysteme) und verfolgte damit eine *evolutionäre* Implementierung der Fahrzeugautomatisierung, während die FHWA auf die Demonstration eines automatisierten Highway-Systems abzielte und damit die Idee eines *beschleunigten* Forschungsprogramms verfolgte, das zu einem Prototyp führen sollte. Der Bericht betont, dass beide Ansätze bis 1997 koexistierten und kommt zu dem Schluss, dass das Programm keinen Konsens unter den Interessengruppen darüber erzielen konnte, welche Art von Straßentechnologie künftig eingeführt werden sollte.

Aus historischer Perspektive ist Demo 97 einerseits deshalb bedeutsam, weil beide Ansätze auf derselben Veranstaltung zusammenkamen und – wie ein DOT-Bericht hervorhebt – „das Potenzial der Kombination intelligenter Fahrzeuge mit intelligenten Straßen" zeigten.[528] Sie kann als „ein wichtiger Vorläufer des heutigen Fokus auf automatisierte und vernetzte Fahrzeuge" betrachtet werden.

Andererseits kann Demo '97 als historischer Wendepunkt hin zu fahrzeugbasierten Lösungen gesehen werden. Die ISTEA-Initiative und die San Diego-Demo sind aus historischer Sicht bedeutsam, da sie als Höhepunkt der jahrzehntealten Idee gelten können, dass die Schaffung eines automatisierten Highways und eines automatisierten Fahrzeug-*Prototyps* zu einer beschleunigten Realisierung eines vollautomatisierten Systems führen könnte. Der TRB-Bericht stellt fest, dass diese Vision „sehr ähnlich war wie die der GM-Forscher in den 1950er und 1970er Jahren, die ein optimales, vollautomatisiertes Highway-System für die Anwendung vor der Jahrtausendwende spezifizieren wollten".[529] Bei diesem Ansatz wurde die Idee eines schrittweise entstehenden autonomen Highway-Systems durch *inkrementelle* Fortschritte bei Fahrerassistenzsystemen verworfen.

---

[526] Diese Sichtweise wird auch von Davies, S. 50, unterstützt.

[527] Transport Research Board, 1998. *National Research Council, National Automated Highway System Research Program,* A review, Special Report 253, Washington, online in: https://onlinepubs.trb.org/onlinepubs/sr/sr253/sr25302.pdf, S. 18.

[528] Auer u. a., S. 17.

[529] Transportation Research Board 1998, S. 17.

Nach dieser erfolgreichen Demonstration eines AHS-Systems änderten sich die politischen Prioritäten rasch. ISTEA lief am 30. September 1997 aus und wurde durch den Transportation Equity Act for the twenty-first Century (TEA-21, unterzeichnet am 9. Juni 1998) abgelöst. Das Verkehrsministerium beendete 1998 das langfristige National Automated Highway System Research Program (NAHSRP) zur Vollautomatisierung und gab die Idee eines AHS-Prototyps auf. Sämtliche Fördermittel für das NAHSC wurden gestrichen.[530] Die Idee magnetischer Nägel, die von fahrzeuginternen Sensoren erkannt werden, wurde durch einen Ansatz ersetzt, der ausschließlich fahrzeugbasierte Sensoren nutzt.

Nach Demo ‘97 wurden die Forschungsanstrengungen auf kurzfristige, fahrzeugbasierte Sicherheitstechnologien konzentriert. Die staatliche Unterstützung verlagerte sich auf die Intelligent Vehicle Initiative (IVI), ein public-private Partnership, welche das unmittelbarere Ziel verfolgte, Fahrerassistenzsysteme zu entwickeln. Auch PATH konzentrierte seine Aktivitäten stärker auf „kurzfristige, inkrementelle Forschung statt auf längerfristige, transformative Forschung“.[531] Dies war ein historisch bedeutsamer Wandel der Konzepte.

2.7 Fazit

Die Darstellung der Forschungsanstrengungen in den Vereinigten Staaten ermöglichte es, drei Hauptakteure zu identifizieren, die im Bereich des automatisierten und autonomen Fahrens engagiert waren: In den 1950er Jahren begann die Automobilindustrie gemeinsam mit akademischen Partnern aus der Elektrotechnik mit Tests zur Fahrzeugautomatisierung, wobei der Fokus auf automatisierten Highway-Systemen lag. In den 1960er Jahren begannen akademische Forschungslabore an der Stanford University und der Carnegie Mellon University mit der Entwicklung mobiler Roboter unter Verwendung von Konzepten der Künstlichen Intelligenz. Mit den rein militärischen Forschungsprogrammen der folgenden Jahrzehnte trat ein dritter Akteur in das Feld ein.

Eine wichtige Erkenntnis dieses Kapitels ist, dass die beiden zuletzt genannten Akteure in den USA nie klar voneinander getrennt waren – ein deutlicher Gegensatz zu anderen Regionen. Besonders im Bereich der Robotik ist das Verhältnis zwischen zivilen und militärischen Akteuren sehr eng. KI-Forschung ist „zumindest in den Vereinigten Staaten in erster Linie eine militärische Angelegen-

[530] Thorpe, Jochem, Pomerleau, S. 8. Jochem kommentiert, dass die Entscheidung der Bundesregierung, die Förderung einzustellen, wahrscheinlich richtig war, da zehn Jahre später die Automobilindustrie einige dieser Technologien einsetzte und 2015 Tesla „ein System einführte, das nahezu dem besten CMU-System für AHS auf offenen Autobahnen entsprach.“ (E-Mail von Todd Jochem an den Autor, 10. Mai 2020).

[531] Shladover 2007, S. 8.

heit", bestätigt Crevier.[532] Ab den 1960er Jahren und in den folgenden Jahrzehnten wurde die gesamte Forschung an mobilen Robotern von militärischen Behörden wie DARPA finanziert. Ohne die Gründung von DARPA, ausgelöst durch Sputnik und das Wettrennen ins All, wären die enormen finanziellen Mittel für die Grundlagenforschung an Technologien, die für das autonome Fahren eine entscheidende Rolle spielen, nicht bereitgestellt worden. Ohne diese militärische Förderung würden diese Technologien wahrscheinlich nicht existieren oder zumindest in anderer Form.

Zu Beginn der 1980er Jahre lässt sich ein Wandel von einer automobilzentrierten zu einer militärzentrierten Technologieentwicklung beobachten: Während die Förderung für automatisierte Highway-Systeme vollständig eingestellt wurde, wurden wichtige Forschungsprojekte zum autonomen Fahren in den USA wie das ALV und das NavLab aus militärischen Quellen finanziert. Die Forschung an Bildverarbeitungssystemen (ALV) erhielt mehr als 10 Millionen Dollar von der Strategic Computing Initiative.

Eine weitere, für das US-Kapitel spezifische Beobachtung ist, dass sich die Forschungsanstrengungen der Automobil-, Robotik- und Militärbereiche in den 1990er Jahren zumindest gelegentlich überschnitten: Da Fahrzeuge, die autonome Geländefahrten durchführen konnten, zur Priorität wurden, arbeiteten zivile und militärische Bereiche in vielen Fällen zusammen. So trug beispielsweise die Technologieentwicklung der NavLab-Fahrzeuge direkt zu militärischen Anforderungen bei: CMU nahm von 1990–1996 mit NavLab2 am von DARPA geförderten Demo II-Programm teil, das sich auf den militärischen Anwendungsfall unbemannter Bodenfahrzeuge konzentrierte. Ein Großteil der in diesem militärischen Forschungsprogramm eingesetzten Wahrnehmungstechnologie war von der CMU entwickelt worden. Als die CMU auf der San Diego-Demo 1997 autonomes Fahren mit fünf Fahrzeugen demonstrierte und dabei die Entscheidungsfähigkeit an Bord zeigte, waren militärische und zivile Technologieentwicklung auf der Ebene der Algorithmen nicht mehr zu unterscheiden.

Der zweite hier hervorzuhebende Punkt betrifft die Konzepte des automatisierten und autonomen Fahrens. Die Vereinigten Staaten waren das erste Land, in dem Fahrzeugautomatisierung erforscht wurde. Ein gemeinsames Element aller Ansätze war das Bestreben, eine Antwort auf die Schlüsselfrage zu finden, wie ein Kommunikationsprozess zwischen der Straßenumgebung und dem Fahrzeug hergestellt werden kann. Zwei Hauptantworten wurden gegeben, zunächst vor allem infrastruktur-, später vor allem fahrzeugbasiert. Und Sensoren standen immer im Mittelpunkt der Aufgabe: Die frühen Automatisierungskonzepte von RCA, inspiriert von Eisenbahnkonzepten, waren auf *Sensoren in der Straße* angewiesen. Institutionen wie die Ohio State University hatten mit *fehlenden fahrzeuginternen Sensoren* und Störungen des Führungssystems durch eisenhaltige Materialien in der Straße zu kämpfen. Robuste, fahrzeugbasierte Lösungen wurden erst durch Entwicklungen im Bereich der Robotik möglich, die den Akzent

[532] Crevier, S. 313.

auf *Wahrnehmung* und Entscheidungsfähigkeit legten. Zu Beginn der 1960er Jahre entstand mit dem Stanford Cart die Idee, eine Kamera zu Führungszwecken einzusetzen. Der Schritt von der Fernsteuerung zur rechnergestützten Steuerung einer fahrenden Maschine war ein großer Meilenstein. Da er einer Maschine die Fähigkeit zum Sehen verlieh, war er ein zentraler Schritt in Richtung Maschinenvision. Die Anstrengungen der folgenden Jahrzehnte – Hindernisse erkennen und vermeiden – wären ohne Visionskonzepte nicht möglich gewesen.

Langfristig betrachtet war die jahrzehntelange Forschung an mobilen Robotern weitaus einflussreicher als die frühen Leitdrahtkonzepte aus der Elektronik- und Automobilindustrie. Wir haben gesehen, dass die frühen Roboter wie Shakey und das Stanford Cart nicht in der Lage waren, gleichzeitig wahrzunehmen, zu verstehen und sich zu bewegen. Im Stillstand mussten sie sich zunächst auf Wahrnehmung, Berechnung und Planung konzentrieren. Dann bewegten sie sich ein Stück und mussten wieder anhalten. Dies änderte sich in den 1980er Jahren, als die digitale Rechenleistung kleiner Bordcomputersysteme Wahrnehmung und Bewegung in Echtzeit ermöglichte. Doch erst Ende der 1990er Jahre wurde die jahrzehntealte Idee eines infrastruktur-basierten automatisierten Highways aufgegeben.

Literatur

Adams, James L. 1961. *Remote Control with Long Transmission Delays*, PhD in Mechanical Engineering. Stanford University.

Adam, John A. 1986, January. Aerospace and Military. *IEEE Spectrum*.

Albus, James S., and Alexander M. Meystel. 2001. *Engineering of Mind, An Introduction to the Science of Intelligent Systems*. New York.

Albus, James, and Anthony Barbera. 2006. 4D/RCS Reference Model Architecture for Unmanned Ground Vehicles. In *Intelligent Vehicle Systems: 4 D/RCS Approach*, Hrsg. Raj Madhavan, Elena R. Messina, and James Albus, 1–26. New York.

Auer, Ashley, Shelley Feese, and Stephen Lockwood. 2016. History of Intelligent Transportation Systems, Performed by U.S. Department of Transportation, Intelligent Transportation Systems Joint Program Office, Report No. FHWA-JPO-16-329, Produced by Booz Allen Hamilton, May 2016.

Author Unknown. 1958. Highway of the Future. *Electronic Age (RCA-Journal)* 17 (1): 12–14.

———. 1970. Bendix Works on Automatic Vehicle Project. *Ann Arbor News*, June 19, 1970, online in: https://aadl.org/aa_news_19700619-bendix_works_on_automatic_vehicle_project. Zugegriffen: 13. Juni 2019.

———. 1972. Firm Devises Driverless Vehicle Controls. *Ann Arbor News*, June 30, 1972, online in: https://aadl.org/aa_news_1972060-firm_devises_driverless_vehicle_controls. Zugegriffen: 18. Juni 2019.

———. 1991. Take Me, I'm Yours, The Autobiography of SAIL, 1991, online in: http://infolab.stanford.edu/pub/voy/museum/pictures/AIlab/SailFarewell.html. Zugegriffen: 10. Apr. 2019.

———. 2007. More Attacks, Mounting Casualties. *The Washington Post*, September 30, 2007, online in: https://www.washingtonpost.com/wp-dyn/content/graphic/2007/09/28/GR2007092802161.html. Zugegriffen: 7. Juli 2020.

———. 2009. The Inside Story of the SWORDS Armed Robot "Pullout" in Iraq. *Popular Mechanics*, October 1, 2009. https://www.popularmechanics.com/technology/gadgets/a2804/4258963/.

Bel Geddes, Norman. 1940. *Magic Motorways*. New York.

Bender, James G., Robert E. Fenton, and Karl W. Olson. 1971. An Experimental Study of Vehicle Automatic Longitudinal Control. *IEEE Transactions on Vehicular Technology* VT-20 (4): 114–123.

Bender, James G., and Robert E. Fenton. 1969. A Study of Automatic Car Following. *IEEE Transactions on Vehicular Technology* VT-18 (3): 134–140.

Bertozzi, Massimo, Alberto Broggi, Massimo Cellario, Alessandra Fascioli, Paolo Lombardi, and Marco Porta. 2002. Artificial Vision in Road Vehicles. *Proceedings of the IEEE* 90 (7): 1258–1269.

Bertozzi, Massimo, Alberto Broggi, and Alessandra Fascioli. 2000. Vision-Based Intelligent Vehicles: State of the Art and Perspectives. *Robotics and Autonomous Systems* 32 (1): 1–16.

Bishop, Richard, Kevin Dopart, and Steven Shladover. 2020. Commemorating the 20th Anniversary of the National Automated Highway Systems Consortium Demo '97 in San Diego, Powerpoint-Presentation, online in: https://path.berkeley.edu/sites/default/files/demo97foravs17v6.pdf. Zugegriffen: 30. März 2020.

Braisted, Paul. 1963. *Study of a Predictor for Remote Control Systems Operating with Signal Transmission Delays, PhD in Mechanical Engineering*. Stanford University.

Brooks, Rodney. 1986. A Robust Layered Control System for a Mobile Robot. *IEEE Journal of Robotics and Automation* 2 (1): 14–23.

California PATH, Platoon Demonstration, Demo '97-Flyer. http://www.path.berkeley.edu/sites/default/files/my_folder_76/NAHSC_Brochure- Demo%26Groups-971.pdf, S. 14–17. Zugegriffen: 17. Juni 2018.

Carafano, James Jay, and Andrew Gudgel. 2008. The Pentagon's Robots: Arming the Future. In *Competitive Technologies for National Security*, Hrsg. James Jay Carafano, Andrew Gudgel, and Alane Kochems, 27–32. Washington, DC: The Heritage Foundation. online in: https://www.heritage.org/node/15537/print-display. Zugegriffen: 24. Juni 2020.

Cassel, David. 2017. Remembering Shakey, the First Intelligent Robot. *The New Stack*, March 5, 2017, online in: https://thenewstack.io/remembering-shakey-first-intelligent-robot/.

Champeny-Bares, Lee, Syd Coppersmith, and Kevin Dowling. 1991. *The Terregator Mobile robot*. Pittsburgh: Field Robotics Center, The Robotics Institute, Carnegie Mellon University.

Cheon, Sanghyun. 2003. *An Overview of Automated Highway Systems (AHS) and the Social and Institutional Challenges They Face, UC*. Berkeley: University of California Transportation Center. online in: https://escholarship.org/uc/item/8j86h0cj, S. 23. Zugegriffen: 28. März 2020.

Chun, Wendell H., and Todd M. Jochem. 1994. Unmanned Ground Vehicle Demo II: Demonstration A. *Unmanned Systems* 12 (1): 14–20.

Congressional Research Service, Defense Primer, U.S. Policy on Lethal Autonomous Weapons Systems, December 19, 2019.

Crevier, Daniel. 1993. *The Tumultuous History of the Search for Artificial Intelligence*. New York.

Darrach, Brad. 1970. Meet Shaky, the First Electronic Person. *LIFE Magazine*, November 20, 1970, S. 58A–58D, 61, 63–64, 65–66, 68.

Davies, Alex. 2021. *Driven, The Race to Create the Autonomous Car*, New York, London, Toronto, Sydney, New Delhi.

Defense Advanced Research Projects Agency, Next Generation Explosive Ordnance Disposal Remote Controlled Vehicle (NGEODRCV), Common Systems Architecture, Draft version 5, Arlington 2001.

Department of Defense, Unmanned Ground Vehicle Master Plan, July 1992. https://apps.dtic.mil/dtic/tr/fulltext/u2/a277757.pdf. Zugegriffen: 25. JunI 2020.

Department of Defense, Office of the Secretary of Defense. 2000. *Joint robotics program master plan*. Washington, DC.

Department of Defense, Directive, N° 3000.09, Autonomy in Weapon Systems, November 21, 2012, S. 2, online in: https://www.esd.whs.mil/Portals/54/Documents/DD/issuances/dodd/300009p.pdf. Zugegriffen: 3. März 2020.

De Vries, Marten Johannes, Pushkin Kachroo, and Kaan Ozbay, eds. 1998. Intelligent transportation systems. *Proceedings of the Society of Photo-Optical Instrumentation Engineers (SPIE)*, Bd. 3207., 15–17 October 1997. Pittsburgh.

Dowling, Kevin, Robert Guzikowski, Jim Ladd, Henning Pangels, Sanjiv Singh, and William Whittaker. 1990. Navlab. An Autonomous Navigation Testbed. In *Vision and Navigation. The Carnegie Mellon Navlab*, Hrsg. Charles E. Thorpe, 273–275. Boston/Dordrecht/London.

Dudek, Gregory, and Michael Jenkin. 2010. *Computational Principles of Mobile Robotics*. Cambridge, New York, Melbourne, Madrid: Cambridge University Press (first edition: 2000).

Earnest, Lester. Stanford Cart, 2018. https://web.stanford.edu/~learnest/les/cart.html. Zugegriffen: 3. Febr. 2019.

Engineering and Technology History Wiki, Milestones: SHAKEY: The World's First Mobile Intelligent Robot, 1972, last modified on May 24, 2017. http://ethw.org/Milestones:SHAKEY:_The_World's_First_Mobile_Intelligent_Robot,_1972. Zugegriffen: 5. Dez. 2019.

Fallon, Michael. 2019. *Self-Driving Cars, the New Way Forward*. Minneapolis.

Farivar, Cyrus. 2016. Dallas deployment of robot bomb to kill suspect is "without precedent". Ars technica, July 8, 2016, online in: https://arstechnica.com/tech-policy/2016/07/is-it-ok-to-send-a-police-robot-to-deliver-a-bomb-to-kill-an-active-shooter/. Zugegriffen: 24. Juni 2020.

Fenton, Robert E., Robert L. Cosgriff, Karl W. Olson, and Lyle M. Blackwell. 1968. One Approach to Highway Automation. *Proceedings of the IEEE* 56 (4): 556–566.

Fenton, Robert E., and Karl W. Olson. 1969. The Electronic Highway. *IEEE Spectrum*, S. 60–66.

Fenton, Robert E. 1970. Automatic Vehicle Guidance and Control – A State of the Art Survey. *IEEE Transactions on Vehicular Technology* VT 19 (1): 153–161.

Fenton, Robert E., and Robert J. Mayhan. 1991. Automated Highway Studies at the Ohio State University – An Overview. *IEEE Transactions on Vehicular Technology* 40 (1): 100–113.

Fenton, Robert E. 1994. IVHS/AHS: Driving into the Future. *IEEE Control Systems Magazine* 14 (6): 13–20.

Flory, Leslie E. 1961. Electronic Control of Highway Vehicles. *Journal of the IEEE* 7 (77): 271–273.

Flory, Leslie E., et al. 1962. Electronic techniques in a system of highway vehicle control. *RCA Review* 23: 293–310.

Future of Life Institute. Autonomous Weapons: An Open Letter from AI & Robotics Researchers, online in: https://futureoflife.org/open-letter-autonomous-weapons/?cn-reloaded=1. Zugegriffen: 5. März 2020.

Gage, Douglas W. 1995. UGV History 101: A Brief History of Unmanned Ground Vehicle (UGV) Development Efforts, *Unmanned Systems, Special Issue on Unmanned Ground Vehicles* 13 (3): 2–7.

Gardels, K. 1960. Automatic car controls for electronic highways, General Motors Research Laboratories, *Rep. GMR-276*. Warren, MI.

General Motors. 1953. An Automatically Guided Automobile Cruised Along a One-Mile Check Road at General Motors Technical Center today…. Press release, USA.

Gershgorn, Dave. 2016. Police Used Bomb Disposal Robot to Kill a Dallas Shooting Suspect. *Popular Science*, July 8, 2016, online in: https://www.popsci.com/police-used-bomb-disposal-robot-to-kill-dallas-shooting-suspect/. Zugegriffen: 24. Juni 2020.

Hartford, Bill. 1967, April. You 'Fly' this Car with a Stick. *Popular Mechanics*, S. 87–89 and 207.

Hartwich, Erwin, and Walter Zimdahl. 2012. Regelung von Straßenfahrzeugen: Ein Zeitzeugenbericht aus dem Institut von Prof. W. Oppelt, TH Darmstadt. *at-automatisierungstechnik* 60 (6): 338–343.

Hebert, Martial, Charles E. Thorpe, and Anthony Stentz. 1997. Introduction. In *Intelligent Unmanned Ground Vehicles, Autonomous Navigation Research at Carnegie Mellon*, Hrsg. Martial H. Hebert, Charles E. Thorpe, and Anthony Stentz, 1–15. New York.

Ingraham, Joseph C. 1960. Electronic Roads Called Practical; New System of Guiding Cars Safely on Highways Is Shown at Princeton Fruit of 7 Years' Study R.C.A. and G.M. Jointly Conducted It – Full Use Seen 15 Years Away. *The New York Times*, June 6, 1960.

Ioannou, Petros A., Hrsg. 1997. *Automated Highway Systems*. New York, London.

Jacobsen, Annie. 2015. *The Pentagon's Brain, An Uncensored History of DARPA, America's Top Secret Military Research Agency*. New York.

Jochem, Todd, and Dean Pomerleau. No Hands Across America General Information. *No Hands Across America Journal*. http://www.cs.cmu.edu/~tjochem/nhaa/Journal.html. Zugegriffen: 3. Aug. 2018.

Julia, Luc. 2019. *L'intelligence artificielle n'existe pas*. Paris.

Kanaris, Alexander, Petros Ioannou, and Fu-Sheng Ho. 1997. Spacing and Capacity Evaluations for Different AHS Concepts. In *Automated Highway Systems*, Hrsg. Petros A. Ioannou, 125–167. New York, London.

Kay, Jennifer S. 1997, January. *STRIPE: Remote Driving Using Limited Image Data*, PhD thesis. Carnegie Mellon University, Computer Science Department.

Kilbon, Kenyon. 1960, Autumn. Tomorrow's Thruway is Here Today! *Electronic Age*, S. 26–29.

Krishnan, Armin. 2009. *Killer Robots. Legality and Ethicality of Autonomous Weapons*. Surrey/Burlington.

Kröger, Fabian. 2016. Automated Driving in its Social, Historical and Cultural Contexts. In *Autonomous Driving, Technical, Legal and Social Aspects*, Hrsg. M. Maurer, J.C. Gerdes, B. Lenz, and H. Winner, 41–68. Heidelberg.

Kuan, D., and U.K. Sharma. 1987. Model Based Geometric Reasoning for Autonomous Road Following. *Proceedings of the IEEE Int. Conf on Robotics and Automation*, Raleigh, NC, USA, March 31 – April 3, 1987, S. 416–423.

Kuan, D., and G. Phipps. 1987. A-Shuan Hsueeh, Autonomous Land Vehicle Road Following. *Proceedings of the First Int. Conf. on Computer Vision*, London England, June 1987, S. 557–566.

Kurman, Melba. 2017. Electronic Highway of the Future. Mechanix Illustrated. March 10, 2017, online in: https://mechanixillustrated.technicacuriosa.com/2017/03/10/electronic-highway-of-the-future/. Zugegriffen: 25. Mai 2021.

Lenzen, Manuela. 2018. *Künstliche Intelligenz, Was sie kann & was uns erwartet*. München.

Madhavan, R., T. Hong, and E. Messina. 2006. Temporal Registration of Sensed Range Images for Autonomous Navigation. In *Intelligent Vehicle Systems: 4 D/RCS Approach*, Hrsg. Raj Madhavan, Elena R. Messina, and James Albus, 173–198. New York.

Main, Douglas. 2013. Robots to the Rescue. *Popular Science*, April 8, 2013, online in: https://www.popsci.com/trp-sponsored-article-slideshow/. Zugegriffen: 17. Juli 2020.

Mann, Martin. 1958. The Car That Drives Itself. *Popular Science*, No. 172, May 1958, S. 75–79 and 226–227.

Matthies, Larry H. 1998. Robotic Perception for Autonomous Navigation of Mars Rover. *1998 Symposium on Frontiers in Engineering*, September 1998, S. 1–6.

McCarthy, John, Marvin Minsky, Nathan Rochester, Claude Shannon. 1955. A Proposal for the Dartmouth Summer Research Project on Artificial Intelligence.

McCarthy, John. 2019. Computer Controlled Cars, (according to the author, the paper was written around 1968 and revised in the 1970s), online in: http://jmc.stanford.edu/commentary/progress/cars.pdf. Zugegriffen: 1. Okt. 2019.

McKay, Shawn, Matthew E. Boyer, Nahom M. Beyene, Michael Lerario, Matthew W. Lewis, Karlyn D. Stanley, Randall Steeb, Bradley Wilson, and Katheryn Giglio. 2020. *Automating Army Convoys, Technical and Tactical Risks and Opportunities*. Santa Monica: RAND Corporation. in: https://www.rand.org/content/dam/rand/pubs/research_reports/RR2400/RR2406/RAND_RR2406.pdf. Zugegriffen: 24. Juni 2020.

McMillan, Stuart I., and Jason G. McPhee. 2014. *An Analysis of the First Fifteen Years of the Department of Defense Framework for Unmanned Ground Systems*, Thesis, Naval Postgraduate School, Monterey, California.

Merrin, William. 2019. *Digital War, A Critical Introduction*. Oxon/New York.

Meystel, Alex. 1991. *Autonomous Mobile Robots, Vehicles with Cognitive Control*. Singapore.

Moravec, Hans. 1980, March. *Obstacle Avoidance and Navigation in the Real World by a Seeing Robot Rover*, Ph.D. thesis, Computer Science Department, Stanford University.

Moravec, Hans. 1982. The CMU rover. *AAAI Proceedings*, S. 377–380.

———. 1988. *MIND Children, The Future of Robot and Human Intelligence*. Cambridge, London.

Moravec, Hans P. 1999. *Robot: Mere Machine to Transcendent Mind.* Oxford.

Morris, Jefferson. 2006. iRobot's Dyer Sees Missions Multiplying for PackBot. *Aerospace Daily & Defense Report* 217 (36).

Moye, William T. 1997, May. *The Genealogy of ARL.*

Murphy, Robin R. 2000. *Introduction to AI Robotics*. Cambridge, London: The MIT Press.

Mysliwetz, Birger. 1990. *Parallelrechner-basierte Bildfolgen-Interpretation zur autonomen Fahrzeugsteuerung,* Dissertation, Universität der Bundeswehr München, Fakultät für Luft- und Raumfahrttechnik. Institut für Systemdynamik und Flugmechanik.

NAHSC. 2018a. What is An Automated Highway System?, Demo '97-Flyer, in: http://www.path.berkeley.edu/sites/default/files/my_folder_76/NAHSC_Brochure-Demo%26Groups-971.pdf. Zugegriffen: 17. Juni 2018.

———. 2018b. Where the research meets the road, Demo '97-Flyer, in: http://www.path.berkeley.edu/sites/default/files/my_folder_76/NAHSC_Brochure-Demo%26Groups-971.pdf. Zugegriffen: 17. Juni 2018.

National Research Council. 2002. *Technology Development for Army Unmanned Ground Vehicles*. Washington DC.

Nilsson, Nils J. 2010. *The Quest for Artificial Intelligence, a History of Ideas and Achievements*. New York: Cambridge University Press.

Nocks, Lisa. 2007. *The Robot: The Life Story of a Technology*. Westport.

Nora, Simon, and Alain Minc. 1978. *L'Informatisation de la Société: rapport à M. le Président de la République*. Paris: La Documentation Française.

Nowacki, G. 2012. Development and Standardization of Intelligent Transport Systems. *International Journal on Marine Navigation and Safety of Sea Transportation* 6 (3): 403–411.

Özgüner, Ümit, Tankut Acarman, and Keith Alan Redmill. 2011. *Autonomous Ground Vehicles*. Boston, London.

Podnar, Gregg W. 1985a, February. The NEPTUNE Mobile Robot. *Annual Report, Technical Report CMU-RI-TR-86-04*, Robotics Institute, Carnegie Mellon University, S. 123–125.

———. 1985b, February. The URANUS Mobile Robot. *Annual Report, Technical Report CMU-RI-TR-86-04*. Robotics Institute, Carnegie Mellon University, S. 127–129.

Pomerleau, Dean A. 1993. *Neural Network Perception for Mobile Robot Guidance*. New York.

Quigg, Doc. 1960, June 7. Reporter Rides Driverless Car. *The Press-Courier*.

Rajamani, Rajesh, Han-Shue Tan, Boon Kait Law, and Wei-Bin Zhang. 2000. Demonstration of Integrated Longitudinal and Lateral Control for the Operation of Automated Vehicles in Platoons. *IEEE Transactions on Control Systems Technology* 8 (4): 695–708.

Rillings, Jim. 1997, February. *The National Automated Highway System: Cooperative Program*. National Automated Highway System Consortium.

Roland, Alex, and Philip Shiman. 2002. *Strategic Computing, DARPA and the Quest for Machine Intelligence*. Cambridge, London.

Schefter, Jim. 1985, October. Look, Ma! No Driver. *Popular Science*, S. 94–95, 114–116.

Schmidt, Rodney. 1971. *A Study of the Real-Time Control of a Computer-Driven Vehicle*. PhD in Electrical Engineering. Stanford University.

Shladover, Steven E. 1992. The California PATH Program of IVHS Research and Its Approach to Vehicle-Highway Automation. *Proceedings of the Intelligent Vehicles '92 Symposium*, Detroit, S. 347–352.

———. 1997. Reasons for Operating AHS Vehicles in Platoons. In *Automated Highway Systems*, Hrsg. Petros A. Ioannou, 11–27. New York, London.

———. 2007. PATH at 20 – History and Major Milestones. *IEEE Transactions on Intelligent Transportation Systems* 8 (4): 584–592.

———. 2008. AHS Research at the California PATH Program and Future AHS Research Needs. *Proceedings of the 2008 IEEE International Conference on Vehicular Electronics and Safety*, Columbus, September 22–24, 2008, S. 4–5.

Shladover, Steven E., Jane Lappin, Robert P. Denaro, and Bryant Walker Smith. 2018. Introduction: The Transportation Research Board's 2013 Workshop on Road Vehicle Automation. In *Road Vehicle Automation*, Hrsg. Gereon Meyer and Sven Beiker, 1–12. Cham, Heidelberg, New York, Dordrecht, London.

Shoemaker, Charles. 2006. Development of Semi-Autonomous Robotic Ground Vehicles, DoD's Ground Robotics Research Programs: Demo I through Demo III. In *Intelligent Vehicle Systems: 4 D/RCS Approach*, Hrsg. Raj Madhavan, Elena R. Messina, and James Albus, 283–315. New York.

Spofford, John R., Raymond D. Rimey, and Steve H. Munkeby. 1997. Overview of the UGV / Demo II program, online in: https://pdfs.semanticscholar.org/72fa/74930bb02e33e2c7d887f561dd78d4bf4271.pdf. Zugegriffen: 8. Apr. 2020.

Stone, Wesley L. 2005. The History of Robotics. In *Robotics and Automation Handbook*, Hrsg. Thomas R. Kurfess, 1–12. Boca Raton, London, New York, Washington, DC.

Strachan, Jamie Robert. 2009. *NOVA: Nottingham Offroad Vehicle Architecture*, PhD thesis. University of Nottingham, in: http://eprints.nottingham.ac.uk/10842/1/Microsoft_Word_-_Complete_Thesis_-_issue_M.pdf.

Temple, David W. 2015. *Motorama, GM's Legendary Show and Concept Cars*. North Branch.

The Congress of the United States, Congressional Budget Office, High-Tech Highways: Intelligent Transportation Systems and Policy, October 1995, online in: https://www.cbo.gov/sites/default/files/104th-congress-1995-1996/reports/High-techHighways.pdf. Zugegriffen: 23. März 2020.

Thielman, Sam. 2016. Use of Police Robot to Kill Dallas Shooting Suspect Believed to be First in US History. *The Guardian*, July 8, 2016, online in: https://www.theguardian.com/technology/2016/jul/08/police-bomb-robot-explosive-killed-suspect-dallas. Zugegriffen: 24. Juni 2020.

Thorpe, Charles E. 1990. Chapter 1: Introduction. In *Vision and Navigation: The Carnegie Mellon Navlab,* Hrsg. Charles E. Thorpe, 1–8, Boston.

Thorpe, Charles, Martial H. Hebert, Takeo Kanade, and Steven A. Shafer. 1988. Vision and Navigation for the Carnegie-Mellon Navlab. *IEEE Transactions on Pattern Analysis and Machine Intelligence* 10 (3): 362–373.

Thorpe, Charles, Martial Hebert, Takeo Kanade, and Steven Shafer. 1991a. Toward Autonomous Driving: The CMU Navlab, Part I, Perception. *IEEE Expert* 6 (4): 31–42.

———. 1991b. Toward Autonomous Driving: The CMU Navlab, Part II, System and Architecture. *IEEE Expert* 6 (4): 44–52.

Thorpe, Chuck, Todd Jochem, and Dean Pomerleau. 2020. Automated Highways and the Free Agent Demonstration, online in: https://www.ri.cmu.edu/pub_files/pub2/thorpe_charles_1997_1/thorpe_charles_1997_1.pdf. Zugegriffen: 11. Sept. 2020.

———. 1998. The 1997 Automated Highway Free Agent Demonstration. *Proceedings of Conference on Intelligent Transportation Systems 1997*, IEEE, S. 496–501.

Thorpe, Chuck. 2018. An oral history conducted in 2010 by Peter Asaro and Selma Šabanović, Indiana University, Bloomington Indiana, for Indiana University and the IEEE, in: http://ethw.org/Oral-History:Chuck_Thorpe#Interview. Zugegriffen: 7. Mai 2018.

Thrun, Sebastian, et al. 2006. Stanley: The Robot that Won the DARPA Grand Challenge. *Journal of Field Robotics* 23 (9): 661–692. online in: https://onlinelibrary.wiley.com/doi/epdf/10.1002/rob.20147. Zugegriffen: 7. Mai 2018), also In The 2005 DARPA Grand Challenge, the Great Robot Race Hrsg. Buehler, Martin, Iagnemma, Karl, Singh, Sanjiv, Berlin, Heidelberg, New York 2007, S. 1–44.

Torchinsky, Jason. 2019. *Robot, Take the Wheel: The Road to Autonomous Cars and the Lost Art of Driving*. New York.

Transport Research Board, National Research Council, National Automated Highway System Research Program, a review, Special Report 253, Washington, DC, 1998.

Turk, Mathew A., David G. Morgenthaler, Keith D. Gremban, and Martin Marra. 1988. VITS–A Vision System for Autonomous Land Vehicle Navigation. *IEEE Transactions on Pattern Analysis and Machine Intelligence* 10 (2): 342–361.

US Army Material Command, The U.S. Army's Report on International Cooperative Programs, Urbana-Champaign 1998.

US Department of Transportation, Request for Applications to Establish a National Automated Highway System Consortium, Contract number DTFH61-94-X-0000, December 15, The National Intelligent Transportation Systems Program: Where We've Been & Where We're Going, Report No. FHWA-JPO-97-0027, March 1997.

Velez-Green, Alexander. 2015. The Foreign Policy Essay: The South Korean Sentry—A "Killer Robot" to Prevent War, March 1, 2015, in: https://www.lawfareblog.com/foreign-policy-essay-south-korean-sentry—-killer-robot-prevent-war. Zugegriffen: 3. März 2020.

Weber, Marc. 2014. Where To? A History of Autonomous Vehicles, May 8, 2014, in: http://www.computerhistory.org/atchm/where-to-a-history-of-autonomous-vehicles/.

Weinberger, Sharon. 2018. *The Imagineers of War: The Untold History of DARPA, the Pentagon Agency That Changed the World*. New York.

Wetmore, Jameson M. 2003. Driving the Dream, The History and Motivations Behind 60 Years of Automated Highway Systems in America. *Automotive History Review*, Summer 2003, S. 4–19.

———. 2020. Reflecting on the Dream of Automated Vehicles, Visions of Hands Free Driving Over the Past 80 Years. *Technikgeschichte* 87 (1): 69–94.

Wettergreen, David, Chuck Thorpe, and William Whittaker. 1993. Exploring Mount Erebus by Walking Robot. *International Conference of Intelligent Autonomous Systems*, S. 72–81.

Zworykin, V.K., and L.E. Flory. 1958. Electronic Control of Motor Vehicles on the Highway. *Highway Research Board Proceedings* 37: 436–451.

Zworykin, Vladimir K. 1959. The Human Aspect of Engineering Progress. The Fourth Clerk Maxwell Memorial Lecture, July 1, 1959, Cavendish Laboratory, Cambridge. *Journal Brit. I. R. E.*, September 1959, S. 529–544.

Kapitel 3
Geschichte der Forschung zur Fahrzeugautomatisierung in Japan

Der folgende Teil des Buches beschreibt den historischen Kontext, die Zielsetzungen und technischen Konzepte der Forschung zum automatisierten und autonomen Fahren in Japan. In der Forschungsliteratur werden die japanischen Forschungsanstrengungen regelmäßig erwähnt, jedoch meist nur in allgemeinen Zusammenfassungen.[1] Eine detailliertere Darstellung der verschiedenen Akteure und ihrer Leistungen in einer chronologischen Zeitleiste fehlt bislang.

Die einzelnen Kapitel folgen einer Periodisierung, die von Sadayuki Tsugawa, einem der Pioniere der maschinellen Bildverarbeitung in Japan, vorgeschlagen wurde. Er unterteilte die Geschichte der Systeme des automatisierten Fahrens in vier Perioden.[2] Die erste Periode (1950er und 1960er Jahre) war geprägt von Systemen, die auf einer Kooperation zwischen Straßeninfrastruktur (Induktionskabel) und einem System im Fahrzeug basierten. Die zweite Periode begann in den 1970er Jahren und war von dem Ziel geprägt, autonome Systeme auf Basis von maschineller Bildverarbeitung zu realisieren, die ohne jegliche Technik außerhalb des Fahrzeugs funktionieren. Die dritte Periode setzt Mitte der 1980er Jahre ein, als sich die Forschung auf groß angelegte Demonstrationen von Intelligent Transport Systems (ITS) konzentrierte. Die vierte Periode besteht aus Feldversuchen, die im Jahr 2000 begannen. In einer neueren Veröffentlichung wurde eine fünfte Periode hinzugefügt, die jedoch außerhalb des Rahmens dieses Buches liegt. Sie begann 2010, als IT-Unternehmen wie Google und zahlreiche Automobilhersteller begannen, mit autonomen Fahrzeugen auf öffentlichen Straßen zu experimentieren.[3]

[1] Ioannou, Petros A., Hrsg. 1997. *Automated Highway Systems.* New York, London, S. 7 sowie Özgüner, Ümit, Tankut Acarman und Keith Alan Redmill. 2011. *Autonomous Ground Vehicles,* S. 4. Boston, London.

[2] Tsugawa, Sadayuki. 2011. Automated Driving Systems: Common grounds of Automobiles and Robots. *International Journal of Humanoid Robotics* 8 (1): 2.

[3] 保坂明夫，青木啓二，津川定之，自動運転(第2版):システム構成と要素技術，森北出版 (Übersetzung des Buchtitels ins Englische: Hosaka, Akio, Aoki, Keiji, Tsugawa, Sadayuki, 2019. *Automated Driving, Systems and Technologies,* 2. Aufl. Morikita Publishing, Tokio).

F. Kröger, *Vom automatisierten zum autonomen Fahren,*
https://doi.org/10.1007/978-3-032-11350-4_3

Die Darstellung der technischen Aspekte dieses Kapitels basiert hauptsächlich auf wissenschaftlichen Artikeln der Labore, die an der Forschung beteiligt waren. Diese Primärquellen wurden durch den Austausch mit Dr. Sadayuki Tsugawa ergänzt, der seit 1973 im Mechanical Engineering Laboratory tätig war. Ich danke ihm für seine wichtigen Einblicke und die Zeit, die er mir gewidmet hat.

3.1 Historischer Kontext

Als Einführung in dieses Kapitel werden die historischen und wirtschaftlichen Kontexte der Forschung zum autonomen Fahren in Japan kurz betrachtet, wobei auf die Arbeiten von WissenschaftlerInnen verschiedener Disziplinen zurückgegriffen wird: Geschichtswissenschaft, Anthropologie, Politikwissenschaf und Ökonomie. Die Darstellung wurde auf zwei Hauptfaktoren beschränkt[4]: Der erste Abschnitt erläutert die japanische Industriepolitik nach dem Zweiten Weltkrieg, die ein wichtiger Faktor für die Förderung der Forschung an fahrerlosen Autos war. Der nächste Abschnitt erklärt, wie der Wirtschaftsboom, die Massenmotorisierung und die steigende Zahl von Verkehrsunfällen während der Phase des rasanten Wachstums die Suche nach automatisiertem Fahren motivierten.

3.1.1 Die Rolle des Ministeriums für Internationalen Handel und Industrie (MITI)

Der Großteil der Forschung zum automatisierten Fahren in Japan wurde vom *Government Mechanical Laboratory* (später Mechanical Engineering Laboratory und heute National Institute of Industrial Science and Technology) finanziert, das Teil des *Ministry of International Trade and Industry* (MITI) war. Das MITI war eine mächtige Institution, die 1949 gegründet wurde, um die innen- und außenwirtschaftlichen Beziehungen zu steuern. Über 40 Jahre hinweg war es der Hauptakteur der Industriepolitik, ein Begriff, der im japanischen Kontext „Schutz der heimischen Industrie, Entwicklung strategischer Industriezweige und Anpassung der Wirtschaftsstruktur als Reaktion auf oder in Erwartung von inneren und äu-

[4] Demografische und geografische Faktoren beeinflussen ebenfalls die Attraktivität des autonomen Fahrens für ein Land: Erstens ist Japan eine zunehmend alternde Gesellschaft. Zweitens ist Japan ein gebirgiges Land mit wenig Flachland. Die Bevölkerungsdichte und der Autoverkehr sind in städtischen Gebieten sehr hoch (Tsugawa, Sadayuki. 1992. Concept of Super Smart Vehicle Systems and Their Relation to Advanced Vehicle Control Systems. *Transportation Research Record* 1358: S. 42).

ßeren Veränderungen" bedeutet.[5] Das MITI tätigte Investitionen, kontrollierte Im- und Export, setzte Prioritäten für bestimmte Wirtschaftssektoren und steuerte die Wirtschaft gemeinsam mit privaten Akteuren. Eine seiner Hauptaufgaben war der Schutz des Binnenmarktes vor ausländischer Konkurrenz.

Nach dem Ende des Zweiten Weltkriegs wurde Japan von den Vereinigten Staaten zu einer engen Zusammenarbeit im Technologiesektor verpflichtet und musste grundlegendes Wissen aus den USA importieren.[6] Der Politikwissenschaftler Chalmers Johnson stellt in seiner bedeutenden Studie über das MITI fest, dass diese Technologietransfers „entscheidend für das japanische Wirtschaftswachstum" waren.[7] Der Import von Technologie – „eine der zentralen Komponenten der japanischen Industriepolitik nach dem Krieg" – wurde vom MITI reguliert. Das Ministerium entschied, ob ausländische Technologie importiert werden sollte, ob ein Joint Venture vereinbart und ob Patentrechte erworben werden sollten.

Laut dem Politikwissenschaftler Guy Faure war die Auswahl technologischer Projekte durch das MITI in den 1960er und 1970er Jahren vom Ziel geleitet, zu den Vereinigten Staaten aufzuschließen.[8] Auch andere Wissenschaftler stimmen darin überein, dass bis in die 1970er Jahre die Grundlagenforschung in den USA betrieben wurde und die industrielle Entwicklung in Japan erfolgte.[9]

Eine Studie des US-Japan Committee stellt einerseits fest, dass keine der bedeutendsten „harten Technologien" in dieser Zeit in Japan entwickelt wurde. Die wichtigsten japanischen Innovationen wurden im Bereich des Managements und der Systemtechniken erzielt.[10] Andererseits betonen die Autoren die Kreativität der japanischen Industrie bei der „Anwendung und Modifikation grundlegender, aus dem Ausland importierter Technologien".

Zunächst nennen sie das Beispiel von Sony. Das Unternehmen verfolgte die Idee, den 1948 von den US-amerikanischen Bell Laboratories entwickelten Transistor zur Herstellung kleiner Radios zu nutzen. 1955 brachte Sony das erste Transistorradio auf den Markt.[11] Die Historikerin Tessa Morris-Su-

---

[5] Chalmers, Johnson, 1982. *MITI and the Japanese Miracle: The Growth of Industrial Policy, 1925–1975,* Stanford 1982, S. 26.

[6] Sabouret, Jean-François. 2007. Introduction, Japon: Le grand secret. In *L'Empire de l'intelligence: Politiques scientifiques et technologiques du Japon depuis 1945,* Hrsg. Jean-François Sabouret, 9–21. Paris.

[7] Chalmers 1982, S. 16.

[8] Faure, Guy. 2007. Le METI et la science industrielle au Japon. In Sabouret, online in: http://books.openedition.org/editionscnrs/4945 (abgerufen am 26. Januar 2018).

[9] Rieu, Alain-Marc 2007, Le Japon comme „société de connaissance": quelles leçons pour la France? Politiques de recherche, innovation et réformes institutionnelles depuis la crise de l'énergie des années 1970. In Sabouret, S. 185–216.

[10] Committee on Japan (Hrsg.), 1997. Maximizing U.S. Interests in Science and Technology Relations with Japan, Committee on Japan Framework Statement and Report of the Competitiveness Task Force, National Academy Press, Washington, D.C., online in: https://www.nap.edu/read/5850/chapter/1#iii (abgerufen am 20. Januar 2018).

[11] Morris-Suzuki, Tessa. 1994. *The Technological Transformation of Japan: From the Seventeenth to the Twentieth-first Century,* S. 171. Cambridge, New York, Melbourne.

zuki hebt hervor, dass Sony den Markt für Transistorradios nur deshalb erobern konnte, weil das Unternehmen über die Forschungskapazität verfügte, die frühe Transistortechnologie an die „hohen Frequenzen, die für die Übertragung der menschlichen Stimme notwendig sind", anzupassen.[12]

Zweitens wurde der erste Mikroprozessor 1969 von Intel entwickelt – jedoch erst auf Anfrage von Busicom, einem japanischen Taschenrechnerhersteller. Drittens waren japanische Unternehmen auch die ersten, die mechanische Komponenten in Kameras durch elektronische ersetzten. Wie andere Wissenschaftler fasst der Philosoph Alain-Marc Rieu zusammen, dass Japan weniger darauf ausgerichtet war, neues Wissen zu schaffen; es war stark darin, allgemeines Wissen in Technologie und praktische Anwendungen zu transformieren.[13]

Diese Konstellation begann sich im Jahrzehnt zwischen Ende der 1960er und Ende der 1970er Jahre zu verändern. 1966 beschloss die japanische Regierung, teure, langfristige Grundlagenforschungsprojekte zu finanzieren, die in Zukunft einen bedeutenden wirtschaftlichen Einfluss haben könnten.[14] Die wichtigsten Sektoren dieser Investitionen wurden vom MITI nach ihrer Bedeutung für die japanische Gesellschaft ausgewählt. Die Forschung wurde von der Agency of Industrial Science and Technology (AIST) geplant, und die Technologie wurde von nationalen Forschungslaboratorien, darunter MEL, entwickelt. Die Ökonomen Yuko Harama und Laurent Genod betonen, dass das Hauptziel dieser Politik darin bestand, „die bestehende technologische Lücke zwischen den Vereinigten Staaten und Japan zu verringern".[15]

In den 1970er Jahren wurde Japan Teil der von dem Zukunftsforscher Alvin Toffler beschriebenen „dritten Welle".[16] Die postindustrielle Gesellschaft wurde zu einer Informationsgesellschaft, die auf neuen Informations- und Kommunikationstechnologien basierte. Laut Morris-Suzuki[17] betonten zahlreiche MITI-Berichte aus den späten 1970er und frühen 1980er Jahren wie bedeutsam es sei, die Fähigkeit Japans zur Entwicklung originärer Technologien zu steigern. Konzepte wie *gijutsu rikkoku* (Technologienation-Building oder Techno-Nationalismus) und die „fortgeschrittene Informationsgesellschaft" wurden eingeführt. Das Hauptziel war, weniger abhängig von ausländischer Technologie zu werden. Seit 1973 stabilisierte sich das Wirtschaftswachstum bei etwa 4 % pro Jahr, und Japan konzentrierte sich nun auf die eigene Entwicklung von Technologien, nicht mehr nur auf importierte Technik. Wissenschafts- und Technologiepolitik wurden unabhängiger von der Industriepolitik.[18]

---

[12] Ebd., S. 172.

[13] Rieu 2007.

[14] Harayama, Yuko, Genod, 2007. Laurent, La politique scientifique et technologique au Japon: une perspective historique. In Sabouret, S. 23–49, online in: http://books.openedition.org/editionscnrs/4942 (Übersetzung aus dem Französischen ins Englische: F.K.) und Faure 2007.

[15] Harayama, Genod, 2007 (Übersetzung Französisch–Englisch F.K.) und Faure 2007.

[16] Toffler, Alvin, *The Third Wave,* New York 1980.

[17] Morris-Suzuki 1994, S. 209–219.

[18] Lecler, Yveline, 1991. La dynamique du progrès scientifique et technique au Japon. In *Gestion 2000, Management & Prospective,* Nr. 4, August–September, S. 155.

Die meisten Experten sind sich einig, dass Japan in den 1980er Jahren das Ziel erreichte, zu den Vereinigten Staaten aufzuschließen.

1980 erklärte die japanische Regierung, das Ziel einer „Nation auf der Grundlage von Wissenschaft und Technologie“ als grundlegende politische Leitlinie zu verfolgen, mit dem Ziel einer starken dreigliedrigen Zusammenarbeit zwischen Industrie, Universitäten und Staat (nationale Forschungslabore). Das Budget für Forschung und Entwicklung war sogar höher als das der Vereinigten Staaten, Großbritanniens und Frankreichs.

Doch die Ökonomin Yveline Lecler hebt hervor, dass Japan nur quantitativ aufgeholt habe, indem es bestehende, aus dem Ausland importierte Technologien nutzte. Die qualitative Entwicklung eigener neuer Technologien blieb eine Herausforderung.[19]

Lecler zeigt zudem, dass der Großteil der F&E-Aktivitäten von der Industrie und nicht vom Staat finanziert wurde. Bis heute spielt der öffentliche Forschungssektor in den japanischen F&E-Aktivitäten keine sehr bedeutende Rolle. Im Jahr 2010 wurden 82 % der Forschung von privaten Unternehmen finanziert.[20] Da die Industrie auf eine schnelle Kommerzialisierung ausgerichtet ist, finanziert sie kaum Grundlagenforschung. Diese Dominanz der Industrie könnte die schwachen Anstrengungen in der Grundlagenforschung erklären.[21]

3.1.2 Der Boom Izanagi, Massenmotorisierung und Verkehrsunfälle in Japan

Die Ära der Massenmotorisierung begann in Japan in den 1960er Jahren, als Autos für die japanische Mittelschicht erschwinglicher wurden. Die Phase des wirtschaftlichen Wachstums (1965–1970) wird als *Boom Izanagi* bezeichnet, benannt nach Izanagi, dem Schöpfer der japanischen Inseln und Vater der Göttin im Iwato-Mythos.[22] Dieser Wirtschaftsboom fand nach den Olympischen Spielen in Tokio 1964 statt. Zwischen 1963 und 1973 überstiegen die durchschnittlichen Wachstumsraten des Bruttosozialprodukts (BSP) pro Arbeiter jährlich 8,7 %.[23] Im Jahr 1968 wurde die japanische Wirtschaft zur zweitgrößten der Welt.

---

[19] Ebd., S. 157.

[20] Ijichi, Tomohiro. 2012. Innovation policies and reforms in Japan. In *The Dynamics of Regional Innovation, Policy Challenges in Europe and Japan, Series on Innovation and Knowledge Management,* Hrsg. Yveline Lecler, Tetsuo Yoshimoto, Takahiro Fujimoto, Bd. 10, 44. Singapur.

[21] Lecler 1991, S. 158.

[22] Saito, Mitsuo. 2000. *The Japanese Economy.* Singapur, New Jersey, London, Hongkong, S. 223.

[23] Okimoto, Daniel I., und Thomas P. Rohlen (Hrsg.). 1988. *Inside the Japanese System: Readings on Contemporary Society and Political Economy,* S. 144. Stanford.

In dieser Zeit wurden „drei privilegierte Konsumgüter“ zu „Statussymbolen der Mittelschicht“, betont Lukàcs.[24] In den späten 1950er Jahren wurden Kühlschränke, Waschmaschinen und Schwarzweißfernseher zu den wichtigsten Konsumgütern. Ende der 1960er Jahre wandelten sich diese begehrten Objekte zu Auto, Klimaanlage (cooler) und Farbfernseher (3C). Sie wurden die drei heiligen Schätze (jap. (新．)三種の神器, *(Shin) Sanshu no Jingi*) genannt, „eine Parodie auf die drei heiligen Schätze des Kaiserhauses: den Spiegel, das Schwert und das gebogene Juwel.“

In dieser Zeit wuchs der Autobesitz rasant: 1966 fuhren 8 Millionen Fahrzeuge – darunter Pkw, Lastwagen, Busse und Motorräder – auf den japanischen Straßen.[25] Mit etwa 16 Millionen Fahrzeugen im Jahr 1970 verdoppelte sich diese Zahl in nur vier Jahren. 1975 erreichte sie fast 28 Millionen Fahrzeuge.[26]

Auch die Infrastruktur entwickelte sich in diesen Jahren weiter. 1963 – ein Jahr vor den Olympischen Spielen in Tokio – wurde die erste nationale Autobahn Japans zwischen Nagoya und Kobe gebaut (Meishin Expressway). Die zweite Autobahn (Tomei Expressway) verband ab 1969 Tokio mit Nagoya. Heute verfügt Japan über nur etwa 10.000 Kilometer Autobahnen.

Der Boom beim Autobesitz führte zu einer steigenden Zahl von Verkehrsunfällen. Der rasante Anstieg der Verkehrstoten begann bereits Ende der 1950er Jahre und erreichte 1970 mit 16.765 Todesopfern seinen Höhepunkt.[27] Taro Sekine vom *Department of Mechanical Engineering* der Nihon-Universität erklärt diese Entwicklung mit unzureichenden Straßen und Sicherheitstechnologien sowie einer Diskrepanz zwischen den Fähigkeiten der Fahrer und „dem rasanten Anstieg des privaten Besitzes von vierrädrigen Automobilen.“[28] Der Anthropologe Joshua Hotaka Roth betont, dass die Straßeninfrastruktur in Japan weitgehend ein

[24] Lukács, Gabriella. 2010. *Scripted Affects, Branded Selves: Television, Subjectivity, and Capitalism in 1990s Japan,* S. 214. Durham und London: Duke University Press.

[25] Bereits 1966 war die Zahl der Verkehrstoten – 13.904 Personen – erheblich.

[26] Die Fahrzeugzahlen: 8.123.096 (1966), 16.528.521 (1970), 27.870.475 (1975). Heute (2017) sind 81.260.206 Fahrzeuge auf den Straßen Japans unterwegs (siehe: Automobile Inspection and Registration Information Administration, 自動車保有台数の推移 (軽自動車を含む), (engl.: Changes in the number of car owners [including mini vehicles]), online unter: http://www.airia.or.jp/publish/statistics/ub83el00000000wo-att/hoyuudaisuusuiihyou.pdf [abgerufen am 9. November 2017].

[27] Statistics Bureau, Ministry of Internal Affairs and Communications, Kapitel 29, Katastrophen und Unfälle, Straßenverkehrsunfälle 1924–2005, online unter: http://www.stat.go.jp/data/chouki/zuhyou/29-11.xls (abgerufen am 9. November 2017).

Hinweis: Zu diesem Zeitpunkt der Geschichte wurden nur Todesfälle, die innerhalb von 24 Stunden nach dem Unfall eintraten, in die Statistik aufgenommen – heute liegt die Grenze bei 30 Tagen.

[28] Sekine, Taro, 2015. The image of automobile safety. In *International Association of Traffic and Safety Sciences,* Interdisciplinary wisdom of IATSS, online unter: http://www.iatss.or.jp/common/pdf/en/publication/commemorative-publication/iatss40_theory_06.pdf, S. 62 (abgerufen am 9. November 2017).

gemeinsamer Raum für Autos, Fußgänger und Fahrräder ist. Aus diesem Grund „sind mehr als 50 Prozent der Verkehrstoten in Japan Fußgänger und Radfahrer.“[29]

Ende der 1960er Jahre wurde die Verkehrssicherheit zu einem wichtigen Thema für staatliche und politische Maßnahmen. Wie in den meisten westlichen Ländern änderte sich die Gesetzgebung. Im April 1969 wurde die Integration von Sicherheitsgurten auf dem Fahrersitz für alle neuen japanischen Fahrzeuge verpflichtend.[30] 1970 wurde der *Traffic Safety Policies Basic Act* verabschiedet. Es förderte die Trennung von Fußgängern und Fahrzeugen und erkannte die Bedeutung neuer Fahrzeugsicherheitstechnologien an. Verkehrsunfälle wurden auch zu einem viel diskutierten Thema im japanischen Mediendiskurs. Schließlich begann die jährliche Zahl der Verkehrstoten 1971 zu sinken und erreichte 1979 8.466. Laut Roth lässt sich dieser Rückgang der Todesopfer durch Verbesserungen bei Sicherheitstechnologien, die erhöhte Reaktionsfähigkeit der Rettungsdienste und einen Rückgang der Zahl junger Fahrer erklären.[31] Die neuen Fahrer waren stärker an die Realität gemeinsamer Straßen gewöhnt.[32]

Dieser historische Hintergrund ist wichtig, da die erhöhte Autobahnkapazität und die verbesserte Sicherheit oft als Motivation für die Forschung zum automatisierten Fahren in Japan angeführt werden.

3.2 Erste Phase: Automatisch betriebene Fahrzeuge mit Führungskabeln (1961–1968)

Die ersten Experimente zum automatisierten Fahren in Japan begannen Anfang der 1960er Jahre. Sie waren stark von der US-amerikanischen Forschung zum Führungskabel-Prinzip beeinflusst, dem damaligen Stand der Technik für automatische Lenktechnologien (siehe Abschn. 2.1).

3.2.1 Die Teststrecke in Higashi-Murayama

Frühe Forschungen zum automatisierten Fahren in Japan wurden vom Government Mechanical Laboratory durchgeführt, das 1937 gegründet wurde. Es war Teil des Ministeriums für Internationalen Handel und Industrie (MITI).

---

[29] Roth, Joshua Hotaka. 2017. The shared road: Cars, pedestrians and bicyclists in Japan. In *Cars, Automobility and Development in Asia: Wheels of Change,* Hrsg. Arve Hansen und Kenneth Bo Nielsen, 134. London/New York: Routledge.

[30] Sekine 2015, S. 62.

[31] Naikakufu, Heisei 27 Kotsu anzen hakusho [engl.: White paper on traffic safety], 2015, in: www8.cao.go.jp/koutu/taisaku/h27kou_haku/pdf/gaiyo/1-1-1-1.pdf (abgerufen am 2. Februar 2018), S. 4, zit. in: Roth 2017, S. 135.

[32] Roth 2017, S. 135.

Abb. 3.1 Luftaufnahme des Testgeländes Higashi-Murayama, Japans erster Automobil-Teststrecke. (Quelle: AIST. Bildquelle: http://livedoor.blogimg.jp/thetombo2/imgs/3/c/3c84c480.jpg)

Die wichtigste Forschungseinrichtung befand sich in Igusa, Suginami-ku, einem Stadtteil im Westen der Metropolregion Tokio. Eine weitere Zweigstelle des Labors war in der Stadt Higashi-Murayama angesiedelt, ebenfalls im Westen Tokios. Diese Stadt war ein idealer Standort für Experimente zum automatisierten Fahren: 1952 wurde in Higashi-Murayama die erste Automobil-Teststrecke Japans eröffnet, finanziert von Nissan, Toyota und Isuzu.[33] Der Bau der Teststrecke hatte bereits 1940 begonnen, wurde jedoch durch den Zweiten Weltkrieg unterbrochen. Die ovale Strecke war 2 Kilometer lang und der Innenbereich bot Ruckelpisten zu Testzwecken (Abb. 3.1).

An diesem Standort testete das Government Mechanical Laboratory importierte Autos und zerlegte sie, um mehr über die Automobiltechnik zu erfahren.[34] Dies wurde als *Reverse Engineering* bezeichnet, eine Methode, die bereits nach der Meiji-Restauration 1868 praktiziert wurde, als sich Japan der Welt öffnete und begann, ausländische Technologie zu importieren. Der Begriff bezeichnet die Aneignung von Technologien durch das Zerlegen eines auf dem Markt verfügbaren Produkts, das Studium seines Aufbaus und das erneute Zusammenbauen mit einigen kleinen Modifikationen, wie Lecler erläutert.[35] Die üblichen Schritte Entwicklung, Konzeption und Fertigung werden dabei umgekehrt. Wie Lecler berichtet, ist die Ansammlung dieser kleinen Modifikationen einer der Schlüsselfaktoren des japanischen Innovationssystems.

[33] Tombo, 日本で最初のテストコース 旧東村山自動車試験道路, 2. Juli 2009. http://blog.livedoor.jp/thetombo2/archives/51493535.html (abgerufen am 3. Dezember 2017).

[34] E-Mail von Sadayuki Tsugawa an den Autor, 28. November 2017.

[35] Lecler 1991, S. 150.

Reverse Engineering bedeutet „mehr als bloßes Kopieren“, sondern ein „Verständnis der zugrunde liegenden wissenschaftlichen Prinzipien“, wie die Historikerin Tessa Morris-Suzuki in ihrem Buch über den technologischen Wandel Japans klarstellt.[36] Importierte Technologie „wurde nur deshalb zu industrieller Stärke, weil sie mit inländischer Innovation kombiniert wurde“.[37] Sie versteht dies als „Ergänzung“ und „nicht als Ersatz“ für lokale Forschung und Entwicklung. Die Umgestaltung von Technologie nach transnationalen Transfers wurde auch als „Hybridisierung“ bezeichnet.[38]

3.2.2 Die ersten Leitdraht-Experimente des Government Mechanical Laboratory (1961–1968)

Im Jahr 1961 starteten Eiichi Kikuchi, Makoto Kimura und Shuntetsu Matsumoto vom Government Mechanical Laboratory ein Forschungsprojekt zum „automatischen Autofahren“. Sie wurden von dem Regelungstechniker Prof. Oshima von der Universität Tokio beraten.[39] Die Teststrecke in Higashi-Murayama wurde für Fahrversuche genutzt. Einerseits war das Projekt durch das Ziel motiviert, in Zukunft die „Kapazität der Autobahnen zu erhöhen und die Sicherheit zu verbessern“.[40] Andererseits wurde automatisiertes Fahren auch als nützlich für die Erprobung des Fahrverhaltens von Autos bei hohen Geschwindigkeiten angesehen.

Die Grundzüge des Konzepts wurden von dem System übernommen, das Vladimir Zworykin von der Radio Corporation of America (RCA) in den 1950er Jahren entwickelt hatte und das in Abschn. 2.1.1 vorgestellt wurde. Ein Forschungsbericht von Matsumoto aus dem Jahr 1965 machte diesen Wissenstransfer explizit und verwies auf Veröffentlichungen von R. L. Cosgriff (Ohio State University)

---

[36] Morris-Suzuki 1994, S. 115.

[37] Ebenda, S. 169.

[38] In theoretischen Diskussionen über „den Transfer, die Anpassung oder Konvergenz produktiver Modelle“ in der Fertigungsindustrie wurde argumentiert, dass eine „direkte Transplantation oder Imitation“ „selten machbar oder gar wünschenswert“ sei. Systeme können nicht übertragen werden, ohne dass sie erheblich umgestaltet werden. Einige Autoren bevorzugen eine Perspektive, die den „Prozess der ‚Hybridisierung‘“ in den Mittelpunkt stellt, also die Interaktion verschiedener Modelle im Innovationsprozess (siehe Boyer, Robert, Elsie Charron, Ulrich Jürgens und Steven Tolliday. 1998. Introduction: Between Imitation and Innovation: The Transfer and Hybridization of Productive Models in the International Automobile Industry. In *Between Imitation and Innovation, The Transfer and Hybridization of Productive Models in the International Automobile Industry,* Hrsg. Robert Boyer, Elsie Charron, Ulrich Jürgens und Steven Tolliday, 1. New York).

[39] Oshima, Y., E. Kikuchi, M. Kimura und S. Matsumoto. 1965. Control System for Automatic Automobile Driving. In *Proceedings of the International Federation of Automatic Control (IFAC) Tokyo Symposium on Systems Engineering for Control System Design,* Hrsg. Kankuro Kaneshige und Keisuke Izawa, S. 347–357.

[40] Oshima et al. 1965, S. 347.

und L. E. Flory (RCA).[41] Beide Ingenieure entwickelten Zworykins Konzept weiter.

Das Government Mechanical Laboratory entwickelte drei Systeme zur Steuerung der Geschwindigkeit, der Lenkung und zur Kollisionsvermeidung. Erstens wurden Gaspedal und Bremsmechanismus des Fahrzeugs durch ein System namens „automatische Geschwindigkeitsregelung" gesteuert. Es verglich elektronisch die tatsächliche Geschwindigkeit des Fahrzeugs mit der manuell eingestellten Sollgeschwindigkeit. Das Abweichungssignal aktivierte dann ein Servoventil, das einen Hydraulikmotor ansteuerte, der wiederum Gaspedal und Bremsen regelte. Die Stellung von Gas und Bremse wurde an einen elektronischen Verstärker zurückgemeldet, um die Geschwindigkeit des Fahrzeugs anzupassen. Die elektronischen Geräte waren analog, da zu dieser Zeit keine bordeigenen Digitalrechner verfügbar waren.

Zweitens wurde die „automatische Lenkung" mit einem Kabel realisiert, das unter der Fahrbahn des zwei Kilometer langen Testkreises in Higashi-Murayama verlegt war.[42] Zwei Versuchsfahrzeuge – ein Toyota Crown, Baujahr 1963, und ein Nissan, Modell unbekannt[43] – waren mit je einem Paar an Bord befindlicher Sensoren (Abtastspulen) am vorderen Stoßfänger ausgestattet. Diese Geräte mussten „die Abweichung des Fahrzeugs vom Führungskabel erkennen" (Abb. 3.2). Zur Verbesserung der Stabilität wurde auch der Gierwinkel des Fahrzeugs in Bezug auf das Führungskabel „durch zwei am hinteren Stoßfänger angebrachte Spulen erfasst". Das elektrische Abweichungssignal der vier Geräte wurde dann „an das Servoventil weitergeleitet, dessen Ausgang den Hydraulikaktor antreibt, der mit der Spurstange der Lenkung verbunden ist", wie die Forschungsarbeit ausführt.

Die automatische Lenkung wurde zunächst auf einem Rundkurs bis zu einer Geschwindigkeit von 37 km/h getestet und anschließend auf einem Testkreis, der eine automatische Lenkung des Fahrzeugs bis zu einer Geschwindigkeit von 50 km/h ermöglichte.[44] Die Autoren betonen, dass der Testkreis in Higashi-Murayama nur einen Radius von 22,5 Metern hatte, was die mögliche Geschwindigkeit auf 60 km/h begrenzte. Einige Jahre später wurde die Steuerungsgeschwindigkeit auf einem Hochgeschwindigkeitskurs erhöht: Am 25. März 1967 fuhr das Testfahrzeug automatisiert mit einer Geschwindigkeit von 100 km/h[45] auf einer Teststrecke des Japan Automobile Research Institute (JARI) in Yatabe, Tsukuba-gun (heute Teil von Tsukuba-shi), Präfektur Ibaraki.

---

[41] Ebenda, S. 357.

[42] Ebenda, S. 351.

[43] Das Nissan-Fahrzeug folgte dem Toyota-Fahrzeug in den Experimenten zur Vermeidung von Auffahrunfällen.

[44] Ebenda, S. 353 f., 356.

[45] Matsumoto, Shuntetsu. 1971, Februar. Highway Communication System Using Guidance Cable. *IEEE Transactions on Vehicular Technology* VT-20 (1): 12, ebenfalls bestätigt in: Tsugawa, Sadayuki. 2011. Automated Driving Systems: Common grounds of Automobiles and Robots. *International Journal of Humanoid Robotics* 8 (1): 3.

Abb. 3.2 Das Versuchsfahrzeug – ein Toyota Crown von 1963 – folgt einem Induktionskabel im Testkreis von Higashi-Murayama. (Quelle & Bildnachweis: Tsugawa 2011, S. 3). Unten ist die bordeigene Steuereinheit abgebildet. (Quelle & Bildnachweis: Sadayuki Tsugawa)

Drittens entwickelten die Ingenieure auch ein „automatisches Kollisionsvermeidungssystem“, das es ermöglichte, mit angemessenem Abstand hinter einem vorausfahrenden Fahrzeug anzuhalten. Es basierte auf der Zusammenarbeit zwischen Fahrzeugen und der Straßeninfrastruktur.[46] 400 Meter der Teststrecke in Higashi-Murayama waren in Abständen von 6 Metern mit Magnetfeldern aus-

---

[46]Tsugawa, Sadayuki. 2008. *A History of Automated Highway Systems in Japan and Future Issues, Powerpoint-Präsentation, Institute of Electrical and Electronics Engineers, International Conference on Vehicular Electronics and Safety,* Ohio, USA, 22. September 2008, S. 6.

gestattet.[47] Diese Induktionsschleifen in der Fahrbahn konnten die Anwesenheit eines Fahrzeugs erkennen. Um Kollisionen zu vermeiden, nahmen die Empfangsspulen der Versuchsfahrzeuge das Signal der Induktionsfelder auf. Die Bremsen wurden betätigt, wenn die manuell eingestellte Geschwindigkeit größer war als die Geschwindigkeit des vorausfahrenden Fahrzeugs. In diesem Fall wechselte das Fahrzeug auf eine Sicherheitsgeschwindigkeit. „Wenn das vorausfahrende Fahrzeug abbremst oder anhält, kann das nachfolgende Fahrzeug mit einer solchen Vorrichtung automatisch abbremsen oder im richtigen Abstand zum vorausfahrenden Fahrzeug anhalten."[48]

Es muss betont werden, dass sowohl die *laterale* (Lenkung) als auch die *longitudinale* Steuerung (Beschleunigung/Verzögerung) des Toyota Crown automatisiert waren.[49] Andernfalls hätten die Experimente mit zwei Fahrzeugen zur Vermeidung von Auffahrunfällen nicht realisiert werden können.

Das infrastruktur-basierte Versuchsfahrzeug hatte jedoch zwei Nachteile: Erstens konnte es „weder Hindernisse auf seinem Weg erkennen noch ihnen ausweichen".[50] Nur wenn das Hindernis ein anderes Auto war, das durch das Magnetfeld erkannt wurde, wurde es registriert. Zweitens war das System auf die Verlegung von Kabeln unter der Straße, eine Stromzufuhr zum Führungsdraht und die Wartung dieser Infrastruktur angewiesen.

Doch ein effizienterer Ansatz zeichnete sich am Horizont ab: In einem Kommentar zu diesen Experimenten erwähnte Y. T. Lie vom MIT in Cambridge bereits 1965 die Idee des maschinellen Sehens. Er betonte die Notwendigkeit, ein „zuverlässiges Äquivalent" zur Leistungsfähigkeit des menschlichen Auges zu haben, und fragte: „Was können wir tun, um die Mustererkennungsfähigkeit unserer Augen zu ersetzen?"[51] Auch die Experimente von Robert Fenton an der Ohio State University hatten mit diesem Problem eines fehlenden Sensors zu kämpfen (siehe Abschn. 2.1.2).

Einer Chronologie des Ministry of Land, Infrastructure, Transport and Tourism zufolge wurden die Führungsdraht-Experimente des Government Mechanical Laboratory bis 1967 durchgeführt, dem Jahr des 100-km/h-Fahrtests.[52] Ein anderer Bericht gibt jedoch an, dass die Experimente mindestens ein weiteres Jahr andauerten: Im Mai 1968 begann Matsumoto ein neues Experiment mit zwei paralle-

[47] Oshima et al. 1965, S. 348, 355.

[48] Ebd., S. 349.

[49] Dies wurde von Tsugawa bestätigt (E-Mail von Sadayuki Tsugawa an den Autor, 14. April 2018).

[50] Tsugawa, Sadayuki, Teruo Yatabe, Takeshi Hirose und Shuntetsu Matsumoto. 1979. Ein Automobil mit künstlicher Intelligenz, *Proceedings of the 6th International Joint Conference on* Artificial Intelligence, Bd. 2, S. 893. San Francisco.

[51] Oshima et al. 1965, S. 357.

[52] Ministry of Land, Infrastructure, Transport and Tourism, Road Bureau, ITS Homepage, Archive, ITS Handbook Japan 2008, AHS (Advanced Cruise-Assist Highway System), online in: http://www.mlit.go.jp/road/ITS/1998HBook/chapter3/3-3e.html (abgerufen am 12. Dezember 2017).

len Führungsdrähten, die im Abstand von 6 m entlang beider Fahrbahnränder der Teststrecke des Government Mechanical Laboratory in Higashi-Murayama verlegt wurden.[53] Durch die Einspeisung von zwei Wechselströmen erzeugten die Kabel ein Magnetfeld, das von den beiden Spulen des Versuchsfahrzeugs erkannt wurde (Abb. 3.3), einem Nissan Laurel 1800 C 30 (1968–1972). Ein Jahr zuvor hatte Robert Fenton von der Ohio State University in den Vereinigten Staaten ebenfalls ein Experiment mit zwei Drähten durchgeführt (siehe Abschn. 2.1.2). Diese parallelen Arbeiten zeigen, dass beide Länder in dieser Zeit an denselben ingenieurtechnischen Problemen arbeiteten.

Während das Einzeldrahtsystem durch den Abstand zwischen den beiden Erkennungsspulen des Fahrzeugs begrenzt war, hatte das Zweidrahtsystem den Vorteil, den Arbeitsbereich des Systems zu erweitern. Das Fahrzeug konnte über die gesamte Distanz zwischen den beiden Kabeln betrieben werden. Das Doppelleitersystem bot zudem das Potenzial, als Kommunikationssystem zwischen Straßenbehörde und automatisierten Fahrzeugen genutzt zu werden.[54] Ein Lautsprecher im Fahrzeug konnte sogar Nachrichten empfangen. Am 14. November 1968 „war dieses System bei einem öffentlichen Experiment erfolgreich", berichtet Matsumoto, ohne weitere Details zu nennen.[55]

Abb. 3.3 Das Forschungsfahrzeug Nissan Laurel 1800 C 30 (1968), eingesetzt bei den Experimenten mit zwei Führungsdrähten in Higashi-Murayama. (Bildnachweis & Bildquelle: Matsumoto 1971, S. 15)

[53] Matsumoto 1971, S. 12–16.

[54] Matsumoto 1971, S. 12.

[55] Ebd., S. 16.

3.3 MITIs führungsschienenbasiertes automatisiertes System CVS (1970–1978)

Higashi-Murayama war nicht nur Standort für automatisierte Fahrversuche mit Automobilen, sondern auch für spurgebundene Fahrzeuge auf Gummireifen. Neben den Führungsdraht-Tests und dem Intelligent Vehicle, das im nächsten Kapitel behandelt wird, wurde seit 1970 ein automatisiertes Personal Rapid Transit-System – das Computer Controlled Vehicle System (CVS) – erprobt.

Es bestand aus kleinen, viersitzigen, fahrerlosen, leichten, klimatisierten und mit Funk ausgestatteten Elektrofahrzeugen auf speziellen Fahrspuren. Ein Konsortium aus acht japanischen Industrieunternehmen[56] entwickelte das Projekt unter der Gesamtleitung von MITI und der Japan Society for the Promotion of Machine Industry. MITI finanzierte den Bau der Teststrecken in Higashi-Murayama mit 10 Millionen Dollar. Das CVS war motiviert durch die Notwendigkeit, Alternativen zum automobilen Verkehrssystem mit seinen bekannten Problemen zu finden – „Verkehrsstaus, Unfälle, Luftverschmutzung, Lärm, Vibrationen“.[57]

Die Idee war, ein Transportsystem zu schaffen, das die Vorteile des öffentlichen Verkehrs und des individuellen Autoverkehrs vereint: Das CVS war wie ein „automatisch gesteuertes Taxi“ konzipiert. Im Gegensatz zum Transport mit Bus und Bahn ist der Nutzer nicht gezwungen, seine Kabine mit vielen anderen zu teilen und umzusteigen. Er kauft ein Ticket, das sein Ziel angibt, steckt es in einen Leser, drückt einen Knopf und die Kabine bringt ihn direkt zu seinem Ziel. „Die Auswahl der Route und der Betrieb des Fahrzeugs werden automatisch vom Computersystem übernommen.“[58] Anstelle fester Stationen waren flexible Haltepunkte im Mindestabstand von 100 Metern geplant. Daher „kann ein besserer Tür-zu-Tür-Service geboten werden als mit dem Auto“.[59] Mit Abständen von einer Sekunde zwischen den einzelnen Kabinen war das CVS zudem darauf ausgelegt, eine höhere Spurkapazität als der Autoverkehr zu erreichen.[60] Da der Güterverkehr

---

[56] Toyo Kogyo (heute Mazda), Mitsubishi Jukogyo (Mitsubishi Heavy Industries), Tokyo Shibaura Denki (Toshiba), Hitachi Seisakusho (Hitachi), Fujitsu, Sumitomo Denki Kogyo (Sumitomo Electric Industries), Nippon Denki (NEC) und Shin-Nihon Seitetsu (heute Nippon Steel Corporation).

[57] Ishii, Takemochi, Masakazu Iguchi und Masaki Koshi. 1976. CVS: Computer-Controlled Vehicle System (Übers.: Yamashita, Akira). In *Personal Rapid Transit III,* Hrsg. D.A. Gary, M.J. Gary, A.L. Kornhauser und W.L. Garrard. Minneapolis: University of Minnesota, online in: http://staff.washington.edu/jbs/itrans/cvs%20prt%20paper%20with%20illustrations.pdf (abgerufen am 7. Juli 2019), S. 79.

[58] Ebd.

[59] Ebd., S. 81.

[60] Aus Sicherheitsgründen wurden die ersten Tests nur mit Abständen von 5 s und einer Geschwindigkeit von 20–30 km/h durchgeführt. Die vier Sitze waren rückwärts ausgerichtet und Stehen war nicht gestattet (Schneider, Jerry, Description of the Japanese Computer-controlled Vehicle System (CVS) [im Wesentlichen basierend auf einem Bericht mit dem Titel Automated Guideway Transit: An Assessment of PRT and Other New Systems, U.S. Congress, Office of Technology Assessment, Juni 1975, 11. November 2014, online in: http://staff.washington.edu/jbs/itrans/cvs1.htm, abgerufen am 7. Juli 2019]).

in Japan fast ausschließlich auf den Straßenverkehr angewiesen war, sollte das CVS hierfür ebenfalls eine Alternative entwickeln. Es wurden auch Dual-Mode-Fahrzeuge entwickelt, die außerhalb des betonierten Fahrspurnetzes für Gummireifenfahrzeuge betrieben werden konnten.

Mehrere Projekte dieser Art wurden seit den 1950er Jahren in den USA und seit den 1960er Jahren in Europa entwickelt.[61] Es ließe sich argumentieren, dass diese Systeme den Rahmen dieses Buches überschreiten, da sie auf speziellen Fahrwegen basieren. Dennoch erscheint es angebracht, sie zu erwähnen. Sie haben mit automatisierten Fahrzeugen gemeinsam, dass kein menschlicher Fahrer vorhanden ist. Alle Fahrfunktionen sollten von einem Computersystem übernommen werden. Anstelle einer Führung durch ein Leitkabel wurde die Querführung durch einen Fahrweg realisiert. Da die individualisierten Kabinen eines Personal Rapid Transit Systems den privaten Raum eines Automobils nachahmen, bilden sie ein Hybrid zwischen Zug und Auto. Das CVS zeigt, dass Japan den Nachteilen eines automobilzentrierten Verkehrssystems mit unterschiedlichen Konzepten zukünftiger Transportsysteme begegnen wollte und sich nicht nur auf automatisierte Automobile konzentrierte.

Seit 1968 geplant, begann CVS als Demonstration für ein Verkehrsspiel auf der Weltausstellung 1970 in Osaka und wurde 1971 zu einem Großprojekt mit einer Teststrecke auf dem Automobiltestgelände des MITI in Higashi-Murayama ausgebaut (Abb. 3.4). Eine 200 Meter lange Strecke wurde im September 1972 er-

Abb. 3.4 Die Teststrecke des Computer-Controlled Vehicle System in Higashi-Murayama. (Bildnachweis & Bildquelle: Ishii et al. 1976, S. 78)

[61] Anderson, Edward, 1996. *Some Lessons from the History of Personal Rapid Transit (PRT),* 4. August, Konferenzbeitrag, online unter: http://staff.washington.edu/jbs/itrans/history.htm (abgerufen am 8. Juli 2019).

öffnet und erste CVS-Testfahrzeuge fuhren von Oktober bis Dezember 1972. Der vollständige Testkurs von 4,8 Kilometern wurde 1973 fertiggestellt und die Computersteuerung mehrerer Fahrzeuge, das automatisierte Be- und Entladen von Güterfahrzeugen, das Wechseln auf verschiedene Fahrspuren sowie das automatisierte Überholen bei hohen Geschwindigkeiten wurden getestet.[62] Zwei Kilometer des Fahrwegs, betrieben von einem Hitachi-Computersystem (HIDIC-350), waren für eine Höchstgeschwindigkeit von 80 km/h ausgelegt, ein weiterer Abschnitt, betrieben von einem Toshiba-System (TOSBAC-40), erlaubte Geschwindigkeiten unter 40 km/h. Ein Fujitsu-Computersystem (FACOM-230-359) fungierte als übergeordneter Rechner für das gesamte System.

Ein System mit 60 Fahrzeugen wurde von Februar bis Oktober 1974 getestet – die Teststrecke wurde zu „einer der größten Forschungseinrichtungen für städtische Verkehrssysteme der Welt".[63] Dennoch wurde eine Installation in einer realen Umgebung letztlich nicht realisiert, da es an finanziellen Mitteln fehlte. 1976 begann eine zweite Testphase mit 60 Güterfahrzeugen unter vollständiger Computersteuerung. „Zuverlässige und konstante Abstände von einer Sekunde wurden in dieser Zeit angestrebt."[64] Es wurden auch Mechanismen zur Kollisionsvermeidung, Hinderniserkennung und -umfahrung sowie ein Notbremssystem getestet. Doch das Projekt endete 1978, als das Ministerium für Land, Infrastruktur und Verkehr die Zulassung verweigerte und dies mit Sicherheitsbedenken begründete. Der PRT-Experte Edward Anderson nennt zudem, dass die „Größe, Kosten und optische Wirkung" des drei Meter breiten Fahrwegs, Probleme mit der Traktion bei nassem und vereistem Wetter, die ruppige Fahrt und Schwierigkeiten mit ausreichender Kapazität in den Stationen weitere Gründe für die Einstellung des Projekts waren.[65]

Das Mechanical Engineering Laboratory war am CVS-Projekt nicht beteiligt. Doch neben dem im nächsten Kapitel vorgestellten visuell geführten Fahrzeug führte es in den 1970er Jahren gemeinsam mit dem MITI ein zweites Projekt durch.

Auf einen Forschungsvorschlag von Toyota aus dem Jahr 1973 hin basierte das Comprehensive Automobile Traffic Control System (CACS) auf digitaler Kommunikation zwischen Infrastruktur und Fahrzeug. Seine Hauptfunktion war ein dynamisches Routennavigationssystem, das darauf abzielte, „die Effizienz des Automobilverkehrs zu erhöhen" und Unfälle sowie Staus zu verringern.[66] Ein Computer in einer zentralen Leitstelle sammelte Verkehrsdaten, die an einzelne, mit einem Empfänger ausgestattete Fahrzeuge übermittelt wurden. Der Fahrer konnte entscheiden, diesen Anweisungen zu folgen, um überlastete Straßen zu vermeiden. Ein erster Test wurde 1975 durchgeführt, „gefolgt von Pilotversuchen

62 Schneider 2014.
63 Ishii et al. 1976.
64 Schneider 2014.
65 Anderson 1996.
66 Tsugawa 1992, S. 42.

in Tokios Meguro-ku und Shibuya-ku ab Oktober 1977".[67] Das System half, Verkehrsprobleme zu bewältigen – doch die Rechenkapazität der frühen Computer war nicht hoch genug, um alle Daten zu verarbeiten. Aus diesem Grund überschritt das Projekt nicht den Forschungsstatus.[68]

CACS ist nicht Teil der Geschichte des autonomen Fahrens, sondern der Geschichte der Navigationssysteme. Dennoch wurde entschieden, es hier zu erwähnen: Nach Tsugawa war es das „erste dynamische Routennavigationssystem der Welt"[69] und eines der ersten Intelligent Transport Systems (ITS).[70] Es kann zeigen, dass Japan „mit der Arbeit an ITS viel früher begann als viele andere Länder weltweit."[71] Doch auch zwei andere Systeme wurden in den 1970er Jahren entwickelt, das Electronic Route Guidance System (ERGS) in den Vereinigten Staaten und das Autofahrer Leit- und Informationssystem in Deutschland.

3.4 Zweite Periode: Intelligente Fahrzeuge mit maschinellem Sehen (1974–1984)[72]

1970 änderte das Government Mechanical Laboratory seinen Namen in Mechanical Engineering Laboratory (MEL). Das MEL war das erste Labor weltweit, das sich mit straßengebundenen Fahrzeugen beschäftigte, die durch maschinelles

---

[67] Toyota, A 75-Year History through Text, Kapitel 2: Satisfying Public Needs, Abschnitt 2: Response to Increase in Traffic Accidents, Punkt 5: Research and Development of a Comprehensive Automobile Traffic Control System, in: http://www.toyota-global.com/company/history_of_toyota/75years/text/entering_the_automotive_business/chapter2/section2/item5.html (abgerufen am 3. Januar 2018).

[68] Lanson, Florian, 2010. Les Systèmes de Transport Intelligents au Japon, Rapport d'Étude, Ambassade de France au Japon, Service pour la Science et la Technologie. S. 5f.
Das System entwickelte sich 1984 zu RACS (Ministry of Construction) und 1987 zu AMTICS (National Police Agency) weiter. Die beiden Programme trugen zur Entwicklung der Grundfunktionen heutiger Navigationssysteme bei. 1991 wurden beide Systeme im Vehicle Information and Communication System (VICS) des Ministry of Post and Telecommunication zusammengeführt (Wootton, J.R., und A. García-Ortiz. 1995. Intelligent Transportation Systems. *Mathematical and Computer Modelling* 22 (4–7): 266).

[69] Tsugawa, Sadayuki. 2009. A Survey on Effects of ITS–related Systems and Technologies on Global Warming Prevention. In *Proceedings of the 12th IFAC Symposium on Transportation Systems,* 2.–4. September, S. 337. Redondo Beach, CA, USA.

[70] Tsugawa, Sadayuki, Aoki, Masayoshi, Hosaka, Akio, Seki, Kaoru, A Survey on present IVHS activities in Japan. In *1996 IFAC, 13th Triennial World Congress,* S. 7844.

[71] Ministry of Land, Infrastructure, Transport and Tourism, Road Bureau, ITS Homepage, Comprehensive Plan for ITS in Japan, Kapitel 1 Bedeutung der Förderung von ITS, 2008, in: http://www.mlit.go.jp/road/ITS/5Ministries/chap1.html (abgerufen am 12. Dezember 2017).

[72] Diese Periode wird zitiert in: Ministry of Land, Infrastructure, Transport and Tourism, Road Bureau, ITS Homepage, Archive, ITS Handbook Japan 2008, AHS (Advanced Cruise-Assist Highway System), online unter: http://www.mlit.go.jp/road/ITS/1998HBook/chapter3/3-3e.html (abgerufen am 12. Dezember 2017).

Sehen geführt wurden. Ende der 1970er Jahre entwickelte es das erste visuell gesteuerte Automobil in Originalgröße mit künstlicher Intelligenz.[73] Dieses Fahrzeug hatte den Vorteil, ohne Modifikation der Straßeninfrastruktur zu funktionieren; es benötigte jedoch Führungsschienen am Straßenrand. Es war zudem unabhängig von externen Rechnern: Bis dahin basierte die weltweite Forschung zum autonomen Fahren auf einer Trennung von Fahrzeug- und Recheneinheiten im Labor. Der Wechsel zu visuell basierten Ansätzen leitete die zweite Forschungsperiode zum autonomen Fahren straßengebundener Fahrzeuge ein.

3.4.1 Die erste Phase des intelligenten Fahrzeugs: Visuelle Hinderniserkennung (1974–1978)

In den ersten Jahren der 1970er Jahre beschloss das Mechanical Engineering Laboratory, ein „Intelligentes Fahrzeug"[74] zu entwickeln, das schnell reagiert, auf der linken Fahrspur bleibt und eine sichere Fortbewegung im Straßenverkehr gewährleistet.[75] Shuntetsu Matsumoto, der bereits in den 1960er Jahren die frühen Versuche mit Führungskabeln leitete, führte auch das neue Forschungsteam bis 1981. Matsumoto hatte Nachrichtentechnik studiert und arbeitete vor seinem Eintritt ins Labor als Radaringenieur an einer meteorologischen Beobachtungsstation. Aufbauend auf diesem Hintergrund hatte er die Idee, eine TV-Kamera zur Fahrzeugführung einzusetzen.[76]

In den Jahren 1974/1975 beschaffte das MEL einen Toyota Crown S 60/S 70 (Modell 1971/1972) als Versuchsfahrzeug. Laut Tsugawa war es sehr schwierig, Steuer- und Messeinheiten in einem Pkw mit begrenztem Innenraum zu integrieren. Doch zu jener Zeit war der Crown das luxuriöseste Auto Japans – er wurde von Matsumoto ausgewählt, weil er sich ideal eignete, um „der Gesellschaft die Machbarkeit des automatisierten Fahrens zu demonstrieren".[77] Das Auto war also nicht nur ein wissenschaftliches Werkzeug, sondern erfüllte auch eine öffentliche Funktion – es sollte die Öffentlichkeit vom automatisierten Fahren überzeugen.

Da das MEL eine Forschungskooperation mit der Denso Corporation – einem weltweit tätigen Automobilzulieferer, zu 25 % im Besitz von Toyota – unter-

[73] Tsugawa et al. 1979, S. 893–895.

[74] Der Begriff „Intelligence-Vehicle" wurde erstmals von Taketoshi Nozaki, einem Mitarbeiter von Shuntetsu Matsumoto, erwähnt, doch war es Matsumoto, der 1971 den Namen „intelligent vehicle" prägte (Nozaki, Taketoshi. 1976. Eigenschaften eines automatischen Lenksystems für Automobile unter Verwendung von Kursabweichungsinformationen in einer gewissen Entfernung vor dem Fahrzeug (Artikel auf Japanisch). *Transactions of the Society of Instrument and Control Engineers* 12 (6): 687–693, online unter: https://www.jstage.jst.go.jp/article/sicetr1965/12/6/12_6_687/_pdf/-char/ja [abgerufen am 27. Juni 2019]).

[75] Tsugawa et al. 1979, S. 894.

[76] E-Mail von Sadayuki Tsugawa an den Autor, 14. April 2018.

[77] Ebenda.

hielt, bat man Denso, das Auto als Versuchsfahrzeug anzupassen. Lenk- und Geschwindigkeitsmechanismus sollten mit elektrischen (analogen) Signalen gesteuert werden. Denso stattete das Fahrzeug mit Geschwindigkeitssensoren und einem Lenkwinkelsensor aus. Zum Drehen des Lenkrads wurde ein hydraulischer Aktuator eingebaut. Außerdem wurden ein Elektromotor für die Drosselklappen und Vakuum-Servobremsen ergänzt.

Bereits vor 1975 hatte Matsumoto an einem Algorithmus zur Hinderniserkennung mittels Stereovision gearbeitet. Sein Kollege Taketoshi Nozaki führte erste grundlegende Tests des Algorithmus mit dem Crown durch und veröffentlichte die Ergebnisse 1976 in einem japanischsprachigen Fachartikel.[78] Wie er berichtete, verwendete das MEL-Team zwei vertikal angeordnete Kameras (Abb. 3.5) und installierte Ausrüstung für Mustererkennung und Aufzeichnung im Heck des Fahrzeugs. Das System wurde in einer Straßenumgebung mit Leitkegeln getestet, die vom Hinderniserkennungssystem identifiziert werden sollten. Ziel der Arbeit war die Querführung des Fahrzeugs anhand der von den TV-Kameras bei einer einzigen Vorausblickdistanz erkannten Abweichung von den Kegeln. Der Steueralgorithmus basierte auf einem analogen Proportional-Integral-Differential-(PID)-Regler. Laut Tsugawa stellte Nozaki die Tests jedoch um 1975 ein und schloss sich nicht dem Team an, das ab 1978 das erste Intelligente Fahrzeug entwickelte.[79]

Abb. 3.5 Dieses Foto zeigt das erste Set experimenteller Kameras, die in den Jahren 1974/1975 auf der Motorhaube eines Toyota Crown installiert wurden. (Bildquelle: 武敏, 野崎, 自動車の自動運転のための通路パターン認識 [Nozaki, Taketoshi, 2016. Passage Pattern Recognition for Automated Vehicle Driving], Working Paper des MEL)

[78] Nozaki 1976.

[79] E-Mail von Sadayuki Tsugawa an den Autor, 14. April 2018.

Im Sommer 1978 setzte das MEL die Vorarbeiten von Matsumoto und Nozaki mit dem Toyota Crown in Higashi-Murayama und später auf einer neuen Teststrecke in Tsukuba fort, die um 1983 fertiggestellt wurde.

Um ein visuelles Führungssystem zu realisieren, das Hindernisse in einem zweidimensionalen Sichtfeld erkennen kann, ersetzten die Ingenieure die von Nozaki verwendeten Kameras durch einen anderen Typ modifizierter TV-Kameras (Ikegami Tsushinki, Modell: CTC2500A) an der rechten Fahrzeugfront. Während gewöhnliche TV-Kameras Zeilensprungabtastung verwenden, nutzten die modifizierten Kameras Progressive- und Vertikalabtastung, die beide für den auf Parallaxe basierenden Hinderniserkennungsalgorithmus unerlässlich waren.[80] Diese Spezialkameras waren nicht im Handel erhältlich.

Während die ersten Kameras beide auf der Motorhaube angebracht waren, entfernten die Ingenieure nun die vordere Stoßstange des Toyota Crown, um die untere Kamera zu befestigen (Abb. 3.6). Der ideale Ort für Kameras wäre die Mitte der Fahrzeugfront, was sich jedoch aufgrund der Motorhaubenkonstruktion schwer realisieren lässt. Daher wurden die Kameras unter Berücksichtigung der japanischen „Linksfahrregel" vorne rechts angebracht.

Abb. 3.6 Das Versuchsfahrzeug, ein Toyota Crown S 60/S 70 (erste Phase IV) auf dem Testgelände in Higashi-Murayama (1978). (Credits & Bildquelle: Sadayuki Tsugawa)

[80]Technische Spezifikationen der Kamera: Röhre: 2/3 Zoll Vidicon (CCD-Kameras waren damals noch nicht verfügbar), Auflösung: 550 Zeilen, Seitenverhältnis: 2:1, Abtastfrequenz: horizontal 30 Hz und vertikal 15,75 Hz, Brennweite des Objektivs: 12,5 mm, Blickwinkel: horizontal 40 Grad und vertikal 32 Grad. (E-Mail von Sadayuki Tsugawa an den Autor, 14. April 2018).

1979 stellte das MEL-Team das Erkennungssystem für seitliche Leitplanken in einem Konferenzbeitrag vor.[81] Ein Algorithmus erkannte Unterschiede in der Lichtintensität am Kreuzungspunkt der optischen Achsen beider Kameras. Eine „Straßenmustererkennungseinheit" wandelte die analogen Videosignale in zwei digitale Impulsfolgen um, die Helligkeits- und Dunkelheitsänderungen der beiden Bilder anzeigten. „Ein Impulszug wird um eine feste Zeit verzögert, die einer Entfernung im Bereich entspricht, in dem nach einem Hindernis gesucht werden soll. Die Verzögerung kompensierte die Verschiebung zwischen den Bildern."[82] Durch den Vergleich der Impulsfolgen beider Züge konnten erhöhte Bereiche von Objekten – Verkehrskegel und Leitplanken – innerhalb eines Sichtfelds von 5–20 Metern und einem Blickwinkel von 40 Grad vor dem Fahrzeug erkannt werden. Um ein zweidimensionales Sichtfeld zu realisieren, wurden 16 Verarbeitungseinheiten mit unterschiedlichen Verzögerungen und Parallelverarbeitung eingesetzt. Diese Daten wurden dann in einem Mikrocomputersystem, der „Problem Solving Unit" (Abb. 3.7), verarbeitet.[83]

Nach Angaben von Tsugawa verwendete das MEL-Team einen 8-Bit-Mikroprozessor (Motorola M6800), um mit den Hindernisdaten der Mustererkennungseinheit einen Lenkwinkel zu bestimmen. Die Ausgaben des Mikroprozessors wur-

Abb. 3.7 Bordcomputerausrüstung des Intelligent Vehicle der ersten Phase (1978). (Credits & Bildquelle: Sadayuki Tsugawa)

[81] Tsugawa et al. 1979.

[82] Ebenda, S. 893.

[83] Der Mikrocomputer bestand aus einer Mikro-CPU, RAMs (8 KB), ROMs (3 KB), I/O-Interface-LSIs sowie D/A- und A/D-Wandlern.

den in ein analoges Format umgewandelt, um als Eingabe für die Steuereinheit des Fahrzeugs zu dienen. Da die zweidimensionale Straßenszene vor dem Fahrzeug in Echtzeit verfügbar war, wurde ein Tabellen-Suchalgorithmus entwickelt, der die geringe Rechenleistung des 8-Bit-Mikroprozessors berücksichtigte. Der Algorithmus klassifizierte fünf Verhaltensweisen des Fahrzeugs – das Auto folgt der Straße, das Auto nähert sich Hindernissen, das Auto biegt nach rechts oder links ab, das Auto steuert auf eine Sackgasse zu. Unter Berücksichtigung einer maximalen Reaktionszeit von 100 ms fuhr das Auto mit einer Höchstgeschwindigkeit von 36 km/h.[84] Die genaue bei dieser Geschwindigkeit zurückgelegte Strecke wird im Artikel nicht genannt.

Zusammenfassend lässt sich sagen, dass das MEL das weltweit erste visuell geführte Straßenfahrzeug entwickelte, das (an Bord) Bilder von Hindernissen über zwei Kameras aufzeichnen und verarbeiten konnte: Es war nicht mit einem externen Labor verbunden; sämtliche Computerausrüstung befand sich im Heck des Fahrzeugs. Es war zudem das erste System, das ohne elektronische Straßeninfrastruktur funktionierte.

Ob das System als *autonom* bezeichnet werden kann, ist eine Diskussionsfrage: Die Forschungsarbeit behauptete, „das Fahrzeug ist vollständig autonom und kann ohne menschlichen Fahrer gefahren werden.“[85] In einem Austausch mit dem Autor dieses Buches erklärte Tsugawa, dass das Fahrzeug über ein Quer- und Längsführungssystem verfügte – es konnte selbstständig lenken, beschleunigen und bremsen.[86] Nach Tsugawas in der Einleitung vorgestellter Definition des autonomen Fahrens kann das Fahrzeug als seitlich autonom bezeichnet werden, da es unabhängig von Führungskabeln usw. funktionierte.

Es sollte jedoch erwähnt werden, dass das Fahrzeug auf einen bestimmten Umwelttyp beschränkt blieb: Laut Tsugawa bestand die Hauptinnovation in der Entwicklung eines Stereovisionssystems, das „Leitplanken erkannte, und das Fahrzeug wurde so gesteuert, dass es entlang der Leitplanken fuhr.“[87] Es verfügte zudem über keine Funktion zur Erkennung von Fahrbahnmarkierungen auf dem Boden, da weiße Linien keine Höhe besitzen.[88] Dies zeigt, dass autonomes Fahren in diesem Fall von besonderen Voraussetzungen abhing – wie würde das Fahrzeug reagieren, wenn die Leitplanke plötzlich enden würde? Aus heutiger Sicht ließe sich die Frage stellen, ob ein Fahrzeug als autonom bezeichnet werden kann, wenn es auf ein derart enges Szenario beschränkt ist.

---

[84] Tsugawa et al. 1979, S. 894f.

[85] Tsugawa et al. 1979, S. 893.

[86] E-Mail von Sadayuki Tsugawa an den Autor, 14. April 2018.

[87] Tsugawa 2011, S. 4.

[88] Tsugawa et al. 1979, S. 893. Hinweis: In vielen Quellen wird die Erkennung von Fahrbahnmarkierungen fälschlicherweise dem IV zugeschrieben (z. B. Torchinsky, S. 65, Davies, S. 19).

3.4.2 *Die zweite Phase des intelligenten Fahrzeugs: Autonome Navigation (1980–1984)*

Ende der 1970er Jahre verlegte die japanische Regierung Labore unter vielen Ministerien, darunter MITI, aus dem Raum Tokio nach Tsukuba, um eine Wissenschaftsstadt zu schaffen,[89] eine Idee, die bis ins Jahr 1962 zurückreichte.[90] Die Teststreckenanlage in Higashi-Murayama[91] wurde im Jahr 1979 nach Tsukuba verlegt. Ein Jahr später zog auch das Mechanical Engineering Laboratory nach Tsukuba um.[92] „Basierend auf den Experimenten mit dem vorherigen System"[93] setzte das MEL die Forschung mit dem Toyota Crown in Tsukuba über vier Jahre hinweg (1980–1984) fort.

Aufgrund der schwierigen wirtschaftlichen Lage nach der Ölkrise verzögerte sich der Bau einer neuen 3,2 Kilometer langen Teststrecke in Tsukuba – nun ohne Induktionskabel – und wurde erst 1983 fertiggestellt.[94] Aus diesem Grund wurde das intelligente Fahrzeug der zweiten Phase im Hof des Labors getestet (Abb. 3.8). Die privaten Straßen des Labors waren gut und groß genug für die Experimente.

Mit dem intelligenten Fahrzeug der zweiten Phase verbesserte das MEL-Team das Hinderniserkennungssystem weiter, das bereits mit dem Fahrzeug der ersten Phase entwickelt worden war. Laut einem Forschungsbericht von 1984 ermöglichten die beiden Kameras nun die Unterscheidung von Hindernissen und Figuren auf dem Boden: Gibt es keinen Zeitunterschied zwischen den Signalen beider Kameras, handelt es sich um ein Hindernis mit vertikaler Ausdehnung. Ist der Zeitunterschied unterschiedlich, handelt es sich um eine Figur auf dem Boden, also mit einer nicht-vertikalen Oberfläche.[95]

In einem Interview mit dem Autor dieses Buches stellte Sadayuki Tsugawa klar, dass diese Fähigkeit, Hindernisse von Figuren zu unterscheiden, nicht als vollständige Fahrbahnmarkierungserkennung missverstanden werden sollte. 1992 veröffentlichte Tsugawa Bilder eines Fahrbahnmarkierungserkennungssystems in einem Artikel und verwies auf eine Veröffentlichung des MEL-Teammitglieds Takeshi Hirose in japanischer Sprache.[96] Dies könnte den Eindruck erweckt haben,

---

[89] Bloom, Justin L., und Shinsuke Asano. 1981. Tsukuba Science City: Japan Tries Planned Innovation. *Science, New Series* 212 (4500): 1239–1247.

[90] Morris-Suzuki 1994, S. 180.

[91] Heute ist das ehemalige Testgelände ein Park, der Higashi-Murayama Central Park (siehe http://wikimapia.org/#lang=fr&lat=35.747731&lon=139.459730&z=16&m=b&show=/object/history/show/?object_type=&id=48095&lng=2&rev=2&rev2=3&search=Higashimurayama)

[92] E-Mail von Sadayuki Tsugawa an den Autor, 30. Juni 2017.

[93] Tsugawa, Sadayuki, Takeshi Hirose und Teruo Yatabe. 1984. An Intelligent Vehicle with Obstacle Detection and Navigation Functions. *Industrial Electronics Conference (IECON)* 1: 303–308.

[94] E-Mail von Sadayuki Tsugawa an den Autor, 14. April 2018.

[95] Tsugawa et al. 1984, S. 304.

[96] Hirose, Takeshi. 1989. Position Prediction of Automobiles – White Line Detection (auf Japanisch). *Proceedings of the 28th SICE Annual Conference* 1: 23–24 (zit. in: Tsugawa, Sadayuki, 1992. Concept of Super Smart Vehicle Systems and Their Relation to Advanced Vehicle Control Systems. *Transportation Research Record,* Ausgabe 1358, S. 44).

Abb. 3.8 Das intelligente Fahrzeug der zweiten Phase, Toyota Crown (Modell 1971/1972), auf einer Fahrbahn im Hof des Labors, Namiki, Tsukuba-shi, 1984. (Bildnachweis & Bildquelle: Tsugawa 2008, S. 7)

dass das intelligente Fahrzeug der zweiten Phase ein solches System erfolgreich realisiert habe. Doch laut Tsugawa war dies nicht der Fall. Anfang der 1980er Jahre arbeitete Hirose zwar tatsächlich an einem System zur Erkennung von Fahrbahnmarkierungen, aber er „beendete die Forschung zur Erkennung weißer Linien vor deren Abschluss" und seine Arbeit „trug nicht zur Forschung am intelligenten Fahrzeug der zweiten Phase bei".[97]

Ein Unterschied zu den in der Veröffentlichung von 1979 beschriebenen Experimenten bestand darin, dass die Ingenieure nun eine schnellere Verarbeitungseinheit mit digitaler „festverdrahteter Logik anstelle eines Mikroprozessorsystems" verwendeten, um die Videosignale direkt in Echtzeit zu verarbeiten.[98] Während Mikroprozessoren programmierbar sind, folgen elektronische Bauteile mit einem vordefinierten Funktionsumfang einer „festverdrahteten" Logik, die nur einem einzigen Zweck dient. Diese Schaltungen sind ausschließlich auf eine bestimmte Aufgabe zugeschnitten. Daher sind sie effizienter, aber weniger flexibel.

Das Hauptziel des intelligenten Fahrzeugs der zweiten Phase war die Entwicklung eines bordeigenen Navigationssystems, das Routeninformationen er-

[97] E-Mail von Sadayuki Tsugawa an den Autor, 14. April 2018.

[98] Tsugawa et al. 1984, S. 303.

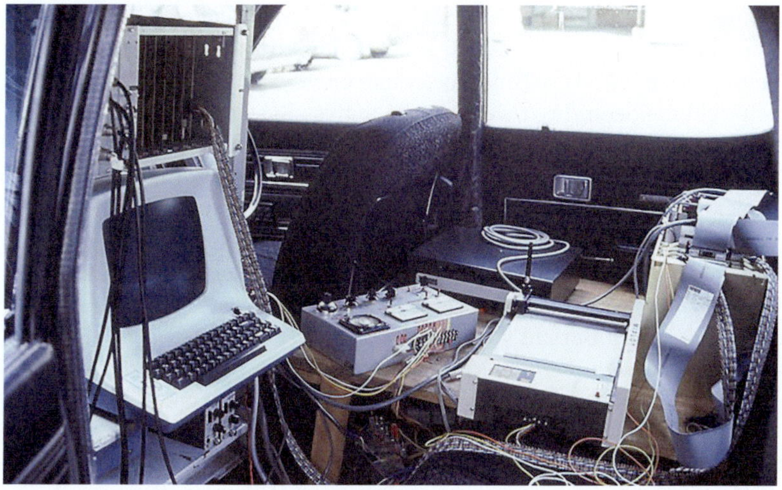

Abb. 3.9 Bordcomputer des intelligenten Fahrzeugs der zweiten Phase. (Bildnachweis & Bildquelle: Sadayuki Tsugawa)

fassen konnte. Während die meisten der bisher entwickelten Navigationssysteme auf Einrichtungen am Boden angewiesen waren, entwickelte das Team ein System, das keine Bodenausrüstung benötigte. Die Position des Fahrzeugs wurde anhand der gemessenen Geschwindigkeiten beider Hinterräder berechnet. Die Differenz der Geschwindigkeiten beider Räder zeigte eine Richtungsänderung des Fahrzeugs an, die als Giergeschwindigkeit bezeichnet wird.

Das System steuerte Lenkung und Geschwindigkeit des Fahrzeugs entlang eines vordefinierten Pfades, der im Minicomputer LSI 11-2 (16-Bit-Prozessor) der Digital Equipment Corporation (DEC) gespeichert war. Der LSI-11 war eine Mikroprozessorausführung des PDP-11, klein genug, um an Bord eines Autos verwendet zu werden. Der Mikrocomputer, die Verarbeitungseinheit und die Zähleinheiten waren im Heck des Toyota Crown installiert (Abb. 3.9).

Der Lenkwinkel wurde durch einen von Tsugawa entwickelten arithmetischen Steueralgorithmus berechnet. Dieser enthielt einen geplanten Pfad, „dargestellt durch eine Abfolge von Punkten“.[99] Das Fahrzeug musste diese Zielpunkte nacheinander anfahren. „Wird ein Hindernis erkannt, wird ein temporärer Zielpunkt neben dem Hindernis gesetzt.“ In Kurven wurden die Zielpunkte dicht gesetzt, in geraden Streckenabschnitten spärlich. Mit einer Geschwindigkeit von etwa 10 km/h war das intelligente Fahrzeug der zweiten Phase langsamer als das der ersten Phase, da die mathematische Berechnung von Position und Lenkwinkel mehr Zeit in Anspruch nahm.[100]

[99] Ebenda, S. 306.

[100] Ebenda, S. 307 und E-Mail von Sadayuki Tsugawa an den Autor, 14. April 2018.

Die Ingenieure kamen zu dem Schluss, dass das Fahrzeug „sicher und autonom von einem Startpunkt zu einem Ziel“ fahren konnte.[101] Sie erwähnten jedoch auch „einige Mängel“: Das Hinderniserkennungssystem konnte durch „Helligkeit und Lichtrichtung beeinflusst werden. Ein aktives System zur Hinderniserkennung mittels Ultraschall, Laser oder Radar wäre wahrscheinlich frei von diesem Mangel.“[102] Ein weiteres Problem war, dass die Messung der Umdrehungszahlen der Hinterräder „Fehler durch Schlupf und Rutschen“ akkumulierte. Daher war das System nur bei niedriger Geschwindigkeit und auf glattem Untergrund sinnvoll einsetzbar. Die Forschung am zweiten intelligenten Fahrzeug endete mit dem Jahr 1984, als das MEL-Team auf der Industrial Electronics Conference (IECON) einen ausführlicheren Bericht vorlegte.[103]

Studien zur Mustererkennung und Bildverarbeitung wurden zu dieser Zeit ein sehr populäres Forschungsthema, erforderten jedoch teure Computersysteme. Aus diesem Grund stellte Tsugawa die Forschung zur maschinellen Bildverarbeitung ein. Nach dem Ende der Forschung am intelligenten Fahrzeug begann das MEL 1984 mit einer Studie zur Fahrzeug-zu-Fahrzeug-Kommunikation mit dem Ziel, eine Gruppe autonomer Fahrzeuge zu steuern.[104] Da das Budget begrenzt war, wurden zwei kleine, in Fabriken eingesetzte automatisierte Fahrzeuge als Forschungsobjekte verwendet. Für die Bildung eines Konvois aus zwei Fahrzeugen wurde eine auf Infrarot basierende Fahrzeug-zu-Fahrzeug-Kommunikation gewählt: Das zweite folgte der Bahn des ersten. Laut Tsugawa basierte die DEMO 2000-Demonstration mit fünf Personenkraftwagen auf diesem Projekt (siehe Abschn. 3.5.7).[105]

3.5 Dritte Periode: AHS und ITS, Fahrzeugnetzwerke und Kolonnenfahren (1985–2000)

Wie wir in den vorangegangenen Kapiteln gesehen haben, wurden in den dreißig Jahren von 1960 bis 1990 die meisten Forschungsanstrengungen zum automatisierten Fahren in Japan vom Mechanical Engineering Laboratory des MITI unternommen. Diese Dominanz lässt sich dadurch erklären, dass andere Labore sich kein Testfahrzeug leisten konnten und ihnen keine Teststrecke zur Verfügung stand. Laut Tsugawa waren die Teststrecken in Higashi-Murayama und Tsukuba ein entscheidender Vorteil für das MEL.[106]

[101] Ebenda, S. 308.

[102] Ebenda, S. 307.

[103] Tsugawa et al. 1984.

[104] Tsugawa 1992, S. 46.

[105] E-Mail von Sadayuki Tsugawa an den Autor, 14. April 2018.

[106] Interview des Autors mit Sadayuki Tsugawa, Tokio, 21. Mai 2018.

Die Situation änderte sich Mitte der 1980er Jahre, als die dritte Phase der Forschung zum autonomen Fahren begann. Die Leistungsfähigkeit digitaler Prozessoren wurde bedeutender und auch die Speicherkapazität nahm zu. Dies ermöglichte neue Forschungsstrategien, die sich auf groß angelegte Demonstrationen dessen konzentrierten, was nach 1994 als Intelligente Verkehrssysteme (ITS) bezeichnet wurde. Dieses Konzept basiert laut einer Definition der japanischen Regierungsorganisation ITS Japan auf dem Informationsaustausch zwischen „Menschen, Straßen und Automobilen".[107] Es wurde als „grundlegende Lösung" für „Verkehrsunfälle, Staus und Umweltverschmutzung" präsentiert. Es ist hervorzuheben, dass diese Definition die Infrastruktur (Straßen) einschließt – ein Ansatz, der während der ersten Phase der maschinellen Bildverarbeitungssysteme seit Ende der 1970er Jahre weniger Beachtung fand. Wie wir in diesem Kapitel sehen werden, lassen sich ITS jedoch in systemeinteilende Ansätze unterscheiden, die auf der Infrastruktur basieren, und solche, die ausschließlich auf Fahrzeugen beruhen.

Neben MITI stiegen drei weitere konkurrierende Ministerien und eine Behörde in die Forschung zu Intelligenten Verkehrssystemen in Japan ein, die nun einem starken Wettbewerb unterlag: Am bedeutendsten waren das Ministry of Construction (MOC), zuständig für die öffentliche Infrastruktur – Autobahnen, Brücken, Straßen – und das Ministry of Transport (MOT), verantwortlich für die Regulierung und Zulassung von Straßenfahrzeugen. Das Ministry of Post and Telecommunications (MPT), das an der Entwicklung und Regulierung drahtloser Kommunikationssysteme beteiligt war, sowie die National Police Agency (NPA), zuständig für das Verkehrsmanagement in allen Städten, begannen ebenfalls in diesem Bereich zu arbeiten. Diese fünf öffentlichen Institutionen verfügten jeweils über eigene, konkurrierende Forschungsabteilungen, die unabhängig voneinander an unterschiedlichen Projekten arbeiteten. Nach 2001 wurden MOC und MOT im Ministry of Land, Infrastructure, Transport and Tourism (MLIT) zusammengeführt, agierten jedoch weiterhin eigenständig als Roadway Bureau (MOC) und Automobile Bureau (MOT).[108]

Das folgende Kapitel stellt die Aktivitäten der drei wichtigsten Ministerien seit Ende der 1980er Jahre vor: Das Ministry of Construction entwickelte im Rahmen seines Automated Highway System (AHS)-Projekts die Kooperation zwischen Fahrzeugen und Infrastruktur. Das Ministry of Transport arbeitete mit seinem Advanced Safety Vehicle (ASV) an fahrzeugbasierten Sensorik- und aktiven Sicherheitsassistenzsystemen. Das MITI setzte seine Untersuchungen zur maschinellen Bildverarbeitung fort und arbeitete an der Fahrzeug-zu-Fahrzeug-Kommunikation. Im Vergleich zu den anderen Ministerien tätigte es „nur bescheidene Investitionen"

---

[107] ITS Japan, About ITS, in: http://www.its-jp.org/english/about_e/ (abgerufen am 30. Januar 2018).

[108] In den Vereinigten Staaten lässt sich eine ähnliche Struktur erkennen: Die National Highway Traffic Safety Administration (NHTSA) ist für Fahrzeuge zuständig (z. B. Forschung zu Assistenzsystemen) und die Federal Highway Administration (FHWA) für Autobahnen (z. B. Forschung zu Verkehrsschildern). Beide Behörden sind Teil des Department of Transportation. Sie kooperierten bei Großprojekten wie der AHS Demo 97 (siehe Abschn. 2.6.2).

in Intelligente Verkehrssysteme, führte jedoch „langfristige konzeptionelle Studien“ zum vollautomatisierten Fahren auf automatisierten Autobahnen durch.[109]

3.5.1 Das Personal Vehicle System (1987–1991) des MITI

Während die meisten Forschungsprojekte auf Fahrzeugnetzwerke umgestellt wurden, starteten das MITI und eine Hilfsorganisation für den Radsport – die Mechanical Social Systems Foundation – 1987 ein neues experimentelles Fahrzeug mit maschineller Bildverarbeitung, das Personal Vehicle System (PVS).[110] Die Entscheidung des MITI, dieses Projekt zu starten, lässt sich durch Fortschritte bei der visuellen Echtzeit-Erkennung von Straßen und Fahrspuren erklären, die seit 1985 von US-amerikanischen (Carnegie Mellon) und europäischen Universitäten (UniBwM) auf mehreren Konferenzen berichtet wurden. Es war auch eine Reaktion auf das ALV-Programm der DARPA (siehe Abschn. 2.4).

Laut Tsugawa war das PVS ein Nachfolger des Personal Rapid Transit (PRT)-Projekts, das das MITI in den 1970er Jahren unter dem Namen Computer Controlled Vehicle System (CVS) entwickelte (siehe Abschn. 3.3). Während das CVS ein schienengebundenes System war, verfolgte das PVS das Ziel, ein spurfreies Personal Rapid Transit System zu werden.

Die technische Umsetzung erfolgte durch Nissan und Fujitsu, die einen speziellen Computer für die Bildverarbeitung entwickelten. Da Hochgeschwindigkeitscomputer Ende der 1980er Jahre noch große physische Ausmaße hatten, musste das System in einen großen Nissan Civilian Bus (Modell W40 von 1984) integriert werden. Der Computer benötigte so viel elektrische Energie, dass das Team sogar einen Stromgenerator und einen Öltank im Fahrzeug installieren musste (Abb. 3.10).

Der erste Unterschied zum 1984 vorgestellten Intelligent Vehicle bestand darin, dass die Anzahl der Kameras erhöht wurde: Der Bus war mit drei Kameras zur Fahrspurerkennung und zwei Stereokameras zur Hinderniserkennung ausgestattet. Zusätzlich wurden Ultraschall-Abstandssensoren eingebaut.[111] Die zweite Innovation war ein laserbasiertes Hinderniserkennungssystem (LIDAR).

---

[109] VanderWerf, Joel, Steven Shladover und Mark A. Miller. 2004. *Conceptual Development and Performance Assessment for the Deployment Staging of Advanced Vehicle Control and Safety Systems,* California PATH Research Report UCB-ITS-PRR-2004-22, August 2004, online in: https://pdfs.semanticscholar.org/3476/e3f1195402060c9398e95674f7c2c6d0fa49.pdf (abgerufen am 8. Juli 2019), S. 19 (S. 60 im pdf).

[110] Taniguchi, M., et al. 1991. The Development of Autonomously Controlled Vehicle, PVS. In *Proceedings of the 1991 Vehicle Navigation and Information Systems Conference,* S. 1137–1141 (zit. nach: Tsugawa 1992, S. 45).

[111] Tsugawa 2008, S. 13.

Abb. 3.10 Der 1987er PVS (Personal Vehicle System) Nissan Civilian Bus auf einer Teststrecke in Hakone nahe dem Berg Fuji. (Bildnachweis & Quelle: Akio Hosaka)

Wie das Intelligent Vehicle der zweiten Phase nutzte das PVS ein Dead-Reckoning-System auf Basis eines Differenzialodometer zur Positionsbestimmung.[112] Laut Tsugawa ermöglichte es dem Bus, eine optimale Route von einem Startpunkt zu einem Ziel zu wählen. Der Bus fuhr autonom und konnte eine Karte erstellen sowie ein Straßennetz erkunden. „1989 fuhr das PVS mit 30 km/h auf Geraden und 10 km/h in Kurven auf einem speziellen Testgelände und mit 60 km/h auf einer Geraden“ auf der Teststrecke in Tsukuba.[113] Das Bildverarbeitungssystem erkannte Markierungen an den Fahrbahnseiten und wich einem im Fahrstreifen geparkten Fahrzeug aus. Das bedeutet, es verhinderte eine Kollision durch Spurwechsel, nicht durch Bremsen.[114] In den Jahren 1990 und 1991 wurden die drei Kameras zur Fahrspurerkennung durch eine einzelne Kamera auf einem Drehteller im Innenraum ersetzt.

---

[112] Tsugawa 1992, S. 45.

[113] Tsugawa 1992, S. 46. Hinweis: Ich habe km/hr. (im Originalsatz) durch km/h ersetzt.

[114] Shladover, Steven E., and Advanced Vehicle Control Systems. 1990. *SAE Technical Paper* 901129, S. 108.

3.5.2 MITIs Super Smart Vehicle System – Ein Fahrzeuginformationsnetzwerk (1990–1992)

Beeinflusst von europäischen Projekten wie PROMETHEUS startete die Association of Electronic Technology for Automobile Traffic and Driving (JSK) – heute das Japan Automobile Research Institute (JARI) – 1990 eine vom MITI unterstützte Studie zu einem Informationssystem für Fahrer, genannt *Super Smart Vehicle System (SSVS)*. Es war unabhängig von der Infrastruktur und nutzte nur minimale fahrzeuginterne Sensorik.[115] Ziel des Forschungsprojekts war es, fahrzeugorientierte intelligente Verkehrssysteme zu schaffen, einschließlich eines Netzwerks von Fahrzeugen, die miteinander und mit der Straße kommunizieren, um Sicherheit und Effizienz zu erhöhen. Es umfasste nicht nur Pkw, sondern auch Güter- und öffentlichen Verkehr.

Laut Tsugawa hatte JSK bereits 1981 begonnen, die Fahrzeug-zu-Fahrzeug-Kommunikation zu erforschen.[116] Er betont, dass „Japan bei der Forschung zur Interfahrzeugkommunikation an der Spitze stand" und mit dieser Art von Experimenten vor Europa und den USA begann.[117] Das SSVS basierte auf Erfahrungen mit dem im letzten Kapitel erwähnten CACS, aber auch auf dem Intelligent Vehicle und dem PVS. Es resultierte in kooperativen Fahrsystemen mit Interfahrzeugkommunikation per Infrarot (1997) und per DSRC (2000).

3.5.3 Japans erste AHS-Demonstration (1995) des Bauministeriums

Das japanische Bauministerium Ministry of Construction (MOC) ist „eines der mächtigsten und wohlhabendsten Ministerien Japans" und wird von einigen Autoren als „Motor des Wirtschaftswachstums" betrachtet.[118] Da die meisten Infrastrukturen – Brücken, Tunnel, Autobahnen – bereits gebaut waren, suchte das Ministerium in den 1990er Jahren nach neuen Investitionsfeldern. Da das Ministerium enge Beziehungen zur Elektronikindustrie unterhielt und über ein großes Budget verfügte, konzentrierte es sich auf Investitionen in die elektronische Infrastruktur, nicht in die Fahrzeuge. Die Ausstattung der Straßen mit ITS-Elektronik wurde zu einem wichtigen Bestandteil dieser neuen Mission.

Das MOC hatte bereits 1989 ein Forschungs- und Entwicklungsprogramm zu einem automatisierten Autobahnsystem begonnen, wie das Straßenbüro des Mi-

---

[115] VanderWerf et al. 2004, S. 20 (S. 61 im pdf).

[116] Tsugawa 1992, S. 46f.

[117] Tsugawa, Sadayuki. 2005. Issues and recent trends in vehicle safety communication systems. *IATSS Research* 29 (1), S. 9.

[118] VanderWerf et al. 2004, S. 17 (S. 58 im PDF).

nisteriums für Land, Infrastruktur, Verkehr und Tourismus berichtete.[119] Die Forschung konzentrierte sich auf Informationstechnologien und Assistenzsysteme für die Fahrzeugsteuerung, verfolgte aber auch das Ziel, vollautomatisiertes Fahren zu realisieren.

1995 initiierte das MOC ein Programm für ein automatisiertes Autobahnsystem (AHS). Der harte internationale Wettbewerb im Bereich der AHS-Entwicklung beschleunigte diese Ambitionen. Es ist zu beachten, dass nur wenige Monate zuvor, im Dezember 1994, die US-amerikanische Federal Highway Administration (FHWA) das National Automated Highway System Consortium (NAHSC) finanzierte, um der Forderung der ISTEA-Gesetzgebung nachzukommen. Wie wir in Abschn. 2.6 erfahren haben, bestand dessen Aufgabe darin, ein bundesstaatenweites AHS-Programm und den Prototyp einer automatisierten Teststrecke bis 1997 zu entwickeln. Nach einem Platooning-Experiment 1992 führte PATH 1994 in San Diego die weltweit erste öffentliche Platooning-Demonstration mit vier Fahrzeugen durch. Dies beeinflusste sicherlich die japanische Forschungspolitik, ihre Anstrengungen zu beschleunigen.

Die qualitative und quantitative Dimension der Demonstration von 1995 in Japan war beeindruckend: Laut Tsugawa war es erst „im Frühjahr 1995", dass das MOC „Automobilhersteller wie Toyota, Nissan, Honda, Mitsubishi und Mazda aufforderte, innerhalb eines halben Jahres automatisierte Fahrzeuge zu bauen".[120] Die Ergebnisse wurden mit 19 Fahrzeugen während der ersten japanischen AHS-Demonstration im November 1995 auf einer drei Kilometer langen Teststrecke des Public Works Research Institute (PWRI), dem Forschungsarm des MOC in Tsukuba, präsentiert.[121] Die Demonstration mit zahlreichen Besuchern fand im Rahmen des ITS World Congress statt, der im selben Jahr in Yokohama abgehalten wurde. Ziel war es, „Fahrzeugregelsysteme für Längs- und Querführung" zu zeigen.[122]

Ende 1996 änderte das MOC die Bedeutung des Akronyms AHS in „Advanced Cruise-Assist Highway System" und betonte damit Informations-, Warn- und Steuerassistenzsysteme anstelle des autonomen Fahrens.[123] Das Ministerium konzentrierte sich nun auf „infrastruktur-basierte Sensorik und Intelligenz für Kollisionswarnung und -vermeidung, mit Kommunikation von der Infrastruktur zu den Fahrzeugen"[124] – Systeme, die später bei der Demo 2000 in Tsukuba demons-

[119] Ministry of Land, Infrastructure, Transport and Tourism, Road Bureau, ITS Homepage, Archive, AHS (Advanced Cruise-Assist Highway System), online unter: http://www.mlit.go.jp/road/ITS/1998HBook/chapter3/3-3e.html (abgerufen am 12. Dezember 2017).

[120] E-Mail von Sadayuki Tsugawa an den Autor, 14. April 2018.

[121] Das PWRI unterhält mehrere internationale Vereinbarungen mit der FHWA in den USA und der Highways Agency im Vereinigten Königreich und tauscht regelmäßig Mitarbeiter aus (VanderWerf et al. 2004, S. 18 (S. 59 im PDF).

[122] Ministry of Land, Infrastructure, Transport and Tourism, Road Bureau, ITS Homepage, Archive, AHS (Advanced Cruise-Assist Highway System), online unter: http://www.mlit.go.jp/road/ITS/1998HBook/chapter3/3-3e.html (abgerufen am 12. Dezember 2017).

[123] VanderWerf et al. 2004, S. 17 (S. 58 im PDF).

[124] VanderWerf et al. 2004, S. 20 (S. 61 im PDF).

triert wurden. „Dieser Wechsel des Schwerpunkts ging einher mit der Gründung einer öffentlich-privaten Partnerschaft zwischen dem MOC und der Privatwirtschaft“, die 1996 in der Advanced Cruise-Assist Highway Systems Association (AHSRA) institutionalisiert wurde. Eine ähnliche Entwicklung ist einige Jahre später in den Vereinigten Staaten zu beobachten: 1994 wurde die öffentlich-private Partnerschaft National Automated Highways System Consortium (NAHSC) gegründet, doch nach der San Diego Demo 1997 begann auch das US-Verkehrsministerium, sich von automatisierten Autobahnsystemen abzuwenden (siehe Abschn. 2.6).

3.5.4 Die zweite AHS-Demonstration mit Magnetmarkern und LCX-Kabeln (1996)

Unter der Leitung des Bauministeriums fand im September 1996 ein zweiter AHS-Testlauf auf einem neuen Abschnitt der Joshinetsu-Autobahn vor der Freigabe für den öffentlichen Verkehr statt (vom Komoro-Kreuz bis zum Tohbu-Yunomaru-Kreuz).[125] Ziel war es, die Fahrmanöver der Demonstration von 1995 (PWRI-Teststrecke) in einer realen Straßenumgebung zu demonstrieren.[126] Elf Fahrzeuge – vier Toyota Crown, drei Nissan Cima, zwei Honda Accord und zwei Mitsubishi Diamante – folgten einander autonom auf einer 11 Kilometer langen Rundstrecke (Abb. 3.11). Die Veranstaltung diente auch als Testlauf für die Demonstration in San Diego 1997. Bei dieser groß angelegten Demonstration autonomer Fahrsysteme in den USA „erregte sie Aufmerksamkeit als Japans eigenes Konzept zur AHS-Entwicklung.“[127]

Das Kolonnenkonzept wurde mit dem Versprechen beworben, die Energiekosten zu senken – eine Gruppe von Fahrzeugen kann mit weniger Luftwiderstand pro Fahrzeug fahren als ein einzelnes autonomes Fahrzeug, wie Tsugawa

---

[125] Ministerium für Land, Infrastruktur, Verkehr und Tourismus, Straßenbüro, ITS-Homepage, Archiv, ITS Handbook Japan 2008, AHS (Advanced Cruise-Assist Highway System), online unter: http://www.mlit.go.jp/road/ITS/1998HBook/chapter3/3-3e.html (abgerufen am 12. Dezember 2017).

[126] „Zu den wichtigsten Demonstrationsmerkmalen gehörten Tests der Fahrzeugsteuerung auf Straßen mit seitlichen und längsgerichteten Steigungen, das Zusammenspiel zwischen bordeigenen Geräten und verschiedenen externen Störungen wie Stromleitungen und Überführungen, adaptive Geschwindigkeitsregelung, Kolonnenfahrt, Längsregelung (Geschwindigkeits- und Bremsregelung), Spurverlassenswarnung mittels in die Fahrbahn eingelassener Magnetmarkierungen, Laser-Radar-Abstandsregelung für die Fahrzeugabstände in der Kolonne, Hindernis- und Gefahrenstellen-Erkennung mittels bordeigenem Laserradar sowie Vorfallserkennung und Warnfunktion durch straßenseitige Sensoren.“ VanderWerf et al., S. 27 (S. 68 im PDF).

[127] Ministerium für Land, Infrastruktur, Verkehr und Tourismus, Straßenbüro, ITS-Homepage, Archiv, ITS Handbook Japan 2008, AHS (Advanced Cruise-Assist Highway System), online unter: http://www.mlit.go.jp/road/ITS/1998HBook/chapter3/3-3e.html (abgerufen am 12. Dezember 2017).

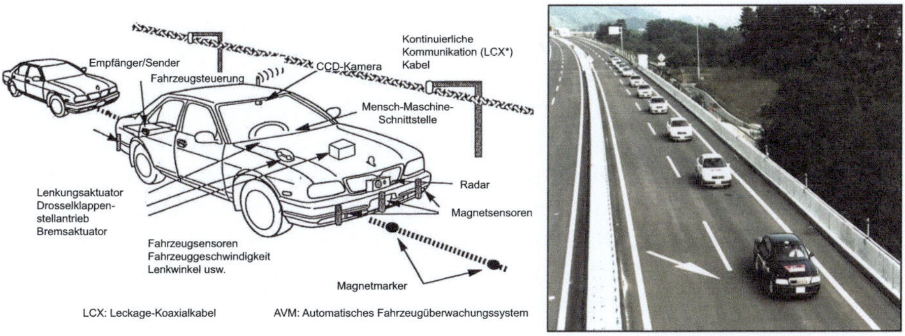

Abb. 3.11 Der AHS-Testlauf basierend auf Magnetmarkern und LCX-Kabeln am Fahrbahnrand, Joshinetsu-Autobahn, September 1996. (Bildnachweis & Bildquelle: Tsugawa 2008, S. 15)

erläutert.[128] Es wurde auch häufig darauf hingewiesen, dass eine Kolonne den belegten Straßenraum verringern und so Staus vermeiden könnte – ein Versprechen, das allerdings einigen Widersprüchen ausgesetzt ist, wie Chuck Thorpe argumentiert: Wenn das Konzept auf einer Einfädelspur neben der Kolonnenspur basiert, wird mehr Straßenraum benötigt. Zusätzliche Kolonnen-zu-Kolonnen-Spuren an Autobahnkreuzen mit von Menschen gesteuerten Fahrzeugen würden die Infrastruktur sogar auf acht Ebenen ausweiten.[129]

Kolonnenfahrt wurde vor allem für Lkw angedacht, da die Senkung der Energiekosten, die Entlastung des Fahrers und die erhöhte Sicherheit im Lkw-Verkehr am meisten bewirken sollten. Allerdings reagieren Lkw mit großen, schweren Dieselmotoren und Druckluftbremsen langsam, „sodass es in der Praxis schwierig ist, den Abstand zwischen den Lkw ohne viele Gas- und Bremsvorgänge genau zu steuern", sagt Thorpe.[130] Eine Verbesserung der Kraftstoffeffizienz ist daher nicht in jedem Fall nachgewiesen. Doch Versuche in den USA und Japan mit Lkw-Kolonnen haben gezeigt, dass die Kraftstoffeffizienz durch das Steuerungssystem verbessert wurde, da die von Thorpe erwähnten Mikro-Beschleunigungen vermieden wurden.[131]

Das Steuerungssystem kombinierte straßenseitige Ausrüstung und Bordsysteme: Die *Querführung* der Fahrzeuge wurde durch eine Reihe von Magnetmarkern[132] auf der Fahrbahnoberfläche (Toyota, Nissan, Honda) und ein Fahrspur-Erkennungssystem mittels Computer Vision (Mitsubishi) realisiert.[133] Der Ansatz,

---

[128] Tsugawa, Sadayuki. 2013. An Overview on an Automated Truck Platoon within the Energy ITS Project. *7th IFAC Symposium on Advances in Automotive Control, The International Federation of Automatic Control (IFAC),* 4.–7. September 2013, S. 42. Tokio, Japan.

[129] E-Mail von Chuck Thorpe an den Autor, 2. März 2020.

[130] Ebenda.

[131] Tsugawa, Sadayuki, Sabina Jeschke und Steven E. Shladover. 2016. A Review of Truck Platooning Projects For Energy Savings. *IEEE Transactions on Intelligent Vehicles* 1 (1): 68–77.

[132] Tsugawa 2011, S. 5f.

[133] Tsugawa 2008, S. 14.
Fahrzeugmodelle ergänzt nach Tsugawa (E-Mail von Sadayuki Tsugawa an den Autor, 14. April 2018).

Magnetmarker und das Konzept koordinierter Kolonnen zu verwenden, kann als Übernahme früherer Arbeiten des California PATH-Projekts[134] der UC Berkeley (USA) gesehen werden (siehe Abschn. 2.6.1 in diesem Buch).

Die *Längsregelung* wurde mit bordeigenem LIDAR realisiert, das die Abstände zwischen den Fahrzeugen maß. Die Fahrzeuggeschwindigkeit wurde durch leaky coaxial cables (LCX) gesteuert, die ursprünglich für Kommunikationssysteme in Tunneln des Tokaido- und Sanyo-Shinkansen, des Hochgeschwindigkeitszugs, entwickelt wurden: Die Außenleiter der LCX-Kabel besitzen regelmäßig angeordnete Schlitze, die Funkwellen aussenden und empfangen können, sie funktionieren wie Antennen. Mit dieser Technologie wurden Geschwindigkeitsbefehle von der Fahrbahn an die Fahrzeuge gesendet und die Fahrzeuge sendeten ein Signal über ihre Position zurück an die Fahrbahn. Kabel bieten den Vorteil einer stabileren Kommunikation als Funksysteme.[135]

Aus historischer Sicht ist dieses Konzept bedeutsam, da es den Leitkabel-Ansatz neu erfand, der – mit Ausnahme von Automated Guided Vehicles in Fabriken – in den USA und Europa weitgehend aufgegeben worden war: Während in den 1950er und 1960er Jahren Kabel meist zur Querführung eingesetzt wurden, nutzte das Bauministerium die Kabel nun zur Längsregelung. Entlang der Fahrbahn verlegt und nicht im Boden vergraben, bot das System zudem eine Lösung zur Senkung der hohen Kosten des frühen Leitdraht-Konzepts.

3.5.5 *Das Advanced Safety Vehicle des Verkehrsministeriums (1991–heute)*

Das Verkehrsministerium, Ministry of Transport (MOT) ist ein „deutlich stärker nach innen gerichtetes" Ministerium als das MOC und nimmt nur selten an internationalen Projekten teil. Im Juni 1991 startete es das *Advanced Safety Vehicle* (ASV)-Projekt, eine öffentlich-private Partnerschaft mit 24 führenden Privatunternehmen der Automobilindustrie.

Das ASV-Projekt konzentrierte sich auf Assistenzsysteme für Automobile – Gefahrenwarnsysteme, Fahrzeugerkennung und Auffahrunfallvermeidungssysteme.[136] Das Hauptziel war die aktive Sicherheit und die Verringerung von Schäden nach

---

[134] VanderWerf et al. 2004, S. 17 (S. 58 im PDF).

[135] Chatani, Yoshiyuki. 2008. Antennas for the Bullet Train. In *Mobile Antenna Systems Handbook,* Hrsg. Kyohei Fujimoto, 3. Aufl., 417. Boston, London.

[136] Ministry of Land, Infrastructure, Transport and Tourism, Road Bureau, ITS Homepage, Archive, AHS (Advanced Cruise-Assist Highway System), online unter: http://www.mlit.go.jp/road/ITS/1998HBook/chapter3/3-3e.html (abgerufen am 12. Dezember 2017).
Eine vollständige Liste aller Systeme findet sich bei Tsugawa, Sadayuki, Aoki, Masayoshi, Hosaka, Akio, Seki, Kaoru, A Survey of present IVHS activities in Japan. In *1996 IFAC, 13th Triennial World Congress,* S. 7845f. San Francisco, USA.

Unfällen. Die gesamte Technologieentwicklung wurde von den beteiligten Privatunternehmen selbst finanziert, nicht vom Ministerium, und jedes Unternehmen förderte seinen eigenen ASV-Prototyp. Ein Forschungsbericht von PATH hebt hervor, dass alle ASV-Systeme „auf autonomen Fahrzeugsensortechnologien basierten, ohne Kooperation mit der Infrastruktur oder anderen Fahrzeugen.“ Der Bericht stellt fest, dass diese Technologien „hochentwickelt und innovativ waren, vergleichbar mit oder führend gegenüber den Spitzentechnologien in Europa und Nordamerika.“[137] Das ASV-Konzept beeinflusste die US-amerikanischen Forschungsanstrengungen, jedoch nur langsam: Erst sechs Jahre später, 1997, startete das US-Verkehrsministerium ein ähnliches Projekt: Die Intelligent Vehicle Initiative (IVI).

Die erste Phase (1991–1995) des ASV-Projekts hatte das Ziel, die technischen Möglichkeiten aktiver Sicherheitssysteme für Personenkraftwagen zu untersuchen, Ziele zu definieren und die Bemühungen zur Unfallvermeidung zu überprüfen.[138] Sie „konzentrierte sich auf Konzeptentwurf, Forschung zu Komponenten- und Systemtechnologien, Entwicklung eines Prototypfahrzeugs und Demonstration dieses Fahrzeugs“.[139]

Die zweite Phase des ASV-Projekts (1996–2000) konzentrierte sich auf Forschung und Entwicklung für die Markteinführung sowie auf die Definition von Gestaltungsprinzipien und Richtlinien. Die Hauptentwicklungsarbeit umfasste „Kollisionswarnung und -vermeidung“ für autonome Fahrzeuge.[140] Zusätzlich zu den Personenkraftwagen der ersten Phase wurden nun auch Lkw, Busse und Motorräder in die Forschung einbezogen, wobei alle großen japanischen Automobilhersteller (Daihatsu, Hino, Honda, Isuzu, Mazda, Mitsubishi, Nissan, Subaru, Suzuki, Toyota) beteiligt waren. Das ASV-Projekt wurde mit einer dritten (2001–2005), vierten (2006–2010), fünften (2011–2015) und einer sechsten Phase (2016–2020), die sich auf autonomes Fahren konzentriert, fortgesetzt.

3.5.6 Kooperative Fahrdemonstrationen (1997 und 2000)

Der Trend zu fahrzeugbasierten Automatisierungskonzepten war offensichtlich: 1997 testete die Association of Electronic Technology for Automobile Traffic and Driving (JSK) ein kooperatives Fahrsystem mit vier Autos, die mittels Infrarotsignalen kommunizierten. Das Ziel war die Fahrerunterstützung und ein reibungsloser Verkehrsfluss. Das Foto (Abb. 3.12) zeigt, wie sich das Fahrzeug an dritter Position halbautomatisch in die Lücke zwischen dem zweiten und vierten Fahr-

[137] VanderWerf et al. 2004, S. 18 (S. 59 im PDF).

[138] Ministry of Land, Infrastructure, Transport and Tourism, Study Group for the Promotion of ASV, Seeking Even Greater Traffic Accident Reductions through Vehicle Advancements, Oktober 2017, in: http://www.mlit.go.jp/jidosha/anzen/01asv/resourse/data/asv6pamphlet-e.pdf (abgerufen am 13. Juli 2017).

[139] VanderWerf et al. 2004, S. 19 (S. 60 im PDF).

[140] Ebenda.

Abb. 3.12 JSK-Demonstration mit vier Autos – ein Toyota Soara, zwei Honda Legend, ein Mazda Eunos 800 – die 1997 mit Infrarotsignalen kommunizierten. (Bildnachweis & Quelle: Tsugawa 2005, S. 10)

zeug einfädelt. Der Abstand zwischen den Fahrzeugen wurde durch „Triangulation zwischen einem Paar von Infrarotmarkern auf dem Dach der Fahrzeuge" gemessen.[141] Eines davon fungierte als Sender.

Nach der Demonstration 1997 begann JSK mit neuer Forschung zur Fahrzeug-zu-Fahrzeug-Kommunikation mittels dedizierter Kurzstreckenkommunikation (DSRC). Vom 21. bis 27. November 2000 führten MITI und JSK eine „Cooperative driving demo" mit fünf automatisierten Fahrzeugen auf der MEL-Teststrecke in Tsukuba durch.[142] Die Fahrzeuge fuhren im Konvoi (Abb. 3.13) mit Geschwindigkeiten zwischen 40 und 60 km/h und Abständen im Bereich von 20–34 Metern. Sie führten das Aufteilen und Zusammenführen von Konvois sowie Spurwechsel durch.[143]

Im Gegensatz zu dem 1996 getesteten Konvoi war dieses System unabhängig von der Straßeninfrastruktur (Kabel und Magnetmarkierungen) und basierte ausschließlich auf der Kommunikation zwischen den Fahrzeugen.[144] Die Autos waren mit 5,8-GHz-DSRC-Systemen (dedizierte Kurzstreckenkommunikation) verbunden, die einen schnellen Datenaustausch ermöglichten. Das DSRC-System war entwickelt worden, um es Fahrern zu ermöglichen, eine elektronische Mautstation (ETC) zu passieren und zu bezahlen, ohne das Fahrzeug anzuhalten.[145] Die Fahrzeuge teilten zudem ihre Positionen über hochpräzises D-GPS und waren mit einem LIDAR-System zur Hinderniserkennung ausgestattet.

[141] Tsugawa 2005, S. 10.

[142] Kato, S., et al. 2002. Vehicle Control Algorithms for Cooperative Driving with Automated Vehicles and Inter-vehicle Communications. *IEEE Transactions on Intelligent Transportation* Systems 3 (3): 155–161.

[143] Ohmine, Hiroyuki. 2008. Antennas for ITS. In *Mobile Antenna Systems Handbook,* Hrsg. Kyohei Fujimoto, 429. Boston, London: Artech House.

[144] Özgüner, Ümit, Tankut Acarman und Keith Alan Redmill. 2011. *Autonomous Ground Vehicles,* S. 6. Boston/London.

[145] Ebenda.

Abb. 3.13 Die fünf Fahrzeuge – vier Mazda Eunos 800 und ein Toyota Celsior (Lexus LS 400) – zeigen das Zusammenführen von zwei Konvois (3 Fahrzeuge und 2 Fahrzeuge) während der „Cooperative driving Demo" des MITI im Jahr 2000 in Tsukuba. (Bildnachweis & Quelle: Sadayuki Tsugawa)

3.5.7 Die Demo 2000 Smart Cruise 21 Testfahrt

Nur einen Tag später begannen zwei weitere Testfahrten: Vom 28. November bis 1. Dezember 2000 führten das japanische Verkehrsministerium und das Bauministerium gemeinsam mit privaten Industriepartnern eine Testfahrt namens „Smart Cruise 21 – Demo 2000" auf den Teststrecken von PWRI und JARI in Tsukuba durch.[146] Die Demonstrationen zeigten infrastruktur-basierte Geräte (Bauministerium) und fahrzeugbasierte Sensorsysteme (Verkehrsministerium):

Das Bauministerium (MOC), der Hauptorganisator dieser Veranstaltung, präsentierte infrastruktur-basierte Sensor- und Kommunikationssysteme („Smart-Way") auf der PWRI-Teststrecke.[147] US-amerikanische Kollegen des PATH-Programms in Kalifornien beteiligten sich mit drei Szenarien (automatische Lenksteuerung, Fahrer-Spurführung und Spurverlassenswarnung).[148]

---

[146] Ministry of Land, Infrastructure, Transport and Tourism, Road Bureau, ITS Homepage, ITS Handbook Japan 2000, Abschnitt 4 ITS deployment progress in Japan, Toward practical use of the Smart Cruise System. http://www.mlit.go.jp/road/ITS/2000HBook/chapter4/4-19e.html (abgerufen am 12. Dezember 2017).

[147] VanderWerf et al. 2004, S. 17 (S. 58 im PDF).

[148] VanderWerf et al. 2004, S. 26 (S. 68 im PDF).

Basierend auf der Entwicklung des Advanced Safety Vehicle zeigte das Verkehrsministerium fahrzeugbasierte Sensorik auf der JARI-Teststrecke. Laut einem PATH-Bericht war „dieser Teil der Demonstration für internationale Besucher nahezu unsichtbar, enthielt jedoch tatsächlich fortschrittlichere Technologien und beeindruckendere Fähigkeiten als die Demos auf dem PWRI (an denen internationale Besucher teilnahmen)."[149]

Laut dem Bericht lässt sich die Aufteilung in drei Demonstrationen durch die „tief verwurzelten Rivalitäten" zwischen den verschiedenen Ministerien erklären. Der Bericht identifizierte diese Konkurrenz als die „Hauptschwäche" des japanischen Innovationssystems.[150]

3.5.8 Das Intelligent Multimodal Transit System (IMTS) von Toyota (1990–2008)

In Japan wurde der Großteil der Forschung zum automatisierten Fahren von staatlichen Institutionen organisiert. Die Automobilindustrie beteiligte sich häufig an den Forschungsprogrammen, jedoch stets unter dem Dach von Programmen, die von den verschiedenen Regierungsministerien geleitet wurden.

Die japanische Automobilindustrie arbeitete auch unabhängig an Systemen für automatisiertes Fahren, doch die meisten dieser Projekte blieben vertraulich. Nur in sehr wenigen Fällen wurden wissenschaftliche Veröffentlichungen publiziert. Tsugawa schätzt zudem, dass die Automobilindustrie Experimente des MEL nachahmte, ohne je zuzugeben, dass sie von den öffentlichen Forschungslaboren beeinflusst worden war.[151]

In den 1990er Jahren wurde die Forschung zum autonomen Fahren durch private Automobilhersteller in Japan sichtbarer.[152] Um 1991 nutzte Toyota die Teststrecke des 1966 eröffneten Higashi-Fuji Technical Center am Fuße des Mt. Fuji (Susono, Präfektur Shizuoka) für Tests zum automatisierten Fahren.[153] Toyota entwickelte zudem ein Dual-Mode-Bussystem mit manuellem und automatisiertem Fahrmodus (Abb. 3.14). Das Intelligent Multimodal Transit System (IMTS) gewährleistete die

[149] VanderWerf et al. 2004, S. 18 (S. 59 im PDF). Laut diesem PATH-Bericht umfasste die ASV-Demo Frontkollisionswarnung und -vermeidung, adaptive Geschwindigkeitsregelung mit Bremssteuerung, Seitenkollisions-, Spurverlassens-, Straßenbedingungen- und Müdigkeitswarnsysteme, Überwachung des rückwärtigen Fahrzeugabstands sowie Head-up-Displays (VanderWerf et al. 2004, S. 28 (S. 69 im PDF).

[150] VanderWerf et al. 2004, S. 19 (S. 60 im PDF).

[151] Interview des Autors mit Sadayuki Tsugawa, Tokio, 21. Mai 2018.

[152] Bommel, Nathan. 2015. Toyota testing self-driving cars ‚since the 1990s'. *USA Today,* 6. Oktober 2015, in: https://eu.usatoday.com/story/money/cars/2015/10/06/toyota-driverless-cars-automated-highway-driving/73448028/ (abgerufen am 13. Juli 2019).

[153] E-Mail von Chuck Thorpe an den Autor, 2. März 2020.

Abb. 3.14 Das Intelligent Multimodal Transit System (IMTS) von Toyota. (Bildnachweis & Bildquelle: Tsugawa 2008, S. 18)

Querführung der Fahrzeuge mittels Magnetmarkern und die Längsführung durch Millimeterwellenradar und Inter-Vehicular Communication (IVC). Experimente auf einer Teststrecke mit einem Konvoi von drei Bussen wurden mit 30 km/h und einem Abstand von 5 Metern zwischen den Fahrzeugen durchgeführt. Später wurde das System 2001 für ein Bussystem in einem Freizeitpark auf Awaji Island und während der Weltausstellung 2005 eingesetzt.[154] Es erwies sich als echter öffentlicher Dienst, da es während der sechsmonatigen Weltausstellung in Nagoya zehn Millionen Fahrgäste über das Ausstellungsgelände beförderte.

3.6 Fazit

Japan war das erste nicht-westliche Land, das automatisierte Fahrsysteme für Automobile testete. Wie in westlichen Gesellschaften wurde das Problem der zunehmenden Verkehrsunfälle Ende der 1960er Jahre zu einer treibenden Kraft hinter der Idee, automatisierte Fahrzeuge zu entwickeln. Angetrieben von dem Ziel, zu den Vereinigten Staaten aufzuschließen, begannen die japanischen Aktivitäten ab 1961 mit Reverse Engineering, wobei das Guidance-Cable-Konzept von RCA als Vorlage diente. 1967 befuhr ein Fahrzeug mit automatischer Quer- und Längsregelung eine Teststrecke und erreichte eine Geschwindigkeit von 100 km/h.

[154] Ebd., S. 17.

Ende der 1960er Jahre arbeiteten die Vereinigten Staaten und Japan an denselben ingenieurtechnischen Problemen.

Zunächst konzentrierte sich Japan auf die Adaption US-amerikanischer Konzepte, wurde jedoch in den 1970er Jahren zum Innovationsführer. Der Wandel der postindustriellen Gesellschaft hin zu einer Informationsgesellschaft und das Bestreben, unabhängig von Technologieimporten zu werden, beschleunigten die Forschungsanstrengungen im Mobilitätssektor. Das Mechanical Engineering Laboratory war das erste Labor weltweit, das eine Kamera zur Führung eines Straßenfahrzeugs einsetzte. Bereits vor 1975 arbeitete MEL an einem Algorithmus zur Hinderniserkennung und präsentierte 1978 das weltweit erste visuell geführte autonome Straßenfahrzeug für Straßen mit Leitplanken. Unabhängig von anderer Bodenausrüstung fuhr es entlang dieser Leitplanken und erreichte eine Geschwindigkeit von 36 km/h. Japan arbeitete zudem an einem automatisierten Personal Rapid Transit-System und einem Verkehrsinformationssystem für die Fahrzeugnavigation.

Bereits 1981 arbeitete Japan an der Fahrzeug-zu-Fahrzeug-Kommunikation. 1984 war ein autonomes Forschungsfahrzeug des MEL in der Lage, zwischen erhöhten Hindernissen und Figuren auf dem Boden zu unterscheiden und erreichte eine Geschwindigkeit von 10 km/h. Die Arbeit an einer universellen maschinellen Bildverarbeitung begann mit dem Personal Vehicle System im Jahr 1987, das 1989 eine Geschwindigkeit von 60 km/h erreichte. Bis 1991 wurde die Hinderniserkennung mit weiteren Kameras, Ultraschallsensoren und laserbasierten Systemen realisiert.

In den 1990er Jahren entwickelte Japan parallel infrastruktur- und fahrzeugbasierte Ansätze und war in der Forschung zu Assistenzsystemen sehr fortschrittlich: Seit 1991 erforschte das Advanced Safety Vehicle-Projekt des Verkehrsministeriums fahrzeugbasierte aktive Sicherheitssysteme – früher als die Vereinigten Staaten, die eine ähnliche Initiative erst 1997 starteten. Auch die Arbeit an Fahrzeugnetzwerken war in Japan während der 1990er Jahre besonders stark ausgeprägt.

Ab Mitte der 1990er Jahre erreichte Japan sein Ziel, zu den Vereinigten Staaten aufzuschließen, und wurde Teil eines internationalen Wettlaufs um Intelligente Verkehrssysteme (ITS). 1995 startete das Bauministerium ein Automated Highway System-Projekt und organisierte im selben Jahr Japans erste AHS-Demonstration, die den Schwerpunkt auf die Kooperation zwischen Fahrzeugen und Infrastruktur legte. Es folgte dem Ansatz des kalifornischen PATH-Programms, das 1992 die ersten Platooning-Experimente mit Magnetmarkern zur Querführung durchführte. 1996 organisierte Japan eine Platooning-Demonstration auf einer noch nicht eröffneten Autobahn, basierend auf Magnetmarkern und LCX-Kabeln.

Beide Ansätze, infrastruktur- und fahrzeugbasierte Sensorsysteme, wurden im Jahr 2000 demonstriert. Die Automobilindustrie startete eigene Programme zum autonomen Fahren ohne Beteiligung des Staates.

Aus vergleichender Perspektive sollten auch zwei wesentliche nicht-technische kulturelle Unterschiede zwischen dem autonomen Fahren in Japan einerseits und den Vereinigten Staaten sowie Europa andererseits hervorgehoben werden.

Erstens wurde die Forschung zum autonomen Fahren in Japan aus historischen Gründen nicht von militärischen Institutionen finanziert – ein deutlicher Gegensatz zu den Vereinigten Staaten. Nach dem Abwurf zweier Atombomben auf die Städte Hiroshima und Nagasaki im Zweiten Weltkrieg waren Atom- und Flugzeugforschung in Japan seit Ende 1945 verboten.[155] Nach der amerikanischen Besatzung legte Japan in seiner Verfassung fest, dass es keine Armee haben und keine militärischen Anstrengungen unterstützen sollte.[156] Artikel 9 der Verfassung legt fest, dass Japan „für immer auf Krieg als souveränes Recht der Nation und auf die Androhung oder Anwendung von Gewalt als Mittel zur Beilegung internationaler Streitigkeiten verzichtet."

Die Ökonomin Yveline Lecler betont den Einfluss dieser Entscheidung auf die industrielle Struktur sowie die Entwicklung von Wissenschaft und Technologie. In den meisten anderen Ländern spielt das Militär eine wichtige Rolle bei der Entwicklung technischer Innovationen, und die Privatwirtschaft profitiert häufig von militärischer Förderung. Japan beschritt einen anderen Weg – seine Definition von „nationaler Sicherheit" konzentrierte sich auf den Schutz und die Entwicklung ziviler Schlüsselindustrien, die künftig eine entscheidende Rolle spielen könnten. Diese langfristigen Visionen, basierend auf prospektiven Analysen, erhielten einen institutionellen Rahmen mit mehreren Ministerien und Agenturen für Wissenschaft und Technologie, die alle dem Kabinett des Premierministers unterstellt waren.[157]

Diese institutionelle Struktur spiegelt sich auch in der Haltung einzelner Forscher wider, die – wie Sadayuki Tsugawa betont – „definitiv ablehnend gegenüber der Annahme von Geld aus dem Militärbereich" waren.[158] Da viele Japaner um die Katastrophe des Zweiten Weltkriegs wissen, waren Forscher „bewusster" in Bezug darauf, was sie in welchem Kontext tun. So entschieden sich beispielsweise japanische Universitäten, nicht an den DARPA Challenges teilzunehmen. Erst in jüngster Zeit änderte sich diese Situation: Laut Tsugawa begann das japanische Verteidigungsministerium 2015 damit, Universitätsforschung zu innovativen Hochtechnologien zu fördern. Während einige Universitäten beschlossen, sich nicht um diese Art von Förderung zu bewerben, beantragen und erhalten andere Universitäten Geld vom Militär. Ein Grund dafür ist, dass das Budget des Bildungsministeriums und die Zahl exzellenter Veröffentlichungen aus Japan jährlich abnehmen.

Zweitens wurde – im Gegensatz zu den Vereinigten Staaten und Deutschland – keines der Forschungsfahrzeuge, die während vierzig Jahren Forschung zum automatisierten Fahren eingesetzt wurden, Teil von Wissenschafts- und Technikmuseen. Statt Museumsobjekte zu werden, wurden die Forschungsfahrzeuge verschrottet: Die beiden 1963er Toyota Crown, die für Tests mit Führungskabeln verwendet worden waren, fielen 1970 einer Ausmusterung zum Opfer.[159] Der

[155] Morris-Suzuki 1994, S. 162.

[156] Lecler 1991, S. 151.

[157] Ebd., S. 152.

[158] Interview des Autors mit Sadayuki Tsugawa, Tokio, 21. Mai 2018.

[159] E-Mail von Sadayuki Tsugawa an den Autor, 14. April 2018.

modifizierte Toyota Crown S 60 / S 70 – das weltweit erste visionsbasierte automatisierte Straßenfahrzeug – landete Ende der 1990er Jahre auf dem Schrottplatz. All diese Forschungsfahrzeuge starteten keine zweite Karriere als Ausstellungsobjekt wie das Forschungsfahrzeug Mercedes 500 SEL (VaMP) der UniBwM in Deutschland, das heute in der Verkehrsausstellung des Deutschen Museums in München zu sehen ist, oder das Stanford Cart, das im Computer History Museum von Google in Kalifornien ausgestellt ist. Heute ist der wichtigste Teil des Miraikan (National Museum of Emerging Science and Technology) in Tokio, das 2001 eröffnet wurde, der großen Zahl japanischer Innovationen im Bereich der Robotik gewidmet. Die Hauptattraktion des Museums ist eine Live-Vorführung des humanoiden Roboters ASIMO von Honda, der mit einem Menschen Fußball spielt.

Literatur

Anderson, Edward. 1996. Some Lessons from the History of Personal Rapid Transit (PRT), August 4, 1996. Conference Paper, online in: http://staff.washington.edu/jbs/itrans/history.htm. Zugegriffen: 18. Juli 2019.

Bloom, Justin L., and Shinsuke Asano. 1981. Tsukuba Science City: Japan Tries Planned Innovation. *Science*, New Series 212 (4500): 1239–1247.

Bommel, Nathan. 2015. Toyota testing self-driving cars 'since the 1990s'. *USA Today*, October 6, 2015. https://eu.usatoday.com/story/money/cars/2015/10/06/toyota-driverless-cars-automated-highway-driving/73448028/. Zugegriffen: 13. Juli 2019.

Boyer, Robert, Elsie Charron, Ulrich Jürgens, and Steven Tolliday. 1998. Introduction: Between Imitation and Innovation: The Transfer and Hybridization of Productive Models in the International Automobile Industry. In *Between Imitation and Innovation, The Transfer and Hybridization of Productive Models in the International Automobile Industry*, Hrsg. Robert Boyer, Elsie Charron, Ulrich Jürgens, and Steven Tolliday, 1–20. New York.

Chalmers, Johnson. 1982. *MITI and the Japanese Miracle: The Growth of Industrial Policy, 1925–1975*. Stanford.

Chatani, Yoshiyuki. 2008. Antennas for the Bullet Train. In *Mobile Antenna Systems Handbook*, Hrsg. Kyohei Fujimoto, 3. Aufl., 417–425. Boston, London.

Committee on Japan (Hrsg.). 1997. *Maximizing U.S. Interests in science and technology relations with Japan, Committee on Japan framework statement and report of the competitiveness task force*. Washington, D.C., online in: https://www.nap.edu/read/5850/chapter/1#iii. Zugegriffen: 20. Jan. 2018.

Faure, Guy. 2007. Le METI et la science industrielle au Japon. In *L'Empire de l'intelligence: Politiques scientifiques et technologiques du Japon depuis 1945*, Hrsg. Jean-François Sabouret. Paris, online in: http://books.openedition.org/editionscnrs/4945. Zugegriffen: 26. Jan. 2018.

Harayama, Yuko, and Laurent Genod. 2007. La politique scientifique et technologique au Japon: une perspective historique. In *L'Empire de l'intelligence: Politiques scientifiques et technologiques du Japon depuis 1945*, Hrsg. Jean-François Sabouret, 23–49. Paris, online in: http://books.openedition.org/editionscnrs/4942. Zugegriffen: 20. Jan. 2018.

Hirose, Takeshi. 1989. Position Prediction of Automobiles – White Line Detection (in Japanese). *Proceedings of the 28th SICE Annual Conference* 1: 23–24.

保坂明夫，青木啓二，津川定之，自動運転(第2版):システム構成と要素技術，森北出版 (Translation of the book title in English: Hosaka, Akio, Keiji Aoki, Sadayuki Tsugawa. 2019. *Automated Driving, Systems and Technologies*, 2. Aufl. Tokyo: Morikita Publishing).

Ijichi, Tomohiro. 2012. Innovation Policies and Reforms in Japan. In *The Dynamics of Regional Innovation, Policy Challenges in Europe and Japan, Series on Innovation and Knowledge Management*, Hrsg. Yveline Lecler, Tetsuo Yoshimoto, and Takahiro Fujimoto, Bd. 10, 41–71. Singapore.

Ioannou, Petros A., Hrsg. 1997. *Automated Highway Systems*. New York, London.

Ishii, Takemochi, Masakazu Iguchi, and Masaki Koshi. 1976. CVS: Computer-Controlled Vehicle System, translated by Akira Yamashita. In *Personal Rapid Transit III*, Hrsg. D.A. Gary, M.J. Gary, A.L. Kornhauser, and W.L. Garrard, 77–83. Minneapolis: University of Minnesota, online in: http://staff.washington.edu/jbs/itrans/cvs%20prt%20paper%20with%20illustrations.pdf. Zugegriffen: 7. Juli 2019.

Kato, S., et al. 2002. Vehicle Control Algorithms for Cooperative Driving with Automated Vehicles and Inter-vehicle Communications. *IEEE Transactions on Intelligent Transportation Systems* 3 (3): 155–161.

Lanson, Florian. 2010. Les Systèmes de Transport Intelligents au Japon, Rapport d'Étude, Ambassade de France au Japon, Service pour la Science et la Technologie.

Lecler, Yveline. 1991. La dynamique du progrès scientifique et technique au Japon. In *Gestion 2000, Management & Prospective*, No. 4, August–September 1991, S. 149–178.

Lukács, Gabriella. 2010. *Scripted Affects, Branded Selves: Television, Subjectivity, and Capitalism in 1990s*. Japan, Durham and London.

Matsumoto, Shuntetsu. 1971. Highway Communication System Using Guidance Cable. *IEEE Transactions on Vehicular Technology* VT-20 (1): 12–16.

Ministry of Land, Infrastructure, Transport and Tourism, Road Bureau, ITS Homepage, ITS Handbook Japan 2000, Section 4 ITS deployment progress in Japan, Toward practical use of the Smart Cruise System, 2000. http://www.mlit.go.jp/road/ITS/2000HBook/chapter4/4-19e.html. Zugegriffen: 12. Dez. 2017.

Ministry of Land, Infrastructure, Transport and Tourism, Road Bureau, ITS Homepage, Comprehensive Plan for ITS in Japan, Chapter 1 Significance of Promoting ITS, 2008. http://www.mlit.go.jp/road/ITS/5Ministries/chap1.html. Zugegriffen: 12. Dez. 2017.

Ministry of Land, Infrastructure, Transport and Tourism, Road Bureau, ITS Homepage, Archive, ITS Handbook Japan 2008, AHS (Advanced Cruise-Assist Highway System), 2008. http://www.mlit.go.jp/road/ITS/1998HBook/chapter3/3-3e.html. Zugegriffen: 12. Dez. 2017.

Ministry of Land, Infrastructure, Transport and Tourism, Study Group for the Promotion of ASV, Seeking Even Greater Traffic Accident Reductions through Vehicle Advancements, October 2017. http://www.mlit.go.jp/jidosha/anzen/01asv/resourse/data/asv6pamphlet-e.pdf. Zugegriffen: 13. Juli 2017.

Morris-Suzuki, Tessa. 1994. *The Technological Transformation of Japan: From the Seventeenth to the Twentieth-First Century*. Cambridge/New York/Melbourne: Cambridge University Press.

Nozaki, Taketoshi. 1976. Characteristics of an Automatic Automobile Steering System Using the Information of a Course Deviation at Some Distance Ahead of the Automobile (article in Japanese). *Transactions of the Society of Instrument and Control Engineers* 12 (6): 687–693, online in: https://www.jstage.jst.go.jp/article/sicetr1965/12/6/12_6_687/_pdf/-char/ja. Zugegriffen: 27. Juni 2019.

Ohmine, Hiroyuki. 2008. Antennas for ITS. In *Mobile Antenna Systems Handbook*, Hrsg. Kyohei Fujimoto, 427–457. Boston, London: Artech House.

Okimoto, Daniel I., and Thomas P. Rohlen, Hrsg. 1988. *Inside the Japanese System: Readings on Contemporary Society and Political Economy*. Stanford.

Oshima, Y., E. Kikuchi, M. Kimura, and S. Matsumoto. 1965. Control System for Automatic Automobile Driving. In *Proceedings of the International Federation of Automatic Control (IFAC), Tokyo Symposium on Systems Engineering for Control System Design*, Hrsg. Kankuro Kaneshige and Keisuke Izawa, 347–357.

Özgüner, Ümit, Tankut Acarman, and Keith Alan Redmill. 2011. *Autonomous Ground Vehicles*. Boston, London.

Rieu, Alain-Marc. 2007. Le Japon comme "société de connaissance": quelles leçons pour la France?, Politiques de recherche, innovation et réformes institutionnelles depuis la crise de l'énergie des années 1970. In *L'Empire de l'intelligence: Politiques scientifiques et technologiques du Japon depuis 1945*, Hrsg. Jean-François Sabouret, 185–216. Paris.

Roth, Joshua Hotaka. 2017. The Shared Road: Cars, Pedestrians and Bicyclists in Japan. In *Cars, Automobility and Development in Asia: Wheels of Change*, Hrsg. Arve Hansen and Kenneth Bo Nielsen, 134–151. London/New York.

Sabouret, Jean-François. 2007. Introduction, Japon: Le grand secret. In *L'Empire de l'intelligence: Politiques scientifiques et technologiques du Japon depuis 1945*, Hrsg. Jean-François Sabouret, 9–21. Paris.

Saito, Mitsuo. 2000. *The Japanese Economy*. Singapore, New Jersey, London, Hong Kong.

Schneider, Jerry. 2014. Description of the Japanese Computer-Controlled Vehicle System (CVS) (derived largely from a report entitled Automated Guideway Transit: An Assessment of PRT and Other New Systems, U.S. Congress, Office of Technology Assessment, June 1975), November 11, 2014, online in: http://staff.washington.edu/jbs/itrans/cvs1.htm. Zugegriffen: 7. Juli 2019.

Sekine, Taro. 2015. The Image of Automobile Safety. In *International Association of Traffic and Safety Sciences, Interdisciplinary Wisdom of IATSS.*, 2015, online in: http://www.iatss.or.jp/common/pdf/en/publication/commemorative-publication/iatss40_theory_06.pdf, S. 62. Zugegriffen: 9. Nov. 2017.

Shladover, Steven E., Advanced Vehicle Control Systems. 1990. *SAE Technical Paper* 901129: 103–112.

Statistics Bureau, Ministry of Internal Affairs and Communications, Chapter 29, Disasters and Accidents, Road Traffic Accidents 1924–2005, online in: http://www.stat.go.jp/data/chouki/zuhyou/29-11.xls. Zugegriffen: 9. Nov. 2017.

Taniguchi, M., et al. 1991. The Development of Autonomously Controlled Vehicle, PVS. *Proceedings of the 1991 Vehicle Navigation and Information Systems Conference*, S. 1137–1141.

Toffler, Alvin. 1980. *The Third Wave*. New York.

Tombo, 日本で最初のテストコース 旧東村山自動車試験道路, July 2, 2009, in: http://blog.livedoor.jp/thetombo2/archives/51493535.html. Zugegriffen: 3. Dez. 2017.

Tsugawa, Sadayuki, Teruo Yatabe, Takeshi Hirose, Shuntetsu Matsumoto. 1979. An Automobile with Artificial Intelligence. *Proceedings of the 6th International Joint Conference on Artificial Intelligence*, Vol. 2, San Francisco, S. 893–895.

Tsugawa, Sadayuki, Takeshi Hirose, and Teruo Yatabe. 1984. An Intelligent Vehicle with Obstacle Detection and Navigation Functions. *Industrial Electronics Conference (IECON)* 1: 303–308.

Tsugawa, Sadayuki. 1992. Concept of Super Smart Vehicle Systems and Their Relation to Advanced Vehicle Control Systems. *Transportation Research Record* 1358: 42–49.

———. 2005. Issues and recent trends in vehicle safety communication systems. *IATSS Research* 29 (1): 7–15.

———. 2008. A History of Automated Highway Systems in Japan and Future Issues, Institute of Electrical and Electronics Engineers. *International Conference on Vehicular Electronics and Safety*, Ohio, USA, September 22, 2008, S. 2–3.

———. 2009. A Survey on Effects of ITS–related Systems and Technologies on Global Warming Prevention. In *Proceedings of the 12th IFAC Symposium on Transportation Systems*, Redondo Beach, USA, September 2–4, 2009, S. 334–341.

———. 2011. Automated Driving Systems: Common Grounds of Automobiles and Robots. *International Journal of Humanoid Robotics* 8 (1): 1–12.

———. 2013. An Overview on an Automated Truck Platoon within the Energy ITS Project. *7th IFAC Symposium on Advances in Automotive Control, The International Federation of Automatic Control (IFAC)*, September 4–7, 2013, Tokyo, Japan, S. 41–46.

Tsugawa, Sadayuki, Sabina Jeschke, and Steven E. Shladover. 2016. A Review of Truck Platooning Projects Foe Energy Savings. *IEEE Transactions on Intelligent Vehicles* 1 (1): 68–77.

VanderWerf, Joel, Steven Shladover, and Mark A. Miller 2004. Conceptual Development and Performance Assessment for the Deployment Staging of Advanced Vehicle Control and Safety Systems, California PATH Research Report UCB-ITS-PRR-2004-22, August 2004, online in: https://pdfs.semanticscholar.org/3476/e3f1195402060c9398e95674f7c2c6d0fa49.pdf. Zugegriffen: 8. Juli 2019.

Wootton, J.R., and A. García-Ortiz. 1995. Intelligent Transportation Systems. In *Mathematical and Computer Modelling* 22 (4–7): 259–268.

Kapitel 4
Geschichte der Forschung zur Fahrzeugautomatisierung in Europa

Nach den ersten beiden Kapiteln über die Forschung zum automatisierten und autonomen Fahren in den Vereinigten Staaten und Japan werden wir nun die Entwicklungsbemühungen in einem dritten geografischen Raum vorstellen, Europa – mit Schwerpunkt auf Deutschland und Frankreich.

Es würde den Rahmen unserer Untersuchung sprengen, einen vollständigen Überblick über alle einzelnen Forschungsprojekte in allen europäischen Ländern zu geben. Statt auf Quantität haben wir auf Qualität gesetzt – es werden nur Projekte vorgestellt, die allgemeine Entwicklungstrends veranschaulichen. Vorrang haben auch Institutionen, die Testfahrzeuge entwickelt und deren Fähigkeiten in internationalen Demonstrationsprogrammen gezeigt haben.[1]

Das erste Kapitel beginnt mit den frühen Experimenten zum automatisierten Fahren in Europa: Vorgestellt werden die Führungskabel-Forschung des Road Research Laboratory in England (1960–1975), das halbautomatisierte Testfahrzeug von Continental (1968) sowie die führungsdrahtgelenkten Lkw von MAN und Bosch (1971) in Deutschland. In Frankreich setzte Peugeot Führungskabel ausschließlich für Testfahrten ein.

Das zweite Kapitel beschreibt den Übergang zu Bildverarbeitungssystemen in Europa Ende der 1970er Jahre. Wie in den USA und Japan wurde maschinelles Sehen zu einem vielversprechenderen Ansatz für die Fahrzeugautomatisierung als Führungskabel. Ende der 1970er Jahre entstand in Frankreich der mobile Roboter HILARE. In Deutschland begann Ernst Dieter Dickmanns an der UniBwM mit

[1] Einige Ereignisse und Projekte mussten jedoch aus Mangel an Ressourcen oder Zeit ausgelassen werden, zum Beispiel die Automated Vehicle Guidance Demo'98 in Rijnwoude, Niederlande, und die Forschungsarbeiten von Hans-Hellmut Nagel am *Fraunhofer Institut für Informations- und Datenverarbeitung* (IITB).

F. Kröger, *Vom automatisierten zum autonomen Fahren*,
https://doi.org/10.1007/978-3-032-11350-4_4

der Arbeit an dynamischer maschineller Bildverarbeitung mit einer Simulationsschleife. Anfang der 1980er Jahre zeigte die Automobilindustrie Interesse an Experimenten zur visuellen Fahrzeugführung (Volkswagen Opto-Pilot).

Das dritte Kapitel widmet sich den Konzepten, Forschungsfahrzeugen und Meilensteinen der UniBwM in Deutschland. Beginnend mit dem Bildverarbeitungssystem des Forschungsfahrzeugs VaMoRs und dem 4-D-Ansatz (1985–1991) von Dickmanns werden die ersten Außeneinsätze von VaMoRs (Skidpan-Demo bei Daimler Stuttgart) im Jahr 1986 vorgestellt, gefolgt von einem Abschnitt über das Projekt Autonome Mobile Systeme mit Daimler (1987–1988). Ein bedeutender Meilenstein der 1980er Jahre war die vollständig autonome Hochgeschwindigkeitsfahrt von VaMoRs auf der Autobahn (1987).

Das vierte Kapitel konzentriert sich auf das PROMETHEUS-Programm der Europäischen Union (1988–1994). Der Know-how-Transfer der UniBwM-Technologie auf den VITA-Forschungs-Van von Daimler wird vorgestellt, gefolgt von einer Darstellung der Forschungsfahrzeuge VITA-II und VaMP mit der zweiten Generation des UniBwM-Bildverarbeitungssystems auf Basis von Transputern. Nach einem Absatz über das Bildverarbeitungssystem der zweiten Generation von VaMoRs werden die Leistungen von VaMP und VITA-II bei der abschließenden PROMETHEUS-Demonstration in Paris (1994) detailliert beschrieben, gefolgt von einem Überblick über den Stand der Technik anderer Forschungsprojekte in Frankreich, Großbritannien und Deutschland in dieser Zeit.

Das fünfte Kapitel befasst sich mit den Forschungsanstrengungen, die nach PROMETHEUS (1995–2000) unternommen wurden. Vorgestellt werden die französischen Projekte Praxitèle, Cycab und La Route Automatisée. Die nächsten Absätze heben zwei wichtige Demonstrationen hervor: die Langstreckenfahrt von VaMP von München nach Odense (1995) und die Mille Miglia in Automatico der Universität Parma in Italien (1998).

Das sechste Kapitel geht in der Chronologie zurück und stellt die verteidigungsbezogenen Aktivitäten in Europa vor. Beginnend mit dem französischen Militärprojekt DARDS wird das experimentelle Robotikprogramm PRIMUS in Deutschland zusammen mit dem AutoNav-Abkommen (1997–2003) und dem Bildverarbeitungssystem der dritten Generation (EMS) der UniBwM präsentiert.

4.1 Frühe Führungskabel-Experimente in Europa

Wie in Japan wurden auch in Europa die frühen Experimente zum automatisierten Fahren vom Führungskabel-Konzept von RCA und GM in den Vereinigten Staaten beeinflusst.

4.1.1 Forschung zu Führungskabeln am Road Research Laboratory in England (1960–1975)

In Europa wurde die früheste Forschung zur automatischen Fahrzeugführung 1960 von Cyril George Giles, Leiter der Abteilung für Oberflächeneigenschaften des Road Research Laboratory (RRL)[2] in Harmondsworth, Middlesex (England), durchgeführt.[3] Das Labor wurde 1933 als Regierungsbehörde unter dem Department of Scientific and Industrial Research (DSIR) gegründet und war mit Aufgaben zu Straßenbaumaterialien und Straßenbau betraut. Nach dem Zweiten Weltkrieg konzentrierte sich das RRL auf Fragen der Verkehrssicherheit, unterstützt vom Ministry of Transport, dem National Physical Laboratory und dem DSIR. Johnson hebt hervor, dass das RRL zu dieser Zeit die bedeutendste und am besten ausgestattete Straßenforschungseinrichtung der Welt war, da es „Experimente in Originalgröße und mit voller Geschwindigkeit" durchführen konnte.[4]

Um Staus auf Autobahnen zu vermeiden, begann das Labor zudem, die Verkehrssteuerung durch einen Zentralrechner zu untersuchen – man schätzte, dass ein solches System die Straßenkapazität um 50 % erhöhen und 40 % der Unfälle verhindern könnte. Erste Experimente wurden ab 1960 auf einer neuen Teststrecke in Crowthorne, Berkshire, durchgeführt.[5] Nach erfolgreichen Tests wurden vier Meilen der M4 zwischen Slough und Reading mit zwei Führungskabeln unter der Fahrbahn ausgestattet. Die Experimente begannen, bevor die Straße für den öffentlichen Verkehr freigegeben wurde.[6]

Das System automatisierte *sowohl die Längs- als auch die Querführung:* Die Kabel übertrugen elektronische Signale, die von Sensoren empfangen wurden, welche die Lenk- und Bremssysteme der Fahrzeuge ansteuerten.[7] Diese Experimente wurden als „drive-by-wire" bezeichnet[8] und es kamen vier Testfahrzeuge zum Einsatz. Wie beim RCA-Experiment in Nebraska 1957 (siehe Abschn. 2.1.1) wurde die Windschutzscheibe eines manuell gesteuerten Fahrzeugs – eines Stan-

---

[2] 1972 wurde das Road Research Laboratory in Transport and Road Research Laboratory (TRRL) umbenannt. 1996 wurde es privatisiert und heißt heute Transport Research Laboratory (TRL).

[3] Giles, C.G., und J.A. Martin. 1961. *Cable Installation for Vehicle Guidance Investigations in the New Research Track at Crowthorne, Report RN/40 57/CGG.* Crowthorne: Road Research Lab (zit. in: Ioannou, S. 9).

[4] Johnson, S. 40.

[5] Reuters, Großbritannien: New Road Research track opened at Crowthorne, 25. Oktober 1960, in: https://reuters.screenocean.com/record/547949 (abgerufen am 25. Juni 2019).

[6] Torchinsky, S. 60.

[7] Reynolds, John. 2001. Cruising into the Future. *Telegraph.,* 26. Mai 2001, online in: https://www.telegraph.co.uk/motoring/4750544/Cruising-into-the-future.html (abgerufen am 12. Juni 2019).

[8] Heute wird der Begriff drive-by-wire nicht mehr für ein Auto verwendet, das einem im Straßenbett verlegten Kabel folgt. Stattdessen bezeichnet er die Ersetzung mechanischer Verbindungen zwischen Komponenten wie Gaspedal und Motor durch elektronische Leitungen.

dard Vanguard Kombis – mit Pappe abgedeckt und der Fahrer musste den auf dem Armaturenbrett angezeigten Lenkbefehlen folgen. Ein System namens RITA (Road Information Transmitted Aurally) informierte den Fahrer akustisch per Funk über die Verkehrsschilder.

Nach dem Vanguard wurde ein automatisierter Citroën DS 19 für die Experimente eingesetzt. Heute wird das Fahrzeug in der Road Transport Collection des Science Museum in Wroughton als „das weltweit erste vollständig automatisch gesteuerte Straßenfahrzeug" präsentiert.[9] Das Hydrauliksystem wurde so modifiziert, dass Lenkung, Bremsen und Gas automatisch betätigt werden konnten. Mithilfe von Sensoren an Front und Heck folgte der Citroën den unter der Fahrbahn verlegten Magnetkabeln und fuhr auf der Teststrecke mit Geschwindigkeiten bis zu 130 km/h (80 mph) auf trockener Fahrbahn. Selbst auf schneebedeckter Fahrbahn funktionierte das System bei Geschwindigkeiten bis zu 100 km/h (60 mph), wie ein Forschungsbericht von 1970 berichtet.[10] Den Ingenieuren gelang es jedoch nicht, das Fahrzeug zum Spurwechsel zu bewegen.[11]

Da das Hydrauliksystem für den allgemeinen Einsatz zu komplex war, wurden 1969 ein Austin Mini und ein Ford Cortina mit Automatikgetriebe für automatisierte Fahrversuche ausgerüstet. Der Ford Cortina ist in einem Video aus dem Jahr 1971 zu sehen, das vermutlich während eines der Public Open Days des Labors aufgenommen wurde.[12] Der Film zeigt, dass das RRL zu dieser Zeit mit Radarsensoren zur Abstandshaltung experimentierte – wie MAN und Bosch in Deutschland (Abschn. 4.1.3). Weitere Szenen sind in einem BBC-Film über das Road Research Laboratory dokumentiert.[13] Der Film erwähnt außerdem ein automatisches Mautsystem, das mit einer Blackbox funktioniert, die jedes Fahrzeug identifiziert, das beim Einfahren ins Stadtzentrum einen Draht in der Fahrbahn aktiviert.

Beeinflusst durch die Ölkrise und die Wirtschaftskrise Mitte der 1970er Jahre betrachtete die britische Regierung die langfristige Forschung im Bereich der automatischen Führung als „unnötig und unerschwinglich". Sämtliche Förder-

[9]Reynolds, John. 2001. Cruising into the Future. *Telegraph.,* 26. Mai 2001, online in: https://www.telegraph.co.uk/motoring/4750544/Cruising-into-the-future.html (abgerufen am 12. Juni 2019).

[10]Cardew, K.H.F. 1970. The Automatic Steering of Vehicles: An Experimental System Fitted to a DS 19 Citroen Car, Driver Aids and Abilities Section, Road Research Laboratory, Crowthorne, Berkshire, RRL report LR 340 (1970), online in: https://trl.co.uk/sites/default/files/LR340.pdf (abgerufen am 22. Juni 2019).

[11]Waugh, Rob. 2013. How the first "driverless car" was invented in Britain. *Yahoo News UK,* 17. Juli 2013, online in: https://uk.news.yahoo.com/how-the-first%2D%2Ddriverless-car%2D%2Dwas-invented-in-britain-in-1960-093127757.html (abgerufen am 26. Juli 2019).

[12]British Movietone, 2015. Early Driverless Car in 1971, 2. Juli, online in: https://www.youtube.com/watch?v=5ocvNxjN3dc (abgerufen am 16. Juni 2019).

[13]DRIVERLESS CARS and the FUTURE OF MOTORING | BBC News | Retro Transport | BBC Archive (Videotitel), BBC-Ausstrahlung vom 18. Mai 1971, in: BBC Archive (Youtube-Account), Hochgeladen am 5. Mai 2022, online in: https://www.youtube.com/watch?v=Y2Lw3ZvrEdk (abgerufen am 5. Mai 2022).

mittel wurden gestrichen.[14] Der Einsatz von Führungskabeln wurde wegen der hohen Kosten für Straßenumbauten aufgegeben.[15] Ein ähnlicher Rückzug ist einige Jahre später auch in den Vereinigten Staaten zu beobachten (siehe Abschn. 2.1.2).

4.1.2 Halbautomatisierte Testfahrten von Continental und Siemens in Deutschland (1968)

Erprobungen zum automatisierten Fahren auf Teststrecken in (West-)Deutschland begannen Ende der 1960er Jahre. Initiiert von der Gummi- und Nutzfahrzeugindustrie wurde die Technologie von großen Elektronikunternehmen und Technischen Hochschulen entwickelt. Die Fahrzeugautomatisierung wurde vor allem als nützlich für monotone Aufgaben wie Test- und Lkw-Fahrten angesehen.

Ende der 1960er Jahre entwickelte das deutsche Automobilunternehmen Continental gemeinsam mit Siemens einen halbautomatisierten, funkgeführten Mercedes 250 (Abb. 4.1) für Reifentests, der bis 1974 eingesetzt wurde.[16] Auch die Technischen Hochschulen Darmstadt und München waren an den Versuchen beteiligt. Nach aktuellem Forschungsstand handelte es sich hierbei um das erste automatisierte Straßenfahrzeug in Deutschland. Continental interessierte sich für die Automatisierung von Testverfahren, da vorprogrammierte Testfahrten präzisere Messungen ermöglichen und Testfahrer entlasten würden. Die Testfahrten begannen am 11. September 1968 auf der neuen, 2,8 km langen Testanlage Contidrom, die ein Jahr zuvor bei Jeversen im Waldgebiet der *Lüneburger Heide* eröffnet worden war.

Der Mercedes war mit „elektromechanischer Lenkung, einem elektromechanischen Gasregler und einer Funkanlage zur Übermittlung von Messwerten" ausgestattet.[17] Die Steuerelektronik und eine elektropneumatische Bremsanlage waren im Kofferraum untergebracht.

Wie bei den frühen US-amerikanischen Versuchen wurde das Magnetfeld eines in die Fahrbahn eingelassenen Leitdrahts zur Automatisierung der Querführung genutzt, aber auch zur Übermittlung von Geschwindigkeitsbefehlen. Drei Spulen an den vorderen und hinteren Stoßfängern des Fahrzeugs maßen die Intensi-

[14] Reynolds, John. 2001. Cruising into the Future. *Telegraph.*, 26. Mai 2001, online in: https://www.telegraph.co.uk/motoring/4750544/Cruising-into-the-future.html (abgerufen am 12. Juni 2019).

[15] Torchinsky, S. 62.

[16] Continental AG, Gesteuert von Elektronik: Continental brachte vor 50 Jahren sein erstes fahrerloses Fahrzeug auf den Markt, Pressemitteilung vom 11. September 2018, online unter: https://www.continental.com/en/press/press-releases/controlled-by-electronics-144932 (abgerufen am 25. September 2020).

[17] Ebenda.

Abb. 4.1 Das Testfahrzeug Mercedes 250 von Continental unter automatisierter Querführung, 1968. (Bildnachweis & Bildquelle: Continental AG, Contidrom Electronic test, online unter: https://www.continental.com/de/presse/pressemitteilungen/50-jahre-fahrerloses-fahren-144612 [abgerufen am 4. Juli 2019])

tät des Magnetfelds.[18] Die Antennen auf der linken und rechten Seite waren mit dem Lenksystem verbunden. Folgte das Fahrzeug dem Führungskabel symmetrisch, war die von beiden Spulen gemessene Spannung identisch. Verließ das Fahrzeug das Führungskabel, begannen die gemessenen Spannungen zu differieren und die Elektronik im Kofferraum passte den Lenkmechanismus an. Während die Querführung des Fahrzeugs automatisiert war, wurde die Längsführung – Beschleunigen und Bremsen – aus einem Kontrollraum ferngesteuert. Die gewünschte Geschwindigkeit wurde durch Modulation des Stroms im Leitdraht mit einer Audiofrequenz bestimmt. Die dritte Antenne in der Mitte empfing diese Befehle zur Längsführung.

Dieses System wurde von Siemens, dem US-amerikanischen Unternehmen Westinghouse und Forschern der Technischen Hochschulen München und Darmstadt entwickelt.[19] In den frühen 1960er Jahren entwickelte Westinghouse eine fahrerlose Technologie für das Skybus-Projekt in Pittsburgh, einem fahrerlosen Transportsystem mit Gummireifen auf einer Busspur.

---

[18] Continental AG, 50 Jahre fahrerloses Fahren: Pressematerial, online unter: https://publicarea.admiralcloud.com/p/a49d3d8ba92f3cdbfa864f (abgerufen am 25. September 2020a).

[19] Continental AG, The "Ghost Car", online unter: https://www.continental.com/en/company/history/the-ghost-car-145316 (abgerufen am 25. September 2020b).

Continental-Vorstandsmitglied Adolf D. Niemeyer bezeichnete das Fahrzeug als das „weltweit erste telegesteuerte Fahrzeug für Reifentests".[20] Es sei jedoch daran erinnert, dass bereits zwei Jahre zuvor der US-amerikanische Hersteller Rubber Co. Reifentests mit automatisierten Fahrzeugen auf einer fünf Meilen langen Teststrecke bei Laredo (Texas), USA, begonnen hatte.[21] Die Fahrzeuge waren mit einem Führungsarm ausgestattet, der zwei Fuß rechts vom vorderen Stoßfänger herausragte. Die Detektorspule am Arm folgte dem Verlauf eines Führungskabels.[22]

4.1.3 Der halbautomatisierte Lkw von MAN und Bosch in Deutschland (1971)

Im Jahr 1971 begannen das deutsche Lkw-Unternehmen MAN (Maschinenfabrik Augsburg Nürnberg) und das Technologieunternehmen Bosch eine Zusammenarbeit im Bereich des automatisierten Fahrens.[23] Das Projekt trug den Namen *Automatische Fahrzeugführung* (AFF). Es wurde durch die Idee motiviert, Lkw-Fahrer insbesondere in geschlossenen Bereichen wie Steinbrüchen von der Fahraufgabe zu entlasten. Zwei weitere Anwendungsfälle waren das Container-Handling in Häfen und Busverkehre auf geschlossenen Strecken. Automatisierte Lkw auf der Autobahn blieben eine längerfristige Vision.[24]

Als Versuchsfahrzeug diente ein großer MAN 16.320 F Lkw. Auf beiden Seiten des Fahrzeugs war in großen Buchstaben der Slogan *Vollautomatisch ohne Fahrer* angebracht (Abb. 4.2). Nach Angaben des MAN-Ingenieurs Hans Hagen war der Lkw mit einem Automatikgetriebe, ABS, einem Elektromotor für die Lenksteuerung Antennen und einer elektronischen Diesel-Einspritzpumpe ausgestattet, die „über Funk, Kabel oder das Gaspedal" gesteuert wurde.[25]

Die Fahrbahn einer geschlossenen MAN-Teststrecke in München-Allach wurde mit einem Führungskabel ausgestattet, das mit einem Wechselstromsignal (AC) von 10 kHz, 15 kHz und 20 kHz gespeist wurde. Ein Kontrollturm neben der Teststrecke übertrug das Signal (1 W/km) auf das Kabel.[26] Es wurde von den Antennen an Front und Heck des Lkw aufgenommen, die in einem Abstand von 300 mm zum Boden befestigt waren. Wie bei den Experimenten von Continental wurde der Lkw vom Kontrollturm aus gestartet, überwacht und gestoppt (Abb. 4.3).

[20] Meyer, Wolfgang. 1968. Ein Auto ohne Fahrer rast mit 120 Sachen über die Beton-Piste. *Bild,* 13. September 1968.

[21] Dunne, Jim. 1966. This 140-m.p.h. Test Car is Driven by Remote Control. *Popular Science,* November, S. 105.

[22] Ebenda.

[23] MAN Bus & Trucks, Gesteuert von einer unsichtbaren Hand, 28. Januar 2020, online unter: https://www.mantruckandbus.com/en/moments/1971.html (abgerufen am 25. September 2020).

[24] Hagen, Hans, Lastwagen ohne Fahrer, VDI-Nachrichten, 19. April 1974.

[25] Hagen 1974.

[26] Ebenda.

Abb. 4.2 Automatisierte Querführung, getestet von MAN und Bosch (1971). (Bildnachweis: Credits & Bildquelle: MAN Bus & Trucks, Gesteuert von einer unsichtbaren Hand, 28. Januar 2020, online unter: https://www.mantruckandbus.com/en/moments/1971.html [abgerufen am 25. September 2020])

Abb. 4.3 Der Kontrollturm neben der MAN-Teststrecke. (Bildnachweis: Credits & Bildquelle: MAN Bus & Trucks 2020)

Abb. 4.4 Infrarotgerät an der Front des MAN-Lkw. (Bildnachweis: Credits & Bildquelle: MAN Bus & Trucks 2020)

Die ersten Experimente von Bosch wurden 1971 durchgeführt. Im Sommer 1973 begannen MAN und Bosch mit Versuchen eines aktiven Führungssystems auf der Autobahn – das bedeutete, dass das Fahrzeug den Signalen des Kabels folgte.[27] Die *Querführung* (Lenkung) wurde bis zu einer Geschwindigkeit von 50 km/h automatisiert, indem dem Führungskabel gefolgt wurde. Wie bei den Experimenten von Continental erfolgte die *Längsführung* – Bremsen und Beschleunigen – per Telelenkung vom Kontrollturm aus. Die Fahrzeugelektronik an Bord erhielt Start-Stopp- und Geschwindigkeitsbefehle über das Kabel. Der halbautomatisierte Lkw konnte auch wie ein Spielzeugauto ferngesteuert werden – ein Unternehmensfilm von MAN zeigt einen Mitarbeiter, der in der Nähe des Lkw steht und das Fahrzeug mit einem Steuergerät an einem langen Kabel lenkt.

Die Experimente von MAN und Bosch gingen über die von Continental und Siemens hinaus: Die Ingenieure arbeiteten auch an Abstandswarngeräten. Wie Hans Hagen berichtete, wurden Hindernisse mit einem Radarsensor auf der linken Seite der vorderen Stoßstange erkannt. Presseberichte erwähnten auch Infrarotgeräte – eines davon ist im MAN-Film zu sehen (Abb. 4.4).[28] Mit diesem Gerät war der Lkw in der Lage, einen Sicherheitsabstand zu anderen Fahrzeugen einzuhalten. Er hielt auch vor Hindernissen an – Ausweichmanöver mussten jedoch von einem menschlichen Fahrer durchgeführt werden. Der MAN-Film zeigt, wie der Lkw bremst, nachdem er von einem anderen Auto überholt wurde, das in seine Spur einschert.[29] Hagen erklärt jedoch, dass der Sensor nicht in der Lage war, zuverlässig zwischen einem Hindernis auf der eigenen Spur und einem überholenden

[27] Ein passives System würde bestehende Fahrbahnmarkierungen nutzen und damit wichtige Infrastrukturänderungen vermeiden. Da jedoch erhebliche Änderungen an der Fahrzeugtechnik notwendig gewesen wären, wurde dieser Ansatz zu diesem Zeitpunkt nicht weiterverfolgt (Hagen 1974).

[28] Firgau, Walter. 1973. Ohne Fahrer auf richtigem Kurs. *Süddeutsche Zeitung,* 6. September.

[29] Man Bus & Trucks 2020, Min. 1:51.

Fahrzeug auf der Nachbarspur zu unterscheiden.[30] Aus diesem Grund war geplant, das System auf einer dritten Autobahnspur ausschließlich für automatisierte Lkw einzusetzen.

4.1.4 Führungskabel für Testfahrten – Peugeot in Frankreich (1979)

In Frankreich wurden Führungskabel erstmals Ende der 1960er Jahre auf einer Teststrecke von Peugeot bei Besançon eingesetzt.[31] Ende der 1970er Jahre wurde das System genutzt, um neue Fahrzeuge auf dem Testgelände von Peugeot in Belchamp bei Sochaux zu erproben.

Die ersten Fahrspuren dieser Teststrecke wurden 1959 angelegt. 1968 kam eine Hochgeschwindigkeitsstrecke hinzu. Zusätzlich zum 5,4 km langen Rundkurs errichtete Peugeot 1979 eine automatisierte Strecke von 1,4 km mit sehr schlechten Oberflächeneigenschaften, genannt *Piste Automatique Pavée* (PAP). Nur durch zwei Kabel in der Fahrbahn geführt, fuhren Prototypen mehrere Tage lang ununterbrochen ohne Fahrer mit einer Geschwindigkeit von 35 km/h über die Piste.[32]

Peugeot nutzte das Führungskabel-Konzept ausschließlich zur Automatisierung von Testfahrzeugen — ein anderer Anwendungsfall als die Automatisierung des Straßenverkehrs. Wie bei den Experimenten von Continental in Deutschland Ende der 1960er Jahre diente das Führungskabel lediglich dazu, menschliche Testfahrer von ihrer anstrengenden Aufgabe zu entlasten. Wie in anderen europäischen Ländern entwickelte die Automobilindustrie in Frankreich das automatisierte Fahren noch nicht als Zukunftskonzept für den Straßenverkehr.

4.2 Der Wandel zu Vision-Konzepten in Europa

In den 1970er Jahren verlor das Führungskabel-Konzept nicht nur in den Vereinigten Staaten, sondern auch in Japan und Europa seinen Status als vielversprechendstes Konzept für ein automatisiertes Verkehrssystem der Zukunft. Es wurde zu einer *Nischentechnologie,* die nur noch als nützlich für automatisierte Testfahrten von Forschungsfahrzeugen in geschlossenen Bereichen angesehen wurde. Am Ende der 1970er Jahre ist ein internationaler Wandel vom Führungs-

[30] Hagen 1974.

[31] Hartwich, Erwin, und Walter Zimdahl. 2012. Regelung von Straßenfahrzeugen: Ein Zeitzeugenbericht aus dem Institut von Prof. W. Oppelt, TH Darmstadt. *at-automatisierungstechnik* 60 (6), S. 340.

[32] Barbaza, Pierre. 1984. Profession Pilote Essayeur. *Echappement* (Bandnummer unbekannt), S. 90.

kabel zu visuellen Führungskonzepten zu beobachten. Japan verabschiedete sich bereits Ende der 1960er Jahre von Führungskabeln und begann dann mit Experimenten zur visuellen Führung (Abschn. 3.4.1). Die Vereinigten Staaten gaben 1977 aktive Drahtfolgesysteme auf (Abschn. 2.2). England stellte die Förderung der Forschung an Führungskabeln Mitte der 1970er Jahre ein. In Frankreich wurden 1977 mit dem mobilen Roboter HILARE in Toulouse erste Schritte mit Vision-Ansätzen unternommen. In Deutschland wählte Ernst Dieter Dickmanns (UniBwM), der die Entwicklungsgeschwindigkeit von Mikroprozessoren beobachtete, 1977 maschinelles Sehen als langfristiges Forschungsziel. Experimente der Automobilindustrie begannen 1982 mit dem Opto-Pilot bei Volkswagen.

4.2.1 Der mobile Roboter HILARE des LAAS Toulouse (1977)

Im Bereich der Robotik entstanden neue, der Führungskabel-Idee überlegene Konzepte, um Fahrzeuge mit ihrer Umgebung zu synchronisieren. Beeinflusst von den mobilen Robotern Shakey und Stanford Cart in den Vereinigten Staaten, beteiligten sich akademische Forschungsinstitute in Europa und insbesondere in Frankreich Ende der 1970er Jahre an der Forschung zu mobilen Robotern. Wie bereits erwähnt, sind die Hauptaufgaben von Robotern und autonomen Fahrzeugen identisch: Sie müssen zunächst in der Lage sein, ihre Umgebung zu beobachten und zu verstehen, und zweitens müssen sie entscheiden, welche eigenen Reaktionen in dieser Umgebung angemessen sind und diese dann umsetzen.[33] Daher ist die Entwicklung von Robotern direkt relevant für das Thema dieses Buches.

In diesem Abschnitt wird der mobile Roboter HILARE vorgestellt, einer der ersten Roboter in Europa mit der Aufgabe, Hindernissen durch Umgebungswahrnehmung auszuweichen. Er wurde vom LAAS in Toulouse entwickelt, einem der größten Labore des *Centre National de la Recherche Scientifique* (CNRS), der wichtigsten öffentlichen Forschungseinrichtung Frankreichs.[34] Das LAAS wurde

[33] Rachid Alami vom LAAS beschreibt diese Aufgaben in einer Definition der Künstlichen Intelligenz: „La capacité pour une machine, un robot, d'appréhender son environnement, de le comprendre, d'anticiper son action et de la réaliser dans des bonnes conditions, donc une capacité de raisonner sur l'environnement et sur soi-même pour réaliser une tache." (Rachid Alami, Verantwortlicher Robotik und KI, in: LAAS, Video: Robotique et Intelligence Artificielle, in: https://www.laas.fr/vod/public/films_Georges/5-robotique_IA_720p.html [abgerufen am 19. November 2020]).

[34] Chatila, Raja. 1996. Autonomous Mobile Robots in France: Some Projects and Scientific Approaches. In *Autonome Mobile Systeme 1996,* Hrsg. Günther Schmidt und Franz Freyberger, 2–7. München.

1967 von Jean Lagasse[35] – einem der Pioniere der Automatisierung in Frankreich – gegründet und nahm seine Arbeit auf dem Höhepunkt der sozialen Unruhen im Mai 1968 auf. Bis 1973 stand das Akronym LAAS für *Laboratoire d'automatique et de ses applications spatiales.* Wie der Name andeutete, waren die ersten Schritte des LAAS mit der Weltraumforschung verbunden. Heute ist es weithin bekannt für seine Beiträge zur Informations- und Kommunikationswissenschaft (Robotik, KI, Automatisierung, Systemsteuerung).

Angetrieben von einer wachsenden Nachfrage nach Industrierobotern zeigte der Industriesektor Anfang der 1970er Jahre ein verstärktes Interesse an der Robotikforschung, wie Claude Laurgeau darlegt.[36] In dieser Zeit begann der französische Automobilhersteller Renault mit der Arbeit an Industrierobotern. Diese Roboter der ersten Generation wurden als einfache mechanische Werkzeuge mit einem Bein und einer Hand konzipiert, die in der Lage waren, Objekte zu greifen, jedoch ohne ausgeprägte Wahrnehmungsfähigkeiten.[37] Um seine Aktivitäten in diesem Bereich zu verstärken, suchte Renault nach akademischer Expertise.

Als Reaktion auf diese industrielle Nachfrage wurde am LAAS eine Robotik-Forschungsgruppe gegründet. Als Zeichen für die Weiterentwicklung seiner Aktivitäten änderte das LAAS 1973 seinen Namen in *Laboratoire d'automatique et d'analyse de systèmes.*[38] Nach seiner Rückkehr von einem Forschungsaufenthalt an der Universität Berkeley gründete der französische Robotiker George Giralt (1930–2013) 1974 die Robotik- und KI-Gruppe am LAAS, die mechanische und KI-Ansätze kombinierte.

Ende 1977 begann Giralts Team mit der Arbeit am mobilen Roboter HILARE *(Heuristiques intégrés aux logiciels et automatismes dans un robot évolutif).*[39] Dieser Roboter ist für die Zielsetzung unserer Publikation von besonderem Interesse, da er entwickelt wurde, um Wegefindungs- und Hinderniserkennungsprozesse zu verstehen – Aufgaben, die auch für Konzepte des autonomen Fahrens entscheidend sind.

---

[35] Das LAAS entstand durch den Zusammenschluss von Teams der *École nationale supérieure d'électrotechnique, d'électronique, d'informatique, d'hydraulique et des télécommunications* (ENSEEIHT) und der Abteilung Génie électrique des *Institut National des Sciences Appliquées* (INSA) in Toulouse (Martinez, Augustin, La centrale technologique microélectronique, in: Lettre du LAAS, N° 37, Oktober 2008, S. 39, online in: https://www.laas.fr/LettreDuLaasStatic/content/download/793/4835/version/3/file/La-Lettre-n37-5.pdf.

[36] Laurgeau, Claude. 2009. Le siècle de la voiture intelligente, S. 8. Paris.

[37] Giralt, Georges. 1990. Robots et intelligence des machines. *Les Cahiers du MURS* Nr. 22, 4. Quartal, S. 28.

[38] 1994 wurde die Bedeutung des Akronyms in *Laboratoire d'analyse et d'architecture des systèmes* geändert (CNRS, La science de la machine intelligente, Interview mit Georges Giralt, Interviewer: Patrick Danès, in: La lettre du LAAS, N° 37, Oktober 2008, S. 58, online in: https://www.laas.fr/LettreDuLaasStatic/content/download/793/4835/version/3/file/La-Lettre-n37-5.pdf).

[39] Giralt, Georges, R.P. Sobek und Raja Chatila. 1979. A multi-level planning and navigation system for a mobile robot; a first approach to HILARE. *Proceedings of 6th IJCAI,* Tokio, Japan.

Das dreirädrige Fahrzeug wurde von 24-Volt-Batterien gespeist, wog 400 kg und wurde ausschließlich im Labor betrieben.[40]

Auf der Wahrnehmungsseite nutzte HILARE einen Laserdistanzmesser, eine TV-Kamera auf einer Schwenk-/Neigeplattform, 14 Ultraschallsensoren zur Erkennung naher Objekte und Odometrie zur Messung der zurückgelegten Strecken. HILARE verarbeitete die Informationen dieser Sensoren auf vier bordeigenen Intel 80286-Prozessoren, die für Bewegung und Sonarverarbeitung zuständig waren. Doch wie bei Shakey und dem Stanford Cart befand sich die wichtigste Rechenleistung außerhalb des Roboters: Der Roboter funktionierte nur mit einer Funkverbindung zu einem lokalen Minicomputer (SEL 77/80) für Koordination, Steuerung, Trajektorienplanung und Navigation. Dieser Computer war mit einem weiteren, größeren Computer außerhalb des Labors (IBM 30/33) verbunden.[41]

Der Roboter war darauf ausgelegt, den kürzesten Weg zwischen festen, beweglichen und mobilen Hindernissen zu einem Ziel zu finden. Seine Sensoren gaben HILARE die Fähigkeit, Hindernisse in einer Blockwelt wie Shakey wahrzunehmen und sich zwischen ihnen zu bewegen, wie Giralt präzisiert.[42] Während der Erkundung seiner Umgebung – er erreichte eine Geschwindigkeit von 1 m/s[43] – speicherte HILARE die Position der erkannten Hindernisse. Er war aber auch in der Lage, Entscheidungen bei nicht wiederkehrenden Ereignissen zu treffen.

Die Kinematik des dreirädrigen Roboters mit zwei fest montierten Rädern war begrenzt – wie ein Automobil war er ein *nicht-holonomes* Fahrzeug: Da direkte seitliche Bewegungen nicht möglich waren, musste der Roboter mehrere Schritte planen, um sich seitlich zu bewegen. Wie Menschen, die lernen müssen, ihr Auto mit möglichst wenigen Manövern in eine Parklücke zu steuern, musste auch HILARE die Anzahl seiner Bewegungen optimieren, erklärt Giralt.[44]

Anfang der 1980er Jahre initiierte und leitete Giralt das Programm *Automatisation et robotique avancée* (ARA), das die Aktivitäten auf die Fertigungsrobotik konzentrierte. Auf HILARE folgte 1986 Junior, der bis 2001 eingesetzt

---

[40] http://homepages.laas.fr/matthieu/robots/hilare.shtml

[41] Giralt, Georges, Raja Chatila und Marc Vaisset. 1990. An Integrated Navigation and Motion Control System for Autonomous Multisensory Mobile Robots, S. 420–443, hier: S. 423, siehe auch CNRS, HILARE et les autres, Aspects de la robotique au LAAS, Film von Jacques Brissot, Frankreich 1981, (ausgestrahlt am 10. August 1983, Antenne 2), 00:25 Min.

[42] CNRS, La science de la machine intelligente, Interview mit Georges Giralt, Interviewer: Patrick Danès, in: La lettre du LAAS, N° 37, Oktober 2008, online in: https://www.laas.fr/LettreDu-LaasStatic/content/download/793/4835/version/3/file/La-Lettre-n37-5.pdf, S. 44 (abgerufen am 26. Oktober 2020).

[43] Giralt, Georges, Raja Chatila und Marc Vaisset. 1990. An Integrated Navigation and Motion Control System for Autonomous Multisensory Mobile Robots. In *Autonomous Robot Vehicles,* Hrsg. Ingemar J. Cox und Gordon T. Wilfong, S. 421. New York, Berlin, Heidelberg, London, Paris, Tokio, Hongkong.

[44] Giralt, Georges. 1990. Robots et intelligence des machines. *Les Cahiers du MURS* Nr. 22, 4. Quartal, S. 44.

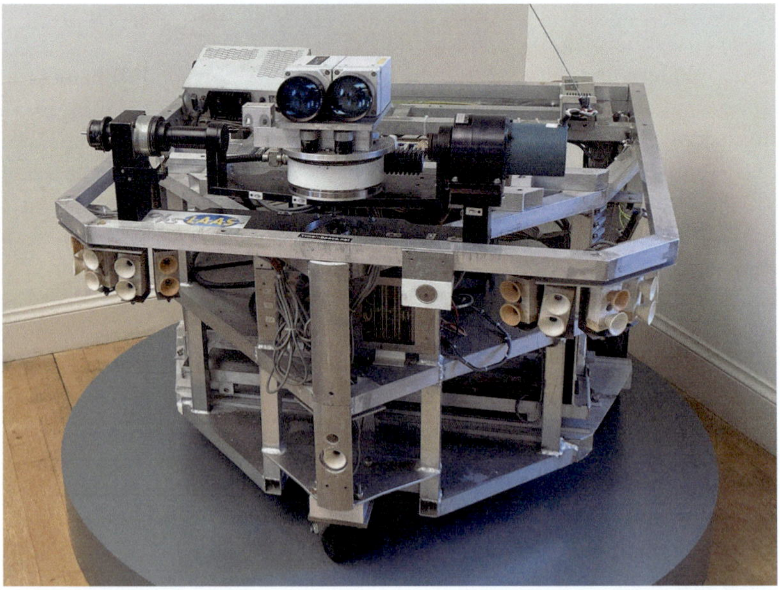

Abb. 4.5 HILARE – der mobile Roboter des LAAS – wie er heute im *Conservatoire des Arts et Métiers (CNAM)* in Paris ausgestellt ist. (Bildnachweis: F. Kröger, 27. Oktober 2022)

wurde.[45] Im Jahr 1989 wurde das Projekt *Véhicule autonome planétaire (VAP)* gemeinsam mit dem *Centre National d'Études Spatiales (CNES)* in Toulouse entwickelt. Es konzentrierte sich auf autonome Systeme, Steuerungsarchitekturen, Planungsalgorithmen und Wahrnehmungssysteme.[46] Ziel dieses autonomen Roboterprojekts war es, den Menschen in gefährlichen Umgebungen zu ersetzen (Erkundung von Planeten, kontaminierte Umgebungen, Lagerhäuser usw.). Mit dem Fokus auf Wahrnehmung, Schlussfolgerung und Mobilität übertraf das Projekt die unmittelbaren industriellen Interessen an Manipulationsrobotern für die Montage in Fabriken. HILARE 2, entwickelt 1990, war mit einer schwenk-/neigbaren Zoom-Farbkamera und zwei schwenk-/neigbaren Schwarzweißkameras ausgestattet.[47] Hilare 2bis wurde 1992 gebaut.[48]

Seit 2006 wird der erste HILARE im *Musée des Arts et Métiers (CNAM)* in Paris ausgestellt (Abb. 4.5). Cyrille Foasso vom CNAM fasst zusammen, dass „die aufeinanderfolgenden Versionen dieses Forschungsprojekts zu bedeutenden Fortschritten bei der Modellierung der Umgebung sowie der Autonomie, Reaktivität

[45] http://homepages.laas.fr/matthieu/robots/junior.shtml

[46] Giralt 1990, S. 33.

[47] http://homepages.laas.fr/matthieu/robots/h2.shtml

[48] http://homepages.laas.fr/matthieu/robots/h2bis.shtml

und Programmierung mobiler Roboter geführt haben."[49] Er betont, dass HILARE heute „als der erste französische mobile Roboter gilt, der in der Lage ist, sich autonom in einer unbekannten Umgebung zurechtzufinden."

4.2.2 Frühe Forschung zur maschinellen Bildverarbeitung an der Universität der Bundeswehr München (1977)

Im selben Jahr, in dem das LAAS mit der Arbeit an mobilen Robotern begann, wählte Ernst Dieter Dickmanns an der UniBwM in Deutschland die maschinelle Bildverarbeitung für Fahrzeuge jeglicher Art als langfristiges Forschungsziel. In den folgenden Jahrzehnten entwickelte sich diese Universität zu einer der erfolgreichsten Forschungseinrichtungen auf dem Gebiet des autonomen Fahrens.

Für ein besseres Verständnis des institutionellen Rahmens dieser Forschungsaktivitäten beginnen wir mit einer kurzen Vorstellung der Universität. Die in Neubiberg südlich von München (Bayern) gelegene UniBwM ist eine von zwei Universitäten, die Teil der *Bundeswehr* sind, ein Begriff, der die Streitkräfte Deutschlands und deren zivile Verwaltung bezeichnet. Die zweite ist die Helmut-Schmidt-Universität/Universität der Bundeswehr Hamburg.[50] Die Gründung der Universitäten geht auf eine Initiative von Helmut Schmidt zurück, der von 1969 bis 1972 Bundesverteidigungsminister war, bevor er 1974 Bundeskanzler wurde. Nach einem Beschluss des Bundestages im Jahr 1972 wurden beide Universitäten 1973 gegründet. Bis 1985 hießen sie *Hochschulen der Bundeswehr* (HsBw).

Die Universitäten wurden mit zwei Zielen gegründet: Erstens war eine höhere Qualifikation für Offiziere gewünscht. Im Gegensatz zu Militärakademien wie Saint-Cyr in Frankreich, Sandhurst in Großbritannien oder West Point in den USA wurden die Universitäten der Bundeswehr daher als *zivile* Universitäten für *militärisches* Personal konzipiert. Sie bieten Studiengänge mit zivilen Inhalten an, ohne direkten Bezug zum Militär und entsprechend den Studiengängen an regulären deutschen Universitäten. Im Gegensatz zu anderen Hochschulen wie der École Polytechnique in Frankreich sind alle Professoren der Bundeswehr-Universitäten Zivilisten. Allerdings bestätigt die UniBwM, dass die Studiengänge „Bedarfe der militärischen Seite" erfüllen müssen.[51] Spezifisches militärisches Wissen wird jedoch in

[49] Foasso, Cyrille, Hilare autonomous mobile robot, in: https://artsandculture.google.com/asset/hilare-autonomous-mobile-robot-laboratory-of-analysis-and-architecture-of-systems/UwFV2X6hPn0NjA.

[50] Die Universität in Hamburg heißt seit 2003 Helmut-Schmidt-Universität (Uzulis, André. 2005. *Die Bundeswehr: Eine politische Geschichte von 1955 bis heute,* Hamburg, Berlin, Bonn).

[51] „Studiengänge müssen nicht nur einen Bedarf der militärischen Seite decken und gleichzeitig tauglich für die nach-militärische Lebensspanne sein." (Universität der Bundeswehr München, Präsidialabteilung, Struktur- und Entwicklungsplan der Universität der Bundeswehr München 2015–2020, München 2015, online in: https://www.unibw.de/universitaet/universitaet/leitung/struktur-und-entwicklungsplan-unibw-m-2015-2020.pdf, S. 26 [abgerufen am 7. Mai 2020]).

den Schulen *(Offiziersschulen)* des Heeres, der Luftwaffe und der Marine vermittelt, in denen die Studierenden vor ihrem Universitätsstudium ausgebildet werden.

Das zweite Ziel der Bundeswehr-Universitäten ist es, Offizieren ein akademisches Studium mit zivilen Abschlüssen unabhängig von ihrer militärischen Laufbahn zu ermöglichen. Die Studiengänge müssen „für das Leben nach der militärischen Laufbahn geeignet" sein.[52] In Deutschland verpflichtet sich jeder, der sich für eine Offizierslaufbahn entscheidet, zu einer Dienstzeit von mindestens 13 Jahren.[53] Da die von den Universitäten der Bundeswehr verliehenen Abschlüsse denen der deutschen staatlichen Universitäten gleichgestellt sind,[54] können Offiziere nach ihrem Militärdienst in einen zivilen Beruf mit akademischer Qualifikation wechseln.[55]

Die Universitäten sind in erster Linie auf die akademische Ausbildung konzentriert, engagieren sich aber auch in Forschungsprojekten. Es ist wichtig, den „zivil-militärischen" Charakter der Universitäten zu verstehen, da ihr Name irreführend sein kann, insbesondere im Hinblick auf Forschungsprogramme.

Wie bereits erwähnt, besteht die Bundeswehr sowohl aus den Streitkräften als auch aus der zivilen Verwaltung. Zu den Streitkräften gehören Heer, Luftwaffe, Marine, Streitkräftebasis, Zentraler Sanitätsdienst und der Organisationsbereich Cyber- und Informationsraum. Die zivilen Bereiche umfassen Ausrüstung, Informationstechnik, Infrastruktur, Umweltschutz und Dienstleistungen sowie Personal (zusammen bilden sie die Bundeswehrverwaltung), die Militärseelsorge und die Justizverwaltung. Die strikte organisatorische Trennung zwischen den Streitkräften und dem zivilen Verwaltungspersonal – einschließlich des Rüstungsbereichs – ist im Grundgesetz der Bundesrepublik Deutschland vorgeschrieben. Diese Organisationsstruktur wurde beschlossen, um eine Machtkonzentration zu vermeiden, und ist eine Lehre aus der Geschichte der deutschen Streitkräfte.

In einem Medienbericht über die Pionierrolle der UniBwM bei der Entwicklung von maschinellem Sehen und autonomem Fahren wurde behauptet: „Wer hat das Roboterauto erfunden? Die Bundeswehr!"[56] Einerseits ist dies korrekt, da beide Universitäten seit ihrer Gründung Teil der Streitkräftebasis waren,

[52] Ebenda.

[53] Bundeswehr, Die Laufbahn der Offiziere (M/W/D), 2020. https://www.bundeswehr.de/de/ueber-die-bundeswehr/dienstgrade-laufbahnen-bundeswehr/laufbahn-offiziere (abgerufen am 8. Mai 2020).

[54] Durch das Trimester-System (3 statt 2 Vorlesungsperioden pro Jahr) kann das reguläre Studium an der UniBwM in 3½ Jahren abgeschlossen werden.

[55] Siehe auch Ellwein, Thomas, Achatz von Müller und Harro Plander. 1974. *Hochschule der Bundeswehr zwischen Ausbildungs- und Hochschulreform,* S. 11–13. Opladen.

[56] Vieweg, Christof. 2015, 31. Juli. Wer hat das Roboterauto erfunden? Die Bundeswehr! In *DIE ZEIT.*

die zum militärischen Organisationsbereich der Bundeswehr gehört.[57] Sie werden vom Bundesministerium der Verteidigung finanziert und verfügen über keine Zivilklausel *(Zivilklausel).*[58] Andererseits könnte diese Schlagzeile den Eindruck erwecken, autonomes Fahren sei aus einem militärischen Forschungsprojekt hervorgegangen. Das ist falsch. Wie wir in den nächsten Kapiteln sehen werden, wurden nur sehr wenige Forschungsprogramme vom Bundesministerium der Verteidigung und dem *Bundesamt für Wehrtechnik und Beschaffung* (BWB) gefördert.[59] Der Großteil der Arbeiten zum autonomen Fahren an der UniBwM wurde aus zivilen Quellen finanziert – dem Bundesministerium für Forschung und Technologie (BMFT), der Deutschen Forschungsgemeinschaft (DFG), der Europäischen Union (EU) und der Automobilindustrie.[60] Forschung zum autonomen Fahren dient zwar militärischen Interessen, war aber zumindest in Deutschland nie ausschließlich ein militärisches Forschungsprojekt.

Nach dieser kurzen Einführung werden wir die ersten Schritte hin zu nicht nur automatisiertem, sondern autonomem Fahren in Deutschland vorstellen, die an der UniBwM unter der Leitung von Dickmanns unternommen wurden. Da das Konzept der Fahrzeugführung mit maschinellem Sehen auf ihn zurückgeht – sein Lebensprojekt war es, Maschinen das Sehen beizubringen – folgt zunächst eine kurze biografische Skizze, die seinen beruflichen Werdegang hervorhebt:

Dickmanns, 1936 in Niederkassel geboren, wuchs während des Zweiten Weltkriegs in der Nähe von Köln auf. Als Kind erlebte er die Macht der Flugzeugtechnik, als eine Bombe nicht weit entfernt von dem Bunker explodierte, in dem

[57] Seit April 2012 (Dresdner Erlass) gehören die Bundeswehruniversitäten nicht mehr zum militärischen Bereich, sondern zur zivilen Verwaltung *(Bundeswehrverwaltung):* Sie bleiben dem Bundesministerium der Verteidigung – der obersten Behörde aller militärischen und zivilen Bereiche der Bundeswehr – zugeordnet *(zugeordnet),* sind aber nun dessen Personalabteilung unterstellt. Das bedeutet, sie bleiben eine Dienststelle *(Dienststelle)* der Bundeswehr, sind aber ein „ziviler Dienst außerhalb der Streitkräfte" (Universität der Bundeswehr, Unterstellungsverhältnis, in: https://www.unibw.de/milbereich/allg-info/inhalt-allg-info/unterstellungsverhaeltnis). Genau genommen ist es daher seit 2012 ungenau, University of Bundeswehr als University of the Federal Armed Forces zu übersetzen – da die Universität nicht mehr Teil der Streitkräfte ist.

[58] Eine Zivilklausel ist eine freiwillige Selbstverpflichtung wissenschaftlicher Einrichtungen, ausschließlich für zivile Zwecke zu forschen. Die erste Zivilklausel trat 1986 an der Universität Bremen in Kraft, und heute haben mehrere deutsche Universitäten solche eingeführt. Zivilklauseln existieren nur in wenigen anderen Ländern, insbesondere in Japan.

[59] Heute heißt das BWB Bundesamt für Ausrüstung, Informationstechnik und Nutzung der Bundeswehr (BAAINBw).

[60] Von 1982–1984 wurde die Forschung zu „Modellen zur Verbesserung der Interpretation dynamischer Szenen" im Bereich der visuellen autonomen Straßenfahrzeugführung durch das Programm für Informationstechnik des Bundesministeriums für Forschung und Technologie (BMFT) gefördert. Es folgten zwei Aufträge der Deutschen Forschungsgemeinschaft (DFG). Der erste Auftrag (1984–1987), nützlich für Satellitendockings und Straßenfahrzeugführung, trug den Titel „Wahrnehmung und Steuerung von Bewegung in technischer Umgebung durch Verarbeitung von Bildfolgen". Der zweite Auftrag (1987–1991) untersuchte die Führung von Bodenfahrzeugen und autonome visuelle Landeanflüge und hieß „4-D-Szenenerkennung mit integralen raumzeitlichen Modellen".

er und seine Familie Schutz suchten. Dieses Erlebnis war einer von mehreren Faktoren, die sein Interesse an Flugzeugtechnik weckten. Als Jugendlicher arbeitete er mit Pferden auf einem Bauernhof direkt gegenüber seinem Elternhaus. Als die Pferde durch Traktoren ersetzt wurden, stellte er fest, dass der große Leistungszuwachs auch einen Nachteil hinsichtlich der notwendigen menschlichen Aufmerksamkeit mit sich brachte. Während Pferde lernten, am Straßenrand oder an der Begrenzung der Vegetation auf einem Feld entlangzugehen, musste der Traktor ständig vom Menschen gesteuert werden. Daher wäre ein Sehvermögen für Fahrzeuge eine wünschenswerte Eigenschaft für die Zukunft.

Nach seiner Schulzeit entschied er sich 1956 für ein Studium der Luft- und Raumfahrttechnik an der Rheinisch-Westfälischen Technischen Hochschule (RWTH) in Aachen. Nach Abschluss seiner Diplomarbeit 1961 wurde er am Institut für Flugmechanik der Deutschen Versuchsanstalt für Luftfahrt (DVL) in Mülheim/Ruhr eingestellt. Ein NASA-Studienstipendium ermöglichte ihm 1964/65 ein Studium der Flugdynamik und Regelungstechnik an der Princeton University, New Jersey. Zurück in Deutschland schrieb er seine Dissertation über optimale Bahnen von Raumschiffen beim Wiedereintritt in die Atmosphäre von Planeten. Nach der Promotion 1969 an der RWTH Aachen wurde er Leiter der Arbeitsgruppe Flugleistung und bald darauf stellvertretender Direktor des Instituts für Systemdynamik und Flugmechanik. 1971/72 verbrachte er ein einjähriges Postdoktorandenstipendium am NASA Marshall Space Flight Center in Huntsville, Alabama, wo er optimale Wiedereintrittsbahnen für den geplanten Space Shuttle Orbiter untersuchte. Nach seiner Rückkehr konzentrierte sich seine Forschung auf Bahnen für den Aufstieg und die Positionierung des ersten europäischen Kommunikationssatelliten *Symphonie* sowie von Raumschiffen beim Wiedereintritt in die Erdatmosphäre.

Im Dezember 1974, nach dem Start von *Symphonie,* wurde Dickmanns kommissarischer Leiter des DFVLR-Forschungszentrums Oberpfaffenhofen. In dieser Position kam er mit der Analyse von Satellitenbildern an mehreren Einrichtungen des Zentrums in Kontakt. Ein wichtiges Forschungsfeld war die Interpretation hochauflösender Aufnahmen, die von Flugzeugen und Raumfahrzeugen gemacht wurden.

1975 erhielt er einen Ruf an die neue *HochschulederBundeswehrMünchen,* wo er Professor für Steuer- und Regelungstechnik *(Steuer- und Regelungstechnik)* wurde, eine Position, die er bis 2001 innehatte. Dickmanns gründete das Institut für Systemdynamik und Flugmechanik (ISF) der *Fakultät für Luft- und Raumfahrttechnik* (LRT), eine der größten Luft- und Raumfahrtfakultäten Deutschlands. Von Anfang an arbeitete das Institut, neben der Fortführung der Bahnoptimierung, an dem Ziel, technische Bildfolgen für die Führung von Fahrzeugen zu nutzen. Es sollte technischen Fahrzeugen und Maschinen das Sehvermögen verleihen.

1977 definierte Dickmanns das neue Forschungsfeld des Echtzeit-Rechnersehens als langfristiges Forschungsziel.[61] Langfristig plante er, auch an autonomen

[61] Dickmanns, Ernst Dieter. 1980. Untersuchungen und mögliche Arbeitsschritte zum Thema „Künstliche Intelligenz: Rechnersehen und -steuerung dynamischer Systeme", S. 3.

Flugzeugen und Raumfahrzeugen zu arbeiten; da jedoch die Bewegungssteuerung am Boden weniger komplex ist als in der Luft- und Raumfahrt, wurde laut Dickmanns entschieden, sich zunächst auf Bodenfahrzeuge zu konzentrieren.[62] 1978 wurden „Studien zur Straßenfahrzeugführung durch Rechnersehen" begonnen.[63]

Ende der 1970er und Anfang der 1980er Jahre bestand eine der größten Herausforderungen im Bereich Computer- und Maschinenvision im Echtzeit-Sehen, also einem System, das es einem Roboter ermöglicht, „Veränderungen in seiner Umgebung während ihres Auftretens wahrzunehmen" und schnell genug darauf zu reagieren.[64] Ein solches System sollte daher eine Verzögerung von höchstens 100 Millisekunden bei der Meldung eines Ereignisses oder der Bereitstellung von Daten über eine beobachtete Szene einhalten. Zu dieser Zeit waren jedoch Echtzeit-Sehsysteme mit digitalen Mikroprozessoren für den Bordbetrieb in Fahrzeugen nicht verfügbar. Die meisten Forschungsgruppen weltweit analysierten Einzelbilder, was laut Graefe „von wenigen Minuten bis zu mehreren Stunden auf einem leistungsfähigen Computer" dauerte.[65] Mit der verfügbaren Computertechnik war es unmöglich, vollständige Videobilder in Echtzeit einzulesen und auszuwerten. Zusammenfassend lässt sich sagen, dass mobile Roboter zu dieser Zeit entweder die Umgebung analysieren *oder* sich bewegen konnten, aber *nicht gleichzeitig die Umgebung verstehen und sich darin bewegen* – wie das US-Kapitel gezeigt hat. Die Werkzeuge waren zu schwach und die Aufgabe zu schwierig.

Trotz dieser Schwierigkeiten wählte Dickmanns die Verarbeitung von Bildfolgen in Echtzeit als langfristiges Forschungsziel. Seine Vision war es, die digitale Analyse von Bildern mit Technologien der Regelungstechnik zu verbinden. Seine Entscheidung wurde inspiriert durch die Prognose einer stetig wachsenden Rechenleistung, die 1964 von dem amerikanischen Physiker Gordon Moore beschrieben wurde, der beobachtete, dass sich seit der Erfindung integrierter Schaltkreise im Jahr 1958 die Anzahl der Transistoren auf einem integrierten Schaltkreis jährlich verdoppelte.[66] In den Jahren bis zum Ende der 1970er Jahre erwies sich die Vorhersage des Moore'schen Gesetzes als korrekt – die Rechenleistung digitaler Mikroprozessoren stieg alle 4 bis 5 Jahre um den Faktor 10. Aufbauend auf dieser Entwicklung schätzte Dickmanns, dass digitale Mikroprozessoren bis zu seiner Pensionierung 25 Jahre später eine Million Mal leistungsfähiger sein würden, sofern sie dem von Moore beobachteten Trend folgen (siehe Abb. 4.6).

Doch anstatt darauf zu warten, dass in Zukunft leistungsfähigere Prozessoren für Echtzeit-Bildverarbeitungssysteme verfügbar würden, entschieden sich Dick-

[62] Dickmanns, Ernst Dieter. 1993. Interview, Der Lotse geht an Bord, S. 6. *Hochschulkurier.*

[63] Dickmanns, Ernst Dieter. 1987. PROMETHEUS, 11 170 Integrated Approaches, State of the art review, März 1987, S. 3.

[64] Graefe, Kuhnert, S. 13.

[65] Graefe Kuhnert, S. 13, siehe auch Mysliwetz, S. 7.5.

[66] Moravec, Hans. 1988. *MIND Children, The Future of Robot and Human Intelligence,* S. 68. Cambridge, London.

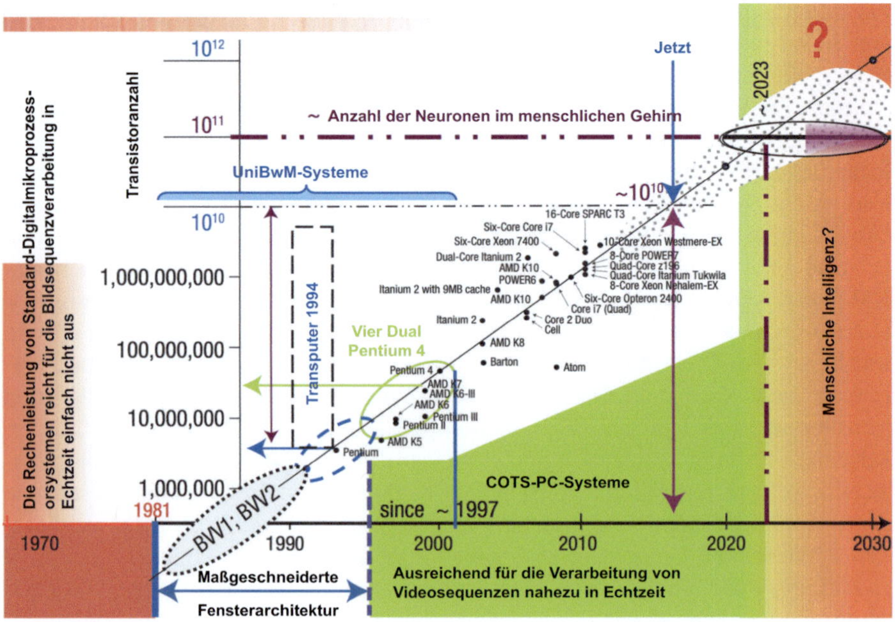

Abb. 4.6 Zunahme der Anzahl von Transistoren in digitalen Mikroprozessoren im Zeitverlauf. (Quelle: Ernst Dieter Dickmanns. Bildquelle: Dickmanns E.D. 2017: Developing the Sense of Vision for Autonomous Road Vehicles at UniBwM. IEEE-Computer, Dez. 2017. Bd. 50, Nr. 12. Sonderausgabe: SELF-DRIVING CARS, S. 24–31)

manns und seine Kollegen an der UniBwM, die Aufgabe zu vereinfachen. Sie arbeiteten an Methoden, die die Komplexität der Bildanalyse reduzierten und es gleichzeitig ermöglichten, das Ziel des Echtzeitbetriebs beizubehalten.[67]

Um sein Ziel zu erreichen, begann Dickmanns 1978 mit der Entwicklung des *Fensterkonzepts für die Echtzeit-Bildfolgenverarbeitung*.[68] Es beruhte auf zwei Ideen: Erstens mussten, anstatt die vollständige Wahrnehmung und Analyse der Umgebung zu bearbeiten, Kamerabilder nur teilweise analysiert werden, wobei einerseits auf Bereiche (rechteckige „Fenster") mit hohem Kontrast und andererseits auf Bereiche in Bewegung fokussiert wurde (Abb. 4.7). Dies reduzierte die Datenmenge. Zweitens wurde durch prädiktive Fehler-Rückkopplungsmethoden aus der Regelungstechnik (Kalman-Filter) – die später in Abschn. 4.3.1 erläutert

[67] Dickmanns, Ernst Dieter. 1988. An Integrated Approach to Feature Based Dynamic Vision. *Proceedings of the Computer Society Conference on Computer Vision and Pattern Recognition*, S. 820. Ann Arbor.

[68] Dickmanns, Ernst Dieter, und Volker Graefe. 1988. Dynamic monocular machine vision. *Machine Vision and Applications* 1: 223–240.

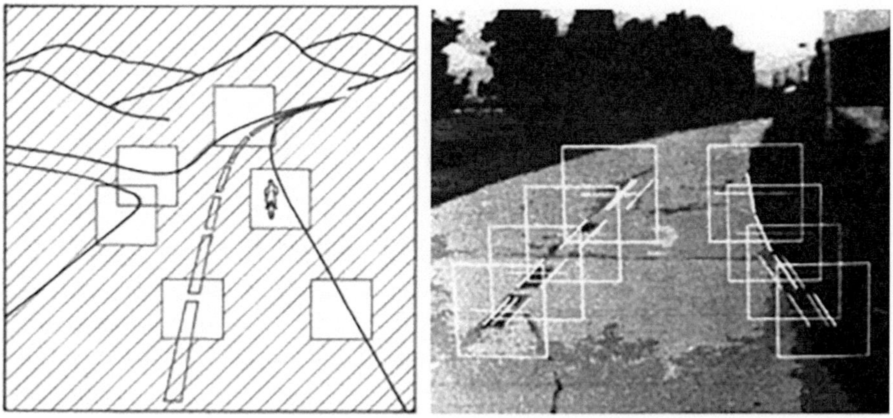

Abb. 4.7 Die wichtigsten Informationen eines Bildes finden sich in wenigen Fenstern. (Quelle & Bildquellen: Graefe Kuhnert, S. 16, Dickmanns 2007, S. 225)

werden – vermieden, Pixel aus vorherigen Bildern zu speichern. Dadurch konnten die Forscher der UniBwM sicherstellen, dass die Bildauswertungsfrequenz nicht unter 10 Hz fiel. Das bedeutet, ein Bild sollte in weniger als 100 Millisekunden analysiert werden, was die Entwicklung der oben genannten Echtzeitsysteme ermöglichte.

Basierend auf diesem Konzept von Dickmanns realisierte Volker Graefe vom *Institut für Meßtechnik* der UniBwM in den Jahren 1979/1980 einen neuen Bildfolgenprozessor, genannt *Bildvorverarbeitungssystem* (BVV) oder image preprocessing system. Es verwendete 8-Bit-Mikroprozessoren (Intel 8085) und wurde zwischen einer Kamera und einem Computer (PDP 11/60, VAX 750, Perkin Elmer 3220) platziert. Wie bereits erwähnt, bestand seine Aufgabe darin, die Komplexität der von der Kamera empfangenen Daten zu reduzieren, indem nur relevante Informationen – wie Straßenobjekte – aus den Pixeldaten extrahiert wurden. Es wurden nur geneigte Kantenmerkmale mit benachbarten durchschnittlichen Grauwerten der sanft gekrümmten Straße, der Fahrbahnmarkierungen und bewegter Objekte wie Fahrräder, Fußgänger oder andere Fahrzeuge – die weniger als 10 % der Bildfläche ausmachten – analysiert.[69] Alle anderen Bildbereiche, zum Beispiel der Hintergrund, wurden übersprungen.

Das nächste Bild (Abb. 4.8) zeigt im Detail, wie diese Kantenmerkmale zur Objekterkennung auf einer Straße vor dem Fahrzeug genutzt wurden.

Die Abbildung zeigt ein Merkmals-Paar auf horizontalen und vertikalen Suchpfaden, die sich im Zeitverlauf gegenseitig zentrieren. Sie liefern die Hypothese eines Objekts, wenn die durchschnittlichen Graustufenwerte auf den Innenseiten (schraffiert) innerhalb einer kleinen Intensitätsbandbreite liegen. Um die Position

[69] Graefe, Volker, und Klaus-Dieter Kuhnert. 1992. Vision-Based Autonomous Road Vehicles. In *Vision-Based Vehicle Guidance,* Hrsg. Ichiro Masaki, S. 16. New York.

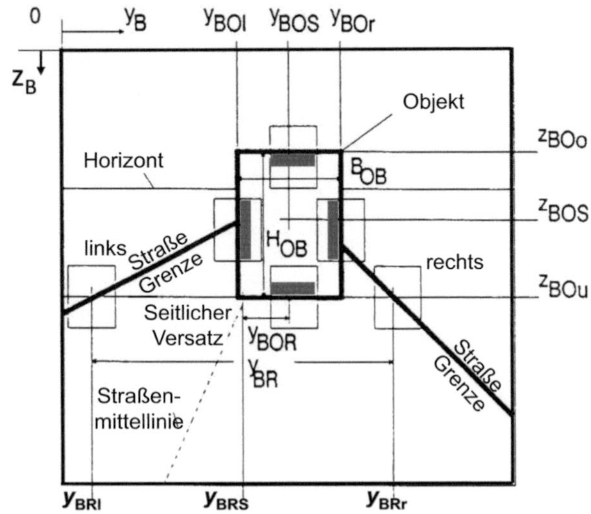

Abb. 4.8 Erkennung eines großen Objekts auf der vorausliegenden Straße durch spezielle Kantenmerkmale mit benachbarten durchschnittlichen Grauwerten, die helfen, Merkmale Objekten zuzuordnen. (Quelle & Bildquelle: Dickmanns)

des Objekts in der Straßenumgebung zu bestimmen, werden die geneigten linken (yBRl) und rechten (yBRr) Straßenbegrenzungen durch ein Paar geneigter Kantenmerkmale in der Bildzeile bestimmt, in der das Objekt den Boden berührt (zBOu). Unter der Annahme einer ebenen Fläche und Kenntnis der Position und Winkel der Kamera bestimmt die Bildzeile die Entfernung zum Objekt durch Inversion der perspektivischen Projektion. Somit ermöglicht die Extraktion von Kantenmerkmalen die Wahrnehmung der wesentlichen Elemente von Straßenszenen. Weitere Details zur Entwicklung dieses Ansatzes über zwei Jahrzehnte finden sich in einem Buch von Dickmanns.[70]

Nach der Etablierung des Fensterkonzepts und der Nutzung von Kantenmerkmalen im Jahr 1978 begann die UniBwM 1979 mit Laborexperimenten zur visuellen Führung von Straßenfahrzeugen mit einem Dreiachsen-Bewegungssimulator *(DBS)*. Diese Simulatoren – hier ein CARCO 452 R – (Abb. 4.9), entwickelt im Bereich der Luft- und Raumfahrttechnik, werden normalerweise eingesetzt, um menschliche Piloten am Boden im Fliegen von Flugzeugen mittels visueller Rückmeldung zu schulen.[71] Das ISF nutzte diese verfügbare Technologie, um eine Simulationsschleife für die Straßenfahrzeugführung durch maschinelles

[70] Siehe Abschn. 5.2 in: Dickmanns, E.D., 2007. *Dynamic Vision for Perception and Control of Motion,* Heidelberg.

[71] Carco Electronics in Menlo Park, Kalifornien, wurde 1961 gegründet, um der Luft- und Raumfahrt- sowie der Verteidigungsindustrie Simulationsanlagen bereitzustellen. 2005 wurde das Unternehmen von ACUTRONIC übernommen.

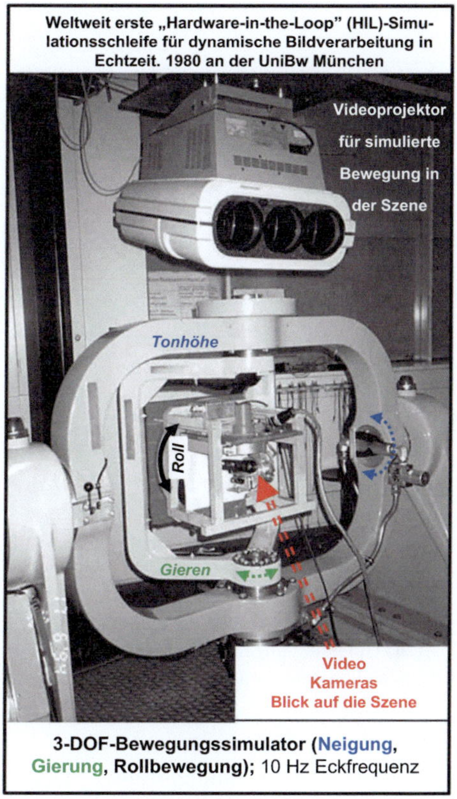

Abb. 4.9 Der CARCO Dreiachsen-Bewegungssimulator mit zwei Kameras (Mitte) und einem Videoprojektor (oben). (Quelle & Bildquelle: Ernst Dieter Dickmanns)

Sehen und für Systeme zu entwerfen, die in der Lage sind, Flugzeuge zu steuern.[72] Sie wurde auch als Hardware-in-the-loop (HIL)-Simulator bezeichnet, da sie reale Hardware – Sensoren, Kameras und Computer – für die simulierten Testfahrten einbezog.

Dieses experimentelle Dispositiv nutzte Medientechniken – Kamera, Bildschirm, Projektor – und Überlegungen zur physiologischen Funktion des menschlichen Sehapparats für die Automatisierung der Fahraufgabe. Mit einem mechanischen Servosystem hoher Dynamik simulierte die Maschine die Bewegungen von Instrumenten und Kameras in drei Rotationsfreiheitsgraden (Nick, Gier, Roll) und synchronisierte diese Bewegungen mit einer computergenerierten visuellen Darstellung der Außenwelt.

Ein Blockdiagramm (Abb. 4.10) zeigt die verschiedenen Elemente des Simulators. Die Berechnungen zur Erzeugung perspektivischer Bilder wurden von einem

[72] In Frankreich wurde eine ähnliche Simulationsanlage vom IRISA Rennes für die autonome Fahrzeugsimulation in Innenräumen verwendet. Rives, P., und L. Marce. 1985, Oktober. Use of Moving Vision Sensors to Control Robots in an Unknown Universe. In *Proceedings of the 5th International Conference on Robot Vision and Sensory Controls,* 165–176. Amsterdam.

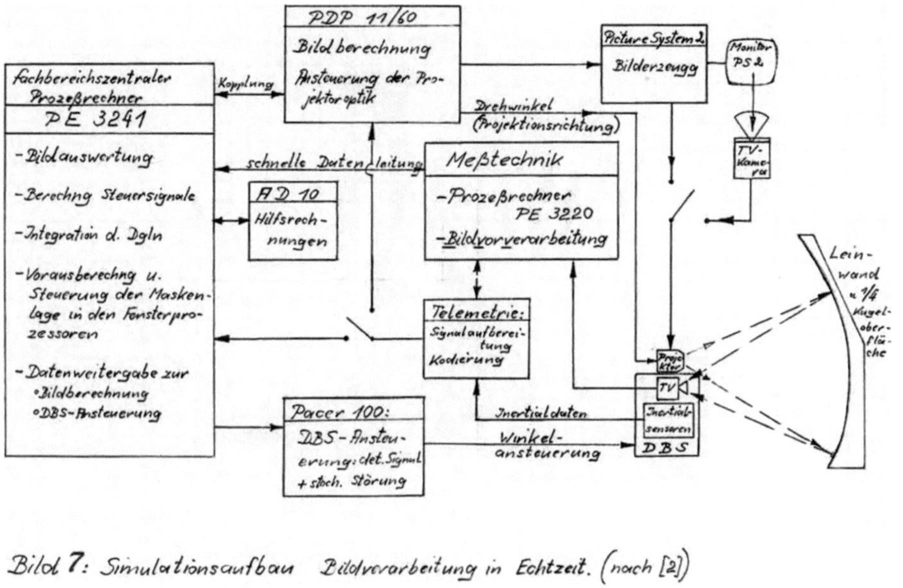

Abb. 4.10 Blockdiagramm des Simulators. (Quelle: Dickmanns. Bildquelle: Dickmanns, Ernst Dieter, Untersuchungen und mögliche Arbeitsschritte zum Thema „Künstliche Intelligenz: Rechnersehen und -steuerung dynamischer Systeme“, 1980, S. 18)

speziellen Rechner durchgeführt.[73] Das Ergebnis wurde anschließend an ein kalligraphisches Anzeigesystem[74] übermittelt, das ein computergeneriertes Linienbild der Straßenumgebung erzeugte. Dieses synthetische grafische Bild wurde dann auf eine zylindrische Leinwand vor dem Simulator projiziert, wo es von zwei CCD-TV-Kameras – Weitwinkel und Tele – im Zentrum des Simulators erfasst wurde.

Wie ein echtes Auto passte der Simulator seine Bewegungen an das sich verändernde Bild der Straße an, das ihm als visueller Input vorgegeben wurde. Im Zentrum des Simulators auf einer zweiachsigen Blickplattform installiert, folgten die Kameras den Merkmalen auf der Leinwand und realisierten so Bewegungen ähnlich dem menschlichen Auge. Die von den Kameras aufgenommenen Bilder wurden anschließend mit dem Bildvorverarbeitungssystem BVV analysiert. Wei-

[73] PDP 11/60 (später VAX 11/750) von DEC. Alle Informationen zur Entwicklung der Rechnerausstattung stammen aus einer Abbildung des Simulationskreises – datiert auf den 29. August 1983 – die der PDF-Version der folgenden Forschungsarbeit beigefügt wurde (Dickmanns, Ernst Dieter, 1980. Untersuchungen und mögliche Arbeitsschritte zum Thema „Künstliche Intelligenz: Rechnersehen und -steuerung dynamischer Systeme“, S. 20).

[74] Picture System 2 von Evans & Sutherland.

tere Rechner interpretierten die Bilder und steuerten den Simulator.[75] Diese Informationen wurden an den Grafikrechner gesendet, um die aktuelle Szene auf die Leinwand zu projizieren, womit der Regelkreis geschlossen wurde.

Dieses experimentelle System war für die UniBwM von entscheidender Bedeutung, da es „die Untersuchung der Auswirkungen realer Sensoren unter tatsächlichen Bewegungsbedingungen in einer Laborumgebung ermöglichte“, betont Dickmanns.[76] Da mechanische Bewegungen Bildsensoren stören können, bot der Simulator den Vorteil, dass diese Störungen simuliert werden konnten. Seit 1981 wurde der Simulationskreis genutzt, um die Sensoren und Rechnersysteme „genau in der Weise zu testen, wie sie später in einem realen Versuchsträger eingesetzt werden sollten“.[77] Für ein Labor, das zu diesem Zeitpunkt noch über kein Versuchsfahrzeug verfügte, schloss der Simulator eine entscheidende Lücke. Hans-Georg Meissner, der erste Doktorand des Instituts, nutzte den Simulationskreis für seine Dissertation zur visuellen Straßenfahrzeugführung, die 1982 veröffentlicht wurde.[78] Er demonstrierte „automatisches Spurhalten und Geschwindigkeitsregelung auf kurvigen Straßen bei Geschwindigkeiten bis zu 60 km/h“.[79] Die Ergebnisse aus dem Simulationskreis wurden 1985 veröffentlicht.[80]

In diesem Zeitraum entstanden am ISF auch die ersten realen Forschungsfahrzeuge – rein experimenteller Natur: Zunächst wurde 1981 ein experimentelles Stab-Balancier-System auf einem Elektrowagen (1 Freiheitsgrad), gesteuert durch Echtzeit-Rechnersehen, realisiert. Das BVV analysierte die Bilder der Kamera und ein spezieller Prozessor gab Befehle an den Motor des Elektrowagens, um das Pendel zu stabilisieren. Zweitens wurde seit 1983 eine Satellitenmodellanlage mit einem Luftkissenfahrzeug eingesetzt, um einen langsamen Bewegungsprozess mit drei Freiheitsgraden zu untersuchen. Beide experimentellen Systeme basierten auf der Erkennung von Kanten- und Eckmerkmalen in den Bildern.[81]

---

[75] Dickmanns, Ernst Dieter. 1980. Untersuchungen und mögliche Arbeitsschritte zum Thema „Künstliche Intelligenz: Rechnersehen und -steuerung dynamischer Systeme“, S. 19.

[76] Dickmanns, Ernst Dieter. 1987. PROMETHEUS, 11 170 Integrated Approaches, State of the art review, März 1987, S. 3.

[77] Dickmanns, Ernst Dieter, 2020. May a pair of ‘Eyes’ be optimal for vehicles too?, *Electronics,* 9(5), 759, S. 1–28 (zitiert hier: Entwurfsversion 6.12.2019, S. 12).

[78] Meissner, Hans-Georg. 1982. Steuerung dynamischer Systeme aufgrund bildhafter Informationen, Dissertation UniBwM/LRT.

[79] Dickmanns, Ernst Dieter. 1986. Computer Vision in Road Vehicles – Chances and Problems. ITCS-Symposion zu *„Human Factors Technology for Next-Generation Transportation Vehicles“,* S. 16. Amalfi, Italien.

[80] Dickmanns, Ernst Dieter, und A. Zapp. 1985. Guiding Land Vehicles Along Roadways by Computer Vision. *Proceedings Congrès Automatique 1985,* AFCET, S. 233–244. Toulouse.

[81] Wünsche, Hans-Joachim. 1986. Detection and Control of Mobile Robot Motion by Real-Time Computer Vision. In *Advances in Intelligent Robotics Systems, Proceedings of the Society of Photo-Optical Instrumentation Engineers (SPIE),* Hrsg. Nelson Marquina, Bd. 727, 100–109, Wünsche, Hans-Joachim. 1987. *Bewegungssteuerung durch Rechnersehen,* Dissertation. Universität der Bundeswehr München, Fakultät für Luft- und Raumfahrttechnik, Institut für Systemdynamik und Flugmechanik.

4.2.3 Automatisierte laterale Führung durch Bildverarbeitung: VW Opto-Pilot (1982–1986)

Während die UniBwM bereits Ende der 1970er Jahre begann, an maschineller Bildverarbeitung für die Fahrzeugführung zu arbeiten, blieb der Großteil der Automobilindustrie der Idee eines „sehenden" Automobils gegenüber zurückhaltend. Volkswagen war das erste deutsche Automobilunternehmen, das sich für visuelle Führungssysteme interessierte. 1982 wurde ein Testprojekt zur „automatischen Lenkung mit Computer Vision" unter dem Namen Opto-Pilot gestartet, geleitet von Walter Zimdahl, dem Leiter der Abteilung Zukunftsforschung bei Volkswagen.[82] 1986 wurden die Ergebnisse in einem Konferenzbeitrag vorgestellt.[83]

Um die Genese dieser Initiative zu verstehen, müssen wir in die 1960er Jahre zurückgehen: Zimdahl hatte sich bereits 1963 in seiner Diplomarbeit mit der Fahrzeugautomatisierung beschäftigt. Das Forschungsthema wurde ihm von Winfried Oppelt vom Institut für Regelungstechnik der Technischen Hochschule Darmstadt vorgeschlagen.[84] Neben mechanischen und elektrischen Lenksystemen erwähnte er auch optische Lenksysteme, die auf farbigen Linien auf dem Boden basierten, die von Fotozellen erkannt wurden.[85] Doch 1963 räumte Zimdahl mechanischen und optischen Lenksystemen keine Zukunft ein.[86] Nur die elektrische Lenkung mit Leitkabeln schien für die Zukunft sinnvoll.

Eine Kurzfassung seiner Diplomarbeit, die 1965 veröffentlicht wurde, weckte das Interesse von Siemens.[87] Das Elektronikunternehmen bat das Institut in Darmstadt, bei der Entwicklung eines Leitkabelprojekts für Continental beratend tätig zu werden (siehe Abschn. 4.1.2). Anlässlich einer Pressevorführung besuchten Zimdahl und sein Kollege Erwin Hartwich 1968 die Leitkabelexperimente auf dem Contidrom in Hannover. Sie dokumentierten ihren Besuch mit einer Super-

[82] Volkswagen Newsroom, 2018. Automatisch auf dem Weg in die Zukunft, Die Geschichte des autonomen Fahrens bei Volkswagen, 24. August. Online unter: https://www.volkswagen-newsroom.com/en/stories/automatically-bound-for-the-future-4118 (abgerufen am 17. März 2020).

[83] Zimdahl, W., I. Rackow und T. Wilm. 1986. OPTOPILOT – ein Forschungsansatz zur Spurerkennung und Spurführung bei Straßenfahrzeugen. *VDI Berichte Nr.* 162: 49–60.

[84] Zimdahl, Walter. 1963. *Die Bewegung des Straßenfahrzeugs auf vorgeschriebener Bahn,* Diplomarbeit, 1963, Institut für Regelungstechnik, Technische Hochschule Darmstadt (betreut von Fritz Frank).

[85] Ebenda, S. 75.

[86] „Abschließend ist zu sagen, daß sowohl die mechanischen als auch die optischen Systeme keine Aussicht auf Verwirklichung in der Straßenverkehrspraxis haben, da sie zu störanfällig gegen Verunreinigungen der Fahrbahn (Laub, Schnee und Eis) sind. Am aussichtsreichen, da relativ unempfindlich und störunanfällig, sind die elektrischen Systeme mit einem Leitkabel unter der Mitte der Fahrbahn." (Ebenda, S. 77).

[87] Zimdahl, Walter. 1965. Führungsverhalten des vierrädrigen Straßenfahrzeugs bei Regelung des Kurses auf festgelegter Bahn. *Regelungstechnik, Zeitschrift für Steuern, Regeln und Automatisieren* 13 (5): 221–268, online unter: https://doi.org/10.1524/auto.1965.13.112.221 (abgerufen am 1. Oktober 2020).

8-Kamera, einen Film, den Zimdahl dem Autor dieses Buches zur Verfügung stellte.[88]

1969 schloss Zimdahl seine Dissertation zum Leitkabelansatz ab. Wie schon in seiner Diplomarbeit kam er zu dem Schluss, dass mechanische und optische Systeme aufgrund von Störeinflüssen durch Umweltbedingungen keine Realisierungschance hätten. Nur das Leitkabel erschien ihm vielversprechend.[89]

Mehr als ein Jahrzehnt später änderte er seine Meinung: Zimdahl erinnert sich, dass er 1982 erstmals über visuelle Führungssysteme nachdachte, als auf der Hannover Messe eine kleine elektronische Kamera von Panasonic vorgestellt wurde.[90] Der Leitkabelansatz von General Motors[91] erschien ihm nun als „ungeeignet“ für den Individualverkehr, da die Anpassung und Wartung der Straßeninfrastruktur zu teuer sei.[92] Fortschritte in der Mikroprozessor- und Sensorentwicklung ermutigten Zimdahl, das menschliche Auge durch eine Kamera, das menschliche Gehirn durch Mikroprozessoren und die menschliche Hand durch einen Lenkungsmotor zu ersetzen, wie er in einem Forschungsbericht erläutert.[93] Zwei Studenten, Ingo Rackow und Thomas Wilm von der Technischen Universität Braunschweig, wurden daraufhin von Volkswagen beauftragt, ein Fahrzeug mit einer Kamera, Mikroprozessoren und einem Lenkservo auszustatten.[94]

Eine Miniatur-CCD-Kamera mit Weitwinkelobjektiv wurde hinter der Windschutzscheibe auf Höhe des Rückspiegels angebracht und scannte einen Bereich von 4–25 Metern vor dem Fahrzeug (Abb. 4.11).[95] Fünf Zeilen des von der Kamera kommenden TV-Signals wurden digital mit Standard-80186-Mikroprozessoren von Intel ausgewertet. Der Computer erkannte die „Helligkeitskontraste zwischen den Fahrbahnmarkierungen und der Straßenoberfläche“ und wandelte diese in Querführungssignale um.[96] Alle 80 ms wurde eine Aktualisierung über den Straßenverlauf empfangen.[97] Laut Zimdahl erlaubte die sehr einfache Systemkonfiguration nur eine Spurerkennung bis 25 m vor dem Fahrzeug und nur auf Straßen mit geringer Krümmung.[98]

---

[88] Der VHS-Film von Zimdahl ist auf dem Youtube-Kanal des Autors zu finden: https://www.youtube.com/channel/UCMXD25D-_izEXLy21dUIU9Q/videos.

[89] Zimdahl, Walter. 1969. *Regelungstechnische Probleme bei dem Leitkabelgeführten Kraftfahrzeug,* Dissertation. Fakultät für Elektrotechnik, Technische Hochschule Darmstadt.

[90] E-Mail von Walter Zimdahl an den Autor, 29. September 2020.

[91] Zimdahl zitiert Arbeiten von J. B. Bidwell, Head Engineering Mechanics Dept., General Motors, Warren, Michigan (Zimdahl, Rackow, Wilm, S. 60).

[92] Zimdahl, Rackow, Wilm, S. 51.

[93] Ebenda.

[94] Hartwich, Erwin, und Walter Zimdahl. 2012. Regelung von Straßenfahrzeugen: Ein Zeitzeugenbericht aus dem Institut von Prof. W. Oppelt, TH Darmstadt. *at- automatisierungstechnik* 60 (6), S. 340.

[95] Zimdahl et al. 1986, S. 53.

[96] Volkswagen Newsroom 2018.

[97] Zimdahl et al. 1986, S. 54.

[98] Ebenda, S. 60.

Abb. 4.11 Zimdahl testet das automatische Lenksystem in einem Golf MK 2. (Bildnachweis: Volkswagen AG. Bildquelle: Volkswagen Newsroom, Automatisch auf dem Weg in die Zukunft, Die Geschichte des autonomen Fahrens bei Volkswagen, 24. August 2018, online unter: https://www.volkswagen-newsroom.com/en/stories/automatically-bound-for-the-future-4118 [abgerufen am 17. März 2020])

Da zu dieser Zeit keine elektromechanischen Lenksysteme verfügbar waren, wurde ein Elektromotor parallel zur Lenksäule installiert und „mittels Untersetzung direkt mit der Lenkung verbunden“.[99] Tests wurden mit einem VW Bus und einem VW Golf auf abgesperrten Teststrecken des Volkswagen-Prüfgeländes in Ehra-Lessien, 25 km nordwestlich von Wolfsburg, durchgeführt, das 1968 eröffnet wurde.

Der Opto-Pilot ermöglichte nur ein teilautomatisiertes Fahren: Während ein menschlicher Fahrer die Längsbewegungen des Fahrzeugs steuerte, übernahm das Kamerasystem die Querführung. Laut Zimdahl wurde die automatische Querführung erstmals 1985 „bei Geschwindigkeiten bis zu 100 km/h“ getestet.[100] 1986 wurde das System auf der VDI-Tagung „Elektronik im Kraftfahrzeug“ vorgestellt.[101] Die zeitgleich durchgeführten Forschungen der UniBwM waren ihm bis zum Prometheus-Projekt unbekannt.[102]

[99] Volkswagen Newsroom 2018.

[100] Zimdahl et al. 1986, S. 59 und Hartwich und Zimdahl 2012, S. 340.

[101] Zimdahl et al. 1986, S. 49–60.

[102] Telefoninterview mit Zimdahl durch den Autor, 8. Oktober 2020.

4.3 Konzepte, Fahrzeuge und Meilensteine der Universität der Bundeswehr München

Nach dieser Vorstellung des Opto-Pilot kehren wir zurück zum Institut für Systemdynamik und Flugmechanik (ISF) der Universität der Bundeswehr München (UniBwM), wo ein Großteil der Pionierarbeit im Bereich der maschinellen Bildverarbeitung für autonomes Fahren in Deutschland geleistet wurde.

Im Hinblick auf die im US-Kapitel vorgestellten Entwicklungen sei erwähnt, dass die Forschung zu „vollständig bordgestützten autonomen Bildverarbeitungssystemen zur Fahrzeugführung mit digitalen Mikroprozessoren" in den 1980er Jahren „völlig unabhängig" in Deutschland und den USA begann, wie Dickmanns betont.[103] Erst 1984 erfuhren beide Fachgemeinschaften auf beiden Seiten des Atlantiks voneinander, und zwar auf einem NATO Advanced Research Workshop on Vision and Image Understanding in Erice, Sizilien.[104]

4.3.1 Der 4-D-Ansatz für Echtzeit-Bildverarbeitung

Wie wir im US-Kapitel gesehen haben, wurde das Feld der Bildfolgeninterpretation seit den 1960er Jahren von Konzepten der Künstlichen Intelligenz und Informatik dominiert. Ziel dieses wissenschaftlichen Bereichs war es, die dreidimensionale Struktur der Welt aus Bildern zu rekonstruieren.[105] Seit den frühen 1970er Jahren wurde dieser Bereich als Computer Vision bezeichnet.[106] Im Gegensatz zu den Aktivitäten in diesem Bereich prägte Dickmanns für seinen Ansatz den Begriff *dynamischemaschinelle Bildverarbeitung*. Der nächste Absatz hebt die Unterschiede zwischen beiden Konzepten hervor.

Der KI/Informatik-Ansatz – im oberen Teil von Abb. 4.12 skizziert – konzentrierte sich zunächst auf die Lokalisierung von Merkmalen in einer Sequenz einzelner Bilder. Da in jedem Einzelbild die Tiefeninformation – also die direkte räumliche Tiefe – für jeden Pixelpunkt verloren geht, mussten mehrere Bilder einer Sequenz verglichen werden, um die Tiefe mittels inverser perspektivischer Pro-

[103] Dickmanns, Ernst Dieter. 2002. The Development of Machine Vision for Road Vehicles in the Last Decade. *Intelligent Vehicle Symposium* 1, S. 268.

[104] Dickmanns, Ernst Dieter, 2015. Contributions to Visual Autonomous Driving, Part I, online in: http://dyna-vision.de/main/Text_PDF/2015%20ContribPart%20I%20to%20Visual%20Auton.%20Driving%20EDD.pdf (abgerufen am 6. Oktober 2020).

[105] Szeliski, Richard. 2010, Computer Vision: Algorithms and Applications, 3. September, Entwurf, online in: https://www.cs.ccu.edu.tw/~damon/tmp/SzeliskiBook_20100903_draft.pdf, S. 11 (abgerufen am 2. Februar 2021).

[106] Rosenfeld 1998, Szeliski, S. 11.

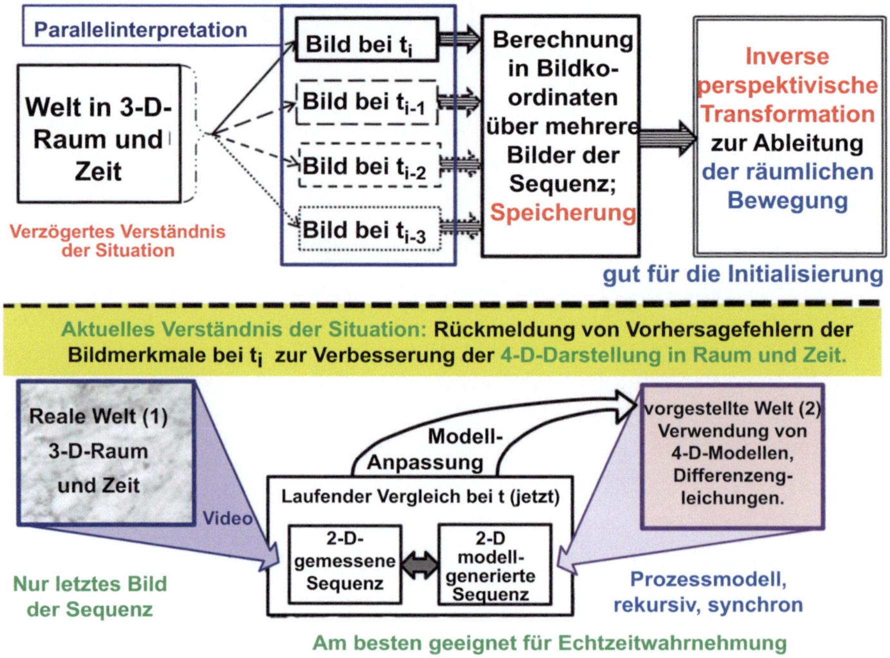

Abb. 4.12 Zwei verschiedene Ansätze zur Interpretation von Bildfolgen: Oben der CS/KI-Ansatz für das Verständnis von 3-D-Szenen, unten der UniBwM-Ansatz für das Verständnis von 4-D-Szenen. (Bildnachweis & Bildquelle: Dickmanns)

jektion zu rekonstruieren. Auf diese Weise wurden räumliche Objekte und deren Bewegung in der realen Welt erkannt. Die Rekonstruktion komplexer räumlicher Szenen aus einzeln analysierten Bildern – die auf einer vollständigen Erfassung der Umgebung beruhte – erforderte jedoch hohe Speicherkapazitäten und verlängerte die Analysezeit.

Als Dickmanns 1977 begann, das Feld der maschinellen Bildverarbeitung mit Methoden der Regelungstechnik zu erforschen, grenzte er sich von diesen Ansätzen der Informatik und Künstlichen Intelligenz ab.

Er erkannte, dass die Objekte der Außenwelt nicht nur in den drei Raumdimensionen – Länge, Breite und Höhe –, die die Kanten einer 3D-geometrischen Form bilden, existieren. Die Außenwelt ist vierdimensional – sie umfasst nicht nur den Raum, sondern auch die Zeit. Dickmanns folgerte, dass auch das interne Computermodell vierdimensional sein sollte. Dies ist die Grundidee des 4-D-Ansatzes zur Bildfolgenanalyse, der seit 1983 über zehn Jahre an der UniBwM entwickelt und erprobt wurde.[107] Die Methode wurde als 4-D-Ansatz[108] bezeichnet, im Gegensatz zum 2,5-D-Ansatz von David Marr.[109]

Anstatt von den *zwei* Dimensionen der Bildebene auf dreidimensionale Objekte im 3D-*Raum* zu schließen – wie im KI/Informatik-Ansatz –, schlug Dickmanns vor, drei Dimensionen (2D der Bildebene plus Zeit) gleichzeitig zu berücksichtigen, um sich bewegende 3D-Objekte in *Raum und Zeit* zu identifizieren. „Es werden Bewegungsprozesse von Objekten modelliert, anstatt nur Objekte", wie es im rechnergestützten Bildverarbeitungsansatz der Fall ist.[110]

Um die Zeit in den visuellen Wahrnehmungsprozess zu integrieren, entschied sich Dickmanns, „erwartungsbasierte Methoden aus der Systemdynamik und Regelungstechnik mit Methoden der KI" zu kombinieren,[111] wobei „datengetriebene Bottom-up- und modellgetriebene Top-down"-Schritte integriert werden.[112] Dies lässt sich mit Hilfe des unteren Teils von Abb. 4.12 erklären. Die linke Seite zeigt die reale Welt, aufgenommen von einer Kamera. Dies ist der datengetriebene Bottom-up-Schritt. Auf der rechten Seite wird durch den Hauptrechner eine interne Repräsentation der Außenwelt *in Raum und Zeit* erzeugt. Dies ist der modellgetriebene Top-down-Schritt. Diese interne Welt, auch *vorgestellte Welt* genannt, wird durch die Kamerasignale und durch im Rechner hinterlegtes Hintergrundwissen unterstützt: *Geometrische Modelle* ermöglichen die Klassifizierung der im Bild erkannten räumlichen Objekte. *Dynamische Modelle* in Form von Differentialgleichungen – die die Gesetze der physikalischen Bewegung enthalten – erlauben es, das typische räumliche Verhalten eines Fahrzeugs (Eigenbewegung) und dessen Interaktion mit der Umgebung (typisches Bewegungsverhalten anderer Objekte) zu verstehen. Da die Gleichungen für die dynamischen Modelle mit Hilfe räumlicher Modelle erstellt werden, werden sie auch als raumzeitliche Modelle bezeichnet.

---

[107] Dickmanns, Ernst Dieter. 1988. An Integrated Approach to Feature Based Dynamic Vision. *Proceedings of the Computer Society Conference on Computer Vision and Pattern Recognition*, S. 824. Ann Arbor.

[108] Dickmanns, Ernst Dieter. 1988. 4-D-Dynamic Scene Analysis with Integral Spatio-Temporal Models. In *Proceedings of the Fourth International Symposium on Robotics Research, Santa Cruz*1987, Hrsg. Robert C. Bolles und Bernard Roth, 311–318. Cambridge: Robotics Research/ MIT Press.

[109] Marr, David. 1982. *Vision: A Computational Investigation into the Human Representation and Processing of Visual Information.* San Francisco.

[110] Dickmanns, Ernst Dieter, und Hans-Joachim Wünsche. 2009. Advanced Sensing Techniques for Automated System Applications: Perception based on Dynamic Vision. In *Automation Technologies and Application Considerations for Highly Integrated Mission Systems, Technical Report TR-SCI-118,* Hrsg. J. Ramage et al. North Atlantic Treaty Organization, S. 5.

[111] Dickmanns, Ernst Dieter. 1997. Vehicles Capable of Dynamic Vision. *IJCAI'97 Proceedings of the Fifteenth International Joint Conference on Artificial Intelligence,* Bd. 2, S. 1577.

[112] Dickmanns, Ernst Dieter, R. Behringer, D. Dickmanns, T. Hildebrandt, M. Maurer, F. Thomanek und J. Schiehlen. o. J. The seeing passenger car VaMoRs-P. *Proceedings of theIntelligent Vehicles'94 Symposium,* S. 68.

Wie in der Mitte des unteren Teils von Abb. 4.12 gezeigt, werden datengetriebene und modellgetriebene Schritte gegenübergestellt: Das aktuelle Bild der Kamera – das die reale Welt abbildet – wird mit der internen Computerprognose verglichen, die aus der vorherigen Bildfolge abgeleitet wurde. Da nur das aktuelle Bild analysiert wird, müssen keine vorherigen Bilder gespeichert werden. Mit Hilfe der oben genannten spezifischen 4-D-Modelle für Objekte, Subjekte und Bewegungsprozesse ist es dann möglich, vorherzusagen, wo bestimmte Merkmale von Objekten im nächsten Videobild erscheinen sollten.[113] Anstatt nur ein Bild der Vergangenheit aus der Außenwelt zu liefern, erzeugt der Computer ein internes raumzeitliches Modell für die nahe Zukunft. Das Ergebnis: Er kann die Zukunft zwar nicht „sehen", aber er kann ihre Wahrscheinlichkeit abschätzen. Erkennt der Wahrnehmungsprozess beispielsweise, dass ein Auto das eigene Fahrzeug von hinten links überholt, so sagt das Weltmodell zusammen mit den Gesetzen der perspektivischen Projektion voraus, wo stabile Merkmale dieses Autos seitlich im nächsten Bild zu finden sein werden. Auf Basis dieses Prognoseschritts können die Positionen der rechteckigen Auswertefenster im Bild korrekt gewählt werden, abhängig von den bisherigen Ergebnissen der Bildfolgenanalyse.

Dieses Feedback der Vorhersagefehler der vorherigen Bildsequenz wurde mit einem Kalman-Filter realisiert, einer mathematischen Methode, die 1960 von dem ungarisch-amerikanischen Mathematiker Rudolph E. Kálmán (1930–2016) veröffentlicht wurde. Sie gilt heute als eine der „großen Entdeckungen des *mathematischen Ingenieurwesens,* das mathematische Modellierung zur Lösung ingenieurtechnischer Probleme einsetzt."[114] Der Kalman-Filter wurde sogar als „die größte Errungenschaft der Schätztheorie des zwanzigsten Jahrhunderts" bezeichnet[115] und legte das Fundament der modernen Regelungstheorie.[116]

Da der Kalman-Filter für das Verständnis des Ansatzes von Dickmanns entscheidend ist, wird hier eine kurze Darstellung dieser Methode und ihres historischen Hintergrunds gegeben. Der Begriff Filter wird normalerweise verwendet, um ein physikalisches Gerät zu beschreiben, das unerwünschte Bestandteile aus Flüssig-Feststoff-Gemischen trennt. Er wird aber auch im Bereich der Elektronik verwendet; analoge Schaltungen in Transistorradios filtern beispielsweise elektro-

[113] Dickmanns, Ernst Dieter. 2017. Developing the Sense of Vision for Autonomous Road Vehicles at UniBwM. *IEEE Computer 50* (12): 27.

[114] Grewal, Mohinder S., und Angus P. Andrews. 2015. *Kalman Filtering: Theory and Practice with MATLAB,* S. 2. New Jersey.

[115] Ebd., S. 19.

[116] Es sei daran erinnert, dass die erste Methode, die auf eine optimale Schätzung aus verrauschten Daten abzielte, die *Methode der kleinsten Quadrate* war. Sie wird Carl Friedrich Gauss (1777–1855) zugeschrieben, der sie 1795 in der mathematischen Astronomie einsetzte, „um den Einfluss von Messfehlern bei der Vorhersage von Umlaufbahnen zu minimieren" (Barfoot, Timothy D., 2017. *State Estimation for Robotics,* Cambridge, S. 2). Diese Methode ermöglichte es ihm 1801, die Position des Zwergplaneten Ceres nach dessen Passage hinter der Sonne vorherzusagen. Die meisten heutigen Schätzverfahren sind mit der Methode von Gauss verwandt.

nische Signale aus Gemischen unterschiedlicher Frequenzen.[117] In den 1930er und 1940er Jahren wurde dieses Konzept „auf die Trennung von ‚Signalen' von ‚Rauschen' – unerwünschten Störungen elektrischer Signale – ausgeweitet."

Und genau das kann der Kalman-Filter leisten: Er ermöglicht es, Rauschen in Datenfolgen zu reduzieren – zu filtern. Der Kalman-Filter ist ein Algorithmus – eine Abfolge von Anweisungen –, der es erlaubt, die unvollständigen Informationen ungenauer Messungen zu nutzen, um den *Zustand* komplexer dynamischer Systeme wie Raumfahrzeuge, Flugzeuge, Schiffe, mobile Roboter und autonome Fahrzeuge zu *schätzen*. Der Begriff *Zustand* bezeichnet in diesem Zusammenhang eine Menge von Größen, wie Timothy Barfoot erläutert: Der Zustand eines Fahrzeugs kann beispielsweise durch seine Position, Orientierung und Geschwindigkeit beschrieben werden. Sind diese Größen bekannt, kann die Bewegung dieses Fahrzeugs über die Zeit beschrieben werden.[118]

Der Kalman-Filter arbeitet in zwei Phasen: Vorhersage und Korrektur.[119] Der *Vorhersageschritt* – basiert z. B. auf Raddrehzahlsensoren (Odometrie) – gibt an, wo sich das Fahrzeug wahrscheinlich zum nächsten Zeitpunkt befinden wird. Da Odometrie jedoch fehleranfällig und ungenau ist, werden im *Korrekturschritt* Beobachtungen anderer Sensoren – z. B. Kameradaten – berücksichtigt. Der Kalman-Filter vergleicht dann Vorhersagen und Beobachtungen miteinander, um die Vorhersagen des Fahrzeugzustands zu korrigieren. Zusammengefasst liefert der Filter eine Vorhersage des *zukünftigen* Systemzustands auf Basis *vergangener* Schätzungen unter der Annahme bekannter Fehlerstatistiken. Da Vorhersage- und Korrekturschritt einander folgen – der vorherige Schritt wird aktualisiert, während der nächste erzeugt wird – wird die Methode auch als *rekursive* Schätztechnik bezeichnet. Sie kann auch als *probabilistische* Zustandsschätzungstechnik bezeichnet werden, da sie „Unwissen präziser ausdrückt – mittels Wahrscheinlichkeiten."[120]

Anfangs wurde die Methode von Kalman von seinen Fachkollegen mit Skepsis aufgenommen.[121] Doch mit dem Beginn des Computerzeitalters und des Raumfahrtzeitalters gewann das Feld der Schätzverfahren an Bedeutung, insbesondere im Bereich der Raumfahrt. 1960 stellte Kálmán seine Forschung Stanley F. Schmidt vom NASA Ames Research Center in Mountain View vor. Schmidt erkannte den Nutzen des Kalman-Filters für die Steuerung und Bahnverfolgung des Apollo-Projekts, das zum Ziel hatte, den Mond zu erreichen. In vermutlich seiner „ersten vollständigen Implementierung" wurde der Filter dann von der NASA für den Apollo Guidance Computer eingesetzt. Ohne diese Methode „wäre die prä-

[117] Grewal, Andrews, S. 3.

[118] Barfoot, S. 1.

[119] Cyrill Stachniss, 2020. Kalman Filter – 5 Minutes with Cyrill, hochgeladen am 14. April, online unter: https://www.youtube.com/watch?v=o_HW6GnLqvg.

[120] Grewal, Andrews, S. 4.

[121] Ebd., S. 18.

zise und effiziente Navigation von Raumfahrzeugen durch das Sonnensystem nicht möglich gewesen.“[122]

Heute wird der Kalman-Filter in vielen Bereichen eingesetzt, insbesondere für die Lokalisierung, Verfolgung, Navigation, Bahnverfolgung und Steuerung verschiedenster Fahrzeugtypen, vor allem von Flugzeugen. Auch Radarsysteme nutzen ihn zur Zielverfolgung. Im Bereich des autonomen Fahrens dient er dazu, ein Fahrzeug in der Umgebung zu lokalisieren, die Kameraposition sowie lokale Merkmale in der Umgebung zu verfolgen.

Mit diesem Hintergrundwissen über den Kalman-Filter können wir nun auf das szenenbasierte Verständnis-System der dynamischen Maschinenvision der UniBwM zurückkommen. Es ist hervorzuheben, dass Vorhersagefehler nicht nur zur Anpassung der Merkmale im Bild verwendet werden – am wichtigsten ist, dass sie direkt zur Korrektur der Parameter in der vorgestellten 4-D-Welt genutzt werden. Durch die Untersuchung des Unterschieds zwischen *erkannten* und *vorhergesagten* Merkmalen wird der Schätzprozess kontinuierlich verbessert. Die interne raum-zeitliche Welt wird fortlaufend entsprechend der beobachteten Bewegungsprozesse in der Außenwelt aktualisiert und angepasst. Das bedeutet, dass die Merkmale nur noch als Zwischendaten dienen. Die Merkmalsextraktion verfolgt das Ziel, Wissen über den *Zustand* der erkannten Objekte zu generieren. Sie dient dazu, die *Bewegungsprozesse* von Objekten in der realen Welt direkt zu verstehen.

Kehren wir nun zum Anfang des Kapitels zurück: Wir haben gelernt, dass Dickmanns den Begriff *dynamischeMaschinenvision* für seinen Ansatz des autonomen Fahrens prägte. Er argumentiert, dass der Begriff *Computer Vision* für das UniBwM-Konzept nicht mehr angemessen ist, da der visuelle Wahrnehmungsprozess nicht nur auf Kameradaten, sondern auch auf anderen Sensoren basiert, z. B. inertialen Messeinheiten, die Beschleunigungen und Drehraten des Fahrzeugs erfassen.[123] Im Gegensatz zu Computer-Vision-Konzepten integriert die *dynamischeMaschinenvision* Wissen über die Fahrzeugdynamik in den Wahrnehmungsprozess – alle Grundbewegungen des Fahrzeugs, das die Kameras trägt, werden berücksichtigt, einschließlich jeglicher Beeinträchtigung der visuellen Wahrnehmung. Beispielsweise führen schnelle Drehraten, die direkt von Inertialsensoren gemessen werden, zu einer Verschmierung von Kanten in den Bildern von Objekten der Außenwelt; es ist daher vorteilhaft, diese visuellen Merkmale während solcher Phasen zu unterdrücken. Dieses Konzept ist wesentlich flexibler und effizienter bei der Wahrnehmung und Steuerung dynamischer Bewegungsprozesse, insbesondere solcher, die von einer bewegten Plattform aus beobachtet werden.

---

[122] Ebd., S. 19.

[123] Dickmanns, Ernst Dieter, und Hans-Joachim Wünsche. 2009. Advanced Sensing Techniques for Automated System Applications: Perception based on Dynamic Vision. In *Automation Technologies and Application Considerations for Highly Integrated Mission Systems, Technical Report TR-SCI-118,* Hrsg. J. Ramage, et al. North Atlantic Treaty Organization, S. 2.

Der Computer verarbeitet lediglich Kameradaten und Sensorsignale. Es ist jedoch der gesamte Fahrzeugkörper in seinem aktuellen Bewegungszustand, der Beschleunigungen und Drehraten erfährt. Somit ist es das Fahrzeug als Ganzes, das in der Lage ist, signifikante Veränderungen in den Bildern wahrzunehmen und entsprechend mit Fahrmanövern zu reagieren. Aus diesem Grund *sollte das Fahrzeug – die Maschine – als Subjekt des Wahrnehmungsprozesses anerkannt werden,* nicht der Computer.

Abschließend ist es wichtig zu verstehen, dass der 4-D-Ansatz nicht direkt von Messdaten zuvor analysierter Bilder, von präzisen Karten oder von den heute häufig verwendeten GPS-Koordinaten abhängt. Da er nur fahrzeugbasierte Sensorquellen benötigt, ermöglicht er das Fahren in völlig unbekannten, nicht kartierten Umgebungen. Aus diesem Grund ist dieses System besonders für das Militär und auch für Raumfahrtagenturen von Interesse, die Weltraumroboter für Missionen auf anderen Planeten entwickeln.

4.3.2 Der VaMoRs-Van und das erste Vision-System (1985–1991)

Nach einer Reihe positiver Ergebnisse bei der visuellen Straßenfahrzeugführung mit der Hardware-in-the-Loop-Simulation erwarb das ISF 1984 einen 5-Tonnen-Mercedes Benz D 508 Van *(Kastenwagen),* um Experimente unter Realbedingungen durchzuführen. Als rollendes Labor diente das Testfahrzeug unter dem Namen *Versuchsfahrzeug für autonome Mobilität und Rechnersehen* (VaMoRs). In den folgenden zwei Jahrzehnten wurde es zu einem wichtigen Werkzeug für die Entwicklung von drei Generationen von Rechnersehsystemen für das autonome Fahren.

Der Kauf des Vans wurde aus dem Berufungsbudget von Dickmanns finanziert. Die Universität musste etwa das Dreifache des Kaufpreises investieren, um den Van für Tests des autonomen Fahrens auszurüsten.[124] Eine kleine Autowerkstatt, die Firma Zinkl südlich von München, stattete den D 508 mit einem „Schrittmotor zur Betätigung des Gaspedals“,[125] elektrohydraulischen Bremsen, einem Wegstreckenzähler und einem Drehmomentmotor für die Lenkung im linken vorderen Radkasten aus. Die Raddrehungen wurden zur Berechnung von Geschwindigkeit und zurückgelegter Strecke des Vans genutzt. Als Sicherheitsmerkmal konnte die automatische Steuerung abgeschaltet werden, wenn der Fahrer eines der Pedale

[124] Lossau, Norbert. 2017. Das erste autonome Auto kostete 200.000 D-Mark. *Die Welt,* 13. Oktober.

[125] Dickmanns, Ernst Dieter, und A. Zapp. 1987. Autonomous high speed road vehicle guidance by computer vision. In *10th International Federation of Automatic Control (IFAC) World Congress,* München, Juli 1987, Preprints, S. 4.

betätigte oder manuell einen roten Knopf am Armaturenbrett drückte. Ein zusätzlicher 220-V-Stromgenerator und ein 19″-Industrie-Rack für Sensoren und Parallelprozessoren wurden ebenfalls integriert.

Im Fahrzeug wurden zwei Computer eingesetzt: Ein IBM IC empfing die Messdaten in Echtzeit, steuerte Lenkrad, Bremsen und Gaspedal und diente als Mensch-Maschine-Schnittstelle.[126] Die zweite Einheit war eine leistungsfähigere Version des Bildverarbeitungssystems für dynamisches Sehen BVV 2. Entwickelt von Volker Graefe vom *Institut für Messtechnik* (IfM/LRT), nutzte es ein Dutzend 16-Bit-Intel-8086-Mikroprozessoren zur Extraktion von Kantenmerkmalen mit benachbarten mittleren Grauwerten in einem rezeptiven Feld und wurde von 1986–1992 mit VaMoRs eingesetzt.[127] Der untere linke Teil von Abb. 4.13 zeigt das BVV2 und einen Monitor zur Darstellung der Ergebnisse der Merkmalsextraktion im hinteren Teil von VaMoRs, wo ein Systemingenieur den Wahrnehmungsprozess beobachtete.

Das wichtigste Element des Vans war das Bildverarbeitungssystem: Es musste kleine Elemente wie Buchstaben oder Zahlen auf Verkehrsschildern in angemessener Entfernung erkennen (z. B. bis zu 20 m Reichweite). Andererseits sollten mittelgroße Objekte wie Fahrbahnmarkierungen (mindestens 12 cm breit) in Entfernungen bis etwa 200 m erkennbar sein. Da ebene Straßen konstanter Breite kegelartige Bilder erzeugen, erforderte die Fahrbahnerkennung auf größere Sichtweiten die Fähigkeit zur Blicksteuerung.

Um diese Anforderungen zu erfüllen, wurde 1986 für VaMoRs eine bifokale Kameraanordnung mit Blicksteuerung ausgewählt. Das Bildverarbeitungssystem verwendete zwei monochrome CCD-TV-Kameras (Sony XC 77 CE). Wie in Abb. 4.13 zu sehen ist, waren Videokameras zu dieser Zeit noch recht groß. Unterschiedliche Brennweiten ermöglichten es, die Sehfähigkeiten eines biologischen Auges zu simulieren: Wie im Simulationskreislauf kombinierte das bifokale System ein Objektiv mit kurzer Brennweite für ein großes Sichtfeld (bis zu ~20 m) mit einem Teleobjektiv für eine höhere Auflösung, um Hindernisse in größerer Entfernung zu erkennen.[128]

Die Kameras waren auf einer zweiachsigen Blicksteuerplattform auf dem Armaturenbrett montiert. Diese Plattform ermöglichte das Drehen der Kameras in zwei Rotationsfreiheitsgraden – in Gier um eine vertikale Achse und in Nick um eine horizontale Achse. Die Blicksteuerplattform bot die Möglichkeit, interessante Bereiche, die im Bild mit niedriger Auflösung erkannt wurden, mit der höheren Auflösung der anderen Kamera zu fokussieren. Die meisten Winkel-

---

[126] Der IBM IC war die Industrieversion des IBM-AT02 mit einem INTEL 80286 16-Bit-Mikroprozessor.

[127] Dickmanns, Ernst Dieter. 2016. Zusammenfassung der Beiträge zu visionsbasierten autonomen Fahrzeugen, in: http://www.dyna-vision.de/main/Review2016%20of%20ContribVisBasAutVeh.html.

[128] Mysliwetz, Birger. 1990. *Parallelrechner-basierte Bildfolgen-Interpretation zur autonomen Fahrzeugsteuerung, Dissertation, Universität der Bundeswehr München, Fakultät für Luft- und Raumfahrttechnik.* Institut für Systemdynamik und Flugmechanik, S. 2.3.

Abb. 4.13 Das Bildverarbeitungssystem des VaMoRs-Vans mit bifokalen, blickgesteuerten Kameras, hier im Einsatz während Testfahrten auf der Autobahn im Jahr 1987. (Bildnachweis & Bildquelle: Dickmanns)

schwankungen, die durch das Fahren des Fahrzeugs auf unebener Fahrbahn entstanden, wurden durch Inertialraten-Sensoren auf der Plattform erfasst und deren Signale mit negativem Vorzeichen an die Winkelregelung zurückgeführt.

Es wurde festgestellt, dass die hohe Leistungsfähigkeit des Bildverarbeitungssystems auf seine „Systemarchitektur und nicht auf die außergewöhnliche Geschwindigkeit“ der Hardware zurückzuführen war.[129] Wie bereits in Abschn. 4.2.2 erläutert, konzentrierte es die gesamte Rechenleistung der Parallelprozessoren auf wenige relevante Bildbereiche – sogenannte Fenster. Erst durch die Fähigkeit, Bildfolgen mit hoher Rate (mindestens 10 Bilder pro Sekunde) zu verarbeiten, war VaMoRs in der Lage, mit Höchstgeschwindigkeit autonom auf der Autobahn zu fahren.[130]

---

[129] Graefe, Volker, und Klaus-Dieter Kuhnert. 1992. Vision-Based Autonomous Road Vehicles. In *Vision-Based Vehicle Guidance,* Hrsg. Ichiro Masaki, S. 13. New York.

[130] Zapp Alfred. 1988. *Automatische Straßenfahrzeugführung durch Rechnersehen,* Dissertation. Universität der Bundeswehr München, Fakultät für Luft- und Raumfahrttechnik, Institut für Systemdynamik und Flugmechanik.

Die Softwarearchitektur des Systems ist in Abb. 4.14 dargestellt. Rechts ist die Kamera mit Standardobjektiv zu sehen. Ihre Bilder wurden vom BVV zur Extraktion von Kantenmerkmalen verwendet. Das gesamte Echtzeit-Bildverarbeitungssystem war dann in der Lage, die *Straße und Fahrspuren* vor dem VaMoRs-Van zu erkennen und zu verfolgen. Nach demselben Prinzip wurde die Hinderniserkennung durchgeführt: Auf der linken Seite ist eine Kamera mit Teleobjektiv zur *Hindernis*erkennung dargestellt. Sie fokussierte auf vertikale Merkmale in einer horizontalen Suche und auf horizontale Merkmale in einer vertikalen Suche. Wenn beide Merkmalsgruppen ein Rechteck umschlossen (siehe unten links in Abb. 4.8 und 4.14), wurde ein Hindernis erkannt. Vertikal in der mittleren Ebene sind die Parallelprozessoren (PP) zur Kantenmerkmalextraktion (16-Bit-Intel-8086-Mikroprozessoren) dargestellt, die zum Interpretationsschritt auf der GPP-Ebene führen. Beide „Augen" trugen zur Fahrzeugführung bei, dargestellt auf der höchsten Ebene.

Nachdem das Bildverarbeitungssystem und die Softwarearchitektur erläutert wurden, sei erwähnt, dass das autonome Fahren an der UniBwM mit einer speziellen Umgebung im Blick entwickelt wurde. 1980 beschrieb Dickmanns einen besonderen Anwendungsfall für die von seinem Labor entwickelten Systeme: Ein „Autobahn-Autopilot" könne als langfristiges Anwendungsziel betrachtet werden,

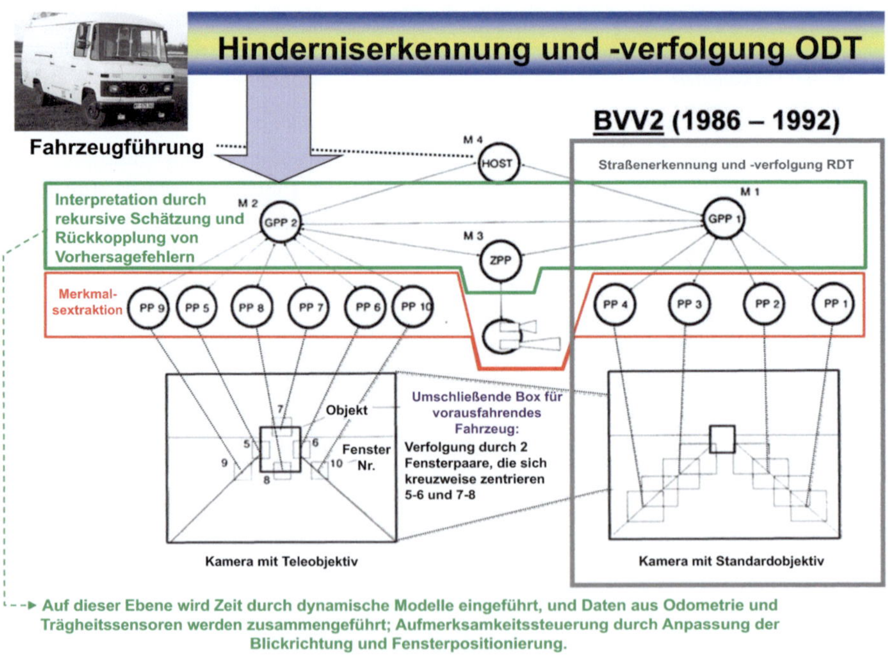

Abb. 4.14 Systemarchitektur des bifokalen Wahrnehmungssystems der ersten Generation (1988) auf Basis des 4-D-Ansatzes. (Bildnachweis & Bildquelle: Dickmanns)

der den Fahrer „von der ermüdenden Steuerungsaktivität unter den relativ einfachen Autobahnbedingungen entlastet“.[131] Die Idee kam ihm bereits 1977, als er jeden Morgen die Autobahn nehmen musste, um zur Universität nach Neubiberg zu fahren.[132]

Dickmanns betont, dass die Entwicklung autonomer Führungsfunktionen mit der „am stärksten strukturierten, beschränkt zugänglichen Autobahn (...) beginnen sollte, da sie die geringsten Anforderungen an Bildverarbeitung und -verständnis stellt.“[133] Erstens handelt es sich um eine hoch normierte Umgebung mit festen Fahrbahnbreiten und Begrenzungen für die maximale Krümmung. Zweitens hat sie den Vorteil, dass sie ausschließlich für schnelle Fahrzeuge zugelassen ist – es werden keine Tiere, Fußgänger oder Fahrräder auf der Fahrbahn erscheinen. Drittens ist sie ohne Kreuzungen auch frei von einmündendem Verkehr und Ampeln.[134] Aufgrund ihrer reduzierten Komplexität schienen Autobahnen ideal geeignete Umgebungen zu sein, um experimentelle maschinelle Bildverarbeitungssysteme zu demonstrieren.

Aus diesen Gründen entschied sich die UniBwM 1985 dafür, das Fahren auf der *Autobahn* als „erstes Aufgabenfeld“ für die autonome Fahrzeugführung auszuwählen. Zur Vorbereitung der ersten Testfahrt wurde der D 508 im Oktober 1985 manuell auf der Autobahn München–Garmisch gefahren, um Videoaufnahmen der Fahrbahn zu machen. Diese Bilder einer realen Straße wurden anschließend für eine Echtzeitanalyse in der oben dargestellten Simulationsschleife verwendet. Laut Dickmanns und Graefe funktionierte dies ohne jegliche Anpassung, und das Team begann, den Van für seinen ersten autonomen Außeneinsatz vorzubereiten.[135] Die ersten Testfahrten mit diesem Echtzeit-Bildanalysesystem für vollautonomes Fahren wurden dann im Mai/Juni 1986 realisiert. Im selben Jahr wurden Ergebnisse

[131] „Als langfristiges Anwendungsziel könnte ein “Autobahn-Autopilot” betrachtet werden, der dem Fahrer die ermüdende Steuerungsaktivität unter den relativ einfachen Autobahnbedingungen abnimmt“ (Dickmanns, Ernst Dieter. 1980. Untersuchungen und mögliche Arbeitsschritte zum Thema “Künstliche Intelligenz: Rechnersehen und -steuerung dynamischer Systeme”, S. 13 [Übersetzung: F.K.]).

[132] Alte Schule - die goldene Ära des Automobils (Youtube-Account), Alte Schule, Folge 95 mit Ernst Dieter Dickmanns (der Podcast) (Titel), Hochgeladen am 13.05.2021. https://www.youtube.com/watch?v=YBa0TwJAA2s, Min. 28:17 (abgerufen am 14. Januar 2022).

[133] Dickmanns, Ernst Dieter. 1986. Computer Vision in Road Vehicles – Chances and Problems. *ITCS-Symposion on “Human Factors Technology for Next-Generation Transportation Vehicles”,* S. 2. Amalfi, Italien.

[134] Dickmanns, Ernst Dieter. 1997. Vehicles Capable of Dynamic Vision. *IJCAI’97 Proceedings of the Fifteenth International Joint Conference on Artificial Intelligence,* Bd. 2, S. 1579.

[135] Dickmanns, Ernst Dieter, und Volker Graefe. 1988. Sehendes Auto fährt Weltrekord. *Hochschulkurier* 14, S. 18.

zur visuellen Führung von Straßenfahrzeugen mit der Simulationsschleife veröffentlicht.[136]

4.3.3 *VaMoRs vollautonome Hochgeschwindigkeitstests auf der Autobahn (1987)*

Parallel zum *Autonomous Mobile Systems*-Projekt – das im nächsten Abschnitt beschrieben wird – führte die UniBwM in eigener Verantwortung einen ihrer wichtigsten Testläufe durch: VaMoRs demonstrierte im August 1987 die weltweit erste vollautonome Längs- und Querführung eines Fahrzeugs durch Rechnersehen bei hoher Geschwindigkeit. Die Testfahrt fand auf einem 24 Kilometer langen Abschnitt der neuen Autobahn A 92 zwischen Landshut/Altheim und Dingolfing statt, der noch nicht für den öffentlichen Verkehr freigegeben war.[137] Es war der Direktor der *Autobahndirektion-Süd,* der der UniBwM diesen Autobahnabschnitt vorschlug, nachdem er in Medienberichten von der Forschung erfahren hatte.[138] Mit autonomem visuellem Fahren erreichte der 5-Tonnen-Van eine Höchstgeschwindigkeit von 96 km/h (60 mph), die nur durch die Motorleistung begrenzt war.[139] 20 Kilometer wurden ohne manuelle Unterbrechung gefahren. Ein Sicherheitsfahrer auf dem Fahrersitz überwachte den Betrieb, ein Eingreifen war jedoch nicht erforderlich.

Der Testlauf erregte großes Medieninteresse. 1988 besuchte ein Filmteam der BBC die UniBwM und drehte einen Kurzfilm über VaMoRs auf dem Universitätscampus in Neubiberg und der Autobahn bei Dingolfing. Der Fernsehmoderator Peter Macann fuhr im Van mit und erklärte dem Publikum den 4-D-Ansatz. Der Beitrag wurde anschließend in der Fernsehsendung Tomorrow's World ausgestrahlt.

---

[136] Dickmanns, Ernst Dieter, und A. Zapp. 1986. A Curvature-Based Scheme for Improving Road Vehicle Guidance by Computer Vision. In *Mobile Robots, SPIE Proceedings,* Bd. 727, 161–168. Cambridge, MA, Dickmanns, Ernst Dieter. 1986. Computer Vision in Road Vehicles – Chances and Problems. *ITCS-Symposion on"Human Factors Technology for Next-Generation Transportation Vehicles",* Amalfi, Italien.

[137] Ein Video, das VaMoRs auf der Autobahn zeigt, ist online zu finden unter: https://dyna-vision.de/wp-content/uploads/2021/03/1987-VaMoRs-AB-Dingolfing.mp4 (abgerufen am 30. Januar 2022).

[138] Industrial AI Podcast (Youtube-Account), KI und der Erfinder des autonomen Fahrens – KI in der Industrie (Titel), Hochgeladen am 19.12.2019, in: https://www.youtube.com/watch?v=UYDtI6njaNM Min. 26:05 (abgerufen am 14. Mai 2020).

[139] Dickmanns, Ernst Dieter, und A. Zapp. 1987. Autonomous high speed road vehicle guidance by computer vision. *Proceedings of the International Federation of Automatic Control (IFAC)* 20 (5, Teil 4); Zapp Alfred. 1988. *Automatische Straßenfahrzeugführung durch Rechnersehen,* Dissertation. Universität der Bundeswehr München, Fakultät für Luft- und Raumfahrttechnik, Institut für Systemdynamik und Flugmechanik.

Gerade im internationalen Vergleich war der Testlauf ein bedeutender Meilenstein: Erstmals in der Geschichte wurde die Straße visuell – mittels Kantenerkennung und rekursiver Schätzung – bei höheren Geschwindigkeiten auf der Autobahn verfolgt. Im internationalen Forschungskontext entsprach das Ergebnis einer etwa um den Faktor zehn besseren Leistung als bei jedem anderen weltweit durch maschinelles Sehen geführten Fahrzeug.

Wie im ersten Teil des Buches dargestellt, nutzten die zur gleichen Zeit in den Vereinigten Staaten entwickelten Testfahrzeuge deutlich mehr Rechenleistung, erreichten jedoch nur Schrittgeschwindigkeit: Das Autonomous Land Vehicle (ALV) von Martin Marietta absolvierte im August 1987 die erste Geländefahrt mit einer Geschwindigkeit von 3 km/h (siehe Abschn. 2.4). Das NavLab 1 der Carnegie Mellon University fuhr 1987 mit 2,7 mph (4,3 km/h) einer vorprogrammierten Route folgend (siehe Abschn. 2.3.3). Daher erscheint es zutreffend, VaMoRs zu diesem Zeitpunkt als „das weltweit schnellste autonome Straßenfahrzeug“ zu bezeichnen.[140]

Wie oben erläutert, wurde die leistungsfähigere Rechenkapazität in den USA nicht effektiv genutzt, da die Bildverarbeitung und Fahrzeugsteuerung all dieser Fahrzeuge ausschließlich einzelne, vollständige, statische Bilder analysierte.[141] Daher war deren Bildauswertungsrate sehr langsam (ALV: 2 Sekunden, Navlab: 20 Sekunden pro Bild) und die erzielbaren Geschwindigkeiten waren begrenzt.[142] Im Gegensatz dazu benötigte die Echtzeit-Bildanalyse mit dem 4D-Weltmodell des ISF nur 17–33 Millisekunden, um das interne Situationsmodell anzupassen und Lenkbefehle zu berechnen.[143] Diese Ergebnisse und die von Hans-Joachim Wünsche[144] führten 1987 zur ersten Veröffentlichung der neuen Bildanalysemethode, genannt „4-D-Ansatz“ für Echtzeit-Rechnersehen unter Ausnutzung raumzeitlicher (dynamischer) Modelle.[145]

[140] Graefe, Kuhnert 1992, S. 4.

[141] Dickmanns, Ernst Dieter, V. Graefe, und W. Niegel. Abschlussbericht, Definitionsphase PROMETHEUS, Pro-Art, 1.10.86 bis 14.11.87, Universität der Bundeswehr München, S. 4.

[142] Graefe, Kuhnert 1992, S. 3.

[143] Dickmanns, Ernst Dieter, V. Graefe, und W. Niegel. Abschlussbericht, Definitionsphase PROMETHEUS, Pro-Art, 1.10.86 bis 14.11.87, Universität der Bundeswehr München, S. 2 und Dickmanns, Ernst Dieter, und Volker Graefe. 1988. Sehendes Auto fährt Weltrekord. *Hochschulkurier* 14, S. 21.

[144] Wünsche, Hans-Joachim. 1986. Detection and Control of Mobile Robot Motion by Real-Time Computer Vision. In *Advances in Intelligent Robotics Systems, Proceedings of the Society of Photo-Optical Instrumentation Engineers (SPIE),* Hrsg. Nelson Marquina, Bd. 727, 100–109, Wünsche, Hans-Joachim. 1987. *Bewegungssteuerung durch Rechnersehen,* Dissertation. Universität der Bundeswehr München, Fakultät für Luft- und Raumfahrttechnik, Institut für Systemdynamik und Flugmechanik.

[145] Dickmanns, Ernst Dieter. 1988. 4-D-Dynamic Scene Analysis with Integral Spatio-Temporal Models. In *Proceedings of the Fourth International Symposium on Robotics Research, Santa Cruz 1987,* Hrsg. Robert C. Bolles und Bernard Roth, 311–318. Cambridge: Robotics Research.

4.3.4 Das Projekt Autonome Mobile Systeme mit Daimler (1986–1988)

Die Echtzeit-Demonstrationen im Simulationskreislauf und mit VaMoRs an der UniBwM beeinflussten einige Akteure der Automobilindustrie, sich an den Bemühungen zur Entwicklung von maschinellen Sehsystemen für Landfahrzeuge zu beteiligen.

Daimler-Benz (DBAG) hatte 1985 begonnen, im Bereich des automatisierten Fahrens zu arbeiten, jedoch nutzte das Unternehmen keine Ansätze der maschinellen Bildverarbeitung.[146] Aus diesem Grund lud die Forschungsabteilung des Unternehmens 1986 die UniBwM ein, an einer öffentlich-privaten Partnerschaft namens „Autonome Mobile Systeme“ *(Autonom Mobile Systeme)* teilzunehmen. Sie war einer der wichtigsten Vorläufer des europäischen PROMETHEUS-Projekts (siehe Abschn. 4.4).

Finanziert in den Jahren 1987–1988 durch das Bundesministerium für Forschung und Technologie, war das Ziel, die UniBwM-Technologie für Echtzeit-Bildverarbeitung auf einen *Spur Bus* der DBAG zu übertragen, der aus früheren Projekten zur Verfügung stand. Um die Projektgenehmigung durch den Direktor der DBAG-Forschungsabteilung zu erhalten, musste die UniBwM die Fähigkeiten von VaMoRs auf dem Schleuderplatten-Testgelände der DBAG in Untertürkheim bei Stuttgart demonstrieren. Diese 1956 gebaute, kreisförmige Teststrecke mit einem Radius von 50 Metern ist mit sieben verschiedenen Fahrbahnoberflächen ausgestattet.

Nach mehreren vorbereitenden Testfahrten auf den Rollwegen, der Start- und Landebahn sowie den Parkflächen des ehemaligen Flughafens in Neubiberg bei der UniBwM fand die geforderte Demonstration von VaMoRs im Dezember 1986 statt. Das Fahrzeug beschleunigte auf einer Geraden auf bis zu 10 m/s (36 km/h), fuhr in die Spiralkurve ein, folgte einer Linie auf dem Boden und passte seine Geschwindigkeit dem Kurvenradius so an, dass die Querbeschleunigung etwa 1 m/s^2 betrug. VaMoRs demonstrierte erfolgreich autonome Längs- und Querführung auf Basis maschineller Bildverarbeitung.

Während der ersten 1½ Jahre des AMS-Projekts wurden alle Softwareentwicklungen und Tests mit VaMoRs durchgeführt. Für die Abschlussdemonstration Ende 1988 wurden die Ergebnisse auf einen 10-Tonnen-Elektro-*Spur Bus* (O 205) von Daimler-Benz übertragen. Dieser wurde als Testplattform gewählt, weil Daimler die neue Technologie mit einem zweiten Fahrzeug demonstrieren wollte. Der Bus wurde genutzt, um automatisierte Quer- und Längsregelung bei Geschwindigkeiten von bis zu 60 km/h auf der Teststrecke in Rastatt zu zeigen.[147] Zusätz-

[146] Ulmer, Berthold. 1994. VITA II – Aktive Kollisionsvermeidung im Realverkehr. In *Proceedings of theIntelligent VehiclesSymposium 1994*, S. 1. Paris.

[147] Mysliwetz, Birger. 1990. *Parallelrechner-basierte Bildfolgen-Interpretation zur autonomen Fahrzeugsteuerung, Dissertation, Universität der Bundeswehr München, Fakultät für Luft- und Raumfahrttechnik.* Institut für Systemdynamik und Flugmechanik, S. 1.15.

Abb. 4.15 VaMoRs hält vor einer Mülltonne, Rastatt 1988. (Bildrechte & Quelle: Dickmanns)

lich wurde die Erkennung eines stationären Hindernisses – einer 0,5 m^2 großen Mülltonne in einer Kurve – mittels kantenbasierter 4-D-Bildverarbeitung entwickelt. Das Anhalten davor wurde im Herbst 1988 mit VaMoRs bis zu einer Fahrgeschwindigkeit von 40 km/h demonstriert (Abb. 4.15). Die Testfahrt wurde auf Video dokumentiert.[148]

Das System suchte zunächst nach Merkmalen auf einer horizontalen Ebene. Nach dem Auffinden eines Merkmals wechselte es zur vertikalen Suche nach horizontalen Merkmalen. Während all dieser Tests wurden weder Radar- noch Lasersensoren eingesetzt, sondern ausschließlich der 4-D-Ansatz mit dem BVV2-System zur Extraktion von Kantenmerkmalen verwendet.

In den Jahren nach dem AMS-Projekt lernte VaMoRs, angemessen auf eine „wachsende Zahl von Hindernissen und generisch bekannten anderen Fahrzeugen in seiner Umgebung“ zu reagieren.[149] Diese Forschungsarbeiten legten den Grundstein für die Entwicklung des Bildverarbeitungssystems der zweiten Generation mit Transputern (1992), das in Abschn. 4.4.2 vorgestellt wird.

4.4 Das PROMETHEUS-Programm der Europäischen Union (1986–1994)

Seit den 1960er Jahren wurde das Gebiet der Computer- und maschinellen Bildverarbeitung von den Elektroingenieur- und Informatik-Communities vorangetrieben. Dies änderte sich in den 1980er Jahren, als der Maschinenbau und die Automobilindustrie in Europa begannen, in dieses Feld zu investieren.[150]

---

[148] Video der VaMoRs-Testfahrt in Rastatt 1988, online unter: https://dyna-vision.de/wp-content/uploads/2021/03/1988-VaMoRs-Rastatt_ODT-AMS_Demo.mp4 (abgerufen am 30. Januar 2022).

[149] Dickmanns, Ernst Dieter. 1994. The 4D-Approach to Dynamic Machine Vision. *Proceedings of the 33rd Conference on Decision and Control,* S. 3772.

[150] Dickmanns, Ernst Dieter. 2002. The Development of Machine Vision for Road Vehicles in the Last Decade. *Intelligent VehicleSymposium* 1, S. 269.

Initiiert von der Daimler-Benz AG[151] und unterstützt von den F&E-Abteilungen der europäischen Automobilindustrie, wurde in der zweiten Hälfte der 1980er Jahre ein großes europäisches Forschungsprojekt zur Entwicklung von Fahrzeugtechnologien ins Leben gerufen. Es wurde nach Prometheus benannt, einer der tragischsten Gestalten der griechischen Mythologie. Der Name des antiken Gottes wurde zum Akronym: PROMETHEUS stand für *PROgraMme for a European Traffic with Highest Efficiency and Unprecedented Safety*. Die gewählten Adjektive spiegeln den optimistischen Glauben an die neue mechatronische Fahrzeugtechnik dieser Zeit wider.

Heute wird PROMETHEUS oft mit dem Streben nach autonomem Fahren assoziiert. Doch diese Forschungsrichtung, Teil des Teilprojekts Pro-ART, war nur ein kleiner Bruchteil des Gesamtprogramms. Wie Hermann Winner betont, war das Hauptziel von Prometheus *nicht* auf autonomes Fahren beschränkt.[152] Ziel war es, Technologien für das zweite Jahrhundert motorisierter Landfahrzeuge zu entwickeln und mehrere Probleme des automobilbasierten Verkehrssystems anzugehen: Die steigende Zahl von Fahrzeugen und die begrenzte Kapazität des europäischen Straßennetzes führten zu einer hohen Zahl von Verkehrsunfallopfern, Staus und Umweltverschmutzung. Da der Bau neuer Straßen sich nicht als Lösung für diese Probleme erwies, mussten neue Ansätze gefunden werden.

Die Hauptidee von Prometheus war es, die Technologien zweier wichtiger Bereiche, Kommunikation und Transport, zu vereinen, wie Gerhard Prätorius in seiner Studie zum Projekt hervorhebt.[153] Wie der Name schon andeutet, hatte das Projekt das Ziel, die Sicherheit und Effizienz des Transportsystems zu erhöhen, wobei der Fokus auf neuen Führungs- und Kommunikationstechnologien lag. Es war Teil der vierten Phase der Fahrzeugelektronik, die über die Grenzen fahrzeugbasierter Systeme hinausging und auf die Entwicklung von Fahrzeugen abzielte, die mit ihrer Umgebung kommunizieren.[154] Autonomes Fahren war von Anfang an nur ein kleiner Bestandteil dieses technologieorientierten Ansatzes.

Die Idee eines gemeinsamen europäischen Technologieentwicklungsprojekts wurde in der Automobilindustrie erstmals Ende 1985 diskutiert. Wie in den vorangegangenen Kapiteln gezeigt, war Prometheus eine Reaktion auf ähnliche Forschungsprojekte – das FGCS von MITI und 13 Industrieunternehmen in Japan

[151] Daimler Benz AG (1926–1998), Daimler-Chrysler AG (1998–2007), seit 2007 Daimler AG.

[152] Winner, Hermann. 2015. PROMETHEUS – Welche Visionen wurden Realität? In *VDA, Technischer Kongress,* S. 97.

[153] Prätorius, Gerhard. 1993. *Das PROMETHEUS-Projekt, Technikentstehung als sozialer Prozeß*. Wiesbaden, S. 11, 91.

[154] Die erste Generation ab Anfang der 1960er Jahre konzentrierte sich auf die Substitution mechanischer Systeme durch Elektronik. Während der zweiten Phase (ab Mitte der 1970er Jahre) wurde Elektronik eingesetzt, um neue Funktionen zu realisieren, die mit mechanischen Mitteln allein nicht möglich waren. Die dritte Generation (Mitte der 1980er Jahre) integrierte sowohl mechanische als auch elektronische Funktionen in mechatronischen Geräten, aber die Technologie blieb auf das Fahrzeug beschränkt (Prätorius, S. 85).

sowie die DARPA-Initiative *On Strategic Computing* in den USA.[155] Winner und Prätorius heben hervor, dass die Teilnehmer von PROMETHEUS das gemeinsame Interesse hatten, einer als „technologische Bedrohung" wahrgenommenen Entwicklung aus Asien, insbesondere Japan, entgegenzuwirken.[156] Die europäische Automobilindustrie sah den Niedergang der europäischen Foto- und Audioindustrie als Warnsignal für das eigene Geschäft.

Das strategische Ziel, die eigene Position im Wettbewerb mit den USA und Japan zu stärken, erklärt, warum die Akteure trotz starker Konkurrenz rasch zur Zusammenarbeit bereit waren: Im Februar 1986 unterzeichneten 14 europäische Automobilhersteller ein Memorandum of Understanding, in dem sie ihren Willen zur Kooperation dokumentierten. PROMETHEUS wurde daraufhin Teil von EUREKA, einem von mehreren europäischen Regierungen getragenen Technologieentwicklungsprogramm, das im November 1985 von Frankreich initiiert worden war. Die 11 europäischen Länder, die am EUREKA-Programm teilnahmen – Österreich, Belgien, Finnland, Frankreich, Deutschland, Italien, die Niederlande, Norwegen, Schweden, die Schweiz und das Vereinigte Königreich – förderten PROMETHEUS mit 749 Millionen US-Dollar. Zwei Drittel der Finanzierung wurden von der Industrie bereitgestellt, ein Drittel von den Regierungen der teilnehmenden Länder.[157] Die Fördermittel wurden ausschließlich an nationale Forschungseinrichtungen vergeben, jedoch war im EUREKA-Fördersystem ein vollständiger Informationsaustausch mit den Partnern in anderen Ländern verpflichtend.

PROMETHEUS wurde im Oktober 1986 gestartet und durchlief bis Dezember 1987 eine Vorbereitungsphase. Die Hauptforschungsphase dauerte von Januar 1988 bis Dezember 1994. Während dieser sieben Jahre arbeiteten Teilnehmer aus 19 Ländern zusammen, darunter 19 Unternehmen der Automobilindustrie und 70 Forschungsinstitute. Ursprünglich waren nur europäische Hersteller in das Projekt eingebunden, doch später wurde der protektionistische Ansatz aufgegeben und die europäischen Tochtergesellschaften von Ford und GM durften teilnehmen. Zu den Teilnehmern zählten Alfa Romeo, BMW, Daimler Benz, Fiat, Ford, Iveco, Jaguar, Lancia, MAN, Matra, Opel, Porsche, PSA, Renault, Rolls Royce, Saab Scania, Steyr-Daimler Puch, Volvo und VW.

PROMETHEUS war in akademische und industrielle Forschungsbereiche mit unterschiedlichen Teilprojekten gegliedert: Erstens wurde die *Grundlagenforschung,* durchgeführt von akademischen Forschungseinrichtungen, in vier Bereiche zusammengefasst: Pro-ART (wissensbasierte Systeme), Pro-CHIP (Grundlagenforschung zu Hardware), Pro-COM (Kommunikationsstandards) und Pro-GEN (Verkehrsszenarien für Verkehrsmanagementsysteme). Zweitens konzentrierte die Automobil*industrie* ihre Forschung auf drei Bereiche: Pro-CAR (Assistenzsysteme), Pro-NET (Fahrzeug-zu-Fahrzeug-Kommunikation) und Pro-

---

155 Winner, S. 95.

156 Ebd., S. 93–124, 95. Prätorius, S. 84.

157 Ebenda, S. 95.

ROAD (Kommunikation zwischen Fahrzeug und Infrastruktur). Diese drei Bereiche waren deutlich anwendungsorientierter.

Akademische und industrielle Forscher arbeiteten gemeinsam an der Realisierung experimenteller Forschungsfahrzeuge – den sogenannten Common European Demonstrators (CEDs). Häufig nutzte jeder Partner sein eigenes Fahrzeug, um neue Technologien der Automobilindustrie und der Presse während der drei Vorstandssitzungen des Projekts zu demonstrieren (Januar 1989 in München, September 1991 in Turin und Oktober 1994 in Paris).

Wie die obige Teilnehmerliste zeigt, war PROMETHEUS ein sehr großes Projekt mit vielen verschiedenen Initiativen und über 300 Forschern aus der Automobilindustrie. Aus diesem Grund würde ein Überblick über alle Forschungsprojekte den Rahmen dieses Kapitels sprengen. Für unsere Zwecke ist der „akademische" Teilbereich Pro-ART am interessantesten. Die Forschungsarbeiten konzentrierten sich auf Sensorik und Künstliche Intelligenz mit dem Ziel, ein Fahrzeug zu realisieren, das sich mithilfe von maschinellem Sehen in gut strukturierten Umgebungen wie Autobahnen orientieren kann.

Das angestrebte System sollte als intelligenter Partner für den Fahrer fungieren oder Fahrfunktionen unabhängig vom Fahrer ausführen, wie es Dickmanns 1987 formulierte.[158] Die Finanzierung dieses Projektteils umfasste weniger als 10 % der Gesamtsumme von 749 Millionen US-Dollar.

Die dem autonomen Fahren zugeschriebene Rolle durchlief während des Projekts einen wichtigen Wandlungsprozess: In den Jahren 1986/1987 war PROMETHEUS von einer rein technischen Vision geprägt, die auf den individualisierten Automobilverkehr ausgerichtet war.[159] Nach Prätorius wurde der Mensch als Risikofaktor betrachtet, der durch Technik ersetzt werden sollte. In dieser Zeit war das automatisierte Fahren eines der wichtigsten Leitbilder von PROMETHEUS.[160] Ursprünglich plante Daimler, eine automatische Querführung mittels elektromagnetischer Felder zu entwickeln, die von in der Fahrbahnmitte verlegten Kabeln erzeugt werden sollten. Dickmanns argumentierte jedoch, dass dies einen Rückschritt bedeuten würde, da es die Fahrzeuge auf Schienen setzen und einen Spurwechsel unmöglich machen würde. Stattdessen schlug er eine große europäische Initiative im Bereich maschinelles Sehen vor, die nicht nur eine Querführung, sondern auch die gleichzeitige Hinderniserkennung ermöglichen sollte. Die Kabel-

[158] „Als fokussierende Aufgabe für die Methodenentwicklung in der Projektphase wurde die Fähigkeit eines Fahrzeugs definiert, sich auf einer Autobahn (gut strukturierte, genormte Umgebung) vollständig selbständig durch Rechnersehen zu orientieren und entweder den Fahrer zur Erhöhung der Verkehrssicherheit im Sinne eines intelligenten, aufmerksamen Beifahrers zu unterstützen oder Teile der Fahrzeugführungsaufgabe selbständig durchführen zu können." (Dickmanns, Ernst Dieter, V. Graefe und W. Niegel. Abschlußbericht, Definitionsphase PROMETHEUS, Pro-Art, 1.10.86 bis 14.11.87, Universität der Bundeswehr München, S. 2).

[159] Prätorius, S. 91, 95.

[160] Ebenda, S. 87.

führung wurde daraufhin durch das kostengünstigere und flexiblere Konzept des maschinellen Sehens zur Fahrzeugführung ersetzt.[161]

Nach Beginn der Forschungsphase von PROMETHEUS im Jahr 1988 gewann jedoch eine netzwerkzentrierte Vision an Bedeutung, die auch den öffentlichen Personen- und Güterverkehr einbezog.[162] Laut Prätorius verlor das Leitbild des autonomen Fahrens an Schwung, bis 1991 ein Projektbericht feststellte, dass „PROMETHEUS keinen Autopiloten befürwortet, der den Fahrer ersetzt".[163] Das Management der Automobilindustrie wurde gegenüber dem vollautonomen Fahren skeptisch und beschränkte die Entwicklung der Computer Vision auf Assistenzfunktionen. Im Gegensatz zu 1986 wurden menschlicher Fahrer und technische Systeme nun als gleichberechtigte Partner konzipiert.[164] Das neue Leitbild war der informierte Fahrer, unterstützt von einem intelligenten Co-Piloten. Die Betonung der technischen Aufwertung des individuellen motorisierten Verkehrs wurde reduziert und das Konzept wurde – wie Mitglieder des Lenkungsausschusses bestätigen, berichtet Prätorius – sozialer.[165] Das Projekt wandelte sich von einem grundlagenwissenschaftlich orientierten Ansatz zu einem anwendungs- bzw. zielorientierten Ansatz.

Prätorius identifizierte mehrere Gründe für diesen Wandel: Während technische Herausforderungen des automatisierten Fahrens nicht als Haupthindernisse gesehen wurden, kollidierte das automatisierte Fahren mit den in der Automobilindustrie vorherrschenden Vorstellungen von Fahrerautonomie. Das fehlende gesellschaftliche Bedürfnis, kritische Diskurse über das Verhältnis von Mensch und Technik, das Fehlen eines rechtlichen Rahmens und Haftungsbedenken der Industrie waren weitere wichtige Faktoren für die Neubewertung des automatisierten Fahrens als eine Aufgabe für eine fernere Zukunft.[166] Veränderungen im sozialen Umfeld sind ein entscheidendes Element technischer Entwicklung, argumentiert Prätorius. Je nachdem, ob Komfort, Sicherheit oder Verkehrseffizienz als Hauptziel gesetzt werden, kann ein automatisiertes System sehr unterschiedlich gestaltet werden.[167] Wenn sich gesellschaftliche Anforderungen ändern, muss sich auch die Technologieentwicklung anpassen.[168]

Nach dieser Einführung werden in den nächsten Abschnitten die Forschungsfahrzeuge vorgestellt, die in einer öffentlich-privaten Partnerschaft zwischen der UniBwM und Daimler entwickelt wurden. Es folgt ein Abschnitt über die

---

161 Dickmanns, Ernst Dieter. 2002. The Development of Machine Vision for Road Vehicles in the Last Decade. *Intelligent VehicleSymposium* 1, S. 268.

162 Prätorius, S. 91, 95.

163 PROMETHEUS, The PROMETHEUS Common European Demonstrators, 1991 (zit. nach: Prätorius, S. 101).

164 Prätorius, S. 122.

165 Ebenda, S. 92.

166 Ebenda, S. 94, 123.

167 Ebenda, S. 123.

168 Ebenda, S. 110.

Forschungsaktivitäten von PSA in Frankreich, Lucas im Vereinigten Königreich und Volkswagen in Deutschland.

4.4.1 Der VITA-Forschungswagen der Daimler-Benz AG mit UniBwM-Technologie (1991)

Ermutigt durch die Hochgeschwindigkeitsdemonstration von VaMoRs in Dingolfing 1987, entwickelte Daimler-Benz im Rahmen des PROMETHEUS-Projekts ein eigenes Forschungsfahrzeug, einen modifizierten 7,5-Tonnen-Mercedes-Kastenwagen (T2) mit dem Namen VITA (Vision Information Technology Application) (Abb. 4.16). Das Hauptziel von VITA war die „automatische Kollisionsvermeidung“. [169]

Zu diesem Zweck wurde der Wagen mit der Bildverarbeitungstechnologie der UniBwM ausgestattet – einem bifokalen Kamerasystem und einer Kopie des BVV2, das bereits im VaMoRs-Wagen verwendet worden war. Die gesamte Softwareentwicklung für die Bildverarbeitung von VITA wurde ebenfalls von der UniBwM durchgeführt.[170]

1991 fand die Halbzeit-Demonstration von PROMETHEUS auf der Teststrecke von Fiat in Turin (Italien) statt. Die Gruppe DBAG/UniBwM demonstrierte mit VITA das Folgen von Fahrspuren und Kolonnenfahren bis zum vollständigen Stillstand: Mit visuellen Mitteln und bis zu einer Geschwindigkeit von 60 km/h hielt die intelligente Geschwindigkeitsregelung automatisch einen sicheren Abstand zum vorausfahrenden Fahrzeug.[171] Dies war vermutlich das erste Mal, dass ein Fahrzeug öffentlich „rein visuell basierte ‘Stop&Go’-Fähigkeiten“ demonstrierte, schätzt Dickmanns.[172] Wie in einem Video der Demonstration zu sehen ist, hielt VITA auch hinter einem parkenden Auto an, ohne Radar oder Laserdistanzmesser, sondern nur mit monokularem Bewegungsstereo auf Basis von 4-D-Vision.[173] Es zeigte sogar nächtliches Fahren auf der Straße, einschließlich Spurwechsel und Abbiegen auf eine andere Straße.

---

[169] Daimler 2016a,b.

[170] Ein Teilprojekt von VITA war die intelligente Geschwindigkeitsregelung, die automatisch einen sicheren Abstand zum vorausfahrenden Fahrzeug hält. Das System wurde später von Daimler als Distronic und Distronic Plus kommerzialisiert (Daimler 2016a). Diese Systeme nutzen eine Stereokamera *und* Radar.

[171] Videoquelle: Prometheus, Turin 1991, DB-VITA, online unter: https://dyna-vision.de/wp-content/uploads/2021/03/1991-Turin-VisionBasedStop-BehindCar.mp4 (abgerufen am 30. Januar 2022).

[172] Dickmanns, Ernst Dieter. 2002. The Development of Machine Vision for Road Vehicles in the Last Decade. *Intelligent VehicleSymposium* 1, S. 273.

[173] Videoquelle: Prometheus, Turin 1991, DB-VITA, online unter: https://dyna-vision.de/wp-content/uploads/2021/03/1991-Turin-VisionBasedStop-BehindCar.mp4 (abgerufen am 30. Januar 2022).

Abb. 4.16 Der experimentelle VITA-I-Forschungswagen von Daimler-Benz, 1991. (Bildnachweis: Daimler AG, Bildquelle: https://media.daimler.com/marsMediaSite/en/instance/picture/Prometheus-VITA-1.xhtml?oid=13794091)

4.4.2 *Das Vision-System der zweiten Generation auf Basis von Transputern (1991–1997)*

Parallel zum PROMETHEUS-Projekt entwickelte die UniBwM mit VaMoRs und im Simulations-Loop die zweite Generation ihres Bildverarbeitungssystems, das von 1991 bis 1997 eingesetzt wurde. Der Hauptunterschied zum ersten System war leistungsfähigere Hardware. Zunächst wurde ein Transputersystem mit bis zu 60 Prozessoren verwendet. Jeder dieser Prozessoren verfügte über vier direkte Verbindungen zu seinen Nachbarn, was die Kommunikation zwischen den Komponenten beschleunigte. Zweitens kam ein 32-Bit-Personal-Computer zum Einsatz.[174] Der Wagen war zudem mit einer GPS-Antenne auf dem Dach und einem entsprechenden Empfänger ausgestattet: Zusammen mit Kartendaten ermöglichte diese Technologie eine leichtere Erkennung und Schätzung der Kreuzungsparameter beim Annähern an eine Querstraße. Ein elektrischer Generator (220 V,

[174] Zwei Jahre später wurde diese Transputer-Architektur in ein neues Forschungsfahrzeug (VaMP) integriert, das im nächsten Abschnitt vorgestellt wird.

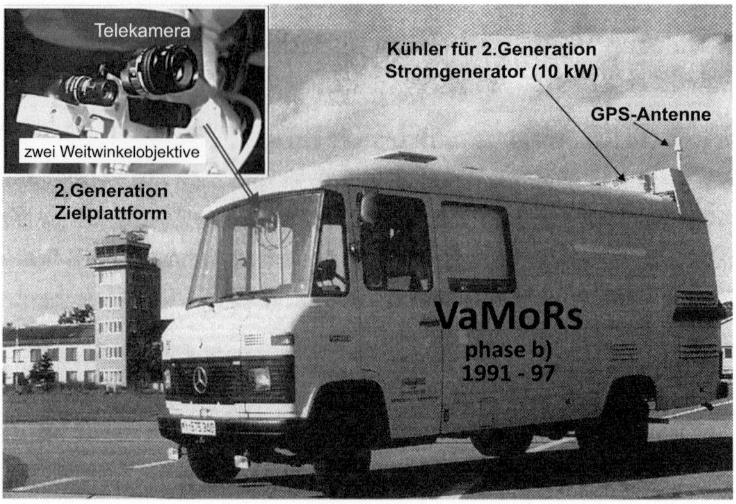

Abb. 4.17 VaMoRs der Phase b) mit einem neuen „Auge“ mit 3 Kameras unter dem Dach, einer GPS-Antenne und einem leistungsstarken Transputersystem für die Wahrnehmung, 1991. (Bildnachweis & Bildquelle: Dickmanns)

10 kW) mit einer externen Kühleinheit auf dem Wagendach wurde ebenfalls integriert.[175]

Mit dem neuen Bildverarbeitungssystem war VaMoRs 1994 in der Lage, Fahrspuren zu halten und seine Geschwindigkeit in Kurven automatisch anzupassen, vom freien Fahren auf der Fahrspur zum Kolonnenfahren hinter einem anderen Fahrzeug zu wechseln, Stop-and-Go-Manöver im Stau durchzuführen und nach Auslösung durch einen menschlichen Bediener, der prüfen musste, ob die Spur frei ist, die Spur zu wechseln.[176]

Das von der Decke hängende Bildverarbeitungssystem der zweiten Generation umfasste eine neue Blicksteuerungsplattform. Im Vergleich zur vorherigen Kamera wurde die Größe des „Fahrzeugauges“ reduziert. Die Installation unter dem Dach (Abb. 4.17) verbesserte die Sicht. Dadurch konnte VaMoRs selbstständig in eine zweispurige Querstraße mit Fahrbahnmarkierungen abbiegen, wie ein Video von 1996 zeigt.[177] Diese Fähigkeiten wurden zunächst in der bereits erwähnten Hard-

---

[175] Dickmanns, Ernst Dieter., H.2.3 Van VaMoRs, online unter: https://dyna-vision.de/hardware-used/plants-controlled-autonomously/van-vamors-1985-2004 (abgerufen am 30. Januar 2022).

[176] Dickmanns, Ernst Dieter. 1994. The 4D-Approach to Dynamic Machine Vision. *Proceedings of the 33rd Conference on Decision and Control,* S. 3772, siehe auch: Brüdigam, Claus. 1994. Intelligente Fahrmanöver sehender autonomer Fahrzeuge in autobahnähnlicher Umgebung, Dissertation. Universität der Bundeswehr München, Fakultät für Luft- und Raumfahrttechnik.

[177] https://dyna-vision.de/wp-content/uploads/2021/03/1996-turnoff-right-taxiway-Neubibberg.mp4 (abgerufen am 30. Januar 2022).

ware-in-the-Loop-Simulation demonstriert, bei der das System mit einer mathematischen Repräsentation seiner zukünftigen Umgebung interagierte.[178] Realversuche wurden auf der Teststrecke des ehemaligen NATO-Flughafens in Neubiberg und auf dem Testgelände Pfullendorf durchgeführt.

4.4.3 VaMP und VITA-II bei der Abschlussdemonstration von PROMETHEUS in Paris (1994)

Laut Dickmanns veränderten die erfolgreichen Demonstrationen der UniBwM in Dingolfing 1987 und in Turin 1991 allmählich die Einstellung der Führungskräfte der Automobilindustrie. Daimler-Benz fragte das Dickmanns-Team, ob sie beim Abschlussevent des PROMETHEUS-Projekts 1994 in Paris Gästen das autonome Fahren auf Basis von Bildverarbeitung auf einer dreispurigen öffentlichen Autobahn demonstrieren könnten. Diese Idee erschien Dickmanns zunächst „absurd",[179] doch später schätzte er, dass sein Team mit der Leistung der Transputer und bis zu 20 wissenschaftlichen Mitarbeitern in der Lage sein sollte, dieses Ziel zu erreichen.

Daimler und die UniBwM entschieden sich daraufhin, zwei Mercedes 500 S-Klasse Limousinen (W140) als neue Forschungsfahrzeuge zu beschaffen. Während die Grundfahrzeuge von den Forschungsgruppen beschafft wurden, wurde deren Ausstattung mit der zusätzlich benötigten Hard- und Software durch das EUREKA-Prometheus-Programm finanziert. Daimler war für die Installation der Hardwarekomponenten zur grundlegenden Wahrnehmung und Aktorik in beiden Fahrzeugen verantwortlich, während das ISF der UniBwM die Architektur und Software für kognitive Fähigkeiten auf der neuen Transputer-Hardware entwickelte.

Die UniBwM erwarb das neue Forschungsfahrzeug im Jahr 1993 und nutzte es bis 2004. Es wurde VaMoRs-PKW genannt, kurz VaMP *(Versuchsfahrzeug für autonome Mobilität PKW)*. Um den Mercedes 500 für autonome Fahrversuche vorzubereiten, wurde er mit einer modifizierten, elektrisch gesteuerten hydraulischen Bremse, einem Drehmomentmotor zur Betätigung des Lenksystems sowie Inertialsensoren für Beschleunigung und Drehraten ausgestattet (siehe Abb. 4.18).

Die neue Generation von Rechnern, die bereits mit VaMoRs getestet worden war – wie im vorherigen Abschnitt beschrieben –, kam nun auch im VaMP-Mercedes zum Einsatz. Der Kofferraum war mit bis zu 60 Transputern gefüllt –

---

[178] A.3.7 Abbiegen auf eine unbekannte Querstraße, online unter: https://dyna-vision.de/application-areas-and-tasks/road-vehicle-guidance/turning-off-onto-an-unknown-crossroads (abgerufen am 30. Januar 2022).

[179] Delcker, Janosch. 2018. The man who invented the self-driving car. *Politico,* 19. Juli 2018, online unter: https://www.politico.eu/article/delf-driving-car-born-1986-ernst-dickmanns-mercedes/.

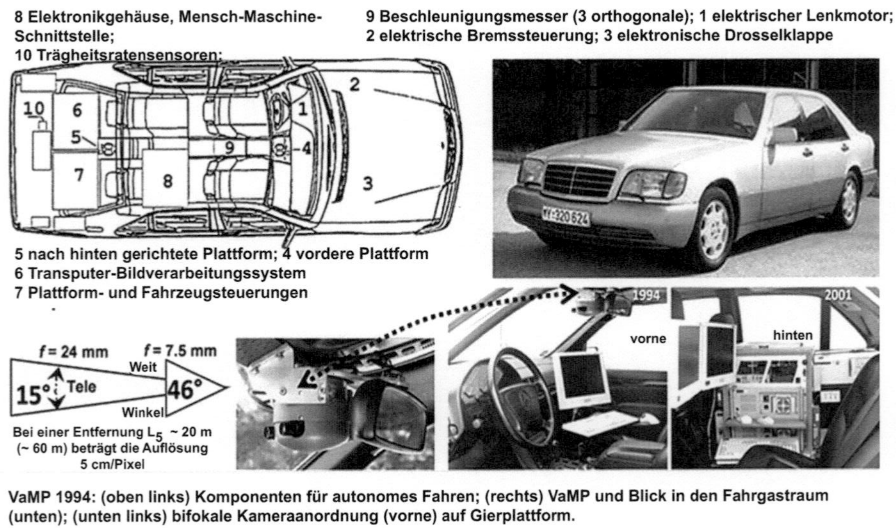

Abb. 4.18 Hardwarekomponenten für autonomes Fahren im Versuchsfahrzeug VaMP, 1994. (Bildnachweis & Bildquelle: Dickmanns)

Parallelprozessoren mit vier Verbindungen zu Nachbarn – 16-Bit T-222 für Bildverarbeitung und Kommunikation sowie 32-Bit T-800 für Rechenoperationen und Wissensverarbeitung.[180] Ein PC diente als Mensch-Maschine-Schnittstelle. Wie zuvor nahm stets ein Sicherheitsfahrer auf dem linken Vordersitz Platz, und ein Systembediener hatte seinen Arbeitsplatz hinten links, nahe einem PC auf der rechten Seite (siehe Abb. 4.18, unten rechts).

Die wichtigste Modifikation betraf jedoch das Bildverarbeitungssystem. Erstmals wurde die „vordere und hintere Umfelderfassung“[181] möglich: Je zwei miniaturisierte „Finger“-CCD-Kameras mit unterschiedlichen Brennweiten (8 mm und 24 mm) blickten nach vorn und nach hinten und erfassten jeweils 100 m in beide Richtungen. Mit der visuellen Erkennung von drei Fahrspuren in der Nähe und in der Ferne, vor und hinter dem Fahrzeug, konnten bis zu 12 Fahrzeuge – zwei auf der eigenen Spur und je zwei auf den direkt benachbarten Spuren sowohl vorne als auch hinten – erkannt, verfolgt und ihre Bewegungen abgeschätzt werden.[182] Tauchte vor einem erkannten Fahrzeug ein Lkw auf, wurde auch dieser vom bifokalen System erfasst. Die Verfolgungsreichweite betrug bis zu etwa 100 Meter.[183]

Der zweite Mercedes 500 – genannt VITA-II – der Daimler-Benz AG war mit demselben Vorwärts-Rückwärts-Bildverarbeitungssystem ausgestattet, jedoch setzte Daimler zusätzlich zu den vier Fingerkameras „7 Kamerapaare für Stereovision ein. Ein Paar blickte nach vorn und je drei zu den Seiten.“[184] Anstelle von Transputern kamen „verschiedene Typen von Mikroprozessoren“ zum Einsatz.

Die dreistufige Softwarestruktur des Bildverarbeitungssystems der zweiten Generation des ISF-UniBwM ist in Abb. 4.19 dargestellt. Die unterste *Merkmalebene* umfasst die Erkennung von Objektmerkmalen (Fahrspuren, Hindernisse und Signalleuchten). 3D-Formerkennung und die Detektion bewegter Personen waren aufgrund fehlender Rechenleistung nicht verfügbar. Im Zentrum des Bil-

---

[180] Ebenda, Dickmanns, Ernst Dieter. 2002. The Development of Machine Vision for Road Vehicles in the Last Decade. *Intelligent VehicleSymposium* 1, S. 272.

[181] Dickmanns, Ernst Dieter, R. Behringer, D. Dickmanns, T. Hildebrandt, M. Maurer, F. Thomanek und J. Schiehlen. o. J. Das sehende Personenfahrzeug VaMoRs-P. *Proceedings of theIntelligent Vehicles'94 Symposium,* S. 69.

[182] Dickmanns, Ernst Dieter. 2002. The Development of Machine Vision for Road Vehicles in the Last Decade. *Intelligent VehicleSymposium* 1, S. 273, Dickmanns, Ernst Dieter. 1994. The 4D-Approach to Dynamic Machine Vision. *Proceedings of the 33rd Conference on Decision and Control,* S. 3772.

[183] Dickmanns, Ernst Dieter, R. Behringer, D. Dickmanns, T. Hildebrandt, M. Maurer, F. Thomanek und J. Schiehlen. o. J. Das sehende Personenfahrzeug VaMoRs-P. *Proceedings of theIntelligent Vehicles'94 Symposium,* S. 68.

[184] Dickmanns, Ernst Dieter. 2002. The Development of Machine Vision for Road Vehicles in the Last Decade. *Intelligent VehicleSymposium* 1, S. 272 (unter Bezug auf Ulmer, Berthold. 1994. VITA II – Active Collision Avoidance in Real Traffic. In *Proceedings of the Intelligent Vehicles Symposium 1994,* Paris, S. 1–6, Brauckmann, M.E., C. Goerick, J. Groß und T. Zielke. 1994. *Towards All Around Automatic Visual Obstacle Sensing for Cars, Proceedings of International Symposion on Intelligent Vehicles,* S. 79–84. Paris).

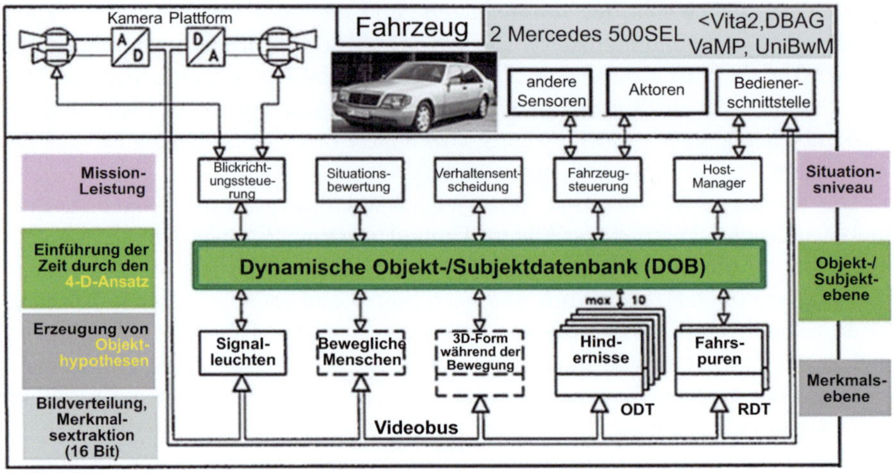

Abb. 4.19 Die Softwarestruktur des Transputersystems mit drei Wissensebenen (Merkmale, Objekte/Subjekte, Situationen). (Bildnachweis & Bildquelle: Dickmanns)

des ist die *Objektebene* zu sehen, auf der Merkmale zu Hypothesen von Objekten und deren dynamischen Zuständen (3D-Positionen und Bewegungen) zusammengeführt werden; die relativen 4D-Zustände dieser Objekte werden somit geschätzt. Im Vergleich zu Bilddaten reduziert der Übergang zu Objekten und deren 4D-Zuständen die Datenmenge um zwei bis drei Größenordnungen. Die *Situationsebene* an der Spitze ist für die Interpretation der Situation im Hinblick auf mehrere Objekte gemeinsam zuständig. Dies umfasst neben der Situationsbewertung auch das Verhaltens-, Fahrzeug- und Blickrichtungsmanagement im Hinblick auf die zu erfüllende Aufgabe. Einige Informationen werden auch an den menschlichen Bediener (Host-Manager) weitergegeben.

Im Oktober 1994 fand die Abschlussdemonstration von PROMETHEUS auf der Autoroute 1 in der Nähe des Flughafens Charles de Gaulle in Paris, Frankreich, statt. Insgesamt wurden bei der Abschlussveranstaltung 88 Fahrzeuge präsentiert, die alle Bereiche des Gesamtprojekts abdeckten. Zehn Fahrzeuge gehörten zu CED 3 (Kollisionsvermeidung).[185]

Die UniBwM nahm im Rahmen der Industriepartnerschaft mit Daimler mit VaMP – auch als Common European Demonstrator (CED) 303 bezeichnet – an der Demonstration teil. Die beiden S-Klasse-Mercedes sind auf der linken Seite von Abb. 4.20 zu sehen. Bevor es nach Frankreich ging, ersetzte Daimler das Y-Kennzeichen von VaMP – spezifisch für Fahrzeuge der Bundeswehr – durch ein Stuttgarter Kennzeichen. Dies wurde vermutlich entschieden, weil das Fahrzeug

[185] Prometheus – Proart (Hrsg.), 1994. Rapport de fin de contrat de recherche, Dezember, S. 177.

Abb. 4.20 Die drei autonomen Straßenfahrzeuge bei der PROMETHEUS-Demonstration in Paris, Oktober 1994. Von links nach rechts: UniBwM VaMP (CED 303), Daimler VITA-II (CED 302) und Daimler VITA-I. (Bildnachweis: Reinhold Behringer. Bildquelle: Delcker 2018)

die Grenze nach Frankreich überqueren musste, reduzierte aber auch die Sichtbarkeit der UniBwM bei der Abschlussveranstaltung. VITA-II (CED 302) der Daimler-Benz AG ist in der Bildmitte zu sehen. Das dritte Fahrzeug auf dem Foto ist der VITA-I-Transporter von Daimler Benz, der nur zum Transport von Ausrüstung diente.

Auf dem International Symposium on Intelligent Vehicles (IV'94), das in der darauffolgenden Woche in Paris stattfand, wurden die Beiträge der UniBwM zu den Bildverarbeitungssystemen von VITA-2 und VaMP einem internationalen Publikum präsentiert. Die Fähigkeiten der beiden autonomen Forschungsfahrzeuge waren zu dieser Zeit herausragend. Erstmals weltweit wurde autonomes Fahren mittels maschineller Bildverarbeitung auf einer öffentlichen *Autobahn* mit drei Fahrspuren und im dichten Regelverkehr demonstriert. Ausgestattet mit dem oben beschriebenen neuen Bildverarbeitungssystem waren die Fahrzeuge nun in der Lage, selbstständig zu beurteilen, ob ein Spurwechsel sicher wäre.

Während der abschließenden Demonstration waren sich die beiden Mercedes 500 ihrer Position in der Fahrspur bewusst und erkannten Fahrbahnmarkierungen sowie die relative Position anderer Fahrzeuge in der Spur. Insgesamt demonstrierten sie etwa tausend Kilometer autonomes freies Fahren auf der Fahrspur, den autonomen Übergang in den Kolonnenbetrieb und sogar *autonome Spurwechsel* bei Geschwindigkeiten von bis zu 130 km/h im normalen dreispurigen Verkehr auf

Abb. 4.21 VaMP demonstriert ein autonomes Spurwechselmanöver auf der Autoroute-1 bei Paris, 1994. (Credits: Dickmanns. Bildquelle: https://dyna-vision.de/wp-content/uploads/2021/03/1994-Twofold-LaneChange-Paris-VaMP.mp4)

der Autobahn nahe dem Flughafen Charles de Gaulle. Ein menschlicher Sicherheitsfahrer, der stets auf dem linken Vordersitz blieb – die Hände meist in der Nähe, aber nicht am Lenkrad – musste lediglich die Entscheidung bestätigen.[186] Einige hochrangige Gäste hatten die Gelegenheit, in beiden Forschungsfahrzeugen mitzufahren.

Die Leistung von VaMP auf der Autobahn bei Paris wurde in einem Videofilm dokumentiert.[187] Der Clip zeigt, wie das Fahrzeug eigenständig die Entscheidung traf, einen vorausfahrenden Bus zu überholen. Das System bemerkte jedoch, dass auch der Busfahrer einen Spurwechsel einleitete – VaMP beendete daraufhin die Beschleunigung und wechselte in den Kolonnenbetrieb auf der zweiten Spur. Anschließend entschied es sich, einen weiteren Spurwechsel durchzuführen (Abb. 4.21).

Der Sicherheitsfahrer setzte den Blinker – und gab dem Auto damit das Signal, das autonom vorgeschlagene Überholmanöver auszuführen. Nachdem der Bus auf der linken Spur überholt worden war, entschied VaMP, wieder auf die mittlere Spur vor dem Bus zu wechseln. Auch hier setzte der Fahrer den Blinker, um dem Fahrzeug dies zu ermöglichen. Diese Fähigkeit, *autonom* zu entscheiden, ob ein Spurwechsel erfolgen soll, war ein wesentlicher Unterschied zu den Systemen der Vergangenheit, die lediglich *automatisiert* waren.

---

[186] Dickmanns, Ernst Dieter. 1997. Vehicles Capable of Dynamic Vision. *IJCAI'97 Proceedings of the Fifteenth International Joint Conference on Artificial Intelligence,* Bd. 2, S. 1589.

[187] 1994 Twofold LaneChange Paris: https://dyna-vision.de/wp-content/uploads/2021/03/1994-Twofold-LaneChange-Paris-VaMP.mp4.

Trotz dieses Erfolgs sei auch erwähnt, dass die Kameras mit Schatten einige Schwierigkeiten hatten. Das Bildverarbeitungssystem verfolgte andere Autos, indem es horizontale Kanten in den unteren Bereichen der Fahrzeuge als Schattenzone unter den Fahrzeugen abbildete, da dies eines der stabilsten Merkmale war. Doch die Zuverlässigkeit des Fahrzeugerkennungssystems „unter verschiedenen Licht- und Wetterbedingungen war für eine Markteinführung noch nicht zufriedenstellend“, berichtet Dickmanns.[188] Beispielsweise war bei tiefstehender Sonne am Abend unter großen Tanklastwagen der Schattenbereich nicht mehr homogen.[189] Im Gegensatz dazu ist Radar, das mit reflektierter, aktiv ausgesandter elektromagnetischer Strahlung arbeitet, nicht vom Licht im sichtbaren Bereich betroffen. Das war einer der Gründe, warum sich die meisten Automobilhersteller für Radar statt für bildverarbeitende Systeme zur Hinderniserkennung entschieden.[190] Radar ist zudem in der Lage, Geschwindigkeitsunterschiede direkt mittels Dopplerverschiebung zu messen. Das ist für die Sicherheit noch wichtiger.

4.4.4 Prolab (Frankreich), Lucas (UK) und Volkswagen (Deutschland)

Am Ende dieses Kapitels sei erwähnt, dass während PROMETHEUS eine Vielzahl von Forschungsfahrzeugen von den verschiedenen Partnern in jedem Land entwickelt wurde. Sie alle verfolgten sehr unterschiedliche Ziele und Methoden. Wir haben uns entschieden, unsere Darstellung auf VaMP und die beiden VITA-Fahrzeuge zu beschränken, da sie den größten Fortschritt im Hinblick auf das Ziel des autonomen Fahrens darstellen.

Es würde den Rahmen dieses Buches sprengen, einen vollständigen Überblick über alle europäischen Aktivitäten bis zum Ende von Prometheus 1994 zu geben. Es sei jedoch erwähnt, dass die meisten europäischen Länder keine eigenen Forschungsprojekte zum autonomen Fahren förderten. Ihre Projekte konzentrierten sich stattdessen meist ausschließlich auf Assistenzsysteme, wie ein kurzer Überblick über Projekte in Frankreich und Großbritannien zeigt:

Die in Frankreich im Rahmen des Common European Demonstrator (CED) 3 (Antikollisionssysteme) entwickelten Fahrzeuge konzentrierten sich auf die Entwicklung eines Assistenzsystems, das den Fahrer im Gefahrenfall informiert –

---

[188] Dickmanns, Ernst Dieter. 2002. The Development of Machine Vision for Road Vehicles in the Last Decade. *Intelligent VehicleSymposium* 1, S. 272.

[189] Knop, Carsten. 2018. Ein Deutscher war Tesla 30 Jahre voraus. *Frankfurter Allgemeine Zeitung,* 1. Februar 2018, online unter: https://www.faz.net/aktuell/wirtschaft/autonomes-fahren-ein-deutscher-war-tesla-30-jahre-voraus-15424550.html.

[190] Im Jahr 2000 war die S-Klasse das erste Auto, das mit einem Radarsystem namens Distronic bestellt werden konnte – ein System, das den Abstand zum vorausfahrenden Fahrzeug hält, während der Fahrer die Spur halten muss.

„wobei der Fahrer die Kontrolle über die Aktionen am Fahrzeug behält". [191] Im Rahmen des französischen Pro-ART-Projekts wurden unter der Leitung des Labors Heudyasic in Compiègne zwei Fahrzeuge ausgerüstet und vorgeführt.[192] Prolab1 (1988–1991), ein Renault 21 Nevada, war „kein autonomes Fahrzeug", betont der Forschungsbericht von Pro-ART Frankreich.[193] Ziel des Projekts war es, den Fahrer vor dem Verlassen der Fahrspur oder dem Annähern an ein Hindernis zu warnen, jedoch „ohne auf das Fahrzeug einzuwirken". Prolab1 wurde im Juni 1991 in Compiègne und im September 1991 auf dem Testgelände von Fiat in Turin vorgestellt, wo es das einzige französische Forschungsfahrzeug war.

Das Fahrzeug Prolab 2 (1991–1994), ein Peugeot 605, demonstrierte ausschließlich ein Fahrer-Informationssystem. Auch hier gab es „keine automatische Steuerung des Fahrzeugs".[194] PSA stattete das Fahrzeug mit Front- und Rückfahrkameras, einem Infrarot-Responder, einem abtastenden Laserdistanzmesser und linearen Kameras an der Front aus. Kameras in den Spiegeln links und rechts beobachteten beide Seiten.[195] ProLab2 wurde von neun französischen Forschungslaboren in Zusammenarbeit mit Renault und PSA realisiert und beim Abschlussdemonstrator von Prometheus im Oktober 1994 in Mortefontaine (CERAM) vorgestellt.

Ein weiteres Beispiel stammt aus Großbritannien: Die britischen Automobilunternehmen Lucas Industries und Jaguar entwickelten 1994 gemeinsam mit dem britischen Department of Trade and Industry im Rahmen von PROMETHEUS ein halbautomatisiertes Fahrzeug. Nach Angaben von Raglan Tribe, dem damaligen Leiter des Lucas-Forschungsprogramms, legte das Forschungsfahrzeug, ein Jaguar XJ6, 17.000 Meilen auf öffentlichen Straßen in Großbritannien, Frankreich, Deutschland und Italien zurück.[196] Ähnlich wie bei den ProLab-Fahrzeugen von PSA lag der Schwerpunkt auf Warnsystemen. Der Ansatz von Lucas basierte auf Technologien zur Verbesserung der Sicht, wie sie bei Militärpanzern und Kampfflugzeugen zur Zielerfassung bei schlechten Sichtverhältnissen eingesetzt werden.[197] Eine Infrarotkamera war hinter der Windschutzscheibe angebracht und er-

[191] „L'objectif était de développer un système d'aide à la conduite, le conducteur restant maître des actions sur le véhicule." (Prometheus – Proart (Hrsg.), 1994. Abschlussbericht des Forschungsauftrags, Dezember, S. 163 [Übersetzung: F.K.]).

[192] Ebenda, S. 9.

[193] „Prolab1 n'est pas un véhicule autonome" (Ebenda, S. 163f.).

[194] Chatila, Raja. 1996. Autonomous Mobile Robots in France: Some Projects and Scientific Approaches. In *Autonome Mobile Systeme 1996,* Hrsg. Günther Schmidt und Franz Freyberger, S. 8. München.

[195] Laugier, Christian. 2002. Towards "Automated Road", Some Projects and New Technologies, Keynote ITSC 2002 Singapore, online in: http://emotion.inrialpes.fr/laugier/Research/itsc02.pdf, S. 8 (abgerufen am 12. Oktober 2020).

[196] Raglan tribe (Youtube-Account), Robot Car | Raglan Tribe (Titel), Hochgeladen am 23.2.2013, https://www.youtube.com/watch?v=AlLZhcnpXYI.

[197] Yazigi, Monique P. 1992. Promethean Plans for the Next Generation of Cars. *New York Times,* 13. September 1992.

fasste die Wärmestrahlung von Objekten in einem Bereich von 100 Metern. Ein Bildschirm unter dem Handschuhfach des Jaguar-Testfahrzeugs zeigte dem Fahrer das Bild an. Später wurde ein von Pilkington PLC für Militärflugzeuge entwickeltes Head-up-Display verwendet, um das Infrarotbild auf die Windschutzscheibe zu projizieren.

Lucas entwickelte auch ein weiter fortgeschrittenes System, das über Warnsysteme hinausging. Eine *adaptive* Version des Tempomaten wurde entwickelt, also ein Geschwindigkeitsregler, der nicht nur eine bestimmte Geschwindigkeit hält, sondern auch einen sicheren Abstand zum vorausfahrenden Fahrzeug wahrt. Dazu mussten Gas und Bremse vom System gesteuert werden. Die Kollisionsvermeidung erfolgte durch Mikrowellen-Radarsensoren, die die Abstände zwischen den Fahrzeugen maßen. Die Hinderniserkennung war in der Lage, „gleichzeitig 12 Fahrzeuge“ innerhalb eines Bereichs von 120 Metern vor dem Fahrzeug zu verfolgen.[198] Radar und Bildverarbeitung wurden dann kombiniert, um ein Spurhaltesystem zu realisieren, das den Fahrer warnte, wenn er unbeabsichtigt die Fahrspur verließ (Rüttelstreifen-Warnung). Es konnte das Fahrzeug automatisch in der Spur halten, indem es das Lenkrad steuerte, aber es konnte auch eine automatische Notbremsung auslösen.

Ein Projekt, das es wert wäre, näher vorgestellt zu werden, wurde von der Automobilindustrie in Deutschland durchgeführt: Basierend auf den Studien von Wolfgang Zimdahl mit dem Opto-Pilot im Jahr 1982 (siehe Abschn. 4.2.3), setzte Volkswagen seine Experimente zum automatisierten Fahren während des PROMETHEUS-Programms fort. 1989 testete Volkswagen einen Mehrfahrzeug-Konvoi namens „Konvoifahren“, der unter vollständig automatischer Lenk- und Längsführung betrieben wurde. Eine Videoquelle zeigt fünf Fahrzeuge – einen Volkswagen T3 Bus und vier VW Passat B3 (Abb. 4.22) – die einander mit Geschwindigkeiten „bis zu 100 km/h“ und einem Abstand von „weniger als zwei Metern“ auf einer Teststrecke folgten.[199] Laut Ioannou wurde das Projekt jedoch nach dem Testlauf eingestellt und es sind keine weiteren Details zu den Experimenten bekannt, da die Technologie unternehmenseigen bleibt.[200] Aus diesem Grund bleibt eine Bewertung dieses Experiments schwierig.

Zusammenfassend lässt sich sagen, dass PROMETHEUS einen wichtigen Beitrag zu den heutigen kommunikations- und netzwerkbasierten Assistenzsystemen geleistet hat. Nach Angaben von Daimler sind die Erkenntnisse „längst in zahlreiche Alltagstechnologien eingeflossen“, etwa in den adaptiven Tempomaten moderner Fahrzeuge.[201] Aus historischer Sicht sind die vorgestellten Forschungsfahr-

---

[198] Raglan tribe (Youtube-Account), Robot Car I Raglan Tribe (Titel), Hochgeladen am 23.2.2013. https://www.youtube.com/watch?v=AlLZhcnpXYI 1, 40 min.

[199] Automatedhighway (Youtube-Account), Automated Highway History (Videotitel), hochgeladen am 24. April 2011, online in: https://www.youtube.com/watch?v=dyqU85D0lkA, 4:11–5:10 (abgerufen am 21. April 2020).

[200] Ioannou, S. 16.

[201] Daimler 2016a,b.

Abb. 4.22 Volkswagen Konvoifahren, 1989. (Bildnachweis: Volkswagen AG. Bildquelle: Automatedhighway (Youtube-Account), Automated Highway History (Videotitel), hochgeladen am 24. April 2011, online in: https://www.youtube.com/watch?v=dyqU85D0lkA, 4:11–5:10 [abgerufen am 21. April 2020])

zeuge bedeutsam, da die meisten heutigen Fahrerassistenzsysteme ihre Wurzeln in diesen Technologieträgern haben.

Hermann Winner untersuchte, welche der 27 im Rahmen des Prometheus-Projekts entwickelten Systeme kommerzialisiert wurden und ob der eingeschlagene Weg der Technologieentwicklung schließlich zu einem marktfähigen Produkt führte. Er identifizierte vier Kategorien von Systemen: (1) Fahrer-Informationssysteme, (2) aktive Fahrerunterstützung, (3) kooperatives Fahren und (4) Verkehrs-Informations- und Leitsysteme. Im zweiten Bereich nennt er das „autonome Fahren", entwickelt im CED 3: So trugen die Pro-ART-Teilprojekte zum Spurhalten (CED 2.2), zur Kollisionsvermeidung (CED 3) und zum autonomen intelligenten Tempomaten (CED 5) zur Markteinführung des ACC im Jahr 1999 und zu automatischen Notbremssystemen im Jahr 2003 bei. Seit 2013 wurden Systeme mit automatischer Längs- und Querführung in einer Spur kommerzialisiert, wobei ein menschlicher Bediener in überwachender Position erforderlich ist.[202]

4.5 Forschung nach Prometheus

Wie in den vorangegangenen Kapiteln gezeigt, wurden die wichtigsten europäischen Projekte zum autonomen Fahren in den 1980er Jahren in Deutschland durchgeführt, gefolgt von Großbritannien. Unter dem Einfluss des PROMETHEUS-Pro-

[202] Winner, S. 102.

jekts änderte sich diese Situation in den 1990er Jahren. Andere europäische Länder starteten eigene Forschungsprojekte. Das folgende Kapitel konzentriert sich zunächst auf Frankreich, ein interessantes Untersuchungsobjekt, da die Forschenden dort eine andere Philosophie verfolgten als viele andere Länder. Ein wichtiger Teil der französischen Forschungsanstrengungen der 1990er Jahre konzentrierte sich auf *vollautonome Fahrzeuge* für Städte, die in *kontrollierten Umgebungen bei niedrigen Geschwindigkeiten* verkehren. Ziel war es, ein hybrides Mobilitätskonzept zwischen öffentlichem Verkehr und Individualverkehr zu entwickeln. Zweitens wird das Kapitel die Entwicklungsanstrengungen in Italien während der 1990er Jahre vorstellen.

4.5.1 Praxitèle (1993–1999) und CyCab (1997) in Frankreich

Einer der Pioniere des automatisierten Fahrens in Frankreich ist der Informatiker Michel Parent. Von 1991 bis 2010 war er Direktor des Forschungsteams *Informatik, Mathematik und Automatisierung für die automatisierte Straße* (IMARA) am *Institut National de Recherche en Informatique et en Automatique* (INRIA), dem französischen Nationalinstitut für Forschung in Informatik und Automatisierung.[203] Das INRIA wurde 1967 mit dem Ziel gegründet, Wissen im Bereich der Informations- und Kommunikationstechnologien zu schaffen. Ein bedeutender Teil der Forschung zu Intelligenten Transportsystemen in Frankreich während der 1990er Jahre wurde vom IMARA-Team durchgeführt. Es entwickelte das Konzept der Cybercars, kleine automatisierte Stadtfahrzeuge, die als Ergänzung zu öffentlichen Verkehrssystemen konzipiert wurden.

Bei einem Treffen mit dem Autor dieses Buches erinnerte sich Michel Parent daran, dass ihn eine Szene im Film *Total Recall* (USA 1990) mit einem Roboter-Taxi namens JohnnyCab dazu inspirierte, am INRIA ein Forschungsprojekt zu einem automatisierten Taxiservice zu starten.[204]

Die Vorbereitung des Projekts begann im Dezember 1991 unter dem vorläufigen Namen *Développement d'un engin de déplacement automatique en libre service (DEDALS).*[205] Die ursprüngliche Idee war, dass ein Taxinutzer ein Fahrzeug per Telefon rufen, ein Ziel eingeben und das Taxi ihn dann zu dem ge-

---

[203] Heute ist aus IMARA RITS (Robotics and Intelligent Transportation Systems) geworden.

[204] Gespräch des Autors mit Michel Parent am INRIA Roquencourt, 9. Oktober 2020.

[205] Plet, Cécile. 2001. Michel Parent, „Les voitures entièrement automatiques? Vous en verrez dans 5 ans." In Internetactu.net, 22. Februar 2001, online unter: http://www.internetactu.net/2001/02/22/michel-parent-les-voitures-entirement-automatiques-vous-en-verrez-dans-5-ans/ (abgerufen am 8. Oktober 2020).

wünschten Ort fahren würde. Das langfristige Ziel war die Realisierung eines automatisierten Fahrzeugs.[206]

Im Jahr 1993 schlossen sich mehrere akademische und industrielle Partner dem Projekt an, das nun Praxitèle hieß. Der Name wurde von Evelyne Bénéjam-François, F&E-Direktorin der Compagnie générale française des transports et entreprises (CGFTE), gewählt, um auf die griechische Kultur Bezug zu nehmen. Praxiteles war einer der bekanntesten griechischen Bildhauer des vierten Jahrhunderts.

Das Projekt hatte das Ziel, einen „neuen Modus des öffentlichen Verkehrs"[207] für Stadtzentren zu demonstrieren, basierend auf gemeinsam genutzten Individualfahrzeugen mit Elektroantrieb. Sieben Teams des INRIA unter der Leitung von Michel Parent arbeiteten mit Industriepartnern wie Électricité de France (EDF), Renault, Dassault Électronique und dem städtischen Transport- und Entsorgungsunternehmen Compagnie Générale d'Entreprises Automobiles (CGEA) – heute Veolia propreté – zusammen.[208] Auch das Forschungszentrum INRETS, die Ecole des Mines Paris und die Universität La Rochelle beteiligten sich. Praxitèle wurde von 1993 bis 1997 von INRIA-INRETS finanziert.[209]

Als Versuchsfahrzeug wurde ein elektrisches Optima Sun Ligier von Aleph Technologies eingesetzt. Es war mit einer linearen CCD-Kamera (2049 Pixel, mit einer Frequenz von 1000 Hz) mit Zylinderlinse sowie einem Infrarot- und Polarisationsfilter ausgestattet. Ein Gürtel aus Ultraschall-Entfernungssensoren (Polaroid 9000) und ein Infrarot-Ziel bestehend aus drei vertikal angeordneten LED-Reihen vervollständigten die Sensorik. Die Bewegungssteuerung lief auf einer SUN Workstation und der Code wurde „über Ethernet an die Fahrzeugsteuereinheit übertragen."[210] Die Automatisierung der Fahraufgabe wurde mit einer „Steuereinheit auf Basis einer Motorola VME162-CPU-Platine und einem Transputer-Netz" realisiert.[211]

---

[206] Beltran, Alain, und Pascal Griset. 2007. Intelligente Fahrzeuge zur Gewährleistung der Verkehrssicherheit? *Code Source, L'hebdomadaire des 40 ans de l'INRIA,* Nr. 36, 5. November 2007, S. 1, online unter: https://www.inria.fr/sites/default/files/2019-11/Code_Source_1998-2007.pdf (abgerufen am 8. Oktober 2020).

[207] INRIA, Rapport d'activité 1997, Action Praxitele, 3. Présentation générale et objectifs, in: https://raweb.inria.fr/rapportsactivite/Ra-Dev97/PRAXITELE/praxitele3.html (abgerufen am 11. Oktober 2020).

[208] INRIA, Rapport d'activité 1997, Action Praxitele, 1. Le partenariat, in: https://raweb.inria.fr/rapportsactivite/Ra-Dev97/PRAXITELE/praxitele1.html (abgerufen am 11. Oktober 2020).

[209] Laugier, Christian, S. Sekhavat, F. Large, J. Hermosillo und Z. Shiller. 2001. Some steps towards autonomous cars. In *IFAC Symposium,* S. 17. Japan.

[210] Ebd., S. 12.

[211] Paromtchik, Igor E., und Christian Laugier. 1997. Automatic Parallel Parking and Returning to Traffic Maneuvers. *Proceedings of the 1997 IEEE/RSJ International Conference on Intelligent Robot and Systems, Innovative Robotics for Real-World Applications, IROS '97, Grenoble,* Frankreich, Bd. 3, S. V21–V23, in: http://emotion.inrialpes.fr/~paromt/infos/papers/paromtchik:laugier:video:iros:1997.pdf, S. 3, siehe auch: Paromtchik, Igor E., und Christian Laugier. 1996b. Autonomous Parallel Parking of a Nonholonomic Vehicle, 1996. In *Proceedings of the IEEE Intelligent Vehicles Symposium,* Tokio, Japan, 19.–20. September 1996, S. 13–18, online unter: http://emotion.inrialpes.fr/~paromt/infos/papers/paromtchik:laugier:iv:1996.pdf.

Abb. 4.23 Platooning von zwei Ligier-Fahrzeugen, das erste mit Fahrer, das zweite folgt fahrerlos, realisiert von INRIA 1994. (Bildnachweis: INRIA, Bildquelle: Screenshot eines Videos: laraimara, Parking automatique à l'aide d'ultrasons – automatisches Parken mit Ultraschall, 1994, hochgeladen am 2. Februar 2010, in: https://www.youtube.com/watch?v=BkHHS4uAuOk [abgerufen am 12. Oktober 2020])

Mit dem Ligier-Fahrzeug wurden drei automatisierte Fahrfunktionen demonstriert. Zunächst wurde das immaterielle Koppeln oder *Platooning* von zwei Fahrzeugen entwickelt, wie in einem INRIA-Video von 1995 zu sehen ist (Abb. 4.23).[212] Das führende Fahrzeug – von einem menschlichen Fahrer gesteuert – wurde von einem zweiten, fahrerlosen Fahrzeug verfolgt. Die bereits erwähnte lineare Kamera im Fahrzeug erfasste Infrarotsignale, die vom Kofferraum des vorausfahrenden Fahrzeugs ausgesendet wurden. Die von der Kamera aufgenommenen Informationen wurden von einem bordeigenen Computersystem verarbeitet, das Lenk- und Bremsbefehle gab. Die Entwicklung der Platooning-Fähigkeit folgte einem wichtigen internationalen Trend dieses Jahrzehnts, wie in den vorangegangenen Kapiteln dargestellt. Das französische Konzept unterschied sich jedoch deutlich, da es sich nicht nur auf Autobahnen konzentrierte: Die Idee hinter diesem System war, mehrere Fahrzeuge des geplanten Carsharing-Systems automatisch zu einem Zug zu koppeln und sie zu einer Station mit hoher Fahrzeugnachfrage zu schleppen.

Zweitens wurde „einer der weltweit ersten experimentellen Prototypen“ des *automatischen parallelen Parkens* 1995 am INRIA entwickelt, betont Christian

[212] Parent, Michel. 1995. Le future de l'automobile, Präsentation INRIA-IRISA, 3. Dezember 1995, in: https://www.irisa.fr/manifestations/seminaires-1999/3dec99/parent/sld007.htm (abgerufen am 12. Oktober 2020).

Laugier.[213] Mit dieser Fähigkeit sollten die Fahrzeuge, sobald sie ihr Ziel erreicht hatten, sich selbstständig einparken. Drittens wurden *Spurwechsel undHindernisvermeidung* ebenfalls demonstriert.

Vier Jahre später wurde Praxitèle zu einem experimentellen Mobilitätsdienst im Realbetrieb: Von Oktober 1997 bis Juli 1999[214] stand in Saint-Quentin-en-Yvelines bei Paris ein Carsharing-Dienst mit 50 manuell gesteuerten elektrischen Renault Clio der Öffentlichkeit zur Verfügung.[215] Das Hauptziel dieses Experiments war es, zu demonstrieren, wie öffentlicher Nahverkehr und Individualverkehr miteinander verschmelzen könnten.

Doch aufgrund von Haftungsfragen, geringer Leistungsfähigkeit und niedriger Zuverlässigkeit der Technologie wurde keine der mit dem Ligier-Testfahrzeug entwickelten automatisierten Fahrfunktionen in die Renault Clio-Flotte integriert. Da die Fahrzeuge keine Kolonnenfahrfunktion besaßen, mussten menschliche Mitarbeiter sie manuell zur Ausgabestation zurücksteuern. Stattdessen konzentrierte sich die technologische Entwicklung auf die Echtzeit-Lokalisierung der Fahrzeuge, ein Videoüberwachungssystem, die Kommunikation innerhalb der Clio-Flotte und das induktive Laden der Batterien (Abb. 4.24).[216]

Doch die Bemühungen des INRIA zur Fahrzeugautomatisierung wurden mit einem weiteren Fahrzeug fortgesetzt, dem CyCab, der im Juni 1997 der Öffentlichkeit vorgestellt wurde (Abb. 4.25). Er wurde in Zusammenarbeit mit der Firma ANDRUET realisiert,[217] die Mitte 1996 zwei Prototypen geliefert hatte.[218] Der CyCab war ein komplett neu entwickeltes elektrisches Zweisitzer-Fahrzeug ohne Lenkrad und ohne Pedale. Das Armaturenbrett war lediglich mit einem Joy-

---

[213] Laugier, Christian. 2019. A Journey into the History of Automated Driving, Eingeladener Pionier-Vortrag. *IROS 2019 – IEEE/RSJ International Conference on Intelligent Robots and Systems*, Nov 2019, Macau, China, S. 2, in: https://hal.inria.fr/hal-02428196/document (abgerufen am 11. November 2020). Die Forschungsergebnisse wurden veröffentlicht in: Paromtchik, Igor, und Christian Laugier. 1996a. Motion Generation and Control for Parking an Autonomous Vehicle. In *Proceedings of the IEEE International Conference on Robotics and Automation,* 3117–3122. Minneapolis. und Paromtchik, Igor E., und Christian Laugier. 1996b. Autonomous Parallel Parking of a Nonholonomic Vehicle, 1996. In *Proceedings of the IEEEIntelligent VehiclesSymposium,* Tokio, Japan, 19.–20. September 1996, S. 13–18, online in: http://emotion.inrialpes.fr/~paromt/infos/papers/paromtchik:laugier:iv:1996.pdf.

[214] Massot, Marie-Hélène. 2000. Praxitèle: un concept, un service et une expérimentation, Bilan d'un prototype, in: Transports Environnement Circulation N° 159, Mai–Juni, S. 25–32.

[215] INRIA, Rapport d'activité. 1997. https://raweb.inria.fr/rapportsactivite/Ra-Dev97/PRAXITELE/praxitele3.html (abgerufen am 8. Oktober 2020).

[216] Parent, Michel. 1995. Le future de l'automobile, Präsentation INRIA-IRISA, 3. Dezember 1995, S. 6, in: https://www.irisa.fr/manifestations/seminaires-1999/3dec99/parent/sld006.htm (abgerufen am 12. Oktober 2020).

[217] INRIA, Action PRAXITELE, Programme de travail et état d'avancement, Rapport d'activité 1997, in: https://raweb.inria.fr/rapportsactivite/Ra-Dev97/PRAXITELE/praxitele4.html (abgerufen am 10. November 2020).

[218] INRIA, Action PRAXITELE, Résultats et transferts industriels, Rapport d'activité 1997, in: https://raweb.inria.fr/rapportsactivite/Ra-Dev97/PRAXITELE/praxitele5.html (abgerufen am 10. November 2020).

Abb. 4.24 Der elektrische Carsharing-Dienst Praxitèle, Saint-Quentin-en-Yvelines, 1997. (Bildnachweis: Michel Parent. Bildquelle: Parent, Michel, Yang, Ming, Cybercars: A Complement to Mass Transport, Powerpoint-Präsentation (ohne Datum), S. 10, online in: https://slideplayer.com/slide/3354708/)

Abb. 4.25 Der CyCab (1996) und der CyberCab (2000) (Bildnachweis: Michel Parent. Bildquelle: Parent, Michel, Yang, Ming, Cybercars: A Complement to Mass Transport, Powerpoint-Präsentation (ohne Datum), S. 13 und 14, online in: https://slideplayer.com/slide/3354708/)

stick und einem Flachbildschirm als Mensch-Maschine-Schnittstelle ausgestattet. Es standen vier Fahrmodi zur Verfügung – manuelle Steuerung per Joystick, Teleoperation, Kolonnenfahrt und vollautomatisiertes Fahren.[219] Der CyCab nutzte

[219] Parent, Michel, Le future de l'automobile, Präsentation INRIA-IRISA, 3. Dezember 1995, S. 8, in: https://www.irisa.fr/manifestations/seminaires-1999/3dec99/parent/sld008.htm.

Laser- und Infrarottechnologien sowie eine neue Kamera für die Kolonnenfahrt, entwickelt mit der Firma COSE.[220] Automatisches Parken und die Erkennung von Hindernissen in der Nähe wurden mit Ultraschallsensoren realisiert. Die Höchstgeschwindigkeit betrug 20 km/h.[221]

Rund 15 Jahre später präsentierte Google X im Jahr 2014 einen Prototyp eines autonomen Fahrzeugs, der dem CyCab in vielerlei Hinsicht ähnelte, dessen Technologie jedoch grundlegend verschieden war. Das als Firefly bezeichnete Fahrzeug war ein langsames Fahrzeug mit einer Geschwindigkeit von bis zu 40 km/h, ohne Lenkrad und mit einer freundlichen Außenform, deren Front an einen Koala erinnerte.[222] Letztlich diente es jedoch nur als Plattform zur Entwicklung der Selbstfahrtechnologie und wurde 2017 aufgegeben.

Aus den Praxitèle- und CyCab-Prototypen entstand das Konzept des Cybercars, also eines kleinen automatisierten elektrischen Straßenfahrzeugs für Stadtzentren, das die Lücke zwischen individuell besessenen Automobilen und öffentlichen Massenverkehrssystemen schließen sollte.

Christian Laugier vom INRIA Rhône-Alpes erläutert das Cybercar-Konzept in einer sehr präzisen Definition: Während die Automobilindustrie zu dieser Zeit darauf abzielte, durch die sukzessive Entwicklung von Assistenzsystemen *in der Zukunft* die vollständige Automatisierung zu erreichen, *begann* der Cybercars-Ansatz mit vollständiger Automatisierung in sehr kontrollierten Umgebungen bei niedrigen Geschwindigkeiten, erprobte deren Einsatz in Fußgängerzonen und strebte als Endziel den Einsatz auf Überlandstrecken an.[223]

Basierend auf den CyCab-Experimenten wurde der Automated People Mover RobuCAB (Abb. 4.26) von Robosoft, einem INRIA-Start-up, entwickelt. Fünfzig Fahrzeuge wurden für den Einsatz in abgegrenzten Bereichen wie Vergnügungsparks oder Flughafenparkplätzen kommerzialisiert.

Nach dem ersten Modell des CyCab (1996) entwickelten INRIA und Yamaha im Jahr 2000 ein weiteres Fahrzeug namens CyberCab (rechte Seite von Abb. 4.25). Seine Form erinnerte an ein Golfcart mit großen Fenstern. Der CyberCab wurde von einem im Boden verlegten Draht geführt, ein System, das im Französischen „filo-guidé“ genannt wird.[224] Dies ist bemerkenswert, da es daran erinnert, dass technologische Entwicklungen oft auf alte Ideen zurückgreifen: Während

[220] INRIA, Action PRAXITELE, Résultats et transferts industriels, Rapport d'activité 1997, in: https://raweb.inria.fr/rapportsactivite/Ra-Dev97/PRAXITELE/praxitele5.html (abgerufen am 10. November 2020).

[221] Ein ausführlicher technischer Bericht findet sich in: Baille, Gérard, Garnier, Philippe, Mathieu, Hervé, Pissard-Gibollet, Roger, Le cycab de l'INRIA Rhône-Alpes, Forschungsbericht, INRIA 1999.

[222] Davies, S. 177f.

[223] Laugier, Christian. 2002. Towards "Automated Road", Some Projects and New Technologies, Keynote ITSC 2002 Singapur, online in: http://emotion.inrialpes.fr/laugier/Research/itsc02.pdf, S. 2 (abgerufen am 12. Oktober 2020).

[224] Der ParkShuttle von Frog in den Niederlanden und das fahrerlose Elektrofahrzeug Serpentine, konzipiert von Bernard Saugy in der Schweiz, sind weitere Beispiele für Cybercars.

Abb. 4.26 Das RobuCAB-Fahrzeug von Robosoft. (Bildnachweis: Michel Parent. Bildquelle: http://www.cybercars.fr/wp-content/uploads/2013/10/robucab4-1.jpg)

Japan und die USA das Konzept der drahtbasierten Fahrzeugführung vollständig aufgegeben hatten, belebten Forscher in Frankreich dieses Konzept nach 1997 wieder. Ende des Jahres 2000 wurden bei einer Demonstration des INRIA Rocquencourt fünf automatisierte Elektrofahrzeuge präsentiert.[225]

CyberCab führte zum europäischen Projekt CyberCar (2001–2005) mit 10 Industriepartnern (Fiat Yamaha, Frog) und 7 Forschungsinstituten (INRIA, INRETS, ENSMP), die an automatisierten Fahrzeugen für städtische Räume arbeiteten. 12 Städte waren beteiligt (Rom, Rotterdam, Lausanne, Antibes…).[226] Im Jahr 2011 präsentierte INRIA den Cybus, ein autonomer Shuttle (Navette), der mit 25 Fahrzeugen während der Ausstellung Floriade in Schiphol, Amsterdam, vorgeführt wurde.

---

[225] Blosseville, J.M., und Saïd Mammar. 2000. LaRA Update, das französische Programm La Route Automatisée, Powerpoint-Präsentation. http://aramis.iup.univ-evry.fr:8080/~smam/publications/publis2000/lara_2000.pdf (abgerufen am 12. Oktober 2020).

[226] Laugier, Christian. 2002. *Towards "Automated Road", Some Projects and New Technologies, Keynote ITSC 2002 Singapore,* online in: http://emotion.inrialpes.fr/laugier/Research/itsc02.pdf, S. 21 (abgerufen am 12. Oktober 2020).

4.5.2 *La Route Automatisée (LaRA) in Frankreich (1997–2003)*

1997 wurde in Frankreich das informelle Konsortium *La Route Automatisée (LaRA)* – die automatisierte Straße – gegründet, das das Szenario einer automatisierten Fahrspur auf Autobahnen sowie die Automatisierung von Leichtfahrzeugen in halb-urbanen Umgebungen bei niedriger Geschwindigkeit untersuchte.[227]

LaRA war eine gemeinsame Forschungseinheit (Joint Research Unit, JRU), die mehrere akademische und öffentliche Partner vereinte. Das Team *Informatique, Mathématiques et Automatique pour la Route Automatisée (IMARA)* des *Institut National de Recherche en Informatique et en Automatique (INRIA)* beteiligte sich mit Expertise im Bereich Intelligente Transportsysteme (ITS), das *Centre de Robotique (CAOR)* – 1989 von Claude Laurgeau gegründet – der *Ecole Centrale des Mines de Paris (ENSMP)* entwickelte die Fahrzeuge,[228] das *Laboratoire Central des Ponts et Chaussées (LCPC)* war für die Infrastruktur verantwortlich, das *Laboratoire sur les interactions véhicules-infrastructure-conducteurs (LIVIC)* de INRETS[229] arbeitete an den Assistenzsystemen und die *Télécom Paris tech(École nationale supérieure des télécommunications)* war für die Telekommunikationssysteme zuständig.[230] LaRA wurde 1997 und 1998 durch das zweite *Programme interministériel de recherche et d'innovation dans les transports terrestres* (PREDIT) finanziert, das den Zeitraum 1996–2000 abdeckte. 1999 erhielt es zudem europäische Fördermittel.[231] Von 1999 bis 2003 wurde es durch das INRIA finanziert.[232]

Ein Forschungsbericht aus dem Jahr 2001 benennt die beiden Hauptziele von LaRA. Erstens untersuchte das Projekt das Potenzial automatisierter Fahrzeuge für Vorstadtbereiche und Stadtzentren, wie es vom INRIA mit den Konzepten

[227] Laboratoire Central des Ponts et Chaussées (LCPC), LA ROUTE AUTOMATISÉE, Un scenario périurbain, Broschüre, Mai 2001, S. 13, 15.

[228] Im Jahr 2009 betonte Claude Laurgeau, dass „seine wesentlichsten Aktivitäten auf das intelligente Fahrzeug ausgerichtet waren" (Laurgeau, Claude, 2009. *Le siècle de la voiture intelligente,* S. 7. Paris).

[229] Am 1. Januar 2011 fusionierten INRETS und das Laboratoire central des ponts et chaussées zum Institut Français des Sciences et Technologies des Transports, de l'Aménagement et des Réseaux (IFFSTAR), das am 1. Januar 2020 Teil der Université Gustave-Eiffel wurde.

[230] Plet, Cécile. 2001. Michel Parent: Les voitures entièrement automatiques? Vous en verrez dans 5 ans. Internetactu.net, 22. Februar 2001, online unter: http://www.internetactu.net/2001/02/22/michel-parent-les-voitures-entirement-automatiques-vous-en-verrez-dans-5-ans/ (abgerufen am 12. Oktober 2020). Siehe auch https://www.irisa.fr/manifestations/seminaires-1999/3dec99/parent/sld009.htm.

[231] Parent, Michel. 1995. Le future de l'automobile, Présentation INRIA-IRISA, 3. Dezember 1995, S. 9, in: https://www.irisa.fr/manifestations/seminaires-1999/3dec99/parent/sld009.htm (abgerufen am 12. Oktober 2020).

[232] Laugier et al. 2001, S. 17.

CyCab und Cybercar entwickelt worden war. Zweitens verfolgte LaRA das Ziel, „Assistenzsysteme zu entwickeln, die letztlich zu einem automatisierten Autobahnsystem führen würden“[233] – ähnlich dem von Caltrans/PATH während der Demo ‘97 in den Vereinigten Staaten vorgeschlagenen System. Aus diesem Grund war die mögliche Gestaltung der Ein- und Ausfahrten automatisierter Fahrspuren ein wichtiges Forschungsthema.

Das Hauptziel von LaRA war es, sowohl die Straßenkapazität als auch die Sicherheit zu erhöhen.[234] Bei manuell gesteuerten Fahrzeugen stehen beide Ziele normalerweise im Widerspruch zueinander – eine erhöhte Straßenkapazität verringert aus verschiedenen Gründen die Sicherheit, etwa weil die Abstände zwischen den Fahrzeugen für angemessene menschliche Reaktionen zu gering sind.[235] Während bei manuell gesteuerten Autos nur 2.200 Fahrzeuge pro Stunde eine Autobahn passieren können,[236] würde ein automatisiertes System mit Antikollisionssystemen und Fahrzeug-zu-Fahrzeug-Kommunikation eine Kapazität von 5.000 Fahrzeugen pro Stunde ermöglichen.[237]

Im Gegensatz zur San Diego-Demo stand bei LaRA jedoch nicht nur die technologische Entwicklung im Mittelpunkt. Es wurden auch mögliche Nutzerreaktionen berücksichtigt. Die 20 Forscherinnen und Forscher von LaRA untersuchten die gesellschaftliche Akzeptanz automatisierter Systeme sowie die Frage, wie eine solche automatisierte Verkehrsinfrastruktur finanziert werden könnte. Die wichtigsten Hindernisse für ein automatisiertes Verkehrsnetz wurden im sozioökonomischen und politischen Bereich identifiziert, nicht bei den technischen Herausforderungen.[238] Die Einführung eines automatisierten Systems mit niedriger Geschwindigkeit (bis 60 km/h) über einen Zeitraum von 10–20 Jahren wurde vorgeschlagen, um das System der Öffentlichkeit näherzubringen und kulturelle Mentalitäten zu verändern.[239] Der Bericht kam zu dem Schluss, dass ein automatisiertes Straßennetz dann innerhalb von 30 Jahren entwickelt werden könnte – derselbe Zeitraum, den der TGV von der ersten Skizze bis zur Realisierung benötigte.[240]

---

[233] Laboratoire Central des Ponts et Chaussées (LCPC), LA ROUTE AUTOMATISÉE, Un scenario périurbain, Mai 2001 (Broschüre), S. 100 (Übersetzung aus dem Französischen: F.K.).

[234] Rousselot, Michel. 2001. Préface. In *La route automatisée, Un scenario périurbain,* Hrsg. LCPC, S. 9. Paris.

[235] Laboratoire Central des Ponts et Chaussées (LCPC), LA ROUTE AUTOMATISÉE, Un scenario périurbain, Mai 2001 (Broschüre), S. 26.

[236] Ebd., S. 25.

[237] Ebd., S. 33.

[238] Ebd., S. 15.

[239] Ebd., S. 16, 55.

[240] Ebd., S. 16.

4.5.3 VaMPs Langstreckenfahrt von München nach Odense (1995)

Während Forscher in Frankreich in den 1990er Jahren automatisierte Fahrzeuge mit niedriger Geschwindigkeit und automatisierte Fahrspuren für Autobahnen untersuchten, entwickelte die UniBwM ihr Konzept des vollautonomen Fahrens mittels maschineller Bildverarbeitung auf Autobahnen weiter.

Von 1983 bis 1998 organisierte die Europäische Union fünf Programme zu Informationstechnologie und Technologietransfer, die unter dem Namen ESPRIT (European Strategic Program for Research and Development in Information Technologies) liefen. Eines der von ESPRIT II geförderten Projekte (Nr. 8329) war das Technologietransferprogramm CLEOPATRA (Cluster of Embedded Parallel Time Critical Applications). Es begann am 1. März 1994 und hatte eine formale Laufzeit von 24 Monaten (1. April 1994 – 31. März 1996). Sieben Industriepartner aus Deutschland, drei aus Frankreich und einer aus Dänemark arbeiteten mit zwei öffentlichen Forschungseinrichtungen aus Deutschland an Technologien für „High Performance Computing and Networking“ (HPC).

Das Projekt umfasste zwei Teilprojekte, die ein Smart Vehicle und einen Smart Helicopter abdeckten. Im Smart Helicopter-Projekt kooperierte die UniBwM mit Eurocopter Deutschland und dem DLR Braunschweig. Im hier vorrangig interessierenden Teilprojekt Smart Vehicle agierte die UniBwM als Zulieferer für die Daimler Benz AG und erhielt sämtliche Fördermittel von diesem Automobilunternehmen. Ziel des Smart Vehicle-Projekts war es, die Transputer für die Bildfolgenverarbeitung in den VITA-II- und VaMP-Fahrzeugen durch schnellere Motorola PowerPC 601-Prozessoren zu ersetzen. Mit der leistungsfähigeren Hardware konnte die Bildauswertungszeit halbiert werden (von 80 auf 40 ms) und die benötigte Prozessoranzahl betrug nur noch ein Fünftel (20%).

Im Rahmen von CLEOPATRA wurden „mehrere tausend Kilometer automatisches Fahren durchgeführt“[241] mit dem Forschungsfahrzeug VaMP. Im November 1995 wurde der Mercedes für eine vollständig autonome Langstreckenfahrt – mit Quer- und Längsregelung – über mehr als 1600 km auf der deutschen Autobahn von München nach Odense (Dänemark) nahe Kopenhagen eingesetzt, wo ein Treffen der oben genannten Smart-Vehicle-Partner stattfand. Die UniBwM organisierte die Fahrt als Reaktion auf die wachsende Konkurrenz im Forschungsfeld: Drei Monate zuvor hatte die Carnegie Mellon University eine halbautonome 2800-Meilen-Fahrt von Pittsburgh nach San Diego (No Hands Across America) organisiert. Ihr Fahrzeug, genannt Navlab 5, wurde seitlich durch Bildverarbeitung gesteuert, während der menschliche Fahrer Gas und Bremse bediente (siehe

[241] Maurer, M., R. Behringer, S. Fürst, F. Thomanek, E.D. Dickmanns. 1996. A Compact Vision System for Road Vehicle Guidance. *Proceedings of 13th International Conference on Pattern Recognition,* S. 316.

Abschn. 2.3.6). Nach dieser Demonstration standen andere Forschungsgruppen unter Druck, ihre eigenen Leistungsfähigkeiten zu zeigen.

Während der Langstreckenfahrt nach Odense führte der VaMP-Mercedes autonom Spurhalten, Spurwechsel, Längsregelung und Kollisionsvermeidung durch. Er überwachte zudem seine eigene Funktionalität, einschließlich eines Stopps der autonomen Fahrzeugsteuerung und einer Übergabe an den menschlichen Fahrer.

Das Ingenieurteam fasst das Ereignis wie folgt zusammen: Die vom Fahrer geplante Mission „startete an der Münchner Stadt-'Autobahn' A 99, folgte der 'Autobahn' A9 nach Nürnberg, der A3 nach Würzburg und der A7 über Kassel, Hannover und Hamburg nach Flensburg; in Dänemark fuhr VaMP die E45 nach Kolding und die E20 nach Odense; auf dem Rückweg wurde die gleiche Route genommen. Insgesamt war das System für mehr als 1600 km eingeschaltet; 95% wurden automatisch gefahren, was mehr als 1500 km entspricht. Mehr als 400 Spurwechselmanöver wurden automatisch durchgeführt"[242], nachdem es manuell vom Sicherheitspiloten gestartet worden war. Dieser musste die hinteren und seitlichen Bereiche überwachen, da im Rahmen des CLEOPATRA-Projekts keine nach hinten gerichteten Kameras zur Verfügung standen, „es wurde nur das Frontsichtsystem verwendet". Der Sicherheitsfahrer musste zudem die gewünschte Reisegeschwindigkeit wählen und diese an Verkehrszeichen und Umweltbedingungen anpassen. Es wurde eine Geschwindigkeit von bis zu 175 km/h im vollautonomen Fahrbetrieb auf der Autobahn erreicht.

Ein wesentliches Ziel der Fahrt war es, die Grenzen des dynamischen Szenenverständnisses unter realen Bedingungen dieses finalen Systems der zweiten Generation kennenzulernen und anschließend zu entscheiden, welche Teile für das geplante Wahrnehmungssystem der dritten Generation verbessert werden sollten. Nach Angaben des Ingenieurteams hatte das System zunächst Probleme aufgrund der begrenzten Reichweite der Kameras, z. B. an Baustellen mit uneindeutigen Fahrbahnmarkierungen: Da ein intensitätsbasiertes Kantendetektionssystem verwendet wurde, war die Erkennung von „gelben Fahrbahnmarkierungen, die die noch vorhandenen weißen überlagern" an Baustellen nicht möglich.[243] Eine weitere Schwierigkeit trat auf, wenn die Sonne bei Dämmerung direkt in die Kamera schien. Auch die Dunkelheit in Tunneln stellte für Standardkameras jener Zeit eine Herausforderung dar, ein Problem, das auch bei der Mille Miglia-Demo von ARGO (Universität Parma) in Italien zwei Jahre später festgestellt wurde (siehe nächsten Abschn. 4.5.4). Bei strahlendem Sonnenschein mit Schatten war „der Dynamikbereich des Intensitätssignals" für normale Kameras zu groß.[244] Die

---

[242] Ebenda. Anmerkung: Interessanterweise verwendete das Ingenieurteam den Begriff automatisch, nicht autonom. Da dieses System jedoch Entscheidungen traf, sollte es als autonom beschrieben werden.

[243] Ebenda, S. 317, Dickmanns, Ernst Dieter. 2002. The Development of Machine Vision for Road Vehicles in the Last Decade. *Intelligent VehicleSymposium* 1, S. 276.

[244] Dickmanns, Ernst Dieter. 2002. The Development of Machine Vision for Road Vehicles in the Last Decade. *Intelligent VehicleSymposium* 1, S. 276.

zweite Kategorie von Problemen wurde durch die Hypothesengenerierung des Hinderniserkennungsprogramms (ODT) verursacht. Diese wurden „nicht nur durch Fahrzeuge, sondern manchmal auch durch andere Objekte wie bestimmte Muster auf der Straße“ oder durch Schatten von Brücken ausgelöst.[245] Das Wissen um diese Schwächen wurde genutzt, um das Design des dreikamerabasierten Sichtsystems der dritten Generation der UniBwM zu verbessern, das „zwei divergierend ausgerichtete Weitwinkelkameras mit einem zentralen Überlappungsbereich“ und eine hochauflösende Farbkamera verwendete.[246]

Nach dem Prometheus-Projekt mit der erfolgreichen Paris-Demo von VITA-II und VaMP 1994, der Testfahrt von VaMP von München nach Odense 1995 und der PATH-Demo 1997 bestätigte die Automobilindustrie ihre Präferenz für Radar bei der Hinderniserkennung. Ausreichend leistungsfähige Farbbildverarbeitungssysteme waren weiterhin zu teuer und zu komplex, wie Dickmanns bestätigte.[247] Daimler konzentrierte seine Forschungsanstrengungen beispielsweise auf Spurhalten und Kolonnenfahren für Lkw. 1996 entschied die UniBwM, die Zusammenarbeit mit Daimler zu beenden und entwickelte das autonome Fahren mit Mitteln aus verteidigungsbezogenen Projekten weiter. Näheres dazu in Abschn. 4.6.

Das neue Paradigma, das in dieser Zeit entstand, basierte auf Umweltwissen, bereitgestellt durch präzise Karten und genaue Positionierung. GPS-Technologie in Kombination mit Odometrie, Kameras und Lidars anstelle rein visueller Ansätze wurde zur dominierenden Sensorauswahl im Automobilbereich für die Straßenführung. Einige Jahre später wurde dieser Wandel in den DARPA-Challenges voll sichtbar. Die Teilnehmer erhielten eine CD mit GPS-Wegpunkten, denen ihre Fahrzeuge folgen sollten. Für das gewählte Einsatzszenario – eine Wüstenszenerie im Irak – reichte eine relativ hohe Anzahl von Wegpunkten in Kurven aus, sodass Bildverarbeitungssysteme nicht notwendig waren. Da alle Fahrzeuge der DARPA Challenges einer Spur von GPS-Wegpunkten folgten, argumentierte Sebastian Thrun, dass diese Roboter blind seien.[248] Durch eine Abfolge von Wegpunkten geführt, sind diese Fahrzeuge nicht selbstständig, nicht wirklich autonom, sie sind von der übergeordneten Infrastruktur eines Satellitensystems abhängig. Dieser Ansatz kann als *Bestätigungsbildverarbeitung* bezeichnet werden, im Gegensatz zur von der UniBwM bevorzugten *Pfadfinder- oderScout-Bildverarbeitung,* die das Fahren in unbekanntem Gelände mit Hilfe eines anspruchsvolleren Bildverarbeitungssystems ermöglicht.

[245] Maurer et al. 1996, S. 317.

[246] Dickmanns, Ernst Dieter. 1997. Vehicles Capable of Dynamic Vision. *IJCAI'97 Proceedings of the Fifteenth International Joint Conference on Artificial Intelligence,* Bd. 2, S. 1589.

[247] Lossau 2017 und Knop 2018.

[248] Davies, S. 99.

4.5.4 *ARGO und Mille Miglia in Automatico, VisLab, Universität Parma (1998)*

Wie die Carnegie Mellon University in den Vereinigten Staaten und die UniBwM in Deutschland entwickelte auch das Laboratory for Artificial Vision and Intelligent Systems (VisLab) am Dipartimento di Ingegneria dell'Informazione der Università degli Studi di Parma in Italien maschinelle Bildverarbeitungslösungen für autonomes Fahren.

Im Rahmen des PROMETHEUS-Programms entwickelte und testete die Universität Parma ein Echtzeit-Bildverarbeitungssystem, wobei ein Fiat Ducato 18 Maxi als Forschungsfahrzeug diente. Der Van wurde MOB-LAB (MOBile LABoratory) genannt und sein Hauptziel war es, die bildgestützte Navigation mit Schwerpunkt auf Spur- und Hinderniserkennung zu demonstrieren. Dies wurde mit einem System aus analogen Schwarzweiß- und Farbkameras an Front und Heck des Fahrzeugs realisiert. Es wurden nur Graustufenbilder verarbeitet, da die Technologie zur Datenverarbeitung von Farbbildern zu diesem Zeitpunkt unerschwinglich war.[249] Das MOB-Lab-Fahrzeug war nicht automatisiert, sondern wurde „manuell gefahren“ – sein Ziel war es, dem Fahrer Warnsignale anzuzeigen.[250] Es wurde während des abschließenden PROMETHEUS-Treffens im Oktober 1994 in Mortefontaine bei Paris vorgestellt.

In der zweiten Hälfte der 1990er Jahre führte VisLab zwei bahnbrechende Projekte durch: ARGO und RAS (Surface Antarctic Robot).[251] ARGO, das hier im Mittelpunkt steht, war das Nachfolgeprogramm von PROMETHEUS an der Universität Parma. Der Name ARGO wurde als Anspielung auf das Schiff des mythischen griechischen Helden Jason und den vieläugigen griechischen Gott Argus gewählt.[252]

ARGO nutzte die Ergebnisse des MOB-LAB-Programms, um ein neues Forschungsfahrzeug auszustatten, einen Lancia Thema 2000-Pkw (Abb. 4.27).

Ursprünglich wurde das System nicht zur Realisierung eines automatischen Fahrzeugs entwickelt. Ziel war ein aktives Sicherheitssystem, das das Verhalten des Fahrers überwacht, akustische oder optische Warnsignale ausgibt und in Ge-

---

[249] Bertozzi, Massimo, Alberto Broggi, und Alessandra Fascioli. 2020. *The Evolution of Vision-based Unmanned Ground Vehicles: the VisLab Perspective,* (undatiert, ohne Publikationsquelle), in: http://citeseerx.ist.psu.edu/viewdoc/download?doi=10.1.1.73.7759entity-value=rep1entity-value=pdf (abgerufen am 20. Juli 2020), S. 3.

[250] Bertozzi, Massimo, Alberto Broggi, Gianni Conte und Alessandra Fascioli. 1997. Obstacle and Lane Detection on ARGO, *Proceedings of IEEE Intelligent Transportation Systems conference 1997,* S. 1, online in: http://www.ce.unipr.it/people/broggi/publications/iv97.pdf.

[251] Das Surface Antarctic Robot (RAS)-Projekt zielte auf das autonome Fahren eines Konvois von Pistenraupen in der Antarktis ab. Zur hochpräzisen Verfolgung eines Führungsfahrzeugs wurde Bildverarbeitung eingesetzt. Das System wurde erfolgreich in den italienischen Alpen und in der Antarktis getestet.

[252] Broggi, Alberto, Massimo Bertozzi und Alessandra Fascioli. 1999b. ARGO and the MilleMiglia in Automatico Tour. *IEEE Intelligent Systems and Their Applications* 14 (1), S. 55.

Abb. 4.27 Das ARGO-Fahrzeug (Bildnachweis: Alberto Broggi. Bildquelle: http://www.vislab.it/argo/ARGO/images/ufficiali/3l.jpg)

fahrensituationen die Kontrolle über das Fahrzeug übernehmen kann.[253] ARGO wurde jedoch anschließend weiterentwickelt, um ein automatisches Fahrzeug zu schaffen, das auf der Autobahn getestet werden konnte.

Aus zwei Gründen entschied sich das Ingenieurteam von VisLab, im Lancia ausschließlich passive Sensoren (Kameras) einzusetzen. Erstens können aktive Sensoren wie Radar durch Interferenzen mit anderen Sensoren beeinträchtigt werden, insbesondere wenn sich viele Fahrzeuge gleichzeitig im selben Raum befinden.[254] Bildverarbeitungssysteme hingegen können Daten erfassen, ohne die Umgebung zu beeinflussen. Zweitens mussten die Systemkosten niedrig gehalten werden, um „die Integration in eine große Anzahl von Fahrzeugen zu erleichtern".[255] Aus diesem Grund wurden handelsübliche PCs mit 450 MHz Pentium II-Prozessoren ausgewählt, um Bildmerkmale zu extrahieren und die Fahrzeugtrajektorie in Echtzeit (50 Bilder pro Sekunde) zu steuern.[256] Zur Umfelderfassung wurden zwei synchronisierte, kostengünstige Schwarzweiß-Kameras

[253] Broggi, Alberto, Masssimo Bertozzi, Alessandra Fascioli, Lo Bianco, Corrado Guarino und Aurelio Piazzi. 1999a. The ARGO autonomous vehicle's vision and control systems. *International Journal of Intelligent Control and Systems* 3 (4), S. 411.

[254] Broggi, Alberto, Masssimo Bertozzi, Alessandra Fascioli, Lo Bianco, Corrado Guarino und Aurelio Piazzi. 1999a. The ARGO autonomous vehicle's vision and control systems. *International Journal of Intelligent Control and Systems* 3 (4), S. 410.

[255] Broggi, Alberto, Bertozzi, Massimo, Fascioli, Aleassandra, ARGO and the MilleMiglia in Automatico Tour, 1999b, S. 55.

[256] Broggi, Alberto, Masssimo Bertozzi, Alessandra Fascioli, Lo Bianco, Corrado Guarino und Aurelio Piazzi. 1999a. The ARGO autonomous vehicle's vision and control systems. *International Journal of Intelligent Control and Systems* 3 (4), S. 412.

Abb. 4.28 Das Innere des ARGO-Fahrzeugs mit Kameras, Bedienfeld, Lenkmotor, Bordmonitor und zwei Not-Aus-Tastern. (Bildnachweis: Alberto Broggi. Bildquelle: http://www.vislab.it/argo/ARGO/images/ufficiali/6l.jpg)

und ein Tachometer zur Erfassung der Fahrzeuggeschwindigkeit eingesetzt. Dieses stereoskopische Bildverarbeitungssystem von ARGO war im Fahrzeuginneren an beiden oberen Ecken der Windschutzscheibe montiert (Abb. 4.28). Unterhalb des Stereo-Kamerapaares zur Hinderniserkennung auf der Fahrbahn wurde ein monokulares Bild verwendet, um „die Straßenführung zu extrahieren".[257] Beide basierten auf dem Inverse-Perspective-Mapping-(IPM)-Ansatz, der den Perspektiveneffekt aus den Bildern entfernte.

ARGO wurde von einem System namens Generic Obstacle and Lane Detection (GOLD) gesteuert. Seine Hauptaufgabe war das „Straßenfolgen".[258] Das Lenken wurde aus der visuellen Wahrnehmung abgeleitet. Ein „elektrischer Schrittmotor war über einen Riemen mit der Lenksäule verbunden."[259] Es standen drei Fahrmodi zur Verfügung – *manuelles* Fahren mit akustischen und visuellen Warnsignalen für den Fahrer, *überwachtes* Fahren, bei dem das System in Gefahrensituationen die Kontrolle übernimmt, und *automatisches* Fahren, das „Spurhalten, Hinderniserkennung und Spurwechsel" umfasst.[260] Im automatischen Modus

[257] Bertozzi, Massimo, Broggi, Alberto, Fascioli, Alessandra, 2020. The Evolution of Vision-based Unmanned Ground Vehicles: the VisLab Perspective, (undatiert, ohne Publikationsquelle), in: http://citeseerx.ist.psu.edu/viewdoc/download?doi=10.1.1.73.7759entity-value=rep1entity-value=pdf (abgerufen am 20. Juli 2020), S. 3.

[258] Broggi, Alberto, Bertozzi, Massimo, Fascioli, Alessandra, 1999b. ARGO and the MilleMiglia in Automatico Tour, Jan/Feb, S. 55, online in: http://www.ce.unipr.it/people/broggi/publications/expert.pdf.

[259] Broggi, Alberto, Masssimo Bertozzi, Alessandra Fascioli, Lo Bianco, Corrado Guarino und Aurelio Piazzi. 1999a. The ARGO autonomous vehicle's vision and control systems. *International Journal of Intelligent Control and Systems* 3 (4), S. 412.

[260] Bertozzi, Masssimo, Alberto Broggi und Alessandra Fascioli. 2006. VisLab and the Evolution of Vision-Based UGVs. *Computer* 39 (12), S. 33.

konnte zwischen Spurhalten auf Basis der Spurerkennung oder Kolonnenfahrt gewählt werden. Mit diesem System war der Lancia Thema in der Lage, „seine Position relativ zur Fahrspur zu bestimmen, die Straßenführung zu berechnen, allgemeine Hindernisse auf dem Fahrweg zu erkennen und ein vorausfahrendes Fahrzeug zu lokalisieren".[261] Es war zudem in der Lage, „langsameren Verkehr zu überholen".[262]

ARGO ist eines von nur vier Forschungsfahrzeugen, die in diesem Zeitraum Tests auf öffentlichen Straßen durchführten: Seit 1992 führte VaMoRs von der UniBwM regelmäßig vollautonome Fahrversuche auf allen Straßentypen rund um München durch; 1994 kam VaMP hinzu. Im Juli 1995 zeigte das NavLab 5 der Carnegie Mellon University halbautonomes Fahren von Pittsburgh nach San Diego (*Hands Off Across America*-Demo). Im November 1995 fuhr VaMP autonom auf der Autobahn von München nach Odense (Dänemark).

Drei Jahre später, vom 1. bis 6. Juni 1998, folgte die Universität Parma mit einer Langstrecken-Testfahrt von ARGO auf italienischen Autobahnen. Die Tour wurde *Mille Miglia in Automatico* genannt – benannt nach dem berühmten Autorennen, das jährlich in Italien stattfindet – und live im Internet übertragen. Wie NavLab 5 war ARGO ein halbautonomes Fahrzeug – nur die Querführung war automatisiert, die Längsführung (Beschleunigung, Bremsen) erfolgte durch einen menschlichen Fahrer. Der Versuch konzentrierte sich auf das Spurhalten (Spur- und Hinderniserkennung).

Die 2000 km lange Testfahrt wurde auf italienischen Autobahnen (Parma-Turin-Pavia-Ferrara-Ancona-Rom-Florenz-Parma) durchgeführt und umfasste verschiedene Landschaften, Wetterbedingungen, Baustellen, fehlende Verkehrszeichen, Umleitungen und starken Verkehr.

Ein an Bord befindlicher, kostengünstiger 200 MHz Intel Pentium MMX Computer mit Multimedia-Erweiterungen wurde als Verarbeitungssystem für die echtzeitfähigen, visuell basierten Fahrfunktionen eingesetzt.[263] Das System verarbeitete „bis zu 25 Stereobildpaare pro Sekunde" und das Steuersignal für das autonome Lenken wurde alle 40 ms bereitgestellt. Bei Geschwindigkeiten von 90–95 km/h „gab es keinen spürbaren Unterschied im Vergleich zu einem menschlichen Fahrer", so das Ingenieurteam. Bei höheren Geschwindigkeiten bis zu 123 km/h „neigte das Fahrzeug jedoch dazu, innerhalb der Fahrspur zu oszillieren."[264]

---

[261] Broggi, Alberto, Masssimo Bertozzi, Alessandra Fascioli, Lo Bianco, Corrado Guarino und Aurelio Piazzi. 1999a. The ARGO autonomous vehicle's vision and control systems. *International Journal of Intelligent Control and Systems* 3 (4), S. 411.

[262] Broggi, Alberto. 2008. History of AHS in Italy and future issues. *Proceedings of the 2008 IEEE International Conference on Vehicular Electronics and Safety,* Columbus, OH, USA, 22.–24. September 2008, S. 11.

[263] Broggi, Alberto, Bertozzi, Massimo, Fascioli, Alessandra, 1999b. ARGO und die MilleMiglia in Automatico Tour, Jan/Feb, S. 60.

[264] Broggi, Alberto, Masssimo Bertozzi, Alessandra Fascioli, Lo Bianco, Corrado Guarino, und Aurelio Piazzi. 1999a. Die Sicht- und Kontrollsysteme des autonomen Fahrzeugs ARGO. *International Journal of Intelligent Control and Systems* 3 (4), S. 438.

Rund 90 % der Tour wurden automatisch gefahren. Verkehrsschilder, Leitplanken, Kreuzungen und Ausfahrten wurden unter verschiedenen Lichtverhältnissen und bei hohen Temperaturen erkannt. Die maximale ohne Unterbrechung automatisch gefahrene Strecke betrug 54,3 km.[265] Dies lässt sich dadurch erklären, dass das System die rechte Fahrbahnmarkierung als Orientierung für die Navigation nutzte. An Autobahnausfahrten erschienen jedoch zwei Linien – eine durchgezogene Linie für die Ausfahrt und eine gestrichelte Linie, die die Ausfahrtsspur von der Fahrspur auf der Autobahn trennte. In dieser Situation musste das System eine Nutzerentscheidung anfordern, welche Linie es wählen sollte. Nach dem Eingreifen des Nutzers nahm das System das automatisierte Lenken rasch wieder auf.[266]

Wie viele andere Freilandtests weltweit zeigte MilleMiglia, dass Reflexionen, Regen, Baustellen, Störungen, Temperaturschwankungen und Mensch-Maschine-Schnittstellen weiterhin herausfordernde Felder mit Verbesserungsbedarf bleiben.[267] Besonders die schnellen und extremen Helligkeitswechsel beim Ein- und Ausfahren von Tunneln waren für das Sichtsystem schwierig.

Im Jahr 2004 stattete die Universität Parma gemeinsam mit Oshkosh und der Ohio State University einen großen Lkw namens TerraMax aus und nahm an der ersten DARPA-Challenge teil, einem Offroad-Kurs durch die Wüste. Doch nach 1,4 Meilen blieb der Lkw aufgrund eines Softwarefehlers stehen.[268]

2005 nahm VisLab erneut an der DARPA-Grand Challenge teil. VisLab verfolgte das Ziel, „die Ergebnisse der Grundlagen- und angewandten Forschung in die Entwicklung von UGVs für unbemannte Missionen in realen Umgebungen einzubringen.“[269] Ziel war es, „die Überlebensfähigkeit von Soldaten auf dem Schlachtfeld zu erhöhen, indem Soldaten insbesondere bei Konvoifahrten aus Gefahrenbereichen entfernt werden.“[270] In Zusammenarbeit mit Oshkosh Trucks und Rockwell Collins entwickelte VisLab das Sichtsystem des TerraMax-Lkw. Es war eines von nur fünf Teams, das den 132 Meilen (215 km) langen Wüstenkurs der Grand Challenge absolvierte, der durch eine Liste von Wegpunkten de-

---

[265] Broggi, Alberto, Bertozzi, Massimo, Fascioli, Alessandra, 1999b. ARGO und die MilleMiglia in Automatico Tour, Jan/Feb, S. 59.

[266] Ebd., S. 61.

[267] Bertozzi, Masssimo, Alberto Broggi, und Alessandra Fascioli. 2006. VisLab und die Entwicklung visuell basierter UGVs. *Computer* 39 (12), S. 34.

[268] Özgüner, Umit, Keith A. Redmill, und Alberto Broggi. 2004. Team TerraMax und die DARPA Grand Challenge: Ein Überblick. In *Intelligent VehiclesSymposium*. Universität Parma, S. 237.

[269] Broggi, Alberto, Paolo Grisleri, Chris Yakes, und Chris Hubert. 2007. *The Oshkosh-VisLab Joint Efforts on UGVs: Architecture, Integration, and Results*. Platform Innovations and System Integration for Unmanned Air, Land and Sea Vehicles, 146th NATO Workshop on Applied Vehicle Technology Panel, Florenz 2007, S. 1. http://www.ce.unipr.it/people/broggi/publications/natoavt146.pdf.

[270] Braid, Deborah, Alberto Broggi, und Gary Schmiedel. 2006. Das autonome Fahrzeug TerraMax, Feldbericht. *Journal of Field Robotics* 23 (9), S. 707.

finiert war.[271] Der Lkw basierte auf dem Medium Tactical Vehicle Replacement (MTVR) MK23 von Oshkosh, entwickelt für das Marine Corps. Er nutzte ein fest montiertes trinokulares Sichtsystem mit unterschiedlichen Abständen zwischen den Kameras. Die Entscheidung, verschiedene Sichtströme zu verwenden, habe viele mechanische Probleme anderer Sichtsysteme beseitigt, so die Ingenieure.[272] TerraMax erreichte „eine Höchstgeschwindigkeit von 68 km/h"[273] bzw. 42 mph,[274] wich Hindernissen aus, erkannte Wege und plante Trajektorien. Es war das einzige Team, das die Ziellinie erreichte und dabei Sicht als primäre Sensorquelle in Kombination mit Laserscannern (LIDAR), GPS/Inertialnavigationssystem (INS) zur Geolokalisierung sowie Basisinformationen zu Geschwindigkeit und Beschleunigung nutzte.

Das Fahrzeug demonstrierte „Hindernisvermeidung, das Durchfahren von Tunneln, schmalen Straßen und Klippen, GPS-Wegpunktnavigation und 28 Stunden ununterbrochenen Dauerbetrieb".[275] Lenkung, Gas, Bremse und Getriebe wurden durch das Computersystem gesteuert. Das Sichtsystem war nun auch in der Lage, unterschiedliche Lichtsituationen auszugleichen, sodass die Umgebung auch bei direkter Sonneneinstrahlung erfasst werden konnte. Später wurde es in einen 10x10 Oshkosh Palletized Loading System (PLS) Militär-Lkw eingebaut und 2006 im Yuma Test Center vorgeführt. Ein Jahr später nahmen Oshkosh und die Universität Parma an der Urban Challenge 2007 teil und demonstrierten eine 60 Meilen (97 km) lange Versorgungsmission im Stadtgebiet. Diese musste in 6 Stunden unter Einhaltung der Verkehrsregeln und im dichten Verkehr absolviert werden. Partner waren Teledyne, Auburn University und IBEO Automobile Sensor GmbH.[276]

4.6 Verteidigungsfinanzierte Forschung zum autonomen Fahren in Europa

Das letzte Kapitel hat uns daran erinnert, dass neben dem zivilen Verkehr auch militärische Szenarien einen möglichen Anwendungsfall für autonome Fahrzeuge darstellen. Nicht nur in den USA, sondern auch in Europa zeigten militärische Ak-

---

[271] Bertozzi, M. Broggi, A. et al., 2021. Vision Technologies for Intelligent Vehicles S. 6 (online in: http://www.ce.unipr.it/people/broggi/publications/ivia2007.pdf, (abgerufen am 5. Mai 2021).

[272] Braid, Deborah, Alberto Broggi, und Gary Schmiedel. 2006. Das autonome Fahrzeug TerraMax, Feldbericht. *Journal of Field Robotics* 23 (9), S. 707.

[273] Bertozzi, Masssimo, Alberto Broggi, und Alessandra Fascioli. 2006. VisLab und die Entwicklung visuell basierter UGVs. *Computer* 39 (12), S. 38.

[274] Braid, Deborah, Alberto Broggi, und Gary Schmiedel. 2006. Das autonome Fahrzeug TerraMax, Feldbericht. *Journal of Field Robotics* 23 (9), S. 706.

[275] Ebd., S. 694.

[276] Broggi, Alberto, Paolo Grisleri, Chris Yakes, und Chris Hubert. 2007. *The Oshkosh-VisLab Joint Efforts on UGVs: Architecture, Integration, and Results.* Platform Innovations and System Integration for Unmanned Air, Land and Sea Vehicles, 146th NATO Workshop on Applied Vehicle Technology Panel, Florenz 2007, S. 3.

teure Interesse am Potenzial unbemannter Bodenfahrzeuge. Um Einblicke in diese Aktivitäten zu geben, geht das folgende Kapitel chronologisch zurück und stellt verteidigungsfinanzierte Forschungsprojekte zu autonomen Fahrzeugen in Frankreich und Deutschland vor.

Zunächst erfolgt eine kurze Vorstellung des französischen militärischen Forschungsprojekts DARDS. Die folgenden Abschnitte erläutern die Beteiligung der UniBwM an mehreren verteidigungsfinanzierten Programmen in Deutschland. Parallel zum PROMETHEUS-Projekt beteiligte sich die UniBwM am Robotikprogramm PRIMUS (1989–2003). Nach 1996 entwickelte die UniBwM im Rahmen der AUTONAV-Vereinbarung (1997–2003) mit US-amerikanischen Partnern ihr drittes Generationen-Sichtsystem EMS.

4.6.1 Das militärische Forschungsprojekt DARDS in Frankreich (1984–1996)

Als DARPA 1984 in den USA die Strategic Computing Initiative startete, war das Autonomous Land Vehicle (ALV) ein zentrales Element (siehe Abschn. 2.4). Im selben Jahr startete das französische Militär ein Projekt mit dem Namen *Démonstrateur autonome à rapidité de déplacement pour la surveillance (DARDS)*. Finanziert von der *Direction des Recherches, Études et Techniques de l'armement (DRET)* – dem Forschungsbüro des französischen Verteidigungsministeriums – zielte das Projekt auf ein vierrädriges, halbautonomes Fahrzeug für Minenräumung, Aufklärung und urbane Gefechtseinsätze ab. Es war einer der ersten industriellen Demonstratoren mit Steuerungs- und Regelungsleistungen. Um die Fertigungsgeheimnisse zu wahren, wurde DARDS als vertraulich eingestuft und ist bis heute einer breiteren Öffentlichkeit unbekannt geblieben.

Im Gegensatz zum ALV, das aus einem komplett neu entwickelten Prototyp bestand, basierte DARDS auf einem Mercedes-Geländewagen für militärische Zwecke (Abb. 4.29). Die meiste Robotisierung wurde von Dassault Électronique unter Jean-Philippe Quin als Produktverantwortlichem des Unternehmens realisiert. Die Fähigkeit zur 3D-Pfaderkennung wurde von der Firma *Industry and Technology for Machine Intelligence* (ITMI) entwickelt, die vom Robotiker Jean-Claude Latombe von der Universität Grenoble gegründet wurde, der später eine Professur für Robotik an der Stanford University innehatte. ITMI war eines der ersten Unternehmen weltweit, das in der Lage war, 3D-Trajektorienplanung *in Echtzeit* mit Bildverarbeitungsalgorithmen durchzuführen.

Nach Angaben von Dr.-Ing. Catherine Fargeon, die damals Projektleiterin von DARDS für das französische Verteidigungsministerium war, begannen die ersten Testfahrten in den Jahren 1987–1988. Sie fanden im *Établissement Technique d'Angers(ETAS)* statt, einem Testzentrum der *Direction générale de l'Armement (DGA)*.[277] Diese ersten autonomen Fahrtests begannen mit freien Fahrten

[277] Ich danke Catherine Fargeon für die Übermittlung von Informationen zum DARDS-Projekt.

Abb. 4.29 Mercedes G-Klasse Jeep, der für DARDS verwendet wurde, hier zu Beginn noch ohne volle Autonomie. (Bildnachweis: Ministère des Armées, Frankreich. Bildverwendung genehmigt durch den Programmleiter des Forschungsprogramms)

im Freien. Ausgestattet mit Videokameras und einem 40-m-Laserscanner war der Mercedes-Jeep laut Armed Forces Journal in der Lage, „grundlegende Bewegungsaufgaben unter menschlicher Aufsicht“ auszuführen.[278] Insgesamt wurden während des Projekts 10.000 Kilometer an Versuchen „in verschiedenen halbautonomen Modi in allen Arten von Umgebungen“ durchgeführt. Fargeon bestätigt, dass auf geraden Start- und Landebahnen Geschwindigkeiten von über 100 km/h erreicht wurden, bis zu 40 km/h mit Dummys als Hindernissen und bis zu 40 km/h im Gelände, ohne jedoch zu präzisieren, wann und in welchem Modus diese Tests durchgeführt wurden. Sie berichtet außerdem, dass Dassault Électronique die Fahrstile zweier Formel-1-Weltmeister in die Steuerung der Räder einprogrammierte, um Kurvenfahrten zu bewältigen. Die unterste Ebene betraf die Steuerung jeder Achse. Die höhere Ebene der Entscheidungsfindung und Verhaltensintelligenz basierte auf Forschungsergebnissen des *Office National d'Étu-*

[278] Armed Forces Journal International, Bd. 139, 2001, S. 36.

Abb. 4.30 Das 3D-Vision-System von DARDS, am Dach befestigt, Cité des Sciences, Paris, 1991/1992. (Bildnachweis & Quelle: Abb. 4.30 und 4.31 bereitgestellt von Catherine Fargeon)

Abb. 4.31 Dieses Foto zeigt die große Radomkuppel, die die Radarantenne auf dem Dach von DARDS schützt, Cité des Sciences, Paris, 1991/1992

des et de Recherches Aérospatiales (ONERA), des französischen nationalen Luft- und Raumfahrtforschungszentrums.

Aus Sicherheitsgründen wurden alle Testfahrten unter Fernüberwachung durchgeführt. Zu jedem Zeitpunkt konnte das autonome Fahren per Fernsteuerung deaktiviert werden, falls ein Problem auftrat. Das technische Prinzip entsprach dem von Flugzeugautopiloten, die abgeschaltet werden können.

Die erfolgreichen Experimente in Frankreich erregten die Aufmerksamkeit des US-Militärs. Nach der Einstellung des ALV im Jahr 1987 wurden neue Ansätze für unbemannte Fahrzeuge benötigt. 1989 besuchte eine Delegation des US-amerikanischen Verteidigungsministeriums und einiger Universitäten im Rahmen eines Kooperationsabkommens das Testgelände in Angers. Nur ein Jahr später startete das US-Militär das DEMO-1-Programm, das auf Teleoperation und Pfadwiederholungsfähigkeit von UGVs abzielte (siehe Abschn. 2.5.1), Fähigkeiten, die denen von DARDS sehr ähnlich waren.

Nach dem Erfolg der ersten Tests mit DARDS wurden dessen Fähigkeiten auf einen Wiesel-Panzer übertragen, eine Maßnahme, die von der *Direction des Armements Terrestres* und nicht von der DRET geleitet wurde. Der Panzer wurde nicht nur für Tests des halbautonomen Fahrens genutzt. Es wurde eine Fernsteuerung des Waffensystems hinzugefügt, wobei das Ottawa-Übereinkommen beachtet wurde, das das Schießen ohne menschliche Aufsicht verbietet. Die Tests fanden erneut im *Etablissement Technique d'Angers* statt. Im Zuge einer Reform der DGA wurde die *Direction des Recherches, Études et Techniques de l'armement* 1996 geschlossen. Damit endete auch DARDS. Die Wiesel-Tests wurden noch einige Jahre nach der Schließung der DRET fortgesetzt, wobei der Schwerpunkt auf operationellen und nicht auf autonomen Fahrfunktionen lag.

Aus historischer Sicht ist DARDS vor allem wegen seines Zeitpunkts bemerkenswert. Es war eines der frühesten europäischen Militärprojekte im Bereich der unbemannten Bodenfahrzeuge. Bemerkenswert ist auch, dass US-amerikanische Partner, wie von Fargeon berichtet, die französische Gruppe besuchten. Schließlich zeigt es, dass durch Verteidigung finanzierte Forschung zu halbautonomen Robotiktechnologien früher begann als Projekte der Automobilindustrie. Da die Beschreibung von DARDS jedoch zwischen Überwachung, Teleoperation und halbautonomem Fahren schwankt, bleibt unklar, welche Aufgaben der Jeep tatsächlich autonom ausführen konnte.

4.6.2 Das experimentelle Robotikprogramm PRIMUS (1989–2003)

Einige Jahre nachdem Frankreich mit unbemannten Bodenfahrzeugen zu experimentieren begann, startete auch die deutsche Industrie ihre ersten durch die Verteidigung finanzierten Forschungsprogramme. Seit Mitte der 1980er Jahre kamen mehrere Studien zu dem Schluss, dass unbemannte Systeme im 21. Jahrhundert ein wichtiges Element der Bundeswehr werden sollten.[279] Infolge dieser Empfehlungen fand im Januar 1985 im Bundesministerium der Verteidigung (BMVg) in Bonn ein erstes Treffen mit akademischen und industriellen Partnern zum Thema militärische Robotik statt. Im November desselben Jahres organisierte das *Heeresamt* eine Konferenz über Roboter auf dem Gefechtsfeld. Nach diesen vorbereitenden Aktivitäten initiierte das Bundesministerium der Verteidigung ein Projekt mit dem Namen *Autonomes Landfahrzeug* (1986–1992), derselbe Begriff, den DARPA in den USA verwendete (Autonomous Land Vehicle).[280] Die Universität der Bundeswehr München (UniBwM) beteiligte sich an diesem Projekt in Kooperation mit der Dornier GmbH Friedrichshafen (später Teil von EADS, heute Airbus).

Nach der ersten Phase des Projekts startete das Bundesministerium der Verteidigung 1989 ein langfristiges Forschungs- und Entwicklungsprogramm in experimenteller Robotik mit dem Namen PRIMUS *(Program of Intelligent Mobile Unmanned Systems),* das sich auf das „autonome Fahren in unbekanntem, offenem Gelände" konzentrierte.[281] Ziel war es, Algorithmen für die autonome Navigation zu entwickeln und in militärische Fahrzeuge zu integrieren. PRIMUS wurde in vier Phasen durchgeführt: A (1989–1992), B (1993–1995), C (1996–1999) und D (2001–2003).[282]

Dornier wurde als Hauptauftragnehmer von PRIMUS A ausgewählt. Im Rahmen des experimentellen „Battlefield Robotics"-Programms von Dornier (29. Januar – 31. Juli 1992) musste das an der UniBwM entwickelte Vision-System der ersten Generation auf ein Mercedes GD-300 All-Terrain-Testfahrzeug portiert werden (Abb. 4.32). Während der Abschlussdemonstration von PRIMUS A im Sommer 1992 auf dem Bundeswehr-Übungsgelände in Pfullendorf war der Jeep in der Lage, „autonom (nicht ferngesteuert) im offenen Gelände mit einer Geschwindigkeit von bis zu 5 km/h zu fahren und Hindernisse auf dem Fahrweg zu erkennen und zu umfahren."[283] Mit einem verbesserten LADAR von Dornier wurde eine Geschwindigkeit „von bis zu 25 km/h im offenen Gelände" und „von bis zu 60 km/h" auf einer Landstraße im autonomen Fahrmodus erreicht, wobei Hindernisse erkannt wurden.

Der nächste große Meilenstein wurde während PRIMUS C (1996–1999) erreicht. Für die Experimente wurde ein Kettenfahrzeug ausgewählt. Mit dem Ziel der autonomen Hinderniserkennung und -umfahrung in unbekanntem Gelände

[279] Schaub, Günter, Alfred Pfändner und Christoph Schäfer. 2004. PRIMUS: Autonomous Navigation in Open Terrain with a Tracked Vehicle. In *Unmanned Ground Vehicle Technology VI,* Hrsg. Grant R. Gerhart, Chuck M. Shoemaker und Douglas W. Gage, Bd. 5422. Proceedings of SPIE, S. 156.

[280] Phase I von *Autonomes Landfahrzeug* dauerte vom 15. September 1986 bis 31. Dezember 1989, Phase II vom 1. Januar 1990 bis 31. Dezember 1992.

[281] Schaub, Pfändner, Schäfer, S. 156.

[282] Dank an Günter Schaub für die Hilfe bei den genauen Daten der PRIMUS-Programme (E-Mail an den Autor am 1. Juli 2020).

[283] Schaub, Pfändner, Schäfer, S. 157.

Abb. 4.32 Das Mercedes GD-300 Testfahrzeug, eingesetzt im PRIMUS A-Programm von 1989–1992. (Bildnachweis: Dornier. Bildquelle: Schaub, Pfändner, Schäfer, S. 157)

wurde ein von der UniBwM entwickeltes Verfahren zur autonomen Pfaderkennung (Konturerkennung) auf einen Wiesel 2-Panzer übertragen.[284] Der Wiesel 2 ist eine größere Version des ersten Wiesel (1990) von Rheinmetall Landsysteme GmbH, ein leicht gepanzerter, luftverladbarer Waffenträger mit Nachtkampffähigkeit, der primär für Aufklärungsmissionen von Fallschirmjägern entwickelt wurde. Er wurde von der Bundeswehr in zahlreichen internationalen Einsätzen verwendet (z. B. Somalia, Afghanistan).

Zwei digitalisierte, drive-by-wire gesteuerte Wiesel 2-Panzer wurden zu Versuchszwecken ausgerüstet, einer als Roboter und der andere als Führungs- und Kontrollstation (CCS). Das dritte Generation Vision-System der UniBwM – das in Abschn. 4.6.4 vorgestellt wird – wurde auf das Roboterfahrzeug für die Straßenverfolgung übertragen. Der Panzer war mit einer Farbkamera auf einer Zwei-Achsen-Plattform und einem Computersystem mit Motorola PowerPC-Prozessoren ausgestattet. Die Universität entwickelte zudem die Kamerasteuerplatt-

[284] Dickmanns, Ernst Dieter, Forschungsbericht 1.10.1998–30.9.2002. https://dokumente.unibw.de/pub/bscw.cgi/999528 (abgerufen am 21. Mai 2020).

form des Panzers. Dornier integrierte ein 1 Hz 3-D LADAR-System zur Distanzmessung, genannt *Entfernungsbildkamera* (EBK).

4.6.3 Das AUTONAV-Projekt (1997–2003)

Am Ende von PRIMUS B im Jahr 1995 führten die Bemühungen zur Entwicklung von Technologien für unbemannte Bodenfahrzeuge zu einer transnationalen Zusammenarbeit zwischen den Vereinigten Staaten und Deutschland. Im März 1995 wurde ein Memorandum of Understanding (MoU) zwischen den US-amerikanischen und den deutschen Verteidigungsministerien unterzeichnet. Dies führte zum Projekt *Autonomous Vehicle Navigation Control System* (AUTONAV), das von 1997 bis 2003 lief.

Wie bereits im US-Kapitel erwähnt (siehe Abschn. 2.5.3), kodifizierte das AUTONAV-Projekt einen Technologietransfer zwischen dem Demo-III-Programm (1998–2002) – geleitet vom US Army Research Lab – und ähnlichen Programmen für unbemannte Bodenfahrzeuge in Deutschland.[285] Nach Siedersberger entstand AUTONAV aus den beiden deutschen Programmen PRIMUS und IFF, und die unter beiden Programmen erzielten Ergebnisse trugen zu AUTONAV bei.[286] Nach der Trennung von Daimler im Jahr 1996 erhielt die UniBwM Fördermittel vom Bundesministerium der Verteidigung und vom *Bundesamt für Wehrtechnik und Beschaffung* (BWB).[287] Das BWB ist eine zivile Verwaltung, die mit der Entwicklung, Erprobung und Beschaffung von Wehrmaterial betraut ist. Es ist von den Streitkräften getrennt, gehört aber zur Bundeswehr.[288] Die Fördermittel wurden für ein bereits bestehendes Projekt mit dem internen Namen *Intelligente Fahrzeug-Funktionen* (IFF) verwendet.[289] Ab 1996 war IFF an die Verpflichtung gebunden, an dem in der Außenkommunikation sogenannten AUTONAV-Projekt teilzunehmen. IFF wurde der akademische deutsche Teil von AUTONAV mit dem Vision-System der dritten Generation von VaMoRs. Der oben erwähnte Wiesel-

[285] Albus, James S., und Alexander M. Meystel. 2001. *Engineering of Mind, An Introduction to the Science of Intelligent Systems,* S. 297. New York.

[286] Siedersberger, Karl-Heinz. 2003. *Komponenten zur automatischen Fahrzeugführung in sehenden (semi-)autonomen Fahrzeugen,* Dissertation. Universität der Bundeswehr München, S. 13.

[287] Dickmanns, Ernst Dieter, Forschungsbericht 1.10.1998–30.9.2002. https://dokumente.unibw.de/pub/bscw.cgi/999528 (abgerufen am 21. Mai 2020).

[288] Die Trennung zwischen Verwaltung und Streitkräften ist in Art. 87b des Grundgesetzes der Bundesrepublik Deutschland vorgeschrieben. Beide bilden zusammen die *Bundeswehr.*

[289] Ein laufendes, drittmittelfinanziertes Forschungsprojekt des BMVg wurde ab 1993 unter dem neuen Namen IFF fortgeführt. Die erste Phase von IFF begann am 1. Februar 1993. Die zweite Phase von IFF dauerte von Januar 1996 bis Dezember 1998. Ab November 1996 wurde es Teil des AUTONAV-Projekts. Die dritte Phase von IFF dauerte von Januar 1999 bis Dezember 2002 (Dickmanns, Ernst Dieter, Forschungsbericht 1.10.1998–30.9.2002, in: https://dokumente.unibw.de/pub/bscw.cgi/999528 (abgerufen am 21. Mai 2020)).

2-Panzer, der von Dornier im Rahmen des PRIMUS-C-Programms zu einem autonomen Versuchsträger entwickelt werden sollte, wurde der industrielle Teil von AUTONAV.

Das Ziel des AUTONAV-Projekts war die Entwicklung eines autonomen Fahrzeugs für die Navigation sowohl auf der Straße als auch im Gelände. Es wurde zwischen mehreren industriellen, akademischen und militärischen Partnern beider Länder durchgeführt: Die deutsche Seite wurde durch die UniBwM und die Dornier GmbH Friedrichshafen vertreten – seit 1989 Teil der Deutschen Aerospace AG (DASA).[290]

Auf amerikanischer Seite beteiligten sich das National Institute of Standards and Technology (NIST) in Washington (James Albus) und die Sarnoff Corporation in Princeton (Peter Burt) an der AUTONAV-Vereinbarung.

Um die Zusammenarbeit der beiden Länder zu verstehen, ist ein Vergleich der Forschungsaktivitäten beider Labore hilfreich: Im Jahrzehnt vor der AUTONAV-Vereinbarung 1997 hatten UniBwM und Sarnoff komplementäre Technologien für maschinelles Sehen entwickelt:

Einerseits basierte der von der UniBwM entwickelte 4-D-Ansatz auf der raumzeitlichen Wahrnehmung statischer und bewegter Objekte nach der „Extraktion und Analyse einfacher räumlicher Merkmale wie Kanten, Linien und Ecken“. [291] Dieser Ansatz erwies sich als effektiv auf „befestigten Straßen und in von Menschen geschaffenen Umgebungen“ mit unterscheidbaren räumlichen Merkmalen.

Andererseits entwickelte Sarnoff flächenbasierte Verfahren zur Stereo-Bildanalyse, die keine „unterscheidbaren räumlichen Merkmale im Bild“ erforderten.[292] Aus diesem Grund arbeitete das System robust in natürlichen und unwegsamen Umgebungen und funktionierte auch bei „ungünstigen Lichtverhältnissen, bei denen kantenbasierte Bildverarbeitung zum Versagen neigt.“ Ein Ziel der AUTONAV-Vereinbarung war es, die 4-D-Wahrnehmungs- und Steuerungsarchitektur der UniBwM mit den flächenbasierten Stereo-Vision-Techniken von Sarnoff zu kombinieren.

[290] Die Deutsche Aerospace AG (DASA) wurde am 19. Mai 1989 durch den Zusammenschluss der Dornier GmbH – Teil des Daimler-Benz-Konzerns –, der Motoren- und Turbinen-Union (MTU) und zweier Bereiche der AEG AG gegründet. DASA war der größte Rüstungsexporteur Deutschlands. 1995 wurde DASA in Daimler-Benz Aerospace AG umbenannt. 1998 wurde daraus DaimlerChrysler Aerospace AG. Im Jahr 2000 fusionierte das Unternehmen mit der französischen Aérospatiale-Matra und der spanischen CASA zur European Aeronautic Defense and Space Company (EADS). Seit 2014 heißt es Airbus Group.

[291] Baten, Stefan, Michael Lützeler, Ernst Dieter Dickmanns, Robert Mandelbaum und Peter J. Burt. 1998. Techniques for Autonomous, Off-Road Navigation. *IEEE-Intelligent Systems and Their Applications* 13 (6), S. 57.

[292] Ebenda, S. 58.

4.6.4 *Das Vision-System der dritten Generation (EMS) der UniBwM*

Im Folgenden wird das Vision-System der dritten Generation der UniBwM, das von 1997 bis 2004 mit VaMoRs im Rahmen des AUTONAV-Projekts entwickelt wurde, näher vorgestellt. Zusammen mit einem deutschen Industriepartner wurde es in reduzierter Form im Hybrid Adaptive Cruise Control (HACC)-Projekt mit VaMP eingesetzt.[293] Das Hauptziel der EMS-Vision war es, alle von der UniBwM bisher entwickelten Fähigkeiten zu integrieren und gleichzeitig die Erkennung negativer Hindernisse (wie Gräben) bei der Geländefahrt oder im Offroad-Bereich zu ermöglichen.

Das Vision-System der dritten Generation erhielt den Namen *Expectation-based, Multi-focal Saccadic Vision* (EMS). Der Begriff *expectation-based* verweist auf den 4D-Ansatz, *multifocal* bedeutet, dass das System zwei oder mehr Brennweiten der Videokameras parallel nutzt. Und der Begriff *saccade* wurde in den 1880er Jahren vom französischen Augenarzt Émile Javal geprägt und beschreibt eine schnelle Bewegung beider Augen, die verschiedene räumliche Orte fixieren. Da unsere Augen nicht die gesamte Szene auf einmal erfassen, fokussieren sie mit schnellen Bewegungen bestimmte Details, um interessante Bereiche des Gesamtbildes abzutasten. Die EMS-Vision folgte diesem biologischen Vorbild. Sie ermöglichte es VaMoRs, mit schnellen Augenbewegungen „über die Schulter zu blicken" und herannahende Kreuzungen frühzeitig zu erkennen, um eine Abbiegebewegung vorzubereiten (Abb. 4.33).[294]

Dies war ein erster Unterschied zu den bisherigen Bildverarbeitungssystemen der UniBwM. Zweitens ermöglichte der Fortschritt in der Mikroprozessorentwicklung Mitte der 1990er Jahre erstmals die Verarbeitung von Bildfolgen mit voller Bildrate mit *Commercial-off-the-shelf* (COTS)-Hardware.[295] Anstelle der zuvor verwendeten, sehr teuren, speziell angepassten Hardware und eigens entwickelten Software war es nun möglich, handelsübliche Computer zu verwenden und diese an spezifische Anforderungen anzupassen. Dadurch konnten Kosten und Entwicklungszeit für die Software reduziert werden. Die UniBwM entschied sich 1996, für die dritte Generation ihres Bildverarbeitungssystems ein Netzwerk

---

[293] Hofmann, Ulrich, Zur visuellen Umfeldwahrnehmung autonomer Fahrzeuge, Dissertation, 2004, UniBwM., Dickmanns, Ernst Dieter. 2002. The Development of Machine Vision for Road Vehicles in the Last Decade. *Intelligent VehicleSymposium* 1, S. 277.

[294] Dickmanns, Ernst Dieter, 2022. Abbiegen auf eine unbekannte Querstraße. https://dyna-vision.de/application-areas-and-tasks/road-vehicle-guidance/turning-off-onto-an-unknown-crossroads (abgerufen am 30. Januar 2022).

[295] Gregor, R., M. Lützeler, M. Pellkofer, K.H. Siedersberger und Ernst Dieter Dickmanns. 2002. EMS-Vision: A Perceptual System for Autonomous Vehicles. *IEEE Transactions on Intelligent TransportationSystems* 3 (1), S. 48 und Dickmanns, Ernst Dieter, H.1.3 EMS vision system on COTS – PC hardware (3rd generation), online in: https://dyna-vision.de/hardware-used/vision-systems/ems-vision-system-on-cots-pc-hardware-3rd-generation (abgerufen am 30. Januar 2022).

Abb. 4.33 Kreuzung, aufgenommen vom MarvEye-Kamerasystem, Weitwinkelaufnahmen links und rechts, Teleaufnahme in der Mitte. (Bildnachweis: Dickmanns. Bildquelle: Lützeler, M., Dickmanns, Ernst Dieter, EMS-Vision: Recognition of Intersections on Unmarked Road Networks, in: Proceedings of the IEEE Intelligent Vehicles Symposium 2000 (Cat. No.00TH8511), 2000, S. 302–307, zitierte Version unter: https://dyna-vision.de/wp-content/uploads/2020/10/2000-EMS-Vision-RecogIntersectionsOnUnmarkedRoadNetworks.pdf, S. 5)

aus vier Intel Pentium Dual-Prozessor-PCs mit 0,3 bis 1 GHz Taktfrequenz einzusetzen.[296] Drei dieser PCs wurden für die Bildverarbeitung eingesetzt und einer für die Verhaltensgenerierung.

Drittens kamen mehr Kameras im „Auge“ zum Einsatz. In den beiden Jahrzehnten zuvor hatte das Dickmanns-Team in seinen Experimenten stets eine (monokulare Methode) oder zwei (bifokale Methode) Kameras verwendet. Für das 1995 entworfene sakkadische Bildverarbeitungssystem, genannt *Multi-focal, active/reactive Vehicle Eye* (MarVEye), wurde das Sichtfeld beidseitig erweitert – nun kamen vier Kameras zum Einsatz (Abb. 4.34).

Zwei Schwarzweiß-Weitwinkelkameras deckten das unmittelbare räumliche Umfeld des Roboterfahrzeugs (30 m) ab. Eine farbige Telekamera mittlerer Brennweite war zwischen diesen beiden Kameras zentriert und ermöglichte große Sichtweiten (100 m), „um Hindernisse frühzeitig zur Kollisionsvermeidung zu erkennen“.[297] Die vierte Kamera war eine hochsensitive Schwarzweißkamera mit starker Teleoptik (300 m), die für die frühzeitige Erkennung von Hindernissen und Kreuzungen im Rahmen einer längerfristigen Planung vorgesehen war. Alle vier Kameras waren auf einer zweiachsigen Schwenk-Neige-Plattform montiert.

Nach dieser kurzen Vorstellung des EMS-Bildverarbeitungssystems können wir nun auf den digitalisierten Roboter Wiesel 2 zurückkommen, der im Rahmen von PRIMUS-C und AUTONAV entwickelt wurde. Seine autonomen Fahr- und Navigationsfähigkeiten wurden im Oktober 2000 einem internationalen Publikum

[296] Es wurden zwei PC-Typen verwendet: Dual Pentium II mit 333 MHz und Dual Pentium III mit 450 MHz (Gregor, R., M. Lützeler, M. Pellkofer, K.H. Siedersberger und Ernst Dieter Dickmanns. 2002. EMS-Vision: A Perceptual System for Autonomous Vehicles. *IEEE Transactions on Intelligent Transportation Systems* 3 (1), S. 4).

[297] Gregor, R., M. Lützeler, M. Pellkofer, K.H. Siedersberger und Ernst Dieter Dickmanns. 2002. EMS-Vision: A Perceptual System for Autonomous Vehicles. *IEEE Transactions on Intelligent Transportation Systems* 3 (1), S. 1.

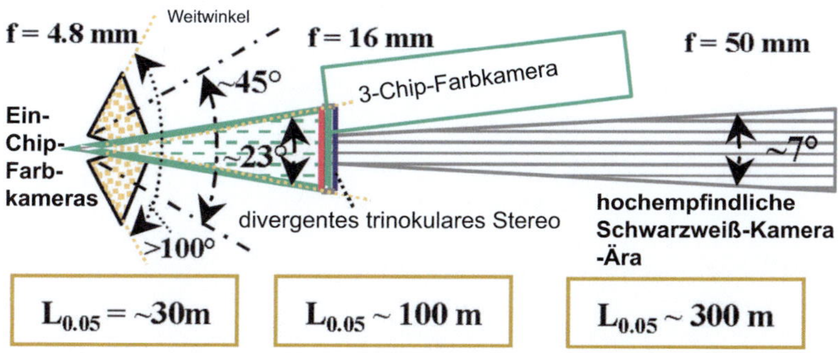

Abb. 4.34 Die Spezifikation der vier Kameras im MarVEye-Vision-System. (Bildnachweis: Dickmanns. Bildquelle: Lützeler, M., Dickmanns, Ernst Dieter, EMS-Vision: Recognition of Intersections on Unmarked Road Networks, in: Proceedings of the IEEE Intelligent Vehicles Symposium 2000, S. 302–307, zitierte Version unter: https://dyna-vision.de/wp-content/uploads/2020/10/2000-EMS-Vision-RecogIntersectionsOnUnmarkedRoadNetworks.pdf, S. 4)

in Pfullendorf demonstriert (Abb. 4.35).[298] Mit Hindernisvermeidung und globaler Navigation fuhr der Wiesel 2 laut Ingo Schwartz autonom mit einer Geschwindigkeit von 25 km/h im offenen Gelände. Ein Jahr zuvor fuhr der Panzer mit 50 km/h auf unbefestigten Wegen, wobei ein Konturverfolger mit TV-Kamera eingesetzt wurde.[299]

Ebenfalls im Herbst 2000 wurde ein kamerabasiertes Stereosystem (Visual Front End) der amerikanischen AUTONAV-Partner Sarnoff Corporation und Pyramid Vision Technology (PVT) in das EMS-Vision-System integriert. Mit dem Ziel, das weltweit erste *Echtzeitsystem mit Vollbildern bei voller Bildrate* zu schaffen, wurde es mit VaMoRs der UniBwM, nun in der dritten Entwicklungsstufe, getestet. VaMoRs war in der Lage, autonom vor einem 60 cm breiten Graben aus Geschwindigkeiten bis zu 16 km/h auf Gras zu stoppen, eine Szene, die auf Video festgehalten wurde (Abb. 4.36).[300]

Während PRIMUS D (2001–2003) wurde diese „Erkennung und Klassifikation von Gräben und Mulden" weiterentwickelt.[301] Als Ergebnis der AUTONAV-Ver-

---

[298] Schaub, Pfändner, Schäfer, S. 157.

[299] Dickmanns, Ernst Dieter, X.4 Tabelle der „Firsts" in 'Dynamic machine vision/Visual guidance of autonomous vehicles', online in: https://dyna-vision.de/survey-of-experimental-results/table-of-firsts-in-dynamic-machine-vision-visual-guidance-of-autonomous-vehicles (abgerufen am 30. Januar 2022) und Schwartz, Ingo, Primus: an autonomous driving robot, Proceedings of the SPIE, Vol. 3693, AeroSense Session on Unmanned Ground Vehicle Technology, Orlando (Florida), April 1999.

[300] Detect ditch, Stop VaMoRs 2000 in: https://dyna-vision.de/wp-content/uploads/2020/10/26-VaMoRs-NegObstacles-Series2000EMS-Vision.mp4.

[301] Schaub, Pfändner, Schäfer, S. 158.

Abb. 4.35 Wiesel 2 Demo in Pfullendorf, 2000. (Bildnachweis: Dickmanns. Bildquelle: http://dyna-vision.de/main/WebQualVideo/25%20TrackedVehicle%20Wiesel2%20UnsealedRoad%202000.wmv [abgerufen am 26. Juni 2020])

Abb. 4.36 VaMoRs hält im September 2000 autonom vor einem Graben an. (Bildnachweis: Dickmanns. Bildquelle: Screenshot, Detect ditch, Stop VaMoRs 2000 in: https://dyna-vision.de/wp-content/uploads/2020/10/26-VaMoRs-NegObstacles-Series2000EMS-Vision.mp4)

einbarung war das System nun mit dem 4-D/RCS-Ansatz des Demo-III-Programms kompatibel. Die Architektur wurde von James Albus entwickelt, während die UniBwM den theoretischen Hintergrund lieferte.

Während PRIMUS D wurde der oben vorgestellte Wiesel-Panzer erneut als Testplattform eingesetzt. Der Panzer verfügte über fünf Betriebsmodi: (1) autonomes Fahren mit Wegpunktnavigation, (2) halbautonomes Fahren mit einem Bediener, der vor dem autonomen Start Steuerbefehle geben musste, (3) Fernsteuerung mit einem Bediener, der das Fahrzeug mit Joystick und Gas fuhr, (4) autonomes Folgen der Straße mit der EMS-Vision-Software der UniBwM und (5) autonomes Fahrzeugfolgen ohne Funkverbindung zum vorausfahrenden Fahrzeug, das nur durch Sensoren erkannt wurde.[302] Für den zuletzt genannten Modus wurde „ein als Quadrat geformter, beheizter Draht am Heck" des Führungsfahrzeugs angebracht, und das folgende Fahrzeug verfolgte diesen mit einer IR-Kamera zur Teleoperation, die an das visuelle Wahrnehmungsmodul der EMS-Vision-Software angepasst war.

Es ist wichtig zu verstehen, dass das System „so ausgelegt war, dass es ausschließlich Geländeinformationen aus eigenen Sensoren nutzt" – das bedeutet, dass Hindernisse nur erkannt wurden, wenn sie in den Erfassungsbereich des LADAR gelangten. Weitere Informationen aus GPS oder Karten wurden nicht verwendet, da diese Quellen in militärischen Szenarien nicht immer verfügbar oder vertrauenswürdig sind. Der Bediener hatte jedoch die Möglichkeit, verbotene Bereiche zu kennzeichnen, die beispielsweise Minenfelder darstellen, die vom LADAR nicht erkannt werden können.

In den Jahren 2002 und 2003 wurden die Ergebnisse von PRIMUS D auf einem Erprobungsgelände der Bundeswehr präsentiert. Bei der Abschlussvorführung im Oktober 2003 „erkannte, klassifizierte und überquerte der Wiesel Gräben zuverlässig", „fuhr eine Strecke von mehr als 1,3 km auf einem unbefestigten Weg an Wiesen und einem Wald vorbei" und war in der Lage, „Schatten und zusätzliche Konturen auf der Straße, Abzweigungen und Kreuzungen zu identifizieren."[303]

Die dritte Phase des Projekts *Intelligente Fahrzeug Funktionen* (IFF), Teil von AUTONAV, endete im Oktober 2001[304] mit der Abschlussdemonstration des AUTONAV-Projekts auf dem ehemaligen Militärflughafen Neubiberg. VaMoRs demonstrierte das Halten der Fahrspur, das Einbiegen in eine Kreuzung unter Schätzung des Schnittwinkels, der Entfernung und der Straßenbreite sowie den Übergang vom Straßen- zum Geländefahren, wobei eine Sequenz von GPS-Wegpunkten und visuellen Landmarken (Wegpunktnavigation) verfolgt wurde.[305] Am wichtigsten war, dass VaMoRs nun in der Lage war, positive und negative Hindernisse (Gräben) zu erkennen und zu vermeiden, vor ihnen zu stoppen oder sie zu

[302] Ebd., S. 160.

[303] Ebd., S. 164.

[304] Hofmann, S. 15.

[305] Siedersberger, Karl-Heinz. 2003. *Komponenten zur automatischen Fahrzeugführung in sehenden (semi-)autonomen Fahrzeugen,* Dissertation. Universität der Bundeswehr München, S. 19.

umfahren. Nach dieser Demonstration im Oktober 2001 wurde das AUTONAV-Projekt mit dem Ziel verlängert, die Größe des US-amerikanischen Stereobildverarbeitungssystems (30 Liter Volumen) auf eine Standardplatine zu reduzieren, die in einen der Computer des EMS-Vision-Systems eingesetzt werden konnte. Dies war der Hauptfortschritt von 2001–2003.

Im Jahr 2003 folgten zwei weitere AUTONAV-Demonstrationen, eine in Deutschland (Neubiberg), die andere in den USA (Fort Knox). Erneut wurde die Erkennung von positiven und negativen Hindernissen auf einer befahrbaren Rasenfläche mit einem Graben unbekannter Lage und Richtung demonstriert. Ein sehr eindrucksvolles Video des Testlaufs in Neubiberg zeigt, wie das MarVEye-System – nun mit fünf Kameras – seinen Blick auf der zweiachsigen Plattform drehte, um eine Rechtskurve des Fahrzeugs vorzubereiten.[306] Anschließend folgte VaMoRs einer Sequenz von GPS-Wegpunkten und stoppte autonom vor einem Graben im Grasland. Da der gesamte Graben nicht aus einer einzigen Blickrichtung erfasst werden konnte, führte das System eine sakkadische Blicksteuerung wie das menschliche Auge durch – das Stereosystem schwenkte wiederholt nach links und rechts. Das Fahrzeug entschied sich dann, den Graben auf der rechten Seite zu umfahren.

Das Experiment zeigte, dass VaMoRs in der Lage war, ein negatives Hindernis zu erkennen, wahrzunehmen und zu umfahren. Am wichtigsten war, dass die Demonstration zeigte, dass das System nicht nur automatisiert, sondern *autonom* war – es traf Entscheidungen, die nicht im Voraus kodifiziert waren, wie es bei *automatisierten* Routinen der Fall ist. Es besaß die Fähigkeit, ein Ausweichmanöver um ein negatives Hindernis in sicherem Abstand durchzuführen.

4.7 Fazit

Wie in Japan wurden die ersten europäischen Experimente zum automatisierten Fahren in den 1960er Jahren von den US-amerikanischen Konzepten von RCA und GM beeinflusst. Das erste Land in Europa, das Tests mit Führungskabeln (1960) begann, war das Vereinigte Königreich. Deutschland folgte mit Initiativen von Continental und Siemens (1968) sowie MAN und Bosch (1971). Diese Experimente, die auf Kontrolltürme angewiesen waren, erinnerten an Konzepte aus den 1950er Jahren. Gleichzeitig wurden jedoch auch Sensortechnologien (Radar, Infrarot) erprobt, die nun für den Automobilsektor verfügbar waren. Im Gegensatz zur US-amerikanischen Robotikforschung jener Jahre experimentierte in Europa zu diesem Zeitpunkt niemand mit kamerabasierter Fahrzeugführung.

[306] Videofilm "On-Off-road mission performance". https://dyna-vision.de/wp-content/uploads/2021/03/2003%20EMS-On-OffroadDriving%20VaMoRs.mp4 (abgerufen am 30. Januar 2022).

In den 1970er Jahren wurde der Ansatz mit Führungskabeln in Europa aufgegeben und durch Forschung zur maschinellen Bildverarbeitung für die Fahrzeugsteuerung ersetzt. Der mobile Roboter HILARE vom LAAS, inspiriert von Shakey und dem Stanford Cart, war der erste französische mobile Roboter, der autonom durch eine unbekannte Umgebung navigieren konnte. Ernst Dieter Dickmanns von der Universität der Bundeswehr München (UniBwM) wählte maschinelles Sehen als langfristiges Forschungsziel für Fahrzeuge am Boden, in der Luft und in Raumfahrtszenarien. Er begann 1979 mit Laborexperimenten zur visuellen Bewegungssteuerung, unter Einsatz eines kleinen Stab-Balancierwagens, eines Luftkissenfahrzeugs für Satellitendockings und einer Simulationsschleife für die Straßenfahrzeugführung.

Im Gegensatz zu den USA waren militärische Anwendungsfälle autonomer Systeme in Europa bis Mitte der 1980er Jahre kein zentrales Thema. Zu diesem Zeitpunkt wurde auch die Automobilindustrie auf das Feld aufmerksam: Volkswagen testete 1985 das experimentelle Bildverarbeitungssystem Opto-Pilot zur Querführung auf der Autobahn und Daimler begann mit Arbeiten zum automatisierten Fahren. Sie schlossen sich den deutlich weiter fortgeschrittenen Bemühungen der UniBwM an, einer Institution, die bereits 1986 ihre ersten Testfahrten mit einem Echtzeitsystem zur Analyse von Bildfolgen realisierte, mit dem Ziel eines vollständig autonomen Längs- und Querfahrens auf der Autobahn mittels Computer Vision. Dies motivierte Daimler 1986 zur Gründung der öffentlich-privaten Partnerschaft *Autonom Mobile Systeme* mit der UniBwM. Ausgestattet mit Technologie der UniBwM demonstrierte ein Spurbus von Daimler 1988 in Rastatt vollautonomes Fahren mit Geschwindigkeiten bis zu 60 km/h sowie Hinderniserkennung und Anhalten davor bei 40 km/h. Bereits ein Jahr zuvor hatte die UniBwM mit dem VaMoRs-Van die erste vollautonome Hochgeschwindigkeitsdemonstration auf einer freien, realen Autobahn mit Geschwindigkeiten bis zu 96 km/h durchgeführt.

1986 initiierte Daimler das europäische Prometheus-Projekt, das während seiner Forschungsphase (1988–1994) die Entwicklung von Kommunikationstechnologien im Mobilitätssektor vorantrieb. In der ersten Projektphase nutzte Daimler die Hard- und Software der UniBwM für die intelligente Geschwindigkeitsregelung seines VITA-Forschungsfahrzeugs (1991), das wie VaMoRs ausschließlich auf Bildverarbeitung basierte, ohne Radar. Parallel dazu drängte Daimler darauf, für den nächsten Schritt auf die neu erschienenen „Transputer“ umzusteigen, da diese vier direkte parallele Verbindungen zu benachbarten Prozessoren sowie eine Verkleinerung des Gesamtsystems ermöglichten. Diese Entwicklung wurde vom ISF-UniBwM mit Unterstützung der Firma Parsitec, die die Transputer in Deutschland lieferte, realisiert. Daraus entstand das zweite Generation Bildverarbeitungssystem der UniBwM, das ausschließlich in der Endphase von PROMETHEUS eingesetzt wurde.

1993 erwarben Daimler und die UniBwM jeweils ein Mercedes S-Klasse-Fahrzeug (VaMP und VITA-2) und demonstrierten beim Abschluss von PROMETHEUS 1994 in Paris vollautonomes Fahren bis zur in Frankreich erlaubten

Höchstgeschwindigkeit von 130 km/h, einschließlich Spurwechseln und Überholvorgängen im realen öffentlichen dreispurigen Autobahnverkehr.

Parallel und unabhängig von Prometheus startete das Bundesministerium der Verteidigung (BMVg) 1989 das experimentelle Robotikprogramm PRIMUS, das sich auf autonomes Fahren im offenen Gelände konzentrierte. Die UniBwM kooperierte mit Dornier und lieferte das Bildverarbeitungssystem für einen Militär-Jeep, der seine Fähigkeiten 1992 demonstrierte. Anfang der 1990er Jahre wurde VaMoRs ebenfalls mit dem neuen Transputer-Bildverarbeitungssystem ausgestattet. Es wurde genutzt, um die Fähigkeit zu entwickeln, eine Kreuzung zu erkennen und auf diese abzubiegen.

In den 1990er Jahren war das militärische Interesse an autonomer Fahrzeugtechnologie hoch, nicht nur in Europa: 1997 entstand das AUTONAV-Abkommen zwischen den deutschen und den US-amerikanischen Verteidigungsministerien, das sich auf Geländenavigation konzentrierte und aus mehrjährigen Kontakten zwischen Jim Albus (dem Initiator vom NIST) und Ernst D. Dickmanns im Zusammenhang mit dem PRIMUS-Programm hervorging. UniBwM, Dornier und DASA kooperierten mit NIST und Sarnoff, um an der Erkennung negativer Hindernisse wie Gräben und Mulden zu arbeiten. In diesem Zusammenhang entwickelte die UniBwM das EMS-Bildverarbeitungssystem, das technische „Augen" mit vier Kameras einsetzte, die sakkadische Blickwechsel durchführen konnten. Mit einem schwenkbaren Sichtfeld war VaMoRs nun in der Lage, Kreuzungen auf beiden Seiten aus größerer Entfernung zu erkennen. Die UniBwM stellte das EMS-Bildverarbeitungssystem für einen Wiesel-2-Panzer bereit; dieser war in der Lage, autonom der Straße zu folgen sowie Hindernisse zu erkennen und zu umfahren. Anfang der 2000er Jahre folgte der Wiesel-Panzer erfolgreich autonom der Straße und erkannte Gräben und Mulden.

In diesen Jahren stiegen viele weitere Forschungsgruppen in das Feld ein, konzentrierten sich jedoch auf Fahrerinformation (Frankreich), Warn- und Tempomat-Systeme (Großbritannien) sowie Kolonnenfahren (Volkswagen in Deutschland). Ab Mitte der 1990er Jahre richtete Frankreich seine Forschungsanstrengungen auf autonome Fahrzeuge mit niedriger Geschwindigkeit für Städte, mit dem Ziel eines Hybrids zwischen öffentlichem Verkehr und Individualautomobil. Funktionen wie Kolonnenfahren, Spurwechsel, Hinderniserkennung und automatisches Parken wurden vom öffentlichen Forschungsinstitut INRIA entwickelt. 1997 wurde ein Prototyp namens CyCab vorgestellt, ein 20 km/h-Fahrzeug ohne Lenkschnittstelle. Im Jahr 2000 wurde das Konzept der Kabelsteuerung mit einem weiteren Fahrzeug namens CyberCab reaktiviert. Inspiriert von den US-amerikanischen Autobahn-Kolonnenexperimenten startete Frankreich 1997 das eigene Projekt *La Route Automatisée,* das Forschung zu Automatisierung bei niedrigen Geschwindigkeiten für Vororte und zur Autobahnautomatisierung kombinierte.

Als Reaktion auf die halbautonome Langstreckenfahrt des NavLab 5 in den Vereinigten Staaten realisierte die UniBwM 1995 mit dem VaMP-Mercedes eine vollautonome Fahrt von etwa 1.600 Kilometern von München nach Odense und demonstrierte dabei 400 autonome Spurwechselmanöver. Ziel war es, statistische Daten aus vielen realen Situationen zu gewinnen, in denen das System den autonomen Fahrmodus verließ; diese sollten für Verbesserungen des geplanten Bildverarbeitungssystems der dritten Generation genutzt werden. 1998 folgte die Universität Parma mit einer Langstreckenfahrt von 2.000 km durch Italien, bei der maschinelles Sehen für die autonome Querführung eingesetzt wurde.

Literatur

Albus, James S., and Alexander M. Meystel. 2001. *Engineering of mind, an introduction to the science of intelligent systems*. New York.

Barbaza, Pierre. 1984. Profession Pilote Essayeur. *Echappement*, 90.

Baten, Stefan, Michael Lützeler, Ernst Dieter Dickmanns, Robert Mandelbaum, und Peter J. Burt. 1998. Techniques for autonomous, off-road navigation. *IEEE-Intelligent Systems and Their Applications* 13 (6): 57–65.

Beltran, Alain, und Pascal Griset. 2007. Des véhicules intelligents pour assurer la sécurité routière? *Code Source, L'hebdomadaire des 40 ans de l'INRIA*, No 36, November 5, 2007, S. 1. https://www.inria.fr/sites/default/files/2019-11/Code_Source_1998-2007.pdf. Zugegriffen: 8. Okt. 2020.

Bertozzi, Massimo, Alberto Broggi, Gianni Conte, und Alessandra Fascioli. 1997. Obstacle and Lane Detection on ARGO, *Proceedings of IEEE Intelligent Transportation Systems conference 1997*. http://www.ce.unipr.it/people/broggi/publications/iv97.pdf.

Bertozzi, Massimo, Alberto Broggi, und Alessandra Fascioli. undated. The Evolution of vision-based unmanned ground vehicles: the VisLab perspective (undated, without publication source). http://citeseerx.ist.psu.edu/viewdoc/download?doi=10.1.1.73.7759&rep=rep1&type=pdf. Zugegriffen: 20. July 2020.

Bertozzi, Masssimo, Alberto Broggi, und Alessandra Fascioli. 2006. VisLab and the evolution of vision-based UGVs. *Computer* 39 (12): 31–38.

Blosseville, J. M., und Saïd Mammar. 2000. LaRA Update, the French Program La Route Automatisée, Powerpoint-Presentation, 2000. http://aramis.iup.univ-evry.fr:8080/~smam/publications/publis2000/lara_2000.pdf. Zugegriffen: 12. Okt. 2020.

Braid, Deborah, Alberto Broggi, und Gary Schmiedel. 2006. The terramax autonomous vehicle, field report. *Journal of Field Robotics* 23 (9): 693–708.

Brauckmann, M.E., C. Goerick, J. Groß, und T. Zielke. 1994. Towards All Around Automatic Visual Obstacle Sensing for Cars, *Proceedings of International Symposion on Intelligent Vehicles*, 79–84. Paris.

Broggi, Alberto, Masssimo Bertozzi, Alessandra Fascioli, Lo Bianco, Corrado Guarino, und Aurelio Piazzi. 1999a. The ARGO autonomous vehicle's vision and control systems. *International Journal of Intelligent Control and Systems* 3 (4): 409–441.

Broggi, Alberto, Massimo Bertozzi, und Alessandra Fascioli. 1999b. ARGO and the millemiglia in automatico tour. *IEEE Intelligent Systems and Their Applications* 14 (1): 55–64.

Broggi, Alberto, Paolo Grisleri, Chris Yakes, und Chris Hubert. 2007. The oshkosh-vislab joint efforts on UGVs: architecture, integration, and results. platform innovations and system integration for unmanned air, land and sea vehicles, 146th NATO workshop on applied vehicle technology panel, Florence 2007, S. 16/1–14. http://www.ce.unipr.it/people/broggi/publications/natoavt146.pdf.

Broggi, Alberto. 2008. History of AHS in Italy and future issues. *Proceedings of the 2008 IEEE international conference on vehicular electronics and safety*, Columbus, OH, USA, September 22–24, 2008, S. 11–12.

Brüdigam, Claus. 1994. *Intelligente Fahrmanöver sehender autonomer Fahrzeuge in autobahnähnlicher Umgebung*, Dissertation. Universität der Bundeswehr München, Fakultät für Luft- und Raumfahrttechnik.

Bundeswehr, Die Laufbahn der Offiziere (M/W/D). 2020. https://www.bundeswehr.de/de/ueber-die-bundeswehr/dienstgrade-laufbahnen-bundeswehr/laufbahn-offiziere. Zugegriffen: 8. Mai 2020.

Cardew, K.H.F. 1970. The automatic steering of vehicles: an experimental system fitted to a DS 19 Citroen Car, Driver Aids and Abilities Section, Road Research Laboratory, Crowthorne, Berkshire, RRL report LR 340 (1970). https://trl.co.uk/sites/default/files/LR340.pdf. Zugegriffen: 22. June 2019.

Chatila, Raja. 1996. Autonomous mobile robots in france: some projects and scientific approaches. In *Autonome Mobile Systeme 1996*, Hrsg. Günther Schmidt und Franz Freyberger, 2–7. München.

CNRS, La science de la machine intelligente, Interview with Georges Giralt, interviewed by Patrick Danès, *La lettre du LAAS*, N° 37, October 2008, S. 58. https://www.laas.fr/LettreDuLaasStatic/content/download/793/4835/version/3/file/La-Lettre-n37-5.pdf.

Continental AG, Controlled by electronics: continental launched its first driverless vehicle 50 years ago, Press Release September 11, 2018. https://www.continental.com/en/press/press-releases/controlled-by-electronics-144932. Zugegriffen: 25. Sept. 2020.

Continental AG, Controlled by electronics: continental launched its first driverless vehicle 50 years ago, Press Release September 11, 2018, 50 Jahre fahrerloses Fahren: Pressematerial. https://publicarea.admiralcloud.com/p/a49d3d8ba92f3cdbfa864f. Zugegriffen: 25. Sept. 2020a.

Continental AG, Controlled by electronics: continental launched its first driverless vehicle 50 years ago, Press Release September 11, 2018, The "Ghost Car". https://www.continental.com/en/company/history/the-ghost-car-145316. Zugegriffen: 25. Sept. 2020b.

Daimler, The PROMETHEUS project launched in 1986: Pioneering autonomous driving, September 20, 2016a. https://media.daimler.com/marsMediaSite/ko/en/13744534.

Daimler, Das Projekt PROMETHEUS ab 1986: Vorreiter des autonomen Fahrens, September 20, 2016b. https://media.daimler.com/marsMediaSite/de/instance/ko.xhtml?oid=13744534.

Delcker, Janosch. 2018. The man who invented the self-driving car. *Politico*, July 19, 2018. https://www.politico.eu/article/delf-driving-car-born-1986-ernst-dickmanns-mercedes/.

Dickmanns, Ernst Dieter. 1980. Untersuchungen und mögliche Arbeitsschritte zum Thema "Künstliche Intelligenz: Rechnersehen und -steuerung dynamischer Systeme".

———. 1986. Computer Vision in Road Vehicles – Chances and Problems. *ITCS-Symposion on "Human Factors Technology for Next-Generation Transportation Vehicles"*, Amalfi, Italy.

———. 1987. PROMETHEUS, 11 170 Integrated Approaches, State of the art review, March 1987.

———. 1988. An integrated approach to feature based dynamic vision. *Proceedings of the computer society conference on computer vision and pattern recognition*, Ann Arbor, S. 820–825.

———. 1993. Interview, Der Lotse geht an Bord. *Hochschulkurier*, S. 6–7.

———. 1994. The 4D-approach to dynamic machine vision. *Proceedings of the 33rd conference on decision and control*, S. 3770–3775.

———. 2002. The development of machine vision for road vehicles in the last decade. *Intelligent Vehicle Symposium* 1: 268–281.

———. Contributions to visual autonomous driving, Part I, 2015. http://dyna-vision.de/main/Text_PDF/2015%20ContribPart%20I%20to%20Visual%20Auton.%20Driving%20EDD.pdf. Zugegriffen: 6. Okt. 2020.

———. 2016. Summary of contributions to vision-based autonomous vehicles. http://www.dyna-vision.de/main/Review2016%20of%20ContribVisBasAutVeh.html.

———. May a pair of 'eyes' be optimal for vehicles too ?, *Electronics*, 2020, 9, 759. https://www.mdpi.com/2079-9292/9/5/759. Zugegriffen: 5. May. 2020.

Dickmanns, Ernst Dieter, und A. Zapp. 1985. Guiding land vehicles along roadways by computer vision. *Proceedings Congrès Automatique 1985*, AFCET, Toulouse, S. 233–244.

———. 1986. A curvature-based scheme for improving road vehicle guidance by computer vision. *Mobile Robots, SPIE Proceedings*, Bd. 727, 161–168. Cambridge, MA.

———. 1987. Autonomous high speed road vehicle guidance by computer vision. *Proceedings of the International Federation of Automatic Control (IFAC)* 20 (5, Part 4): 221–226.

Dickmanns, Ernst Dieter, und Volker Graefe. 1988. Sehendes Auto fährt Weltrekord. *Hochschulkurier* 14: 17–23.

Dunne, Jim. 1966. This 140-m.p.h. Test car is driven by remote control. *Popular Science*, S. 82–83.

Ellwein, Thomas, Achatz von Müller, und Harro Plander. 1974. *Hochschule der Bundeswehr zwischen Ausbildungs- und Hochschulreform*, Opladen.

Firgau, Walter. Ohne Fahrer auf richtigem Kurs. *Süddeutsche Zeitung*, September 6, 1973.

Giles, C. G., und J. A. Martin. 1961. Cable installation for vehicle guidance investigations in the new research track at Crowthorne, Report RN/40 57/CGG. Crowthorne: Road Research Lab.

Giralt, Georges, R. P. Sobek, und Raja Chatila. 1979. A multi-level planning and navigation system for a mobile robot; a first approach to HILARE. *Proc. 6th IJCAI*, Tokyo, Japan.

Giralt, Georges. 1990. Robots et intelligence des machines. *Les Cahiers du MURS* n° 22, 4ème trimestre, S. 27–47.

Graefe, Volker, und Klaus-Dieter Kuhnert. 1992. Vision-based autonomous road vehicles. In *Vision-based vehicle guidance*, Hrsg. Ichiro Masaki, 1–29. New York.

Gregor, R., M. Lützeler, M. Pellkofer, K.H. Siedersberger, und Ernst Dieter Dickmanns. 2002. EMS-vision: a perceptual system for autonomous vehicles. *IEEE Transactions on Intelligent Transportation Systems* 3 (1): 48–59.

Hagen, Hans. 1974, April 19. *Lastwagen ohne Fahrer*. VDI-Nachrichten.

Hartwich, Erwin, und Walter Zimdahl. 2012. Regelung von Straßenfahrzeugen: Ein Zeitzeugenbericht aus dem Institut von Prof. W. Oppelt, TH Darmstadt. *at-automatisierungstechnik* 60 (6): 338–343.

INRIA, Rapport d'activité 1997, Action Praxitele. https://raweb.inria.fr/rapportsactivite/RaDev97/PRAXITELE/. Zugegriffen: 11. Okt. 2020.

Knop, Carsten. 2018. Ein Deutscher war Tesla 30 Jahre voraus. *Frankfurter Allgemeine Zeitung*, February 1, 2018. https://www.faz.net/aktuell/wirtschaft/autonomes-fahren-ein-deutscher-war-tesla-30-jahre-voraus-15424550.html.

Laboratoire Central des Ponts et Chaussées (LCPC), *LA ROUTE AUTOMATISÉE, Un scenario périurbain*, Brochure, May 2001.

Laugier, Christian, S. Sekhavat, F. Large, J. Hermosillo, und Z. Shiller. 2001. Some steps towards autonomous cars. *IFAC Symposium*, 9–17. Japan.

Laugier, Christian. 2002. Towards "automated road", some projects and new technologies, keynote ITSC 2002 Singapore. http://emotion.inrialpes.fr/laugier/Research/itsc02.pdf. Zugegriffen: 12. Okt. 2020.

———. 2019. A journey into the history of automated driving, invited pioneer's talk. *IROS 2019 – IEEE/RSJ International Conference on Intelligent Robots and Systems.*, Nov 2019, Macau, China. https://hal.inria.fr/hal-02428196/document. Zugegriffen: 11. Nov. 2020.

Laurgeau, Claude. 2009. *Le siècle de la voiture intelligente*. Paris.

Lossau, Norbert. Das erste autonome Auto kostete 200.000 D-Mark. *Die Welt*, October 13, 2017.

MAN Bus & Trucks, Controlled by an invisible hand, January 28, 2020. https://www.mantruckandbus.com/en/moments/1971.html. Zugegriffen: 25. Sept. 2020.

Massot, Marie-Hélène. 2000. Praxitèle: un concept, un service et une expérimentation, Bilan d'un prototype. *Transports Environment Circulation* 59: 25–32.

Maurer, M., R. Behringer, S. Fürst, F. Thomanek, E.D. Dickmanns. 1996. A compact vision system for road vehicle guidance. *Proceedings of 13th International Conference on Pattern Recognition*, S. 313–317.

Meissner, Hans-Georg. 1982. *Steuerung dynamischer Systeme aufgrund bildhafter Informationen*, Dissertation UniBwM/LRT.

Meyer, Wolfgang. 1968. Ein Auto ohne Fahrer rast mit 120 Sachen über die Beton-Piste. *Bild*, September 13, 1968.

Mysliwetz, Birger. 1990. *Parallelrechner-basierte Bildfolgen-Interpretation zur autonomen Fahrzeugsteuerung,* Dissertation, Universität der Bundeswehr München, Fakultät für Luft- und Raumfahrttechnik. Institut für Systemdynamik und Flugmechanik.

Özgüner, Umit, Keith A. Redmill, und Alberto Broggi. 2004. Team TerraMax and the DARPA grand challenge: a general overview. *Intelligent Vehicles Symposium*, 232–237. University of Parma.

Parent, Michel. 1995. Le future de l'automobile, Présentation INRIA-IRISA, December 3, 1995. https://www.irisa.fr/manifestations/seminaires-1999/3dec99/parent/sld007.htm. Zugegriffen: 12. Okt. 2020.

Paromtchik, Igor E., und Christian Laugier. 1997. Automatic parallel parking and returning to traffic maneuvers. *Proceedings of the 1997 IEEE/RSJ international conference on intelligent robot and systems, innovative robotics for real-world applications, IROS '97, Grenoble*, France, Bd. 3, S. V21–V23. http://emotion.inrialpes.fr/~paromt/infos/papers/paromtchik:laugier:video:iros:1997.pdf.

Paromtchik, Igor, und Christian Laugier. 1996a. Motion generation and control for parking an autonomous vehicle. *Proceedings of the IEEE International Conference on Robotics and Automation*, 3117–3122. Minneapolis.

———. 1996b. Autonomous parallel parking of a nonholonomic vehicle, 1996. *Proceedings of the IEEE intelligent vehicles symposium*, Tokyo, Japan, September 19–20, 1996, S. 13–18. http://emotion.inrialpes.fr/~paromt/infos/papers/paromtchik:laugier:iv:1996.pdf.

Plet, Cécile. 2001. Michel Parent, "Les voitures entièrement automatiques ? Vous en verrez dans 5 ans." *Internetactu.net*, February 22, 2001. http://www.internetactu.net/2001/02/22/michel-parent-les-voitures-entirement-automatiques-vous-en-verrez-dans-5-ans/. Zugegriffen: 8. Okt. 2020.

Prätorius, Gerhard. 1993. *Das PROMETHEUS-Projekt, Technikentstehung als sozialer Prozeß.* Wiesbaden.

Prometheus – Proart (Hrsg.), Rapport de fin de contrat de recherche, 1994, December.

Reuters, U. K. 1960. New road research track opened at crowthorne, October 25, 1960. https://reuters.screenocean.com/record/547949. Zugegriffen: 25. June. 2019.

Reynolds, John. 2001. Cruising into the future. *Telegraph.*, May 26, 2001. https://www.telegraph.co.uk/motoring/4750544/Cruising-into-the-future.html. Zugegriffen: 12. June 2019.

Rives, P., und L. Marce. 1985, October. Use of moving vision sensors to control robots in an unknown universe. *Proceedings of the 5th international conference on robot vision and sensory controls*, 165–176. Amsterdam.

Rousselot, Michel. 2001. Préface. In *La route automatisée, Un scenario périurbain*, Hrsg. LCPC. Paris.

Schaub, Günter, Alfred Pfändner, und Christoph Schäfer. 2004. PRIMUS: Autonomous navigation in open terrain with a tracked vehicle. *Unmanned ground vehicle technology VI*, Hrsg. Grant R. Gerhart, Chuck M. Shoemaker, und Douglas W. Gage, Bd. 5422, 156–165. Proceedings of SPIE.

Siedersberger, Karl-Heinz. 2003. *Komponenten zur automatischen Fahrzeugführung in sehenden (semi-)autonomen Fahrzeugen*, Dissertation. Universität der Bundeswehr München.

Ulmer, Berthold. 1994. VITA II – Active collision avoidance in real traffic. *Proceedings of the intelligent vehicles symposium 1994*, Paris, S. 1–6.

Universität der Bundeswehr München, Präsidialabteilung, Struktur- und Entwicklungsplan der Universität der Bundeswehr München 2015–2020, München 2015. https://www.unibw.de/universitaet/universitaet/leitung/struktur-und-entwicklungsplan-unibw-m-2015-2020.pdf. Zugegriffen: 7. Mai 2020.

Vieweg, Christof. 2015, July 31. Wer hat das Roboterauto erfunden ? Die Bundeswehr! *DIE ZEIT*.

Volkswagen Newsroom, Automatically bound for the future, The history of autonomous driving at Volkswagen, August 24, 2018. https://www.volkswagen-newsroom.com/en/stories/automatically-bound-for-the-future-4118. Zugegriffen: 17. Mar. 2020.

Waugh, Rob. 2013. How the first “driverless car” was invented in Britain, *Yahoo News UK*, July 17, 2013. https://uk.news.yahoo.com/how-the-first%2D%2Ddriverless-car%2D%2Dwas-invented-in-britain-in-1960-093127757.html. Zugegriffen: 29. Sept. 2020.

Winner, Hermann. 2015. PROMETHEUS – Welche Visionen wurden Realität? *VDA, Technischer Kongress*, S. 93–124.

Wünsche, Hans-Joachim. 1986. Detection and control of mobile robot motion by real-time computer vision. In *Advances in intelligent robotics systems, proceedings of the society of photo-optical instrumentation engineers (SPIE)*, Hrsg. Nelson Marquina, Bd. 727, 100–109.

———. 1987. *Bewegungssteuerung durch Rechnersehen*, Dissertation. Universität der Bundeswehr München, Fakultät für Luft- und Raumfahrttechnik, Institut für Systemdynamik und Flugmechanik.

Yazigi, Monique P. 1992. Promethean plans for the next generation of cars. *New York Times*, September 13, 1992.

Zapp Alfred. 1988. *Automatische Straßenfahrzeugführung durch Rechnersehen*, Dissertation. Universität der Bundeswehr München, Fakultät für Luft- und Raumfahrttechnik, Institut für Systemdynamik und Flugmechanik.

Zimdahl, Walter. 1963. *Die Bewegung des Straßenfahrzeugs auf vorgeschriebener Bahn*, Diploma Thesis, 1963, Institut für Regelungstechnik, Technische Hochschule Darmstadt (supervised by Fritz Frank).

———. 1965. Führungsverhalten des vierrädrigen Straßenfahrzeugs bei Regelung des Kurses auf festgelegter Bahn. *Regelungstechnik, Zeitschrift für Steuern, Regeln und Automatisieren* 13 (5): 221–268. https://doi.org/10.1524/auto.1965.13.112.221. Zugegriffen: 1. Okt. 2020.

———. 1969. *Regelungstechnische Probleme bei dem Leitkabelgeführten Kraftfahrzeug*, Dissertation. Fakultät für Elektrotechnik, Technische Hochschule Darmstadt.

Zimdahl, W., I. Rackow, und T. Wilm. 1986. OPTOPILOT – ein Forschungsansatz zur Spurerkennung und Spurführung bei Straßenfahrzeugen. *VDI Berichte Nr.* 162: 49–60.

Kapitel 5
Ergebnisse der Untersuchung

Unsere Untersuchung wurde mit dem Ziel begonnen, die wichtigsten *Akteure* zu identifizieren, die an der Erfindung des automatisierten und autonomen Fahrens beteiligt waren. Peter Bowler betont in seinem Buch *The history of the future*, dass wir die Vorstellung vergessen sollten, „jede neue Technologie habe einen einzelnen Erfinder“.[1] Seiner Ansicht nach ist diese Vorstellung ein Produkt des Patentsystems. Wissenschaftler und Erfinder sind keine „isolierten Individuen“. Neue Technologien sind „Produkte großer Forschungs- und Entwicklungsteams“ und haben daher keine „leicht identifizierbaren Ursprünge“. Selbst wenn „einzelne Personen als die wichtigsten Innovatoren anerkannt wurden“, benötigten neue Systeme fast immer „eine Abfolge von Erfindungen“, bevor sie kommerzialisiert wurden.

Einerseits scheint dies auch für unser Thema eine zutreffende Feststellung zu sein: Die drei Fallstudien haben gezeigt, dass automatisiertes und autonomes Fahren keinen einzelnen Erfinder, sondern mehrere Ursprünge haben. Sie basieren auf einer Vielzahl älterer Erfindungen. Wenn man überhaupt einen Erfinder der Fahrzeugautomatisierung benennen möchte, sollten die Gruppen und Forscher aller in diesem Buch genannten Institute und Unternehmen in den drei Regionen als die Erfinder betrachtet werden. Das automatisierte Fahren wurde nicht von einer Person, zu einer bestimmten Zeit und an einem bestimmten Ort erfunden, sondern von Generationen von Ingenieurteams in verschiedenen Ländern, die alle an der Entwicklung sehr unterschiedlicher Konzepte zur Verwirklichung dieses Traums beteiligt waren. Die Definition des automatisierten Fahrens war nie statisch, sondern verschob sich zwischen unterschiedlichen Erwartungen und Strategien, Ideen und Konzepten, Kontexten und Interessen. Bestehend aus *Geschichten* im Plural,

[1] Bowler, Peter. 2017. *A history of the future, Prophets of Progress from H.G. Wells to Isaac Asimov*, S. 15. Cambridge.

F. Kröger, *Vom automatisierten zum autonomen Fahren*,
https://doi.org/10.1007/978-3-032-11350-4_5

oszillierte das automatisierte Fahren in seiner 50-jährigen Geschichte zwischen Ansätzen der Elektrotechnik, der künstlichen Intelligenz und Robotik sowie der Regelungstechnik.

Andererseits sollten wir auch anerkennen, dass die unterschiedlichen Konzepte der verschiedenen Akteure zu sehr unterschiedlichen Ergebnissen im Hinblick auf die vollständige Autonomie führten: Wie in der Einleitung diskutiert, macht es einen großen Unterschied, ob ein Forschungsfahrzeug automatisierte oder autonome Fähigkeiten besitzt. Fahrzeuge mit *autonomer* Entscheidungsfindung sind weitaus komplexer als Fahrzeuge mit *automatisierten* Fahrfunktionen. Aus diesem Grund ist ihre Erfindung ein viel bedeutenderes Ereignis. Es sollte auch anerkannt werden, dass bestimmte Konzepte – wie etwa der 4D-Ansatz – einem einzelnen Erfinder zugeschrieben werden können. Ernst Dieter Dickmanns überzeugte Institutionen und Personen, die Forschung zu finanzieren, die notwendig war, um dieses Konzept über mehrere Jahre hinweg zu entwickeln.

Ein wichtiges Ergebnis unserer Studie ist die Tatsache, dass in der Geschichte zwei gegensätzliche Konzepte der Fahrzeugautomatisierung erforscht wurden:

Der erste Ansatz basierte stärker auf der Infrastruktur, der zweite stärker auf dem Fahrzeug. Der Führungskabel-Ansatz gehört zum infrastruktur-basierten Ansatz – auch wenn eine gewisse Modifikation des Fahrzeugs ebenfalls notwendig war, da es Sensoren benötigte, um das Signal des Drahtes in der Straße zu erfassen. Der dynamische maschinelle Seh-Ansatz von Dickmanns gehört zur zweiten Kategorie und zielt auf ein Fahrzeug ab, das in der Lage ist, auf normalen Straßen ohne jegliche Modifikationen zu navigieren.

Die Untersuchung hat gezeigt, dass in der Geschichte mehrere *Verschiebungen* zwischen beiden Konzepten zu beobachten sind. In den 1950er Jahren – aufgrund fehlender Rechenleistung und fehlender fahrzeugintegrierter Sensoren – konzentrierte sich die Forschung stärker auf Konzepte, die auf Infrastruktur und entsprechende Antennen im Fahrzeug setzten. In den 1970er und 1980er Jahren gewann die Idee eines automatisierten Fahrzeugs, das sich der *Autarkie* annähert, an Bedeutung. Natürlich wurden beide Ansätze oft kombiniert, um die gewünschten Ziele zu erreichen – GPS-Navigation beispielsweise basiert auf Infrastruktur (Satelliten) außerhalb des Fahrzeugs, aber ihre Informationen werden stets mit fahrzeugbasierten Daten aus Radar und Bildverarbeitung zur Hindernisvermeidung kombiniert.

Bis heute bleibt das Verhältnis zwischen Infrastruktur und Fahrzeug eine wichtige Frage: Die meisten aktuellen Ansätze des autonomen Fahrens basieren auf hochgenauen digitalen Karten der Umgebung. Die von den Sensoren jedes Fahrzeugs gelieferten Daten werden mit denen aus externen Datenbanken verglichen. Diese datengetriebenen Fahrzeuge können in Gebieten ohne Kartografie nicht navigieren. Da sie von externen Systemen abhängig sind, werden sie niemals vollständig autonom sein.

Der Historiker David Edgerton analysierte in seinem Buch *The Shock of the old*, wie alte Technologien weiterhin die Entwicklung neuer Technologien beeinflussen. Dies lässt sich auch in der Geschichte des automatisierten Fahrens beobachten: Es fällt auf, dass Führungskabel, magnetische Markierungen (PATH) und GPS-Wegpunkte gemeinsam haben, ein Fahrzeug entlang einer physischen oder virtuellen Leine zu führen, wie Dickmanns behauptete: „Die meisten heutigen autonomen Autos werden von dem GPS-Satellitennavigationssystem an einer virtuellen Leine durch die Straßen gezogen.“[2] Aus dieser Perspektive wurde das Konzept des infrastrukturgeführten Fahrzeugs nie aufgegeben – physische Kabel wurden lediglich durch virtuelle Schnüre ersetzt. Dies ist ein wichtiger Unterschied zu den UniBwM-Fahrzeugen, die Dickmanns als „Individuen“ konzipierte, die in der Lage sein sollten, Entscheidungen eigenständig, nur auf Basis von Kameradaten und ohne netzwerkbasierte Daten zu treffen. Wie wir gesehen haben, waren sie in der Lage, relevante Landmarken in ihrer Umgebung zu erkennen, verschiedene Sensoren und Wissensbasen zu nutzen und menschliche Wahrnehmungsprinzipien zu imitieren. Nach einer reinen Definition von Autonomie waren sie in der Lage, in unbekanntem Gelände zu navigieren, ohne Daten aus dem globalen GPS-System und ohne präzise Karten. Selbst wenn alle Kommunikationsnetze ausfallen würden, könnten diese Fahrzeuge weiterhin betrieben werden. Dies ist ein wichtiges Argument dafür, sie als die ersten wirklich autonomen Fahrzeuge zu betrachten.

Ein weiteres Ziel unserer Untersuchung war es, herauszufinden, wer den Anfang gemacht hat und wer gefolgt ist. Wir haben gesehen, dass die Identifikation von „Ersten“ nicht immer so einfach ist, wie es zunächst scheint. Manchmal behaupten Forschungseinrichtungen, sie hätten etwas als Erste getan – sei es aus Marketinggründen oder weil sie schlicht nichts von anderen Erfindern wissen.

Ann Johnson betonte, dass die Antwort auf die Frage nach dem Ersten von einer präzisen Definition abhängt. Manchmal sind diese Definitionen schwer zu geben.[3] In anderen Fällen ist die Frage nach dem Ersten leichter zu beantworten, etwa wenn behauptet wird, VaMoRs sei das erste autonome Hochgeschwindigkeitsfahrzeug der Geschichte gewesen.

---

[2] Lossau, Norbert. 2017. Das erste autonome Auto kostete 200.000 D-Mark. *Die Welt*, 13. Oktober (Übersetzung Deutsch-Englisch: FK).

[3] Wenn man zum Beispiel fragt, wer die *erste AHS-Demo weltweit* durchgeführt hat, stellt sich die Frage, wie eine solche Demo zu definieren ist: Kann ein Platooning-Experiment mit zwei Autos bereits als AHS-Demo gelten? Während *Experimente* auf einen instabilen Wissensstand hindeuten, suggeriert eine *Demo* die nahezu erfolgreiche Entwicklung einer Technologie – sie soll zeigen, dass ein System „funktioniert“. Aber ist eine Demo nur dann eine Demo, wenn mehrere Labore beteiligt waren? Muss eine Demo zwangsläufig ein Publikum umfassen, vielleicht sogar ein internationales Publikum? Je nachdem, wie diese Fragen beantwortet werden, muss die erste Platooning-Demo entweder Japan oder den Vereinigten Staaten zugeschrieben werden.

5.1 Vergleich der Forschungsanstrengungen in den drei Regionen

Der Semiotiker Ferdinand de Saussure unterschied zwei analytische Perspektiven auf Sprache: Eine *diachrone* Perspektive betrachtet den historischen Wandel der Sprache über längere Zeiträume, während eine *synchrone* Perspektive die Sprache zu einem bestimmten Zeitpunkt analysiert.[4] Diese Begriffe sind auch für die historische Forschung nützlich. In den drei Teilen des Buches folgten wir einer diachronen Perspektive, indem wir uns auf die chronologische Abfolge der Ereignisse in der *longue durée* jeder Region konzentrierten. Der folgende Abschnitt fasst die Geschichte des automatisierten und autonomen Fahrens aus einer *synchronen* Perspektive zusammen, um einen genaueren *Vergleich* der transnationalen Technologieentwicklung in den USA, Japan und Europa zur gleichen Zeit in der Geschichte zu ermöglichen. Diese vergleichende Perspektive erlaubt es, die Kontakte, die *Unterschiede und Gemeinsamkeiten* der Forschungsanstrengungen in den USA, Japan und Europa hervorzuheben. Sie ermöglicht es auch, dem Faktor Zeit Aufmerksamkeit zu schenken, indem die *Gleichzeitigkeit* oder *Ungleichzeitigkeit* der Forschungsanstrengungen betrachtet wird: Oft waren mehrere Regionen in denselben Forschungsrichtungen aktiv, jedoch nicht zur gleichen Zeit. Daher lässt sich der Forschungsprozess mit einem Pingpong-Spiel vergleichen: Einerseits begannen Forscher in anderen Regionen ebenfalls in einem Feld zu arbeiten, wenn Experimente in einer Region vielversprechend waren – etwa als Japan und das Vereinigte Königreich Kabelsteuerungs-Experimente nach US-Konzepten aufnahmen. In diesem Fall war es die *Ungleichzeitigkeit* der Forschung, die eine Sogdynamik erzeugte. Andererseits führten Rückkopplungseffekte dazu, dass mehrere Regionen gleichzeitig Investitionen in dieselbe Richtung verstärkten, z. B. als die USA und Deutschland Anfang der 1980er Jahre beide in die maschinelle Bildverarbeitung investierten. In diesem Fall war eine dynamische Situation das Ergebnis *gleichzeitiger* Forschungsanstrengungen.

Die synchrone Perspektive ermöglicht es, transnationale historische *Paradigmen* zu identifizieren. Daher greifen wir auf die von Tsugawa geprägten *Perioden* zurück, um sie zu verfeinern, da sie sich nicht immer exakt aneinander anschließen, sondern sich gelegentlich überlappen. Zwischen diesen Paradigmen gibt es *Verschiebungen und Wendepunkte*, die datiert werden können. Schließlich hat die synchrone Perspektive den Vorteil, jene transnationalen *langen historischen Trends* sichtbar zu machen, deren Identifikation Möser vorgeschlagen hat.

[4]Berger, Arthur Asa. 2005. *Media Analysis Techniques*, S. 18f. Thousand Oaks, London, New Delhi.

5.1.1 1950–1960: Führungskabel und mobile Roboter

Die Untersuchung hat gezeigt, dass die Forschung zum automatisierten Fahren zunächst von Konzepten der Elektrotechnik dominiert wurde. Die Erkundung des Führungskabels war in den 1950er und 1960er Jahren weltweit der vorherrschende Ansatz zur Fahrzeugautomatisierung. In allen drei Regionen bildeten die zunehmenden Probleme des überwiegend automobilbasierten Verkehrssystems (Verschmutzung, Kapazitätsengpässe, Unfälle) einen günstigen Hintergrund für diese Studien zur Automatisierung. Experimente mit diesem infrastrukturgebundenen System wurden erstmals Ende der 1950er Jahre in den Vereinigten Staaten begonnen – aber Japan und das Vereinigte Königreich folgten rasch Anfang der 1960er Jahre. In Deutschland wurden Führungskabel erst Ende der 1960er Jahre zum Testen von Reifen eingesetzt, nicht zur Entwicklung des automatisierten Fahrens.

Doch im Laufe der 1960er Jahre gewann mit dem Anstieg der Rechenleistung ein anderer, von Infrastrukturmodifikationen unabhängiger Ansatz an Bedeutung: Die Idee eines visuell geführten Fahrzeugs – das sich mit Hilfe von Kameras orientiert – wurde erstmals im US-amerikanischen Robotikbereich erforscht, wobei Ansätze der Informatik und künstlichen Intelligenz genutzt wurden.

5.1.2 1970er Jahre: Übergang zu maschinellen Bildverarbeitungsansätzen

Es dauerte mehr als ein Jahrzehnt, bis diese Idee auf Straßenfahrzeuge angewendet wurde: In den 1970er Jahren ist ein Rückgang der infrastrukturgebundenen Konzepte (Führungskabel) und ein internationaler Übergang zur maschinellen Bildverarbeitung zu beobachten. Dieser neue Entwicklungspfad oder diese neue technologische Trajektorie für autonomes Fahren verdrängte das Führungskabel-Paradigma, das an Vertrauen verlor. Stattdessen wurde die Forschung zu technischen Bildern, Kameras und Bildverarbeitungstechnologien, die in den 1960er Jahren in den USA begonnen hatte, zu einem wichtigen Experimentierfeld für eine wachsende Zahl von Forschungsgruppen. Allerdings standen ausreichend leistungsfähige *digitale* (Mikro-)Prozessoren nur in Laborumgebungen zur Verfügung, nicht für den Einsatz in Fahrzeugen.

Ende der 1970er Jahre gewann die *Idee eines visuell geführten Fahrzeugs* in der Ingenieursgemeinschaft, die an der Automatisierung von Straßenfahrzeugen und planetaren Rovern arbeitete, an Wert. Sie wurde zu einem neuen technischen *Leitbild* jenseits des Robotikbereichs. Die Hardware-Entwicklung war ein beschleunigender Faktor in diesem Wandel – der Fortschritt in der Mikroprozessorentwicklung erweiterte sukzessive die Möglichkeiten für die Forschungsanstrengungen in allen drei Regionen. Mit der Miniaturisierung elektronischer

Komponenten konnten Recheneinheiten in Autos integriert werden. Neue Kamera- und Radarsysteme ermöglichten es, über ein Automobil nachzudenken, das „sehen“ kann. Dies war ein großer Unterschied zu den frühen Automatisierungskonzepten für Autos, die an fehlenden Sensoren und hohen Kosten für die notwendige Infrastruktur scheiterten. Japan war einer der Vorreiter dieses Wandels und gab den Führungskabel-Ansatz bereits Ende der 1960er Jahre auf, um stattdessen an fahrzeugbasierter maschineller Bildverarbeitung zu arbeiten, wobei die Anwesenheit von Führungsschienen am Straßenrand und über der Fahrbahn genutzt wurde. In Europa wurde die Kabelsteuerung zu Beginn der 1970er Jahre weiter erforscht. England gab sie bereits Mitte der 1970er Jahre auf.

Das Jahr 1977 kann als globales *Scharnierjahr* bezeichnet werden, ein deutsches Wort für ein Schlüsseljahr, das einen *Wendepunkt* in der Geschichte markiert. Es ist ein bedeutender Wandel in den Automatisierungskonzepten zu beobachten: In diesem Jahr wurde die Forschung zur Kabelsteuerung in den USA eingestellt. Erste Erfolge bei maschinellen Bildverarbeitungskonzepten wurden erzielt: Japanische Forscher befestigten erstmals zwei Kameras an einem Fahrzeug in Originalgröße und entwickelten das erste visuell geführte autonome Automobil. Onboard-Bildverarbeitungsrechner standen noch nicht zur Verfügung, nur leistungsschwache Bordcomputer mit 8-Bit-Prozessoren. Im selben Jahr betrat Europa dieses bisher von den USA und Japan dominierte Feld: Der mobile Roboter HILARE wurde in Frankreich entwickelt und Ernst Dieter Dickmanns wählte die maschinelle Bildverarbeitung für die Führung verschiedener Fahrzeugtypen als langfristiges Forschungsfeld. Er begann mit der Entwicklung eines Echtzeit-Bildverarbeitungssystems mit dem Ziel, ein Fahrzeug zu schaffen, das Straßen- und Fahrbahnbegrenzungen erkennt und Hindernissen auf der Straße ausweicht.

5.1.3 1980er Jahre: Übergang zu digitaler Bordelektronik und Renaissance der Infrastrukturkonzepte

In den 1980er Jahren war ein gemeinsamer sozioökonomischer Faktor die wirtschaftliche Konkurrenz zwischen den drei Regionen. Bedeutende Fördermittel für große Computerinitiativen – das *Fifth Generation Computing Project* 1981 in Japan, die *Strategic Computing Initiative* 1983 in den Vereinigten Staaten und das *Prometheus*-Programm 1986 in Europa – wurden in den Regionen der Triade bereitgestellt und trieben die Forschungsanstrengungen voran. In allen drei Regionen wurden erhebliche finanzielle Mittel von staatlichen oder privaten Institutionen vor allem dann bereitgestellt, wenn der internationale Wettbewerb seinen Höhepunkt erreichte.

In diesem Zusammenhang ist Mitte der 1980er Jahre ein weiterer internationaler Wandel zu beobachten: Autarke Straßenfahrzeuge mit sämtlichen Sensoren und Computerhardware *an Bord* – nun mit digitalen Mikroprozessoren – wurden in den USA zum allgemeinen Trend. Hochleistungs-Bildverarbeitungsrechner wurden verfügbar, waren jedoch sehr groß und mussten in Kleintransportern in den USA (ALV 1984 und NavLab1 1986), Deutschland (VaMoRs 1984) und Japan (PVS 1987) untergebracht werden. Dies war ein wichtiger Unterschied zu den Jahrzehnten zuvor.

Die 1980er Jahre waren auch ein Jahrzehnt bedeutender Fortschritte in der maschinellen Bildverarbeitung. Während die frühen Konzepte in den USA und Japan maschinelle Bildverarbeitung nur in quasi-statischer Form für einfache Vorsteuerungsregelungen nutzten, wurden erstmals in der Geschichte nicht nur automatisierte, sondern sogar autonome Fahrzeuge *mit Entscheidungsfähigkeit* denkbar. Die erste vollständig autonome Längs- und Querführung eines Fahrzeugs auf einer Autobahn mittels maschineller Bildverarbeitung wurde 1987 mit VaMoRs realisiert, wobei der 4D-Ansatz der UniBwM genutzt wurde. Auch die Automobilindustrie in Deutschland startete eigene Projekte zu visuell geführten Fahrzeugen und Kolonnenfahrten.

In den 1980er Jahren wurden nicht nur die Fahrzeuge, sondern auch die Kameras mobiler. Während die Kamera des Stanford Cart nur in statischer Position horizontal bewegt werden konnte, war die Kamera des CMU Rover in der Lage, zu schwenken, zu neigen und zu gleiten. Mit dem Bildverarbeitungssystem der UniBwM konnte das Fahrzeug nun die Blickrichtung der Kameras steuern.

Eine wichtige Erkenntnis, die über unsere ursprüngliche Hypothese hinausgeht, ist die Tatsache, dass infrastrukturgebundene Konzepte mit dem Ziel eines Automated Highway System in der zweiten Hälfte der 1980er Jahre *wieder an Bedeutung gewannen*, insbesondere in den USA: Die meisten ITS-Projekte konzentrierten sich auf die Kooperation von Fahrzeug und Infrastruktur. An der UC Berkeley wurde das Führungskabel durch Magnetmarkierungen im Straßenbett ersetzt, um die Straßenführung zu realisieren. Dies zeigt, dass alte Konzepte selten vollständig aufgegeben werden.

Eine weitere wichtige Entwicklung der 1980er Jahre war die zunehmende Einbindung militärischer Akteure in die Entwicklung autonomer Fahrzeugtechnologien – die ersten militärischen Forschungsprogramme zu unbemannten Landfahrzeugen wurden in Europa und den USA gestartet – jedoch nicht in Japan.

5.1.4 1990er Jahre: Große Demonstrationen, Übergang zu Assistenzsystemen, Militärprojekte

Auf die großen Investitionen der 1980er Jahre folgte ein Jahrzehnt heftigen internationalen Wettbewerbs und groß angelegter Demonstrationen autonomer Fahrzeuge. Die wichtigsten waren die Mitteldemonstration von PROMETHEUS 1991 in Turin, die AHS-Demo von PATH 1992, die Abschlussdemonstration von PROMETHEUS mit VITA-II und VaMP 1994, die erste und zweite japanische AHS-Demo 1995, „No Hands Across America“ von CMU und die Langstreckenfahrt von VaMP von München nach Odense, beide 1995, die San-Diego-Demo

1997 und Mille Miglia in Automatico, Universität Parma 1998. Die Demonstrationen wurden einerseits von Automated-Highway- und Kolonnenfahr-Konzepten und andererseits von bildverarbeitungsbasierten Ansätzen dominiert. In Deutschland fand kein großes Projekt zur Autobahnautomatisierung statt, da sich die Forschungsanstrengungen in diesem Land überwiegend auf die visuelle Führung konzentrierten.

Die Jahre 1994–1997 können erneut als *Scharnierjahre* identifiziert werden, diesmal am Übergang von infrastrukturgebundenen (AHS) zu fahrzeugbasierten Fahrerassistenzsystemen. 1996 endete die Zusammenarbeit zwischen Daimler und UniBwM – die Automobilindustrie bevorzugte Radar- statt kamerabasierter Hinderniserkennung. Der historische Höhepunkt der infrastrukturgebundenen Ansätze wurde mit der PATH-Demo in San Diego 1997 erreicht, die Bordtechnik und Magnetmarkierungen kombinierte. In den folgenden Jahren ist sowohl in Japan als auch in den USA ein Übergang vom autonomen Fahren zu Assistenzsystemen zu beobachten. Von da an wurde die schrittweise Einführung der Fahrzeugautomatisierung bevorzugt. Früher als andere Länder hatte Japan bereits 1991 mit dem Advanced Safety Vehicle den Fokus auf Assistenzsysteme gelegt.

Ein weiterer Trend der 1990er Jahre ist die zunehmende Einbindung der Rüstungsindustrie und militärischer Akteure im Bereich des autonomen Fahrens. Forschungsprogramme mit spezifischem militärischem Fokus wurden in den USA (Demo I-III) und Deutschland (PRIMUS) gestartet. Beide Länder kooperierten in diesem Bereich. Die akademische Forschung zur Fahrzeugautomatisierung in den Vereinigten Staaten überschnitt sich gelegentlich mit militärischen Projekten, etwa wenn Akteure wie das CMU mit ihren NavLab-Fahrzeugen zu allen drei Bereichen der Autobahnautomatisierung, Robotikforschung und UGV-Entwicklung beitrugen. Tatsächlich waren zivile und militärische Forschung in den USA nie vollständig getrennt – bereits in den 1960er Jahren wurde der Großteil der Robotikforschung von DARPA finanziert. Ohne diese wichtige Finanzierung aus militärischen Quellen würde das autonome Fahren in seiner heutigen Form nicht existieren.

5.2 Wie vergleicht man die verschiedenen Roboter?

Wie in der Einleitung dargelegt, war eines der Ziele unserer Untersuchung, die Fähigkeiten der verschiedenen Fahrroboter und die unterschiedlichen Konzepte der Fahrzeugautomatisierung zu vergleichen. Dieser Vergleich kann mit dem Ziel einer hierarchischen Klassifikation der verschiedenen Artefakte und Ansätze erfolgen. Aus mehreren Gründen hat dieses Fazit jedoch nicht das Ziel, einen Preis für das „beste“ oder erfolgreichste automatisierte Fahrzeug oder den besten mobilen Roboter zu vergeben. Die Untersuchung hat vielmehr gezeigt, dass ein direkter Vergleich aller Fahrzeuge und technischen Konzepte nur in sehr begrenztem Rahmen möglich ist. Führende CMU-Forscher argumentieren in einem Beitrag zum autonomen Fahren, dass „alle Veröffentlichungen zum Straßenfolgen Erfolg beanspruchen. Den meisten fehlen jedoch entscheidende Details, die es anderen ermöglichen würden, konkurrierende Algorithmen zu bewerten. Selbst wenn alle Details der Software offengelegt werden, machen entscheidende Unterschiede in der Hardware (Verarbeitungsraten, Kamerafähigkeiten, Fahrzeug- und Kamerasteuerung usw.) einen direkten Vergleich schwierig.“[5]

Um ein automatisiertes Fahrzeug zu bewerten, müssen zumindest dessen *Geschwindigkeit, die zurückgelegte Distanz und die durchfahrene Umgebung* bekannt sein. Wären diese drei Parameter für alle in diesem Buch vorgestellten mobilen Roboter, automatisierten und autonomen Fahrzeuge verfügbar, wäre ein direkter Vergleich der unterschiedlichen Konzepte möglich gewesen. Wie wir jedoch in den drei Kapiteln gesehen haben, liegen diese Informationen oft nur teilweise vor.

Zunächst zeigt ein allgemeiner vergleichender Überblick, dass die verschiedenen Fahrzeuge ihre Geschwindigkeit erhöht haben. Wir haben jedoch gesehen, dass Geschwindigkeitsangaben schwer zu bewerten sind. Geschwindigkeit ist nur ein Faktor, um Fortschritt zu messen: Manche Roboter waren langsamer als ihre Vorgänger, was jedoch nicht als Misserfolg gewertet werden sollte, wenn neue technologische Architekturen erprobt wurden – wie es beispielsweise beim Intelligent Vehicle in Japan der Fall war.

Zweitens werden Geschwindigkeitsangaben oft gemacht, ohne die *zurückgelegte Distanz* zu präzisieren und – noch wichtiger – ohne die *Umgebung* anzugeben, die durchfahren wurde: eine befestigte Straße oder ein Gelände abseits der Straße, eine Straße mit oder ohne Kurven, mit oder ohne Fahrbahnmarkierungen, im Flachland oder in den Bergen, mit oder ohne Hindernisse, nur dem Straßenverlauf folgend oder auch Hindernisse erkennend, nicht nur Hindernisse erkennend, sondern auch ausweichend, bei Nacht oder Tag, bei Regen, Nebel, sogar Schnee? Aus diesen Gründen ist ein detaillierter, qualitativer Direktvergleich verschiedener automatisierter Fahrzeuge nicht möglich.

Anstelle einer hierarchischen *Trennung* verschiedener Roboter ist es produktiver, den Vergleichsrahmen zur Identifikation einiger *gemeinsamer* langfristiger historischer Trends zu nutzen: Unsere Untersuchung hat gezeigt, dass die Forschungsfahrzeuge aller Länder gemeinsam einen evolutionären Weg von Indoor-Fahrten mit externen Rechnern zu Outdoor-Fahrten mit Bordcomputern beschritten haben. Ursprünglich als Laborfahrzeuge, die per Kabel oder Funk mit großen entfernten Rechnern verbunden waren, wurden die Roboter zunehmend eigenständig. Sie waren immer mehr in der Lage, autonom außerhalb des Labors und sogar im Gelände zu fahren – sie erweiterten ihren Aktionsradius. Diese Entwicklung ist als direkte Folge des Hardware-Fortschritts zu sehen: Bordcomputer wurden erst durch die Verkleinerung und die steigende Rechenleistung von Mikroprozessoren möglich.

---

[5] Thorpe, Charles, Martial Hebert, Takeo Kanade und Steven Shafer. 1991. Toward Autonomous Driving: The CMU Navlab, Part I, Perception. *IEEE Expert* 6 (4), S. 51.

Eine weitere wichtige Erkenntnis ist, dass alle Forschungskonzepte einen Weg finden mussten, die Komplexität der *Umgebung* zu reduzieren. Dies war der Schlüssel zum Erfolg. Die UniBwM in Deutschland wählte Einbahn-Autobahnen ohne Gegenverkehr, Kreuzungen, Fußgänger und Fahrräder als ideale Umgebung für autonomes Fahren bei *höheren* Geschwindigkeiten. INRIA in Frankreich hingegen konzentrierte sich auf automatisierte Fahrzeuge mit *niedrigen* Geschwindigkeiten für Stadtzentren. DARPA wählte für seine ersten beiden Roboterwettbewerbe die Wüste, eine Umgebung, die weniger normiert ist, aber hauptsächlich aus unbeweglichen Felsen und Kakteen besteht. Allerdings mussten die Fahrzeuge ihren Weg nicht selbst finden, da dieser durch zahlreiche GPS-Wegpunkte vorgegeben war. Diese Beispiele erinnern uns daran, dass die eigentliche Herausforderung für die Wahrnehmungssysteme autonomer Fahrzeuge der dichte Verkehr in sehr unterschiedlichen globalen Städten ist.

Forscher reduzierten die Komplexität auch, indem sie sich auf die Automatisierung nur eines Freiheitsgrades konzentrierten: Während der 50 Jahre der vorgestellten Forschungsarbeiten wurde die Querführung – also das Lenken – eines Fahrzeugs häufiger automatisiert (z. B. RCA und GM 1957, Conti und Siemens 1968, Opto-Pilot von Volkswagen 1982, No Hands Across America Testfahrt der CMU 1995, Mille Miglia in Automatico der Universität Parma 1998) als die Längsführung, da das Halten der Spur leichter zu automatisieren ist. Beschleunigen und Bremsen erfordern die Hinderniserkennung, eine Fähigkeit, die auch heute noch eine große Herausforderung darstellt – wie etwa der Unfall mit Elaine Herzberg zeigt, der ersten Fußgängerin, die von einem selbstfahrenden Fahrzeug getötet wurde.[6] Es lässt sich hier festhalten, dass automatisiertes Fahren lange Zeit nur automatisiertes Lenken bedeutete – bis zur abschließenden Demonstration von PROMETHEUS im Jahr 1994, als VITA2 und VaMP auf öffentlichen dreispurigen Autobahnen mit normalem Verkehr bei Paris sowohl längs- als auch querautonomes Fahren demonstrierten.

5.3 Geschichte als lineare Zeitachse

Ein Ergebnis unserer Untersuchung ist die Erstellung einer historischen Zeitachse mit verschiedenen Forschungsfahrzeugen und unterschiedlichen Konzepten der Fahrzeugautomatisierung (siehe Anhang). Zeitachsen mit Meilensteinen spiegeln die Denkweise vieler Mitglieder der Ingenieursgemeinschaft und der Industrie über ihre eigenen Schöpfungen und die Fortschritte in ihrem Fachgebiet wider. Zeitachsen sind sehr interessante Phänomene, da sie oft als die einzige Möglichkeit erscheinen, die chronologische Abfolge der Zeit darzustellen: Zeitachsen sind

[6] Herzberg wurde am 18. März 2018 nach einer Kollision mit einem selbstfahrenden Testfahrzeug von Uber in Tempe, USA, getötet.

ihrer Natur nach linear, eine Eigenschaft, die *an sich* kein Problem darstellt. Sie ermöglichen einen Überblick über eine Vielzahl komplexer und heterogener Ereignisse. Problematisch ist jedoch, dass die lineare und statische Wahrnehmung von Zeit unsere Sicht auf den technischen Fortschritt beeinflusst.

Ein berühmtes Beispiel ist die Entwicklung des Mikroprozessors: Der amerikanische Physiker Gordon Moore, einer der Gründer von Intel, formulierte 1964 eine Regel, die als Mooresches Gesetz bekannt wurde. Er beobachtete, dass sich seit der Erfindung integrierter Schaltkreise im Jahr 1958 die Anzahl der Transistoren auf einem integrierten Schaltkreis jährlich verdoppelte.[7] Im Jahr 1970 lagen die Produktionskosten der günstigsten Chips nur noch bei 10 % der Kosten von 1965.[8] Einer der Schlüsselfaktoren dieser Entwicklung war die Miniaturisierung – kleine Bauteile sind günstiger und arbeiten schneller. Das Intervall der Chipdichte „dehnte sich bald von 12 auf 18 Monate aus“ und später von 18 auf 20 Monate, aber Moores Prognose „hat sich seit über 50 Jahren bewahrheitet“, wie der Technik-Historiker Paul Ceruzzi 2005 feststellte.[9] Zwei Beispiele mögen diese Entwicklung verdeutlichen: 2016 verfügte ein Smartphone über die 120-millionenfache Rechenleistung des Steuercomputers des NASA-Apollo-Mondprogramms. Wäre das iPad 2 im Jahr 1994 auf den Markt gekommen, hätte es zu den schnellsten Supercomputern der Welt gezählt.[10] Aus diesem Grund schlug Ceruzzi vor, „von einer sozialkonstruktivistischen Sichtweise der Technik abzurücken und zu erwägen, dass in mindestens einem Fall reiner technologischer Determinismus am Werk ist“.[11]

Es ist in der Tat verlockend, die Geschichte der Automatisierung als linearen Fortschritt zu erzählen, da das große Ganze diese Sichtweise scheinbar bestätigt: Zeitgenössische Roboter verfügen über mehr Fähigkeiten – größere Reichweiten, bessere Wahrnehmung, präzisere Lokalisierung, schnellere Reaktionen – als jene der 1960er Jahre. Bedeutet das aber, dass „das Waymo-Fahrzeug als eine Art zehnt- bis zwölfte Generation des ursprünglichen Stanford Cart betrachtet werden kann“, wie Lester Earnest behauptet?[12] Ist dies nicht ein Beispiel für die lineare Treppenhausvorstellung des technischen Fortschritts, die Historiker wie Mahoney, Möser, Mom und Johnson kritisiert haben (siehe Kap. 1 Einleitung)? Ist die Hardware-Entwicklung der einzige Fortschrittsfaktor?

---

[7] Moravec, Hans. 1988. *MIND Children, The Future of Robot and Human Intelligence*, S. 68. Cambridge, London.

[8] Gugerli, David. 2018. *Wie die Welt in den Computer kam, Zur Entstehung digitaler Wirklichkeit*, S. 107. Frankfurt a. M.

[9] Ceruzzi, Paul E. 2005. Moore's Law and Technological Determinism: Reflections on the History of Technology. *Technology and Culture* 46 (3), 584–593, hier: S. 585.

[10] Gruber, Angela, 2016. Kleiner geht's nicht, in Spiegel Online, 26. März, online unter: https://www.spiegel.de/netzwelt/web/moore-s-law-die-goldene-regel-der-chiphersteller-broeckelt-a-1083468.html

[11] Ceruzzi 2005, S. 593.

[12] Earnest 2018.

Die Vorstellung von Fortschritt als eine Treppe von Technologiegenerationen, die sukzessive leistungsfähiger werden, ist ein verführerisches, aber zu vereinfachendes Szenario. Anstatt Geschichte auf Hardware-Fortschritt zu reduzieren, sollten wir anerkennen, dass Hardware-Fortschritt nur *ein* Faktor ist: Hardware stellte tatsächlich „bis in die 1970er Jahre ein Nadelöhr dar“, wie Marvin Minsky hervorhebt.[13] Und neuronale Netze erlitten in den 1960er Jahren einen Rückschlag aufgrund unzureichender Rechenleistung. Doch Daniel Crevier kritisierte, dass die Geschichte der KI zu oft als Funktion der Hardware-Leistung geschrieben wurde.[14] Wenn das Interesse an KI abnahm, wurde dies mit fehlender Rechenleistung erklärt. Und wenn es zunahm, war es die steigende Rechenleistung, die bessere Ergebnisse versprach. Er erinnert daran, dass „Hardware-Fortschritt nicht alle Probleme der KI lösen wird“.[15] Hans Moravec betont, dass selbst mit leistungsfähigeren Computern diese nicht zwangsläufig viel intelligenter werden.[16] In den 1980er Jahren, als die Hardware leistungsfähiger wurde, bestand das Hauptproblem darin, wie man die Maschinen programmieren sollte. Crevier stellte 1993 fest: „Früher waren die Speicherkapazitäten der Maschinen zu klein, um das Wissen aufzunehmen, das die Forscher hineingießen wollten. Jetzt ist es umgekehrt: Man wird die neuen Maschinen nie mit Handcode füllen können.“[17] Das zeigt, dass die Hardware-Kapazität nicht der einzige Faktor ist, der den Fortschritt in der KI-Forschung beeinflusst.

Ein wichtiges Ergebnis dieser Studie ist, dass Prozessor-Geschwindigkeit und Hardware-Leistung allein nicht die Lösung für die schwierige Aufgabe des autonomen Fahrens bieten werden. Das erste Navlab, ausgestattet mit massiver Rechenleistung, aber mit Problemen bei der Bildauswertung (1 bis 2 Sekunden pro Bild), ist nur ein Beispiel.[18]

Die Technik-Historikerinnen Martina Heßler und Heike Weber erinnern daran, dass die von Moores Gesetz nahegelegte deterministische Sichtweise nicht nur auf der Entwicklung integrierter Schaltkreise beruhte, sondern auch auf der Entwicklung eines Massenmarktes mit Nutzern, die nach neuen Geräten verlangten.[19] Einige Ingenieure bestätigen diese Perspektive. Dickmanns betont, dass der Fortschritt des maschinellen Sehens in den 1990er Jahren „nur teilweise auf die gestiegene Mikroprozessorleistung zurückzuführen“ ist. Auch die Zahl der in diesem

[13] Crevier 1993, S. 310.

[14] Die erneute Betrachtung der Geschichte der Künstlichen Intelligenz „im Lichte nicht realisierter Hardware-Beschränkungen kann zu interessanten Revisionen akzeptierter Erklärungen führen, warum das Feld bestimmte Ausrichtungen nahm“, sagt Crevier (Crevier 1993, S. 309).

[15] Crevier 1993, S. 310.

[16] Moravec 1988, S. 9.

[17] Crevier 1993, S. 310.

[18] Mysliwetz 1990, S. 1.16.

[19] Heßler, Martina, und Heike Weber. 2019. Provokationen der Technikgeschichte, Eine Einleitung. In Provokationen der Technikgeschichte, Zum Reflexionszwang historischer Forschung, Hrsg. Martina Heßler und Heike Weber, S. 8. Leiden, Boston, Singapur, Paderborn.

Bereich aktiven Forschungsgruppen „stieg stark an".[20] Cyrus Mody nannte dies *der lange Arm des Mooreschen Gesetzes.*[21] Die Hardware-Industrie nutzte es als Orientierung für ihre Entwicklungsanstrengungen.[22] Erst durch enorme Investitionen von Kapital, Menschen und Institutionen in die Halbleiterindustrie funktioniert die Prognose immer schnellerer Computer wie eine sich selbst erfüllende Prophezeiung.

Wenn Geschichte kein geradliniger Weg aufeinanderfolgender Schritte zu besseren Lösungen ist, wenn eine lineare Geschichtsvorstellung irreführend ist – wie können wir uns Geschichte vorstellen? Was könnte ein passenderes Bild als die Zeitachse sein? Bei der Analyse der sehr unterschiedlichen Forschungsprojekte zum automatisierten und autonomen Fahren kam uns ein anderes Bild als die Zeitachse in den Sinn: Es ist das Puzzle. Geschichte lässt sich als *dynamische Landschaft von Puzzleteilen* denken, die sich stets im Werden befindet und niemals vollendet ist. Puzzleteile können erscheinen und verschwinden. Sie können auch an ihrem Platz bleiben, aber ihre Form verändern, sodass ihre Nachbarn nicht mehr zu ihnen passen – dann aber können andere Teile die Lücke füllen. Manche Teile bleiben jahrzehntelang an ihrem Platz, ohne sich wesentlich zu verändern, andere erscheinen rasch als Sackgassen und werden vergessen – bis sie vielleicht irgendwann an anderer Stelle wieder auftauchen.

Das Puzzle als Metapher für Geschichte ist eine andere Möglichkeit, Fortschritt zu denken, die simplifizierende lineare Vorstellungen von technischem Wandel vermeidet. Es verhindert, technischen Wandel nur auf neue Entwicklungen zu reduzieren. Es erlaubt, die Frage nach dem Alten in die Frage nach dem Neuen zu integrieren, wie es David Edgerton gefordert hat.[23] Wie wir im Verlauf dieses Buches gesehen haben, bleiben alte Technologien wie die Idee des Führungskabels bestehen und werden manchmal im Neuen wieder eingeführt.

5.4 Lehren der Geschichte

Abschließend sollten wir die Frage beantworten, ob es „Lehren" gibt, die aus der Geschichte gezogen werden können. Mahoney sagte, dass „die Vergangenheit ein guter Ort ist, um nach der Zukunft zu suchen."[24] Die Geschichte hilft uns dabei, „zu wissen, wohin wir steuern könnten, indem wir feststellen, wo wir stehen und

[20] Dickmanns, Ernst Dieter. 2002. The Development of Machine Vision for Road Vehicles in the Last Decade. *Intelligent Vehicle Symposium* 1, S. 277.

[21] Mody, Cyrus C. M. 2017. *The Long Arm of Moore's Law, Microelectronics and American Science*. Cambridge, London.

[22] Ceruzzi 2005, S. 217, Lenzen 2018, S. 39.

[23] Heßler, Weber, S. 23.

[24] Mahoney 2005, S. 119.

wie wir hierhergekommen sind. Die Zukunft ist weitgehend das Ergebnis unseres gegenwärtigen Momentums." Selbst Überraschungen „haben am Ende eine Geschichte, erstens weil das Neue meist schrittweise im Alten eingebettet ist, und weil wir angesichts des Ungekannten nach Präzedenzfällen suchen."[25]

Einige Forschende auf diesem Gebiet äußern die Hoffnung, dass das Verständnis der „Ähnlichkeiten und Unterschiede" zwischen Vergangenheit und Gegenwart helfen könnte, „genaue Vorhersagen über zukünftige Einführungszeiträume" zu treffen.[26] Was sich bis heute nicht geändert hat, ist die Tatsache, dass es weiterhin schwierig bleibt, „genaue Vorhersagen" über die Einführung autonomer Fahrzeuge zu treffen, da sie von zu vielen unbekannten Faktoren abhängen. Nach der Darstellung von Forschungsbemühungen über ein halbes Jahrhundert hinweg sollten wir mit Versprechen einer schnellen Markteinführung vorsichtig bleiben. Wie wir in der Einleitung dargelegt haben, wurde seit über 100 Jahren immer wieder versprochen, dass autonome Fahrzeuge in 20 Jahren Realität werden würden. Der gesamte in diesem Buch untersuchte Zeitraum war geprägt von großen Investitionen, zahlreichen Erfindungen und erheblichen Fortschritten in Richtung Vollautomatisierung oder autonomes Fahren. Doch trotz all dieser Bemühungen blieb diese Art von Fahrzeug ein Element der Grundlagenforschung und Fiktion – *vollautonome Fahrzeuge* sind weiterhin *permanente Zukunftstechnologien.*

Dennoch wäre es auch unangemessen, von einem Marktversagen zu sprechen. Während transnationale Ingenieursgemeinschaften am *autonomen Fahren* arbeiteten und ihre Forschungsfahrzeuge auf Versuchsgeländen testeten, hielten *automatisierte Fahrfunktionen* als Innovationen Einzug in reale Anwendungen: Beginnend mit der Erfindung des Tempomats durch Ralph Teetor im Jahr 1948 wurden immer mehr *teilautomatisierte* Fahrfunktionen in *manuell* gesteuerte Automobile integriert. Was heute auf dem Markt ist – und was ohne die enormen Investitionen und Entwicklungsanstrengungen der in diesem Buch beschriebenen Forschungsprojekte nicht existieren würde – ist eine gr`oße Zahl von Fahrerassistenzsystemen (ADAS). Nur in diesem Bereich lässt sich technologische *Innovation* beobachten, verstanden als eine Technologie, die die Sphäre der Grundlagenforschung verlässt und den Markt erreicht.

Kehren wir zurück zu Kurt Mösers in der Einleitung geäußerter Forderung, die historische Forschung auf die Rekonstruktion langer historischer Trends zu konzentrieren. Der Historiker Gijs Mom beobachtete einen langen historischen Trend im Wettbewerb zwischen Elektro- und Benzinautomobil: Er zeigte, dass das Benzinauto jedes Jahr elektrischer wurde, es ahmte das Elektroauto nach. Ein ähnlicher Trend lässt sich im Bereich der Fahrzeugautomatisierung beobachten: Jedes Jahr werden mehr Funktionen unserer manuell gesteuerten Autos automatisiert. Es

---

[25] Ebd., S. 120.

[26] Shladover, Steven E., Jane Lappin, Robert P. Denaro und Bryant Walker Smith. 2018. Introduction: The Transportation Research Board's 2013 Workshop on Road Vehicle Automation. In *Road Vehicle Automation*, Hrsg. Gereon Meyer und Sven Beiker, S. 8. Cham, Heidelberg, New York, Dordrecht, London.

ist ein langfristiger Trend einer *Automatisierung* der Fahraufgabe zu erkennen – ohne dass *autonome* Fahrzeuge auf der Straße sind. Und das ist vielleicht die einzige Prognose, die sich treffen lässt: Martina Heßler betont, dass die schrittweise Entwicklung vieler kleiner Automatisierungsschritte zu vollautonomen Systemen führen kann. Eine kontinuierliche Delegation von Aufgaben an die Technik wird schließlich in einem bestimmten Moment einen „Bruch", einen „Sprung" darstellen, wenn sie in einem autonomen Fahrzeug kulminiert.[27] Mit anderen Worten: Die schrittweise Abfolge von Assistenztechnologien könnte eines Tages zur Kommerzialisierung eines autonomen Fahrzeugs führen – und dies würde vielleicht nicht einmal als revolutionäres Ereignis wahrgenommen werden.

Literatur

Berger, Arthur Asa. 2005. *Media analysis techniques*. Thousand Oaks, London, New Delhi.

Bowler, Peter. 2017. *A history of the future, prophets of progress from H.G. Wells to Isaac Asimov*. Cambridge.

Ceruzzi, Paul E. 2005. Moore's law and technological determinism: reflections on the history of technology. *Technology and Culture* 46 (3): 584–593.

Crevier, Daniel. 1993. *The tumultuous history of the search for artificial intelligence*. New York.

Dickmanns, Ernst Dieter. 2002. The development of machine vision for road vehicles in the last decade. *Intelligent Vehicle Symposium* 1: 268–281.

Earnest, Lester. Stanford Cart, 2018. https://web.stanford.edu/~learnest/les/cart.html. Zugegriffen: 3. Febr. 2019.

Gruber, Angela, 2016. Kleiner geht's nicht, in Spiegel Online, March 26. https://www.spiegel.de/netzwelt/web/moore-s-law-die-goldene-regel-der-chipherstellerbroeckelt-a-1083468.html.

Gugerli, David. 2018. *Wie die Welt in den Computer kam, Zur Entstehung digitaler Wirklichkeit*. Frankfurt a. M.

Lenzen, Manuela. 2018. *Künstliche Intelligenz, Was sie kann & was uns erwartet*. München.

Lossau, Norbert. Das erste autonome Auto kostete 200.000 D-Mark. *Die Welt*, October 13, 2017.

Mahoney, Michael S. 2005. The histories of computing (s). *Interdisciplinary Science Reviews* 30 (2): 119–135.

Mody, Cyrus C. M. 2017. *The long arm of Moore's law, microelectronics and American science*. Cambridge, London.

Moravec, Hans. 1988. *MIND children, the future of robot and human intelligence*. Cambridge, London.

Mysliwetz, Birger. 1990. *Parallelrechner-basierte Bildfolgen-Interpretation zur autonomen Fahrzeugsteuerung*, Dissertation, Universität der Bundeswehr München, Fakultät für Luft- und Raumfahrttechnik. Institut für Systemdynamik und Flugmechanik.

Shladover, Steven E., Jane Lappin, Robert P. Denaro, and Bryant Walker Smith. 2018. Introduction: The transportation research board's 2013 workshop on road vehicle automation. In *Road Vehicle Automation*, Hrsg. Gereon Meyer und Sven Beiker, 1–12. Cham, Heidelberg, New York, Dordrecht, London.

Thorpe, Charles, Martial Hebert, Takeo Kanade, and Steven Shafer. 1991. Toward autonomous driving: The CMU navlab, part i, perception. *IEEE Expert* 6 (4): 31–42.

[27] Heßler, S. 260.

Kapitel 6
Zeitstrahl mit Ersterungen, Meilensteinen und Wendepunkten

Die 1930er und 1940er Jahre

1939

USA: Erste öffentliche Vorstellung eines **automatisierten Autobahnsystems** auf dem Futurama von General Motors, Weltausstellung New York.

1948

USA: William Grey Walter entwickelte die **ersten mobilen Roboter,** die Hindernissen ausweichen konnten.

Die 1950er Jahre

1953

USA: Vladimir Zworykin beginnt mit der Arbeit an der Automatisierung von Autobahnen mittels Führungskabeln bei der **Radio Corporation of America (RCA).** Erste Demonstration des Systems mit Modellautos.

1956

USA: General Motors (GM) beteiligt sich an der Arbeit von RCA zur Autobahnautomatisierung. Der auf der Motorama vorgestellte Firebird II popularisiert das Führungskabel-Prinzip.
USA: Die **KI-Forschung** beginnt mit der **Dartmouth-Konferenz.**

1957

USA: Die Sowjetunion startet **Sputnik,** den ersten Satelliten in einem niedrigen Erdorbit. Es folgt ein zweiter Satellit mit der Hündin Laika an Bord. Diese Ereignisse führen zur Gründung von ARPA.
USA: Erste Demonstration der **automatisierten Querführung mit Führungskabeln durch RCA und GM** in Lincoln, Nebraska. Erste Demonstration eines infrastruktur-basierten Fahrerassistenzsystems auf einer realen Autobahn.

F. Kröger, *Vom automatisierten zum autonomen Fahren*,
https://doi.org/10.1007/978-3-032-11350-4_6

1958

USA: Gründung der **Advanced Research Projects Agency (ARPA)** durch das US-Verteidigungsministerium. Die Agentur wird später die Forschung zum autonomen Fahren fördern.

USA: **GM testet das Führungssystem** auf einer Teststrecke in Warren, Michigan, und erreicht eine Geschwindigkeit von 35 mph.

Die 1960er Jahre

1960

USA: **Demonstration des Führungskabelsystems** auf der Teststrecke von **RCA,** Princeton, New Jersey, mit automatischer Spurführung, Spurwechsel an bestimmten lokal festgelegten Punkten und Kolonnenfahrt.

England: Beginn von Tests mit **Führungskabeln für automatisierte Längs- und Querführung** von Automobilen am **Road Research Laboratory, England.**

USA: Entwicklung des mobilen Roboters **Stanford Cart** am **Stanford Mechanical Engineering Laboratory** mit dem Ziel, **Fernsteuerung durch Bildverarbeitung** zu erforschen. Geschwindigkeit: 0,2 mph, später 5 mph. Von 1963–1966 ungenutzt.

1961

Japan: Das **Government Mechanical Laboratory** in Japan beginnt mit der Erforschung der Automatisierung bestimmter Fahrfunktionen im Automobil.

1963

Gründung des **Stanford Artificial Intelligence Laboratory (SAIL)** mit Mitteln von ARPA.

1965

USA: Übernahme des Stanford Cart durch SAIL. 1967 Beginn der Forschung zur **computerbasierten Steuerung des Carts durch Bildverarbeitung** mit dem Ziel eines autonomen Fahrzeugs. Geschwindigkeit: 0,8 mph.

1964

USA: **Robert Fenton** an der **Ohio State University** beginnt mit Arbeiten zur **Quer- und Längsregelung.**

USA: Die **Johns Hopkins University** entwickelt einen mobilen Roboter mit dem Namen *The Beast,* der in der Lage ist, Steckdosen zu suchen und sich selbst aufzuladen.

1965

Japan: **Wirtschaftswunder** Izanagi in Japan (1965–1970).

1967

Japan: **Automatisierte Lenkregelung mit Führungskabel wird in Japan getestet** bis zu einer Geschwindigkeit von 100 km/h.

1966
USA: **Shakey der Roboter** wird am **Stanford Research Institute (SRI) entwickelt.** Von ARPA bis 1972 gefördert. Erster mobiler Roboter, der seine Umgebung wahrnehmen, über seine Handlungen nachdenken, einen Weg planen, autonom agieren und lernen konnte.

1967
USA: Tests mit zwei Führungskabeln an der Ohio State University.

1968
Japan: Tests mit zwei Führungskabeln am Government Mechanical Laboratory in Japan. Die Kabelführung wird in Japan anschließend aufgegeben.
Deutschland: **Continental und Siemens nutzen Führungskabel zur Querführung** mit einem Mercedes 250 am Contidrom, Deutschland. Die Längsregelung erfolgt ferngesteuert.
Frankreich, Ende der 1960er Jahre: **Peugeot verwendet Führungskabel** zum Testen neuer Fahrzeuge in Besançon und Ende der 1970er Jahre in Sochaux.

1969
USA: Bendix untersucht Personal Rapid Transit (PRT)-Systeme.

1969
USA: Intel entwickelt den ersten Mikroprozessor.

Die 1970er Jahre
1970
Japan: Test des **spurgebundenen Computer Controlled Vehicle System (CVS)** in Higashi-Murayama, Japan (1970–1978).
Japan: Das Government Mechanical Laboratory in Japan wird zum **Mechanical Engineering Laboratory.**

1971
Deutschland: **MAN und Bosch** beginnen mit Experimenten zur **Fahrzeugautomatisierung mit einem Leitungskabel.** Sie arbeiten außerdem an Radar- und Infrarotsensoren.

1972
USA: Aus ARPA wird DARPA.

1973
USA: Hans Moravec nutzt das **Stanford Cart** am SAIL bis 1980, um einen **Hindernisvermeider** zu entwickeln. Geschwindigkeit: 3 bis 5 Meter pro Stunde. Bottom-up-Ansatz basierend auf Sensordaten.

1975
Japan: Erste Experimente zur **Hinderniserkennung mit Stereovision durch MEL** in Japan.
Japan: Eines der ersten **Fahrzeugnavigationssysteme** wird in Japan getestet, das Comprehensive Automobile Traffic Control System (CACS).

England: Das Road Research Laboratory in England **gibt Leitungskabel** Mitte der 1970er Jahre **auf.**

1977
USA: Die FHWA beschließt, **die Entwicklung von aktiven Drahtfolgesystemen einzustellen.** Die OSU stellt alle Studien zu Leitungskabelsystemen ein. Die Entwicklung aktiver Systeme im Fahrzeug, z. B. Radar, wird nun bevorzugt.
Frankreich: Der **mobile Roboter HILARE** wird vom *Laboratoire d'automatique et d'analyse de systèmes (LAAS)* in Toulouse entwickelt, mit dem Ziel, **die Umgebung wahrzunehmen und Hindernisse zu vermeiden.** Laborgebunden mit externer Rechenleistung erreicht er eine Geschwindigkeit von 1 m/s.
Deutschland: Das *Institut für Systemdynamik und Flugmechanik (ISF)* an der **Universität der Bundeswehr München wählt maschinelles Sehen als langfristiges Forschungsziel.**

1978
Japan: MEL entwickelt das **erste teilautonome Automobil, das seitlich entlang einer Leitplanke durch maschinelles Sehen mit bordeigenen Computern geführt wird,** mit einer Geschwindigkeit von 36 km/h (**Erste Generation Intelligentes Fahrzeug**).
Deutschland: 1978 entwickelt **Dickmanns** das **Fensterkonzept** für die Echtzeitverarbeitung von Bildfolgen.

1979
USA: Gründung des Robotics Institute der **Carnegie Mellon University** in Pittsburgh.
Deutschland: 1979 **beginnt die Forschung zur visuellen Führung von Boden- und Luftfahrzeugen an der UniBwM** mit einem 3-Achsen-Bewegungssimulator. 1979/1980 wird ein Bildfolgenprozessor namens BVV entwickelt.
Japan: Sadayuki Tsugawa veröffentlicht ein IJCAI-Papier über die visuelle Verfolgung von seitlichen Leitplanken mittels vertikaler Stereovision.

Die 1980er Jahre
1980
Japan: MEL entwickelt das intelligente Fahrzeug der zweiten Generation (1980–1984) mit verbesserter Hinderniserkennung. Es erkennt Figuren auf dem Boden, verfügt jedoch **über keine vollständige Fahrbahnmarkierungserkennung.** Es ist in der Lage, einem vorgeplanten Pfad zu folgen, der durch eine Abfolge von Punkten bei 10 km/h dargestellt wird.

1981
USA: **Die Reagan-Administration stoppt die Entwicklung automatischer Transportsysteme.**
USA: Die CMU beginnt mit der Arbeit am **CMU Rover** (1981–1984).
Japan: Das MITI startet die **Fifth Generation Computer System**-Initiative mit dem Ziel, eine künstliche Intelligenz zu schaffen.

1982
Deutschland: Erste Dissertation zur visuellen Führung eines Bodenfahrzeugs mit dem Simulationskreislauf an der UniBwM (Meissner).
Deutschland: Die Automobilindustrie interessiert sich für visuelle Lenksysteme: Walter Zimdahl entwickelt den **Opto-Pilot** bei Volkswagen mit dem Ziel des **halbautonomen Fahrens anhand weniger Videobildzeilen:** Während **die Lenkung von einem Computer übernommen wird,** erfolgt die Längsführung durch einen menschlichen Fahrer. 1985 wird das System auf einer geraden, freien Straße bei 100 km/h getestet.

1983
USA: Als Reaktion auf Japans Fifth Generation Computing-Projekt startet DARPA die ***Strategic Computing Initiative*** mit dem Ziel vollständiger Maschinenintelligenz.

1984
USA: Im Rahmen der SCI-Initiative von DARPA beginnt 1984 die Entwicklung eines **Autonomous Land Vehicle (ALV),** die bis 1988 fortgeführt wird.
Frankreich: Das französische Militär startet eines der **frühesten europäischen Militärprojekte** im Bereich UGVs, genannt *Demonstrateur autonome à rapidité de déplacement pour la surveillance (DARDS)* und zielt auf ein **halbautonomes teleoperiertes** Bodenfahrzeug ab.
USA: Die CMU entwickelt den **Terregator.** Geschwindigkeit: 1 km/h.
Deutschland: Die UniBwM beschafft einen Mercedes Benz 508 D Transporter, genannt ***Versuchsfahrzeug für autonome Mobilität und Rechnersehen*** **(VaMoRs)** für Experimente unter Realbedingungen. Eine zweiachsige Blicksteuerungsplattform mit bifokalem Kamerasystem wird für Fahrversuche mittels maschinellem Sehen eingesetzt.
Japan: MEL untersucht **Fahrzeug-zu-Fahrzeug-Kommunikation** mit kleinen automatisierten Fahrzeugen in Fabriken, um einen **Platoon** von Fahrzeugen zu steuern.

1985
Deutschland: Die Daimler-Benz AG beginnt mit der Arbeit am automatisierten Fahren, jedoch ohne Nutzung von maschinellen Sehverfahren.

1986
Europa: **Prometheus-Programm (1986–1994) der Europäischen Union.** Nach einer vorbereitenden Definitionsphase beginnt die Forschung im Januar 1988.
Deutschland: Daimler-Benz AG und UniBwM planen eine Zusammenarbeit im Projekt **Autonome Mobile Systeme. Erste Testfahrten mit VaMoRs** unter Einsatz eines Echtzeit-Bildanalysesystems für vollautonomes Fahren. Im Dezember demonstriert VaMoRs **autonome Längs- und Querführung durch maschinelles Sehen** auf dem Schleuderplatten-Testgelände von Daimler in Untertürkheim. Ziel ist ein Technologietransfer auf einen Mercedes-Spurbus im Jahr 1988.

USA: **Carnegie Mellon University** beginnt mit der Forschung am **NavLab1, ausgestattet mit Bordcomputern.** 1987 folgt Navlab1 einem vorprogrammierten Pfad mit 2,7 mph (4,3 km/h), 1990 erreicht es eine Geschwindigkeit von 20 mph.
USA: Das Forschungsprogramm ***Partners for Advanced Transit and Highways (PATH)*** wird vom kalifornischen Verkehrsministerium und dem Institute of Transportation Studies der University of California in Berkeley gestartet.

1987
Japan: Personal Vehicle System (PVS) mit **maschinellem Sehen** in Japan, Nachfolger des spurgebundenen Computer Controlled Vehicle System (1970er Jahre). 1989 fährt es mit 30 km/h auf geraden Strecken.
USA: Im August zeigt das **Autonomous Land Vehicle (ALV)** die erste Geländefahrt mit einer Geschwindigkeit von 3 km/h.
USA: PATH startet Experimente mit **Fahrzeug- Platoons,** die durch Magnetmarkierungen geführt werden.
Deutschland: VaMoRs demonstriert im November die **erste vollautonome Längs- und Querführung eines Fahrzeugs durch maschinelles Sehen bei hoher Geschwindigkeit (96 km/h) auf einem freien Abschnitt der Autobahn** bei Dingolfing. Erste Veröffentlichung der als 4-D-Ansatz bezeichneten Methode zum dynamischen Szenenverständnis auf Basis von Bildfolgen.

1988
Deutschland: Erste zusammenfassende Veröffentlichung zum dynamischen maschinellen Sehen von Dickmanns (UniBwM). VaMoRs/Spurbus demonstrieren das Anhalten vor einem stehenden Hindernis bei 40 km/h in Rastatt.

1989
Japan: Das japanische Bauministerium beginnt mit der Forschung zu AHS.
Deutschland: Das Bundesministerium der Verteidigung startet das experimentelle ***Programm Intelligenter Mobiler Unbemannter Systeme*** **(PRIMUS)** mit dem Ziel autonomer Navigation für Militärfahrzeuge. Dornier GmbH Friedrichshafen und UniBwM kooperieren im Rahmen von PRIMUS A (1989–1992), um einen Mercedes GD-300 mit einem Sehsystem auszustatten. Das Fahrzeug fährt autonom mit 5 km/h und weicht Hindernissen aus. Mit verbessertem LADAR werden 25 km/h im offenen Gelände und 60 km/h auf der Landstraße erreicht.
Deutschland: **Volkswagen** arbeitet an einem Mehrfahrzeug-**Platoon,** genannt **Konvoifahren.**

Die 1990er Jahre
1990
USA: Gründung der Intelligent Vehicle and Highway Society of America (**IVHS America**).
USA: Die CMU verwendet einen **neuronalen Netzwerk**-Ansatz für das **Navlab 2-Armee**-Fahrzeug.
USA: **Demo I-Programm** (1990–1992) mit dem Ziel teleoperierter Militärfahrzeuge.

Japan: JSK arbeitet an einem Informationssystem für Fahrer auf Basis von **Fahrzeug-zu-Fahrzeug-Kommunikation** (*Super Smart Vehicle System).*

1991

Japan: Advanced Safety Vehicle-Initiative des japanischen Verkehrsministeriums mit Schwerpunkt auf **Assistenzsystemen.** In den USA ist der Übergang zu Assistenzsystemen erst 1997 mit der Intelligent Vehicle Initiative (IVI) zu beobachten.
Deutschland: Der VITA-Van von Daimler Benz, ausgestattet mit dem Vision-System und der Software der UniBwM, demonstriert **visionsbasiertes Spurhalten,** Kolonnenfahrt und Stop&Go (Prometheus-Demo in Turin, Italien).
Frankreich: Das französische Nationale Institut für Forschung in Informatik und Automatisierung (INRIA) startet ein Forschungsprojekt zu einem **automatisierten Taxiservice** namens *Développement d'un engin de déplacement automatique en libre service (DEDALS).*
USA: Der Kongress verabschiedet das Intermodal Surface Transportation Efficiency Act (ISTEA), das einen **Prototyp einer vollautomatisierten Straße bis 1997 im Betrieb** fordert.

1992

USA: **Erstes Platooning-Experiment von PATH** mit automatischer Querführung *oder* automatischer Längsführung.
USA: **Demo II-Programm** (1992–1996) mit Schwerpunkt auf **Aufklärungsmissionen** mit Teams aus vier Fahrzeugen.

1993

Frankreich: Das **französische Projekt Praxitèle** arbeitet an einem **neuen öffentlichen Verkehrssystem** mit automatisierten und geteilten Elektrofahrzeugen. 1995 werden automatisches paralleles Einparken, Spurwechsel und Hinderniserkennung demonstriert.
UniBwM und Daimler erwerben und rüsten zwei Mercedes 500 SEL mit dem Vision-System der zweiten Generation auf Basis von Transputern für die Prometheus-Demo 1994 aus.

1994

Deutschland: **VaMoRs demonstriert den Übergang in die Kolonnenfahrt, Spurwechsel und Stop&Go** mit dem Vision-System der zweiten Generation der UniBwM.
USA: **CMU gibt den Ansatz des neuronalen Netzes/maschinellen Lernens** von ALVINN auf und ersetzt ihn durch RALPH.
USA: Gründung des National Automated Highway System Consortium (NAHSC) mit dem Ziel, ein AHS-Programm durchzuführen.
USA: **Erste öffentliche Demonstration eines AHS-Systems** in der Geschichte: PATH zeigt eine Platooning-Demo mit vier Lincoln Town Car in San Diego.
Frankreich: Erster ITS-Kongress in Paris.

Europa: **Abschlussdemonstration von PROMETHEUS** im Oktober in Paris. **Erste Demonstration autonomen Fahrens auf einer öffentlichen Autobahn:** Zwei Mercedes 500 SEL, das *Versuchsfahrzeug für autonome Mobilität PKW* (VaMP) der UniBwM und VITA-II von Daimler, demonstrieren etwa tausend Kilometer **autonomes freies Spurhalten, autonomen Übergang in die Kolonnenfahrt und autonome Spurwechsel bei Geschwindigkeiten bis zu 130 km/h im öffentlichen, dreispurigen Verkehr auf der Autoroute-1** nahe dem Flughafen Charles de Gaulle.

1995
USA: Im Juli **startete CMU die Testfahrt *No Hands Across America*** von Pittsburgh nach San Diego (2800 Meilen) mit einem Pontiac Trans Sport (NavLab 5). **Nur die Querführung erfolgt autonom,** die Längsführung übernimmt ein menschlicher Fahrer.
Japan: Erste japanische **AHS-Demonstration** in Tsukuba mit 19 Fahrzeugen, initiiert vom Bauministerium.
USA/Deutschland: Memorandum of Understanding (MoU) zwischen den US-amerikanischen und deutschen Verteidigungsministerien; im Rahmen dessen wurde das AUTONAV-Projekt von 1998 bis 2003 durchgeführt (siehe unten).
Deutschland: **Vollautonome Langstreckentestfahrt von VaMP** im November von München nach Odense, Dänemark (95 % autonom gefahren, ~1600 km), mit **autonomem Spurhalten und autonomen Spurwechseln, autonomer Längsführung und Kollisionsvermeidung.** Die Höchstgeschwindigkeit im vollautonomen Fahrmodus betrug 175 km/h.

1996
Deutschland: Ende der Zusammenarbeit zwischen Daimler und UniBwM. Förderung des Projekts *Intelligente Fahrzeug-Funktionen* (IFF) mit VaMoRs durch das Bundesamt für Wehrtechnik und Beschaffung (BWB), gebunden an die Beteiligung der UniBwM am deutsch-amerikanischen AUTONAV-Abkommen.
Mit dem Vision-System der UniBwM rüsten Dornier und die Deutsche Aerospace AG im Rahmen des **PRIMUS C-Programms** (1996–1999) einen **Wiesel 2-Panzer** zu einem autonomen Roboter um. Von 1997–2001 ist der Wiesel Teil von AUTONAV.
Deutschland: VaMoRs kann autonom in eine unbekannte Kreuzung einbiegen, **wobei zur Situationsbewertung während der Annäherung eine aktive Blicksteuerung eingesetzt wird.**
Japan: Zweite japanische AHS-Demo mit 11 Fahrzeugen auf der Joshinetsu Expressway. **Übergang zu einer Kombination aus infrastruktur- und fahrzeugbasierten Ansätzen:** Querführung mit Magnetmarkern, Geschwindigkeitsregelung mit LCX-Kabeln. Spurerkennung durch Computer Vision, Längsabstandskontrolle mit LIDAR.

1997
USA: **Demo'97 in San Diego: Demonstration eines Automated Highway System in Nordamerika** mit acht Buick LeSabre.

USA: *Intelligent Vehicle Initiative* des US-Verkehrsministeriums, **mit Schwerpunkt auf Assistenzsystemen.** Ähnlich der ASV-Initiative von 1991 in Japan.
USA/Deutschland: **Autonomous Vehicle Navigation Control System (AUTONAV)-Abkommen** (1997–2003) mit dem Ziel autonomer Fahrzeuge für On- und Offroad-Navigation. Technologietransfer zwischen dem Demo III-Programm in den USA und Intelligente Fahrzeug-Funktionen (IFF) in Deutschland. Entwicklung des **Vision-Systems der dritten Generation der UniBwM,** genannt Expectation-based, Multi-focal Saccadic Vision (EMS), mit dem Ziel einer aufklärungsartigen Sicht ohne Vorabinformationen über die Umgebung. Dieses sollte auf den Wiesel-2-Panzer von Dornier übertragen werden.
Frankreich: Der **CyCab, ein Zweisitzer ohne Lenkrad,** wird der Öffentlichkeit in Frankreich vorgestellt.
Frankreich: Entwicklung einer **automatisierten Autobahnspur und automatisierter Niedriggeschwindigkeitsfahrzeuge** (bis zu 60 km/h) für halbstädtische Gebiete im **Projekt *La route automatisée*** in Frankreich.
Japan: JSK testet ein infrarotbasiertes **kooperatives Fahrsystem** mit vier Autos in Japan.

1998
Italien: ***Mille Miglia in Automatico*, halbautomatisierte Testfahrt (2000 km) der Universität Parma,** Italien im Juni mit einem Lancia Thema 2000 namens ARGO. **Die Querführung erfolgt durch Computer Vision,** die Längsführung durch einen menschlichen Fahrer.
USA: Demo III-AUTONAV-Projekt (1998–2003); eine Kooperation zwischen den USA und Deutschland zum Know-how-Transfer. Ziel war die Fähigkeit zur autonomen Navigation auf Netzen von Nebenstraßen einschließlich Geländestrecken und Nachtmobilität.

Die 2000er Jahre
2000
Japan: Kooperatives Fahrdemonstrationsprojekt von MITI und JSK mit fünf Fahrzeugen in Tsukuba. **System unabhängig von der Straßeninfrastruktur,** jedoch ohne maschinelles Sehen, nur Fahrzeug-zu-Fahrzeug-Kommunikation, GPS und LIDAR.
Japan: Smart Cruise '21-Demonstration des japanischen Verkehrsministeriums und des Bauministeriums in Tsukuba, bei der sowohl **infrastruktur- als auch fahrzeugbasierte Systeme** gezeigt werden.
Frankreich: INRIA und Yamaha entwickeln das **CyberCab, geführt durch ein im Boden verlegtes Kabel.** Fünf Fahrzeuge werden bei INRIA Roquencourt präsentiert.

2001
Deutschland: UniBwM-Teststrecke Neubiberg: Abschlussdemonstration mit VaMoRs des nationalen IFF-Projekts im Rahmen von AUTONAV. Autonome Navigation in einem Netz von Nebenstraßen, einschließlich Geländestrecken mit unbekannten negativen Hindernissen (Gräben).

PRIMUS D (2001–2003): Die Fähigkeit zur Erkennung und Klassifizierung von Gräben und Schützengräben wird auf das Kettenfahrzeug Wiesel-2 übertragen.
USA: Der Kongress legt als Ziel fest, dass ein Drittel der militärischen Landfahrzeuge im Jahr 2015 autonom fahren können soll. Auslöser für die DARPA-Challenges.

2003
Abschlussdemonstration des AUTONAV-Projekts mit dem Echtzeit-Vollbild-Stereosystem von Sarnoff/PVS auf einer einzigen Standardplatine zur Integration in eines der vier COTS-Prozessorsysteme von EMS-vision.

Literatur

Adams, James L. 1961. *Remote Control with Long Transmission Delays,* PhD in Mechanical Engineering. Stanford University.

Adam, John A. 1986, January. Aerospace and Military. *IEEE Spectrum.*

Albert, Dan. 2018. *Are We There Yet?: The American Automobile Past, Present, and Driverless.* New York.

Albus, James S., and Alexander M. Meystel. 2001. *Engineering of Mind, An Introduction to the Science of Intelligent Systems.* New York.

Albus, James, and Anthony Barbera. 2006. 4D/RCS Reference Model Architecture for Unmanned Ground Vehicles. In *Intelligent Vehicle Systems: 4 D/RCS Approach*, Hrsg. Raj Madhavan, Elena R. Messina, and James Albus, 1–26. New York.

Anderson, Edward. 1996. Some Lessons from the History of Personal Rapid Transit (PRT), August 4, 1996. Conference Paper, online in: http://staff.washington.edu/jbs/itrans/history.htm. Zugegriffen: 8. Juli 2019.

AP Archive, Driverless Car, Crowthorne / UK, May 31, 1971. http://www.aparchive.com/metadata/youtube/c9e8b5995bdf4e21bbe1daaea76a018b.

Auer, Ashley, Shelley Feese, and Stephen Lockwood. 2016. History of Intelligent Transportation Systems, Performed by U.S. Department of Transportation, Intelligent Transportation Systems Joint Program Office, Report No. FHWA-JPO-16-329, Produced by Booz Allen Hamilton, May 2016.

Author Unknown. 1958. Highway of the Future. *Electronic Age (RCA-Journal)* 17 (1): 12–14.

———. 1970. Bendix Works on Automatic Vehicle Project. *Ann Arbor News*, June 19, 1970, online in: https://aadl.org/aa_news_19700619-bendix_works_on_automatic_vehicle_project. Zugegriffen: 13. Juni 2019.

———. 1972. Firm Devises Driverless Vehicle Controls. *Ann Arbor News*, June 30, 1972, online in: https://aadl.org/aa_news_1972060-firm_devises_driverless_vehicle_controls. Zugegriffen: 18. Juni 2019.

———. 1991. Take Me, I'm Yours, The Autobiography of SAIL, 1991, online in: http://infolab.stanford.edu/pub/voy/museum/pictures/AIlab/SailFarewell.html. Zugegriffen: 10. Apr. 2019.

———. 2007. More Attacks, Mounting Casualties. *The Washington Post*, September 30, 2007, online in: https://www.washingtonpost.com/wp-dyn/content/graphic/2007/09/28/GR2007092802161.html. Zugegriffen: 7. Juli 2020.

———. 2009. The Inside Story of the SWORDS Armed Robot "Pullout" in Iraq. *Popular Mechanics*, October 1, 2009. https://www.popularmechanics.com/technology/gadgets/a2804/4258963/.

F. Kröger, *Vom automatisierten zum autonomen Fahren,*
https://doi.org/10.1007/978-3-032-11350-4

Automobile Inspection and Registration Information Administration, 自動車保有台数の推移 (軽自動車を含, (eng.: Changes in the number of car owners [including mini vehicles]), online in: http://www.airia.or.jp/publish/statistics/ub83el00000000wo-att/hoyuudaisuusuiihyou.pdf. Zugegriffen: 9. Nov. 2017.

Baille, Gérard, Philippe Garnier, Hervé Mathieu, and Pissard-Gibollet, Roger. 1999. *Le cycab de l'INRIA Rhône-Alpes, Rapport de recherche*. INRIA.

Barbaza, Pierre. 1984. Profession Pilote Essayeur. *Echappement*, 90.

Baten, Stefan, Michael Lützeler, Ernst Dieter Dickmanns, Robert Mandelbaum, and Peter J. Burt. 1998. Techniques for Autonomous, Off-Road Navigation. *IEEE-Intelligent Systems and Their Applications* 13 (6): 57–65.

Bel Geddes, Norman. 1940. *Magic Motorways*. New York.

Beltran, Alain, and Pascal Griset. 2007. Des véhicules intelligents pour assurer la sécurité routière? *Code Source, L'hebdomadaire des 40 ans de l'INRIA*, No 36, November 5, 2007, S. 1, online in: https://www.inria.fr/sites/default/files/2019-11/Code_Source_1998-2007.pdf. Zugegriffen: 8. Okt. 2020.

Bender, James G., Robert E. Fenton, and Karl W. Olson. 1971. An Experimental Study of Vehicle Automatic Longitudinal Control. *IEEE Transactions on Vehicular Technology* VT-20 (4): 114–123.

Bender, James G., and Robert E. Fenton. 1969. A Study of Automatic Car Following. *IEEE Transactions on Vehicular Technology* VT-18 (3): 134–140.

Berger, Arthur Asa. 2005. *Media Analysis Techniques*. Thousand Oaks, London, New Delhi.

Bertozzi, Massimo, Alberto Broggi, Gianni Conte, and Alessandra Fascioli. 1997. Obstacle and Lane Detection on ARGO, *Proceedings of IEEE Intelligent Transportation Systems conference 1997*, online in: http://www.ce.unipr.it/people/broggi/publications/iv97.pdf.

Bertozzi, Massimo, Alberto Broggi, Massimo Cellario, Alessandra Fascioli, Paolo Lombardi, and Marco Porta. 2002. Artificial Vision in Road Vehicles. *Proceedings of the IEEE* 90 (7): 1258–1269.

Bertozzi, Massimo, Alberto Broggi, and Alessandra Fascioli. 2000. Vision-Based Intelligent Vehicles: State of the Art and Perspectives. *Robotics and Autonomous Systems* 32 (1): 1–16.

———. undated. The Evolution of Vision-based Unmanned Ground Vehicles: the VisLab Perspective (undated, without publication source), in: http://citeseerx.ist.psu.edu/viewdoc/download?doi=10.1.1.73.7759&rep=rep1&type=pdf. Zugegriffen: 20. Juli 2020.

Bertozzi, Masssimo, Alberto Broggi, and Alessandra Fascioli. 2006. VisLab and the Evolution of Vision-Based UGVs. *Computer* 39 (12): 31–38.

Bertozzi, M., A. Broggi, et al. 2007. Vision Technologies for Intelligent Vehicles, 2007, S. 6. online in: http://www.ce.unipr.it/people/broggi/publications/ivia2007.pdf. Zugegriffen: 5. Mai 2021.

Bidwell, J.B. 1959. Vehicles and Drivers – 1980, General Motors Research Laboratories, Presented at SAE Annual Meeting, Detroit.

Bishop, Richard. 2001. Whatever Happened to Automated Highway Systems (AHS)? Originally published in the August–September 2001 issue of Traffic Technology International, online in: https://staff.washington.edu/jbs/itrans/bishopahs.htm. Zugegriffen: 3. Juli 2019.

Bishop, Richard, Kevin Dopart, and Steven Shladover. 2020. Commemorating the 20th Anniversary of the National Automated Highway Systems Consortium Demo '97 in San Diego, Powerpoint-Presentation, online in: https://path.berkeley.edu/sites/default/files/demo97foravs17v6.pdf. Zugegriffen: 30. März 2020.

Bloom, Justin L., and Shinsuke Asano. 1981. Tsukuba Science City: Japan Tries Planned Innovation. *Science,* New Series 212 (4500): 1239–1247.

Blosseville, J.M., and Saïd Mammar. 2000. LaRA Update, the French Program La Route Automatisée, Powerpoint-Presentation, 2000. http://aramis.iup.univ-evry.fr:8080/~smam/publications/publis2000/lara_2000.pdf. Zugegriffen: 12. Okt. 2020.

Bommel, Nathan. 2015. Toyota testing self-driving cars 'since the 1990s'. *USA Today*, October 6, 2015. https://eu.usatoday.com/story/money/cars/2015/10/06/toyota-driverless-cars-automated-highway-driving/73448028/. Zugegriffen: 13. Juli 2019.

Bowler, Peter. 2017. *A History of the Future, Prophets of Progress from H.G. Wells to Isaac Asimov*. Cambridge.

Boyer, Robert, Elsie Charron, Ulrich Jürgens, and Steven Tolliday. 1998. Introduction: Between Imitation and Innovation: The Transfer and Hybridization of Productive Models in the International Automobile Industry. In *Between Imitation and Innovation, The Transfer and Hybridization of Productive Models in the International Automobile Industry*, Hrsg. Robert Boyer, Elsie Charron, Ulrich Jürgens, and Steven Tolliday, 1–20. New York.

Braid, Deborah, Alberto Broggi, and Gary Schmiedel. 2006. The TerraMax Autonomous Vehicle, Field Report. *Journal of Field Robotics* 23 (9): 693–708.

Braisted, Paul. 1963. *Study of a Predictor for Remote Control Systems Operating with Signal Transmission Delays, PhD in Mechanical Engineering*. Stanford University.

Brauckmann, M.E., C. Goerick, J. Groß, and T. Zielke. 1994. *Towards All Around Automatic Visual Obstacle Sensing for Cars, Proceedings of International Symposion on Intelligent Vehicles*, 79–84. Paris.

Broggi, Alberto, Masssimo Bertozzi, Alessandra Fascioli, Lo Bianco, Corrado Guarino, and Aurelio Piazzi. 1999a. The ARGO autonomous vehicle's vision and control systems. *International Journal of Intelligent Control and Systems* 3 (4): 409–441.

Broggi, Alberto, Massimo Bertozzi, and Alessandra Fascioli. 1999b. ARGO and the MilleMiglia in Automatico Tour. *IEEE Intelligent Systems and Their Applications* 14 (1): 55–64.

Broggi, Alberto, Paolo Grisleri, Chris Yakes, and Chris Hubert. 2007. The Oshkosh-VisLab Joint Efforts on UGVs: Architecture, Integration, and Results. Platform Innovations and System Integration for Unmanned Air, Land and Sea Vehicles, 146th NATO Workshop on Applied Vehicle Technology Panel, Florence 2007, S. 16/1–14, online in: http://www.ce.unipr.it/people/broggi/publications/natoavt146.pdf.

Broggi, Alberto. 2008. History of AHS in Italy and future issues. *Proceedings of the 2008 IEEE International Conference on Vehicular Electronics and Safety*, Columbus, OH, USA, September 22–24, 2008, S. 11–12.

Brooks, Rodney. 1986. A Robust Layered Control System for a Mobile Robot. *IEEE Journal of Robotics and Automation* 2 (1): 14–23.

Brüdigam, Claus. 1994. *Intelligente Fahrmanöver sehender autonomer Fahrzeuge in autobahnähnlicher Umgebung*, Dissertation. Universität der Bundeswehr München, Fakultät für Luft- und Raumfahrttechnik.

Bundeswehr, Die Laufbahn der Offiziere (M/W/D). 2020. https://www.bundeswehr.de/de/ueber-die-bundeswehr/dienstgrade-laufbahnen-bundeswehr/laufbahn-offiziere. Zugegriffen: 8. Mai 2020.

Burns, Lawrence D. 2018. *Autonomy: The Quest to Build the Driverless Car – And How It Will Reshape Our World* (Together with Christopher Shulgan). London.

California PATH, Platoon Demonstration, Demo '97-Flyer. http://www.path.berkeley.edu/sites/default/files/my_folder_76/NAHSC_Brochure- Demo%26Groups-971.pdf, S. 14–17. Zugegriffen: 17. Juni 2018.

———, Automated Driving Mini-Demonstration. http://www.path.berkeley.edu/sites/default/files/my_folder_76/NAHSC_Brochure-Demo%26Groups-971.pdf, S. 34. Zugegriffen: 17. Juni 2018.

Capps, Robert. 2006. The 50 Best Robots of All Time. *WIRED*, January 1, 2006, online in: https://www.wired.com/2006/01/robots-3/. Zugegriffen: 1. Okt. 2019.

Carafano, James Jay, and Andrew Gudgel. 2008. The Pentagon's Robots: Arming the Future. In *Competitive Technologies for National Security*, Hrsg. James Jay Carafano, Andrew Gudgel, and Alane Kochems, 27–32. Washington, DC: The Heritage Foundation. online in: https://www.heritage.org/node/15537/print-display. Zugegriffen: 24. Juni 2020.

Cardew, K.H.F. 1970. The Automatic Steering of Vehicles: An Experimental System Fitted to a DS 19 Citroen Car, Driver Aids and Abilities Section, Road Research Laboratory, Crowthorne, Berkshire, RRL report LR 340 (1970), online in: https://trl.co.uk/sites/default/files/LR340.pdf. Zugegriffen: 22.Juni 2019.

Carey, James, and John Quirk. 2009. The History of the Future. In *Communication as Culture: Essays on Media and Society*. New York, London.

Cassel, David. 2017. Remembering Shakey, the First Intelligent Robot. *The New Stack*, March 5, 2017, online in: https://thenewstack.io/remembering-shakey-first-intelligent-robot/.

Ceruzzi, Paul E. 2005. Moore's Law and Technological Determinism: Reflections on the History of Technology. *Technology and Culture* 46 (3): 584–593.

Chalmers, Johnson. 1982. *MITI and the Japanese Miracle: The Growth of Industrial Policy, 1925–1975*. Stanford.

Chatila, Raja. 1996. Autonomous Mobile Robots in France: Some Projects and Scientific Approaches. In *Autonome Mobile Systeme 1996*, Hrsg. Günther Schmidt and Franz Freyberger, 2–7. München.

Champeny-Bares, Lee, Syd Coppersmith, and Kevin Dowling. 1991. *The Terregator Mobile robot*. Pittsburgh: Field Robotics Center, The Robotics Institute, Carnegie Mellon University.

Chand, Naresh. 2016. Reconnaissance, Surveillance, Target Acquisition and Precision Technologies. SP's Land Forces, No. 5, 2016, online in: http://www.spslandforces.com/story/?id=427&h=Reconnaissance-Surveillance-Target-Acquisition-and-Precision-Technologies. Zugegriffen: 24. Juni 2020.

Chatani, Yoshiyuki. 2008. Antennas for the Bullet Train. In *Mobile Antenna Systems Handbook*, Hrsg. Kyohei Fujimoto, 3. Aufl., 417–425. Boston, London.

Cheon, Sanghyun. 2003. *An Overview of Automated Highway Systems (AHS) and the Social and Institutional Challenges They Face, UC*. Berkeley: University of California Transportation Center. online in: https://escholarship.org/uc/item/8j86h0cj, S. 23. Zugegriffen: 28. März 2020.

Chun, Wendell H., and Todd M. Jochem. 1994. Unmanned Ground Vehicle Demo II: Demonstration A. *Unmanned Systems* 12 (1): 14–20.

Chun, Wendell, J. Walt Faulconer, and Steven Munkeby. n.d. UGV Demo II Reuse Technology for AHS. *Proceedings of the Intelligent Vehicles '95 Symposium*, S. 247–252.

CNRS, La science de la machine intelligente, Interview with Georges Giralt, interviewed by Patrick Danès, *La lettre du LAAS*, N° 37, October 2008, S. 58, online in: https://www.laas.fr/LettreDuLaasStatic/content/download/793/4835/version/3/file/La-Lettre-n37–5.pdf.

Committee on Japan (Hrsg.). 1997. *Maximizing U.S. Interests in science and technology relations with Japan, Committee on Japan framework statement and report of the competitiveness task force*. Washington, D.C., online in: https://www.nap.edu/read/5850/chapter/1#iii. Zugegriffen: 20. Jan. 2018.

Congressional Research Service, Defense Primer, U.S. Policy on Lethal Autonomous Weapons Systems, December 19, 2019.

Continental AG, Controlled by Electronics: Continental Launched Its First Driverless Vehicle 50 Years Ago, Press Release September 11, 2018, The "Ghost Car", online in: https://www.continental.com/en/press/press-releases/controlled-by-electronics-144932. Zugegriffen: 25. Sept. 2020b.

———, Contidrom Electronic test, online in: https://www.continental.com/de/presse/pressemitteilungen/50-jahre-fahrerloses-fahren-144612. Zugegriffen: 4. Juli 2019.

———, 50 Jahre fahrerloses Fahren: Pressematerial, online in: https://publicarea.admiralcloud.com/p/a49d3d8ba92f3cdbfa864f. Zugegriffen: 25. Sept. 2020a.

———, The "Ghost Car", online in: https://www.continental.com/en/company/history/the-ghost-car-145316. Zugegriffen: 25. Sept. 2020b.

Crevier, Daniel. 1993. *The Tumultuous History of the Search for Artificial Intelligence*. New York.

Daimler, The PROMETHEUS project launched in 1986: Pioneering autonomous driving, September 20, 2016a, online in: https://media.daimler.com/marsMediaSite/ko/en/13744534.

———, Das Projekt PROMETHEUS ab 1986: Vorreiter des autonomen Fahrens, September 20, 2016b, online in: https://media.daimler.com/marsMediaSite/de/instance/ko.xhtml?oid=13744534.

Darrach, Brad. 1970. Meet Shaky, the First Electronic Person. *LIFE Magazine*, November 20, 1970, S. 58A–58D, 61, 63–64, 65–66, 68.

Davies, Alex. 2021. *Driven, The Race to Create the Autonomous Car*, New York, London, Toronto, Sydney, New Delhi.

Davies, Alex, Driven, *The Race to Create the Autonomous Car*, New York, London, Toronto, Sydney, New Delhi 2021.

Defense Advanced Research Projects Agency, Next Generation Explosive Ordnance Disposal Remote Controlled Vehicle (NGEODRCV), Common Systems Architecture, Draft version 5, Arlington 2001.

Delcker, Janosch. 2018. The man who invented the self-driving car. *Politico*, July 19, 2018, online in: https://www.politico.eu/article/delf-driving-car-born-1986-ernst-dickmanns-mercedes/.

Department of Defense, Unmanned Ground Vehicle Master Plan, July 1992. https://apps.dtic.mil/dtic/tr/fulltext/u2/a277757.pdf. Zugegriffen: 25. Juni 2020.

Department of Defense, Office of the Secretary of Defense. 2000. *Joint robotics program master plan*. Washington, DC.

Department of Defense, Directive, N° 3000.09, Autonomy in Weapon Systems, November 21, 2012, S. 2, online in: https://www.esd.whs.mil/Portals/54/Documents/DD/issuances/dodd/300009p.pdf. Zugegriffen: 3. März 2020.

De Vries, Marten Johannes, Pushkin Kachroo, and Kaan Ozbay, Hrsg. 1998. Intelligent transportation systems. *Proceedings of the Society of Photo-Optical Instrumentation Engineers (SPIE)*, Bd. 3207., 15–17 October 1997. Pittsburgh.

Dickmanns, Ernst Dieter. 1980. Untersuchungen und mögliche Arbeitsschritte zum Thema "Künstliche Intelligenz: Rechnersehen und -steuerung dynamischer Systeme".

———. 1986. Computer Vision in Road Vehicles – Chances and Problems. *ITCS-Symposion on "Human Factors Technology for Next-Generation Transportation Vehicles"*, Amalfi, Italy.

———. 1987. PROMETHEUS, 11 170 Integrated Approaches, State of the art review, March 1987.

———. 1988a. An Integrated Approach to Feature Based Dynamic Vision. *Proceedings of the Computer Society Conference on Computer Vision and Pattern Recognition*, Ann Arbor, S. 820–825.

———. 1988b. 4-D-Dynamic Scene Analysis with Integral Spatio-Temporal Models. *Proceedings of the Fourth International Symposium on Robotics Research, Santa Cruz 1987*, Hrsg. Robert C. Bolles and Bernard Roth, 311–318. Cambridge: Robotics Research.

———. 1993a. Visueller Autobahn/Autopilot/Copilot auf Transputerbasis. *Hochschulkurier* 22: 4–5.

———. 1993b. Interview, Der Lotse geht an Bord. *Hochschulkurier*, S. 6–7.

———. 1994. The 4D-Approach to Dynamic Machine Vision. *Proceedings of the 33rd Conference on Decision and Control*, S. 3770–3775.

———. 1997a. *Dynamic Vision for Perception and Control of Motion*. Heidelberg.

———. 1997b. Vehicles Capable of Dynamic Vision. *IJCAI'97 Proceedings of the Fifteenth International Joint Conference on Artificial Intelligence*, Bd 2, S. 1577–1592.

———. 1997c. Improvements in Visual Autonomous Road Vehicle Guidance 1987–1994. In *Visual Navigation: From Biological Systems to Unmanned Ground Vehicles*, Hrsg. Y. Aloimonos, 375–404.

———. 2002. The Development of Machine Vision for Road Vehicles in the Last Decade. *Intelligent Vehicle Symposium* 1: 268–281.

———. Forschungsbericht 1.10.1998–30.9.2002. https://dokumente.unibw.de/pub/bscw.cgi/999528. Zugegriffen: 21. Mai 2020a.

———. Contributions to Visual Autonomous Driving, Part I, 2015, online in: http://dyna-vision.de/main/Text_PDF/2015%20ContribPart%20I%20to%20Visual%20Auton.%20Driving%20EDD.pdf. Zugegriffen: 6. Okt. 2020.

———. 2016. Summary of contributions to Vision-based Autonomous Vehicles. http://www.dyna-vision.de/main/Review2016%20of%20ContribVisBasAutVeh.html.

———. H.2.3 Van VaMoRs, online in: http://www.dyna-vision.de/main/H.2.3%20Van%20VaMoRs.html. Zugegriffen: 18. Okt. 2018.

———. May a Pair of "Eyes" be Optimal for Vehicles Too?, Draft-Version 6.12.2019.

———. May a Pair of 'Eyes' Be Optimal for Vehicles Too ?, *Electronics*, 2020, 9, 759, published on May 5, 2020 online in: https://www.mdpi.com/2079-9292/9/5/759.

Dickmanns, Ernst Dieter, and A. Zapp. 1985. Guiding Land Vehicles Along Roadways by Computer Vision. *Proceedings Congrès Automatique 1985*, AFCET, Toulouse, S. 233–244.

———. 1986. A Curvature-Based Scheme for Improving Road Vehicle Guidance by Computer Vision. *Mobile Robots, SPIE Proceedings*, Bd. 727, 161–168. Cambridge, MA.

———. 1987. Autonomous high speed road vehicle guidance by computer vision. *Proceedings of the International Federation of Automatic Control (IFAC)* 20 (5, Part 4): 221–226.

Dickmanns, Ernst Dieter, V. Graefe, and W. Niegel. Abschlußbericht, Definitionsphase PROMETHEUS, Pro-Art, 1.10.86 bis 14.11.87, Universität der Bundeswehr München.

Dickmanns, Ernst Dieter, and Volker Graefe. 1988a. Sehendes Auto fährt Weltrekord. *Hochschulkurier* 14: 17–23.

———. 1988b. Dynamic monocular machine vision. *Machine Vision and Applications* 1: 223–240.

———. 1988c. Sehendes Auto fährt Weltrekord. *Hochschulkurier* 14: 17–23.

Dickmanns, Ernst Dieter, R. Behringer, D. Dickmanns, T. Hildebrandt, M. Maurer, F. Thomanek, and J. Schiehlen. The seeing passenger car VaMoRs-P. *Proceedings of the Intelligent Vehicles '94 Symposium*, S. 68–73.

Dowling, Kevin, Robert Guzikowski, Jim Ladd, Henning Pangels, Sanjiv Singh, and William Whittaker. 1990. Navlab. An Autonomous Navigation Testbed. In *Vision and Navigation. The Carnegie Mellon Navlab*, Hrsg. Charles E. Thorpe, 273–275. Boston/Dordrecht/London.

Dudek, Gregory, and Michael Jenkin. 2010. *Computational Principles of Mobile Robotics*. Cambridge, New York, Melbourne, Madrid: Cambridge University Press. (first edition: 2000).

Dunne, Jim. 1966. This 140-m.p.h. Test Car is Driven by Remote Control. *Popular Science*, S. 82–83.

Earnest, Lester. Stanford Cart, 2018. https://web.stanford.edu/~learnest/les/cart.html. Zugegriffen: 3. Febr. 2019.

Edgerton, David. 2008. *The shock of the old, Technology and global history since 1900*. London.

Eliot, Lance. 2018. Introduction to Driverless Self-Driving Cars: The Best of the AI Insider, (no place of publication mentioned).

Ellwein, Thomas, Achatz von Müller, and Harro Plander. 1974. *Hochschule der Bundeswehr zwischen Ausbildungs- und Hochschulreform*, Opladen.

Engineering and Technology History Wiki, Milestones: SHAKEY: The World's First Mobile Intelligent Robot, 1972, last modified on May 24, 2017. http://ethw.org/Milestones:SHAKEY:_The_World's_First_Mobile_Intelligent_Robot,_1972. . Zugegriffen: 5. Dez. 2019.

Fallon, Michael. 2019. *Self-Driving Cars, the New Way Forward*. Minneapolis.

Farivar, Cyrus. 2016. Dallas deployment of robot bomb to kill suspect is "without precedent". Ars technica, July 8, 2016, online in: https://arstechnica.com/tech-policy/2016/07/is-it-ok-to-send-a-police-robot-to-deliver-a-bomb-to-kill-an-active-shooter/. Zugegriffen: 24. Juni 2020.

Faure, Guy. 2007. Le METI et la science industrielle au Japon. In *L'Empire de l'intelligence: Politiques scientifiques et technologiques du Japon depuis 1945*, Hrsg. Jean-François Sabouret. Paris, online in: http://books.openedition.org/editionscnrs/4945. Zugegriffen: 26. Jan. 2018.

Feitz, Anne. 2019. Premiers coups de frein sur la voiture autonome. *Les Echos*, March 26, 2019, online in: https://www.lesechos.fr/tech-medias/intelligence-artificielle/premiers-coups-de-frein-sur-la-voiture-autonome-1003606. Zugegriffen: 3. Juli 2019.

Fenton, Robert E., Robert L. Cosgriff, Karl W. Olson, and Lyle M. Blackwell. 1968. One Approach to Highway Automation. *Proceedings of the IEEE* 56 (4): 556–566.

Fenton, Robert E., and Karl W. Olson. 1969. The Electronic Highway. *IEEE Spectrum*, S. 60–66.

Fenton, Robert E. 1970. Automatic Vehicle Guidance and Control – A State of the Art Survey. *IEEE Transactions on Vehicular Technology* VT 19 (1): 153–161.

Fenton, Robert E., and Robert J. Mayhan. 1991. Automated Highway Studies at the Ohio State University – An Overview. *IEEE Transactions on Vehicular Technology* 40 (1): 100–113.

Fenton, Robert E. 1994. IVHS/AHS: Driving into the Future. *IEEE Control Systems Magazine* 14 (6): 13–20.

Firgau, Walter. Ohne Fahrer auf richtigem Kurs. *Süddeutsche Zeitung*, September 6, 1973.

Flory, Leslie E. 1961. Electronic Control of Highway Vehicles. *Journal of the IEEE* 7 (77): 271–273.

Flory, Leslie E., et al. 1962. Electronic techniques in a system of highway vehicle control. *RCA Review* 23: 293–310.

Foasso, Cyrille. Hilare autonomous mobile robot. https://artsandculture.google.com/asset/hilare-autonomous-mobile-robot-laboratory-of-analysis-and-architecture-of-systems/UwFV2X6h-Pn0NjA.

Future of Life Institute. Autonomous Weapons: An Open Letter from AI & Robotics Researchers, online in: https://futureoflife.org/open-letter-autonomous-weapons/?cn-reloaded=1. Zugegriffen: 5. März 2020.

Gage, Douglas W. 1995. UGV History 101: A Brief History of Unmanned Ground Vehicle (UGV) Development Efforts, *Unmanned Systems, Special Issue on Unmanned Ground Vehicles* 13 (3): 2–7.

Garçon, Anne-Françoise. 2012. *L'Imaginaire et la pensée technique, Une approche historique, XVIe-XXe siècle*. Paris.

Gardels, K. 1960. Automatic car controls for electronic highways, General Motors Research Laboratories, *Rep. GMR-276*. Warren, MI.

General Motors. 1940. Futurama, Exhibition brochure, USA.

———. 1953. An Automatically Guided Automobile Cruised Along a One-Mile Check Road at General Motors Technical Center today…. Press release, USA.

———. 2020. Firebird II, "Three-Zero-Four", The Gas Turbine Family Car, General Motors latest "Laboratory on Wheels", S. 13, in: The Old Car Manual Project, Brochures, GM Corporate and Concepts, http://www.oldcarbrochures.com/static/NA/GM%20Corporate%20and%20Concepts/1956_GM_Firebird_II/1956%20Firebird%20II-12-13.html. Zugegriffen: 23. Apr. 2020.

Gershgorn, Dave. 2016. Police Used Bomb Disposal Robot to Kill a Dallas Shooting Suspect. *Popular Science*, July 8, 2016, online in: https://www.popsci.com/police-used-bomb-disposal-robot-to-kill-dallas-shooting-suspect/. Zugegriffen: 24. Juni 2020.

Giles, C.G., and J.A. Martin. 1961. *Cable Installation for Vehicle Guidance Investigations in the New Research Track at Crowthorne, Report RN/40 57/CGG*. Crowthorne: Road Research Lab.

Giralt, Georges, R.P. Sobek, and Raja Chatila. 1979. A multi-level planning and navigation system for a mobile robot; a first approach to HILARE. *Proc. 6th IJCAI*, Tokyo, Japan.

Giralt, Georges. 1990. Robots et intelligence des machines. *Les Cahiers du MURS* n° 22, 4ème trimestre, S. 27–47.

Giralt, Georges, Raja Chatila, and Marc Vaisset. 1990. An Integrated Navigation and Motion Control System for Autonomous Multisensory Mobile Robots. In *Autonomous Robot Vehicles*, Hrsg. Ingemar J. Cox and Gordon T. Wilfong, 420–443. New York, Berlin, Heidelberg, London, Paris Tokyo, Hong Kong.

Gleitsmann, Rolf-Jürgen, Rolf-Ulrich Kunze, and Günther Oetzel. 2009. *Technikgeschichte*, Konstanz.

Graefe, Volker, and Klaus-Dieter Kuhnert. 1992. Vision-Based Autonomous Road Vehicles. In *Vision-Based Vehicle Guidance*, Hrsg. Ichiro Masaki, 1–29. New York.

Gregor, R., M. Lützeler, M. Pellkofer, K.H. Siedersberger, and Ernst Dieter Dickmanns. 2002. EMS-Vision: A Perceptual System for Autonomous Vehicles. *IEEE Transactions on Intelligent Transportation Systems* 3 (1): 48–59.

———. EMS-Vision: A Perceptual System for Autonomous Vehicles, S. 1–6.

Gruber, Angela, 2016. Kleiner geht's nicht, in Spiegel Online, March 26, online in: https://www.spiegel.de/netzwelt/web/moore-s-law-die-goldene-regel-der-chipherstellerbroeckelt-a-1083468.html

Gugerli, David. 2018. *Wie die Welt in den Computer kam, Zur Entstehung digitaler Wirklichkeit.* Frankfurt a.M.

Hagen, Hans. 1974, April 19. *Lastwagen ohne Fahrer*. VDI-Nachrichten.

Harayama, Yuko, and Laurent Genod. 2007. La politique scientifique et technologique au Japon: une perspective historique. In *L'Empire de l'intelligence: Politiques scientifiques et technologiques du Japon depuis 1945*, Hrsg. Jean-François Sabouret, 23–49. Paris, online in: http://books.openedition.org/editionscnrs/4942. Zugegriffen: 20. Jan. 2018.

Hartford, Bill. 1967, April. You 'Fly' this Car with a Stick. *Popular Mechanics*, S. 87–89 and 207.

Hartwich, Erwin, and Walter Zimdahl. 2012. Regelung von Straßenfahrzeugen: Ein Zeitzeugenbericht aus dem Institut von Prof. W. Oppelt, TH Darmstadt. *at-automatisierungstechnik* 60 (6): 338–343.

Hawkins, Andrew J. 2019. Waymo's Driverless Car: Ghost-Riding in the Back Seat of a Robot Taxi. *The Verge*, December 9, 2019, online in: https://www.theverge.com/2019/12/9/21000085/waymo-fully-driverless-car-self-driving-ride-hail-service-phoenix-arizona. Zugegriffen: 3. Sept. 2020.

Hebert, Martial, Charles E. Thorpe, and Anthony Stentz. 1997. Introduction. In *Intelligent Unmanned Ground Vehicles, Autonomous Navigation Research at Carnegie Mellon*, Hrsg. Martial H. Hebert, Charles E. Thorpe, and Anthony Stentz, 1–15. New York.

Henderson, Harry. 2006. *Modern Robotics, Building Versatile Machines*. New York.

Herrmann, Andreas, Walter Brenner, and Rupert Stadler. 2018. *Autonomous Driving: How the Driverless Revolution will Change the World*. Bingley.

Heßler, Martina. 2019. Technik und Autonomie, Kulturhistorische Bemerkungen zu einem komplexen Verhältnis. In *Autonome Systeme und Arbeit*, Hrsg. Hartmut Hirsch-Kreinsen and Anemari Karacic, 247–274. Bielefeld.

Hirose, Takeshi. 1989. Position Prediction of Automobiles – White Line Detection (in Japanese). *Proceedings of the 28th SICE Annual Conference* 1: 23–24.

保坂明夫, 青木啓二, 津川定之, 自動運転(第2版):システム構成と要素技術, 森北出版 (Translation of the book title in English: Hosaka, Akio, Keiji Aoki, Sadayuki Tsugawa. 2019. *Automated Driving, Systems and Technologies*, 2. Aufl. Tokyo: Morikita Publishing).

Houston Metro, Demo '97-Flyer. http://www.path.berkeley.edu/sites/default/files/my_folder_76/NAHSC_Brochure- Demo%26Groups-971.pdf, S. 45. . Zugegriffen: 17. Juni 2018.

Ijichi, Tomohiro. 2012. Innovation Policies and Reforms in Japan. In *The Dynamics of Regional Innovation, Policy Challenges in Europe and Japan, Series on Innovation and Knowledge Management*, Hrsg. Yveline Lecler, Tetsuo Yoshimoto, and Takahiro Fujimoto, Bd. 10, 41–71. Singapore.

Ingraham, Joseph C. 1960. Electronic Roads Called Practical; New System of Guiding Cars Safely on Highways Is Shown at Princeton Fruit of 7 Years' Study R.C.A. and G.M. Jointly Conducted It – Full Use Seen 15 Years Away. *The New York Times*, June 6, 1960.

INRIA, Rapport d'activité 1997, Action Praxitele. https://raweb.inria.fr/rapportsactivite/RaDev97/PRAXITELE/. Zugegriffen: 11. Okt. 2020.

Ioannou, Petros A., Hrsg. 1997. *Automated Highway Systems*. New York, London.

Ishii, Takemochi, Masakazu Iguchi, and Masaki Koshi. 1976. CVS: Computer-Controlled Vehicle System, translated by Akira Yamashita. In *Personal Rapid Transit III*, Hrsg. D.A. Gary, M.J. Gary, A.L. Kornhauser, and W.L. Garrard, 77–83. Minneapolis: University of Minnesota. online in: http://staff.washington.edu/jbs/itrans/cvs%20prt%20paper%20with%20illustrations.pdf. Zugegriffen: 7.Juli 2019.

Ishiyama, Takeshi. Introduction of JARI, 1st Asia Automobile Institute Summit, 26–27 November 2012, Tokyo. http://www.jari.or.jp/Portals/0/resource/uploads/AAI_Summit_01-JARI.pdf. Zugegriffen: 3. Nov. 2017.

ITS Japan, About ITS, 2010. http://www.its-jp.org/english/about_e/. Zugegriffen: 30. Jan. 2018.

Jacobsen, Annie. 2015. *The Pentagon's Brain, An Uncensored History of DARPA, America's Top Secret Military Research Agency*. New York.

Jacomy, Bruno. 1990. *Une histoire des techniques*. Paris.

Jamthe, Sudha. 2017. 2030 The Driverless World: Business Transformation from Autonomous Vehicles, (independently published).

Jochem, Todd, Dean Pomerleau, Bala Kumar, and Jeremy Armstrong. PANS: A Portable Navigation Platform. *Proceedings of the Intelligent Vehicles '95. Symposium*, S. 107–112, also in: https://www.cs.cmu.edu/~tjochem/nhaa/navlab5_details.html. Zugegriffen: 3. Aug. 2018.

Jochem, Todd, and Dean Pomerleau. No Hands Across America General Information (undated.), in: https://www.cs.cmu.edu/~tjochem/nhaa/general_info.html. Zugegriffen: 3. Aug. 2018.

———. *No Hands Across America Journal*. http://www.cs.cmu.edu/~tjochem/nhaa/Journal.html. Zugegriffen: 3. Aug. 2018.

Johnson, Ann. 2009. *Hitting the Brakes, Engineering Design and the Production of Knowledge*. Durham and London.

Juhlin, Oskar. 1997. *Prometheus at the wheel – Representations of Road Transport Informatics* (Doctoral thesis, Institute of Tema Research, Linköping University, Sweden), Linköping Studies in Arts and Science No. 162, Linköping, see also: https://www2.bibl.liu.se/liupubl/disp/disp97/arts162s.htm.

Julia, Luc. 2019. *L'intelligence artificielle n'existe pas*. Paris.

Kanade, Takeo. 1990. Foreword. In *Vision and Navigation: The Carnegie Mellon Navlab*, Hrsg. Charles E. Thorpe, xiii–xiv. Boston.

Kanaris, Alexander, Petros Ioannou, and Fu-Sheng Ho. 1997. Spacing and Capacity Evaluations for Different AHS Concepts. In *Automated Highway Systems*, Hrsg. Petros A. Ioannou, 125–167. New York, London.

Kato, S., et al. 2002. Vehicle Control Algorithms for Cooperative Driving with Automated Vehicles and Inter-vehicle Communications. *IEEE Transactions on Intelligent Transportation Systems* 3 (3): 155–161.

Kay, Jennifer S. 1997, January. *STRIPE: Remote Driving Using Limited Image Data*, PhD thesis. Carnegie Mellon University, Computer Science Department.

Kelly, Fred C., Hrsg. 2002. *Miracle at Kitty Hawk, The Letters of Wilbur & Orville Wright*. New York.

Kilbon, Kenyon. 1960, Autumn. Tomorrow's Thruway is Here Today! *Electronic Age*, S. 26–29.

Knop, Carsten. 2018. Ein Deutscher war Tesla 30 Jahre voraus. *Frankfurter Allgemeine Zeitung*, February 1, 2018, online in: https://www.faz.net/aktuell/wirtschaft/autonomes-fahren-ein-deutscher-war-tesla-30-jahre-voraus-15424550.html.

König, Wolfgang. 2009. *Technikgeschichte, Eine Einführung in ihre Konzepte und Forschungsergebnisse*. Stuttgart.

Krishnan, Armin. 2009. *Killer Robots. Legality and Ethicality of Autonomous Weapons*. Surrey/Burlington.

Kröger, Fabian. 2012. Fahrerlos und unfallfrei. Eine frühe automobile Technikutopie und ihre populärkulturelle Bildgeschichte. In *Technology Fiction, Technische Visionen und Utopien in der Hochmoderne*, Hrsg. Uwe Fraunholz and Anke Woschech, 93–114. Bielefeld.

———. 2014. Die Zukunft, die nie eintrat, Über die Nützlichkeit filmischer Zukunftsbilder des autonomen Fahrens für die Prospektive. *Technology Assessment – Theory and Practice (TATuP)*, N° 1/2014, Verkehrszukünfte – Visionen jenseits aktueller öffentlicher Aufmerksamkeit, S. 3–6.

———. 2015. Das automatisierte Fahren im gesellschaftsgeschichtlichen und kulturwissenschaftlichen Kontext. In *Autonomes Fahren, Technische, rechtliche und gesellschaftliche Aspekte*, Hrsg. M. Maurer, J.C. Gerdes, B. Lenz, and H. Winner. 41–67. Heidelberg.

———. 2016a. Automated Driving in its Social, Historical and Cultural Contexts. In *Autonomous Driving, Technical, Legal and Social Aspects*, Hrsg. M. Maurer, J.C. Gerdes, B. Lenz, and H. Winner, 41–68. Heidelberg.

———. 2016b. Le long cheminement de l'imaginaire cinématographique de la voiture autonome. In *Choc de Mobilités*, Hrsg. Mathieu Flonneau and Stéphane Levesque, 55–67. Paris.

Kuan, D., and U.K. Sharma. 1987. Model Based Geometric Reasoning for Autonomous Road Following. *Proceedings of the IEEE Int. Conf on Robotics and Automation*, Raleigh, NC, USA, March 31 – April 3, 1987, S. 416–423.

Kuan, D., and G. Phipps. 1987. A-Shuan Hsueeh, Autonomous Land Vehicle Road Following. *Proceedings of the First Int. Conf. on Computer Vision*, London England, June 1987, S. 557–566.

Kurfess, Thomas R. 2005. *Robotics and Automation Handbook*. Boca Raton, London, New York, Washington D.C.

Kurman, Melba. 2017. Electronic Highway of the Future. *Mechanix Illustrated*. March 10, 2017, online in: https://mechanixillustrated.technicacuriosa.com/2017/03/10/electronic-highway-of-the-future/. Zugegriffen: 25. Mai 2021.

Laboratoire Central des Ponts et Chaussées (LCPC), LA ROUTE AUTOMATISÉE, Un scenario périurbain, Brochure, May 2001.

Lanson, Florian. 2010. Les Systèmes de Transport Intelligents au Japon, Rapport d'Étude, Ambassade de France au Japon, Service pour la Science et la Technologie.

Latour, Bruno. 1992. *Aramis ou l'amour des techniques*, Paris.

Laugier, Christian, S. Sekhavat, F. Large, J. Hermosillo, and Z. Shiller. 2001. Some steps towards autonomous cars. *IFAC Symposium*, 9–17. Japan.

Laugier, Christian. 2002. Towards "Automated Road", Some Projects and New Technologies, Keynote ITSC 2002 Singapore, online in: http://emotion.inrialpes.fr/laugier/Research/itsc02.pdf. Zugegriffen: 12. Okt. 2020.

———. 2019. A Journey into the History of Automated Driving, Invited pioneer's talk. *IROS 2019 – IEEE/RSJ International Conference on Intelligent Robots and Systems.*, Nov 2019, Macau, China, in: https://hal.inria.fr/hal-02428196/document. Zugegriffen: 11. Nov. 2020.

Laurgeau, Claude. 2009. *Le siècle de la voiture intelligente*. Paris.

Lecler, Yveline. 1991. La dynamique du progrès scientifique et technique au Japon. In *Gestion 2000, Management & Prospective*, No. 4, August–September 1991, S. 149–178.

Lenzen, Manuela. 2018. *Künstliche Intelligenz, Was sie kann & was uns erwartet*. München.

Lipson, Hod, and Melba Kurman. 2017. *Driverless, Intelligent Cars and the Road Ahead*. Cambridge, London.

Lossau, Norbert. Das erste autonome Auto kostete 200.000 D-Mark. *Die Welt*, October 13, 2017.

Lutz, Randolph B. 1966, April. *The Motor Vehicle of the Future*. Michigan Department of State Highways, Technical Report Number 2.

Lützeler, M., and Ernst Dieter Dickmanns. 2000. EMS-Vision: Recognition of Intersections on Unmarked Road Networks. *Proceedings of the IEEE Intelligent Vehicles Symposium 2000*, S. 302–307, cit. version found in: https://dyna-vision.de/wp-content/uploads/2020/10/2000-EMS-Vision-RecogIntersectionsOnUnmarkedRoadNetworks.pdf.

Lukács, Gabriella. 2010. *Scripted Affects, Branded Selves: Television, Subjectivity, and Capitalism in 1990s*. Japan, Durham and London.

Madhavan, R., T. Hong, and E. Messina. 2006. Temporal Registration of Sensed Range Images for Autonomous Navigation. In *Intelligent Vehicle Systems: 4 D/RCS Approach*, Hrsg. Raj Madhavan, Elena R. Messina, and James Albus, 173–198. New York.

Mahoney, Michael S. 1988, April–June. The History of Computing in the History of Technology. *Annals of the History of Computing* 10 (2): 113–125.

Mahoney, Michael S. 2005. The Histories of Computing (s). *Interdisciplinary Science Reviews* 30 (2): 119–135.

Main, Douglas. 2013. Robots to the Rescue. *Popular Science*, April 8, 2013, online in: https://www.popsci.com/trp-sponsored-article-slideshow/. Zugegriffen: 7. Juli 2020.

MAN Bus & Trucks, Controlled by an invisible hand, January 28, 2020, online in: https://www.mantruckandbus.com/en/moments/1971.html. Zugegriffen: 25. Sept. 2020.

Mann, Martin. 1958. The Car That Drives Itself. *Popular Science*, No. 172, May 1958, S. 75–79 and 226–227.

Martinez, Augustin. 2008. La centrale technologique microélectronique, in: *Lettre du LAAS*, N° 37, October 2008, S. 39, online in: https://www.laas.fr/LettreDuLaasStatic/content/download/793/4835/version/3/file/La-Lettre-n37-5.pdf.

Massot, Marie-Hélène. 2000. Praxitèle: un concept, un service et une expérimentation, Bilan d'un prototype. *Transports Environment Circulation* 59: 25–32.

Matsumoto, Shuntetsu. 1971. Highway Communication System Using Guidance Cable. *IEEE Transactions on Vehicular Technology* VT-20 (1): 12–16.

Matthies, Larry H. 1998. Robotic Perception for Autonomous Navigation of Mars Rover. *1998 Symposium on Frontiers in Engineering*, September 1998, S. 1–6.

Maurer, M., R. Behringer, S. Fürst, F. Thomanek, E.D. Dickmanns. 1996. A Compact Vision System for Road Vehicle Guidance. *Proceedings of 13th International Conference on Pattern Recognition*, S. 313–317.

McCarthy, John, Marvin Minsky, Nathan Rochester, Claude Shannon. 1955. A Proposal for the Dartmouth Summer Research Project on Artificial Intelligence.

McCarthy, John. 2019. Computer Controlled Cars, (according to the author, the paper was written around 1968 and revised in the 1970s), online in: http://jmc.stanford.edu/commentary/progress/cars.pdf. Zugegriffen: 1. Okt. 2019.

McGrath, Michael E. 2018. *Autonomous Vehicles: Opportunities, Strategies, and Disruptions* (independently published).

McKay, Shawn, Matthew E. Boyer, Nahom M. Beyene, Michael Lerario, Matthew W. Lewis, Karlyn D. Stanley, Randall Steeb, Bradley Wilson, and Katheryn Giglio. 2020. *Automating Army Convoys, Technical and Tactical Risks and Opportunities*. Santa Monica: RAND Corporation. in: https://www.rand.org/content/dam/rand/pubs/research_reports/RR2400/RR2406/RAND_RR2406.pdf. Zugegriffen: 24. Juni 2020.

McMillan, Stuart I., and Jason G. McPhee. 2014. *An Analysis of the First Fifteen Years of the Department of Defense Framework for Unmanned Ground Systems*, Thesis, Naval Postgraduate School, Monterey, California.

Meissner, Hans-Georg. 1982. *Steuerung dynamischer Systeme aufgrund bildhafter Informationen*, Dissertation UniBwM/LRT.

Merrin, William. 2019. *Digital War, A Critical Introduction*. Oxon/New York.

Meyer, Wolfgang. 1968. Ein Auto ohne Fahrer rast mit 120 Sachen über die Beton-Piste. *Bild*, September 13, 1968.

Meystel, Alex. 1991. *Autonomous Mobile Robots, Vehicles with Cognitive Control*. Singapore.

Ministry of Land, Infrastructure, Transport and Tourism, Road Bureau, ITS Homepage, ITS Handbook Japan 2000, Section 4 ITS deployment progress in Japan, Toward practical use of the Smart Cruise System, 2000. http://www.mlit.go.jp/road/ITS/2000HBook/chapter4/4-19e.html. Zugegriffen: 12. Dez. 2017.

Ministry of Land, Infrastructure, Transport and Tourism, Road Bureau, ITS Homepage, Comprehensive Plan for ITS in Japan, Chapter 1 Significance of Promoting ITS, 2008. http://www.mlit.go.jp/road/ITS/5Ministries/chap1.html. Zugegriffen: 12. Dez. 2017.

Ministry of Land, Infrastructure, Transport and Tourism, Road Bureau, ITS Homepage, Archive, ITS Handbook Japan 2008, AHS (Advanced Cruise-Assist Highway System), 2008. http://www.mlit.go.jp/road/ITS/1998HBook/chapter3/3-3e.html. Zugegriffen: 12. Dez. 2017.

Ministry of Land, Infrastructure, Transport and Tourism, Study Group for the Promotion of ASV, Seeking Even Greater Traffic Accident Reductions through Vehicle Advancements, October 2017. http://www.mlit.go.jp/jidosha/anzen/01asv/resourse/data/asv6pamphlet-e.pdf. Zugegriffen: 13. Juli 2017.

Minx, Eckard, and Rainer Dietrich. 2015. *Autonomes Fahren, Wo wir heute stehen und was noch zu tun ist*, 38–55. Ladenburg.

Möser, Kurt. 2012. Innovationskulturen um das Automobil?, In *Innovationskulturen um das Automobil, Von gestern bis morgen, Stuttgarter Tage zur Automobil- und Unternehmensgeschichte,* Hrsg. Rolf-Jürgen Gleitsmann, Jürgen E. Wittmann, Wiss. Schriftenreihe der Mercedes-Benz Classic Archive, Bd. 16, 25–50. Mühlacker/Mühlhausen.

Mom, Gijs. 1997. History of Tomorrows Automobile, In Geschiedenis van de auto van morgen, Mom, Gijs, Technische Universiteit Eindhoven, S. 7–27.

———. 2004. *The Electric Vehicle, Technology and Expectations in the Automobile Age*. Baltimore, London.

Moravec, Hans. 1980, March. *Obstacle Avoidance and Navigation in the Real World by a Seeing Robot Rover*, Ph.D. thesis, Computer Science Department, Stanford University.

———. 1982. The CMU rover. *AAAI Proceedings*, S. 377–380.

———. 1988. *MIND Children, The Future of Robot and Human Intelligence*. Cambridge, London.

———. 1990. The Stanford Cart and the CMU Rover. In *Autonomous Robot Vehicles*, Hrsg. Ingemar J. Cox and Gordon T. Wilfong, 407–419. New York, Berlin, Heidelberg, London, Paris Tokyo, Hong Kong.

———. 1999. *Robot: Mere Machine to Transcendent Mind*. Oxford.

Morris-Suzuki, Tessa. 1994. *The Technological Transformation of Japan: From the Seventeenth to the Twentieth-First Century*. Cambridge/New York/Melbourne: Cambridge University Press.

Morris, Jefferson. 2006. iRobot's Dyer Sees Missions Multiplying for PackBot. *Aerospace Daily & Defense Report* 217 (36).

Moye, William T. 1997, May. *The Genealogy of ARL*.

Murphy, Robin R. 2000. *Introduction to AI Robotics*. Cambridge, London: The MIT Press.

Musso, Pierre, Laurent Ponthou, and Éric Seuillet, Hrsg. 2007. Fabriquer le futur 2, L'imaginaire au service de l'innovation. Paris.

Mysliwetz, Birger. 1990. *Parallelrechner-basierte Bildfolgen-Interpretation zur autonomen Fahrzeugsteuerung,* Dissertation, Universität der Bundeswehr München, Fakultät für Luft- und Raumfahrttechnik. Institut für Systemdynamik und Flugmechanik.

Nagano, Hiroshi. 2012. Science and Technology Policy in Japan, In *The Dynamics of Regional Innovation, the Policy Challenges in Europe and Japan*. Hrsg. Yveline Lecler, Tetsuo Yoshimoto, and Takahiro Fujimoto. Singapore.

NAHSC. 2018a. What is An Automated Highway System?, Demo '97-Flyer, in: http://www.path.berkeley.edu/sites/default/files/my_folder_76/NAHSC_Brochure-Demo%26Groups-971.pdf. Zugegriffen: 17. Juni 2018.

———. 2018b. Where the research meets the road, Demo '97-Flyer, in: http://www.path.berkeley.edu/sites/default/files/my_folder_76/NAHSC_Brochure-Demo%26Groups-971.pdf. Zugegriffen: 17. Juni 2018.

National Research Council. 2002. *Technology Development for Army Unmanned Ground Vehicles*. Washington DC.

Nebraska State Historical Society. 2019. Online Archive, online in: https://nebraskahistory.pastperfectonline.com/search?utf8=✓&search_criteria=%22automatic+driving%22&searchButton=Search. Zugegriffen: 18. Juni 2019.

Nilsson, Nils J. 2010. *The Quest for Artificial Intelligence, a History of Ideas and Achievements*. New York: Cambridge University Press.

Nocks, Lisa. 2007. *The Robot: The Life Story of a Technology*. Westport.

Nora, Simon, and Alain Minc. 1978. *L'Informatisation de la Société: rapport à M. le Président de la République*. Paris: La Documentation Française.

Nowacki, G. 2012. Development and Standardization of Intelligent Transport Systems. *International Journal on Marine Navigation and Safety of Sea Transportation* 6 (3): 403–411.

Nozaki, Taketoshi. 1976. Characteristics of an Automatic Automobile Steering System Using the Information of a Course Deviation at Some Distance Ahead of the Automobile (article in Japanese). *Transactions of the Society of Instrument and Control Engineers* 12 (6): 687–693. online in: https://www.jstage.jst.go.jp/article/sicetr1965/12/6/12_6_687/_pdf/-char/ja. Zugegriffen: 27. Juni 2019.

Ohio State University. Alternative technologies, Demo '97-Flyer, in: http://www.path.berkeley.edu/sites/default/files/my_folder_76/NAHSC_Brochure-Demo%26Groups-971.pdf, S. 47–54.

Ohmine, Hiroyuki. 2008. Antennas for ITS. In *Mobile Antenna Systems Handbook*, Hrsg. Kyohei Fujimoto, 427–457. Boston, London: Artech House.

Ohnsman, Alan. 2018. At Waymo, It's Launch Time for Google's Biggest Moonshot, *Forbes*, November 13, 2018, online in: https://www.forbes.com/sites/alanohnsman/2018/11/30/10-million-miles-later-waymo-ceo-says-its-self-driving-cars-are-ready-for-prime-time/#222ddf675e7e.

Okimoto, Daniel I., and Thomas P. Rohlen, Hrsg. 1988. *Inside the Japanese System: Readings on Contemporary Society and Political Economy*. Stanford.

Oshima, Y., E. Kikuchi, M. Kimura, and S. Matsumoto. 1965. Control System for Automatic Automobile Driving. In *Proceedings of the International Federation of Automatic Control (IFAC), Tokyo Symposium on Systems Engineering for Control System Design*, Hrsg. Kankuro Kaneshige and Keisuke Izawa, 347–357.

Özgüner, Umit, Keith A. Redmill, and Alberto Broggi. 2004. Team TerraMax and the DARPA Grand Challenge: A General Overview. *Intelligent Vehicles Symposium*, 232–237. University of Parma.

Özgüner, Ümit, Tankut Acarman, and Keith Alan Redmill. 2011. *Autonomous Ground Vehicles*. Boston, London.

Packer, Jeremy. 2008. Automobility and the Driving Force of Warfare: From Public Safety to National Security. In *The Ethics of Mobility, Rethinking Place, Exclusion, Freedom and Environment*, Hrsg. Sigurd Bergmann and Tore Sager, 39–64. Hampshire, Burlington.

Parent, Michel. 1995. Le future de l'automobile, Présentation INRIA-IRISA, December 3, 1995. https://www.irisa.fr/manifestations/seminaires-1999/3dec99/parent/sld007.htm. Zugegriffen: 12. Okt. 2020.

Parent, Michel, and Pascal Daviet. 1996. Automated Urbain Vehicles: Towards a Dual Mode PRT (Personal Rapid Transit). *Proceedings of IEEE International Conference on Robotics and Automation*, Minneapolis, Minnesota, April 22–28, 1996.

Parent, Michel, Yang, Ming. Cybercars: A Complement to Mass Transport, Powerpoint-Presentation (without date), S. 10, online in: https://slideplayer.com/slide/3354708/

Paromtchik, Igor E., and Christian Laugier. 1997. Automatic Parallel Parking and Returning to Traffic Maneuvers. *Proceedings of the 1997 IEEE/RSJ International Conference on Intelligent Robot and Systems, Innovative Robotics for Real-World Applications, IROS '97, Grenoble*, France, Bd. 3, S. V21–V23, in: http://emotion.inrialpes.fr/~paromt/infos/papers/paromtchik:laugier:video:iros:1997.pdf.

Paromtchik, Igor, and Christian Laugier. 1996a. Motion Generation and Control for Parking an Autonomous Vehicle. *Proceedings of the IEEE International Conference on Robotics and Automation*, 3117–3122. Minneapolis.

——— 1996b. Autonomous Parallel Parking of a Nonholonomic Vehicle, 1996. *Proc. of the IEEE Intelligent Vehicles Symp.*, Tokyo, Japan, September 19–20, 1996, S. 13–18, online in: http://emotion.inrialpes.fr/~paromt/infos/papers/paromtchik:laugier:iv:1996.pdf.

Pearson, Jordan. 2016. A 60s Japanese Cartoon Predicted Our Autonomous Car Dilemma. *Motherboard*, September 30, 2016, online in: https://motherboard.vice.com/en_us/article/wnx4ay/60s-japanese-cartoon-predicted-autonomous-car-dilemma-self-driving-crash-blame-astro-boy. Zugegriffen: 20. Sept. 2018.

Plet, Cécile. 2001. Michel Parent, "Les voitures entièrement automatiques ? Vous en verrez dans 5 ans." *Internetactu.net,* February 22, 2001, online in: http://www.internetactu.net/2001/02/22/michel-parent-les-voitures-entirement-automatiques-vous-en-verrez-dans-5-ans/. Zugegriffen: 8. Okt. 2020.

Podnar, Gregg W. 1985a, February. The NEPTUNE Mobile Robot. *Annual Report, Technical Report CMU-RI-TR-86-04*, Robotics Institute, Carnegie Mellon University, S. 123–125.

———. 1985b, February. The URANUS Mobile Robot. *Annual Report, Technical Report CMU-RI-TR-86-04*. Robotics Institute, Carnegie Mellon University, S. 127–129.

Pomerleau, Dean A. 1993. *Neural Network Perception for Mobile Robot Guidance*. New York.

Prätorius, Gerhard. 1993. *Das PROMETHEUS-Projekt, Technikentstehung als sozialer Prozeß*. Wiesbaden.

Prometheus – Proart (Hrsg.), Rapport de fin de contrat de recherche, 1994, December.

Quigg, Doc. 1960, June 7. Reporter Rides Driverless Car. *The Press-Courier*.

Rajamani, Rajesh, Han-Shue Tan, Boon Kait Law, and Wei-Bin Zhang. 2000. Demonstration of Integrated Longitudinal and Lateral Control for the Operation of Automated Vehicles in Platoons. *IEEE Transactions on Control Systems Technology* 8 (4): 695–708.

Rescher, Nicholas. 1998. *Predicting the Future: An Introduction to the Theory of Forecasting*. New York.

Reuters, U.K. 1960. New Road Research Track Opened at Crowthorne, October 25, 1960, in: https://reuters.screenocean.com/record/547949. Zugegriffen: 25. Juni 2019.

Reynolds, John. 2001. Cruising into the Future. *Telegraph*, May 26, 2001, online in: https://www.telegraph.co.uk/motoring/4750544/Cruising-into-the-future.html. Zugegriffen: 12. Juni 2019.

Rieu, Alain-Marc. 2007. Le Japon comme "société de connaissance": quelles leçons pour la France?, Politiques de recherche, innovation et réformes institutionnelles depuis la crise de l'énergie des années 1970. In *L'Empire de l'intelligence: Politiques scientifiques et technologiques du Japon depuis 1945*, Hrsg. Jean-François Sabouret, 185–216. Paris.

Rillings, Jim. 1997, February. *The National Automated Highway System: Cooperative Program*. National Automated Highway System Consortium.

Rives, P., and L. Marce. 1985, October. Use of Moving Vision Sensors to Control Robots in an Unknown Universe. *Proceedings of the 5th International Conference on Robot Vision and Sensory Controls*, 165–176. Amsterdam.

Roland, Alex, and Philip Shiman. 2002. *Strategic Computing, DARPA and the Quest for Machine Intelligence*. Cambridge, London.

Roth, Joshua Hotaka. 2017. The Shared Road: Cars, Pedestrians and Bicyclists in Japan. In *Cars, Automobility and Development in Asia: Wheels of Change*, Hrsg. Arve Hansen and Kenneth Bo Nielsen, 134–151. London/New York.

Rousselot, Michel. 2001. Préface. In *La route automatisée, Un scenario périurbain*, Hrsg. LCPC. Paris.

Sabouret, Jean-François. 2007. Introduction, Japon: Le grand secret. In *L'Empire de l'intelligence: Politiques scientifiques et technologiques du Japon depuis 1945*, Hrsg. Jean-François Sabouret, 9–21. Paris.

SAE International. 2019. SAE J3016, Levels of Driving Automation, in: https://www.sae.org/news/press-room/2018/12/sae-international-releases-updated-visual-chart-for-its-"levels-of-driving-automation"-standard-for-self-driving-vehicles. Zugegriffen: 2. Juli 2019.

Saito, Mitsuo. 2000. *The Japanese Economy*. Singapore, New Jersey, London, Hong Kong.

Schaub, Günter, Alfred Pfändner, and Christoph Schäfer. 2004. PRIMUS: Autonomous Navigation in Open Terrain with a Tracked Vehicle. *Unmanned Ground Vehicle Technology VI*, Hrsg. Grant R. Gerhart, Chuck M. Shoemaker, and Douglas W. Gage, Bd. 5422, 156–165. Proceedings of SPIE.

Schefter, Jim. 1985, October. Look, Ma! No Driver. *Popular Science*, S. 94–95, 114–116.

Schiehlen, Joachim. 1995. *Kameraplattformen für aktiv sehende Fahrzeuge, VDI-Fortschritt-Berichte Nr. 514*, Dissertation, Universität der Bundeswehr München, Fakultät für Luft- und Raumfahrttechnik, Institut für Systemdynamik und Flugmechanik.

Schmidt, Rodney. 1971. *A Study of the Real-Time Control of a Computer-Driven Vehicle*. PhD in Electrical Engineering. Stanford University.

Schmidt, Herbie. 2020. Audi steckt beim autonomen Fahren zurück. In *Neue Zürcher Zeitung*. April 28, 2020, online in : https://www.nzz.ch/mobilitaet/auto-mobil/autonomes-fahren-stufe-3-audi-verzichtet-im-a8-auf-staupilot-ld.1553933. Zugegriffen: 24. Mai 2020.

Schneider, Jerry. 2014. Description of the Japanese Computer-Controlled Vehicle System (CVS) (derived largely from a report entitled Automated Guideway Transit: An Assessment of PRT and Other New Systems, U.S. Congress, Office of Technology Assessment, June 1975), November 11, 2014, online in: http://staff.washington.edu/jbs/itrans/cvs1.htm. Zugegriffen: 7. Juli 2019.

Schodt, Frederik L. 2007. *The Astro Boy Essays: Osamu Tezuka, Mighty Atom, and the Manga/ Anime Revolution*. Berkeley: Stone Bridge Press.

Schwartz, Ingo. 1999, April. *Primus: An Autonomous Driving Robot, Proceedings of the SPIE*. Bd. 3693. Orlando: AeroSense Session on Unmanned Ground Vehicle Technology.

Schwartz, Samuel I. 2018. *No One at the Wheel: Driverless Cars and the Road of the Future*. New York.

Sekine, Taro. 2015. The Image of Automobile Safety. In *International Association of Traffic and Safety Sciences, Interdisciplinary Wisdom of IATSS*., 2015, online in: http://www.iatss.or.jp/common/pdf/en/publication/commemorative-publication/iatss40_theory_06.pdf, S. 62. Zugegriffen: 9. Nov. 2017.

Sfez, Lucien. 2002. La technique comme fiction, *Revue européenne des sciences sociales*, XL-123, published December 3, 2009, online in: http://journals.openedition.org/ress/612. Zugegriffen: 23. Aug. 2020.

Shladover, Steven E., Advanced Vehicle Control Systems. 1990. *SAE Technical Paper* 901129: 103–112.

Shladover, Steven E. 1992. The California PATH Program of IVHS Research and Its Approach to Vehicle-Highway Automation. *Proceedings of the Intelligent Vehicles '92 Symposium*, Detroit, S. 347–352.

———. 1997. Reasons for Operating AHS Vehicles in Platoons. In *Automated Highway Systems*, Hrsg. Petros A. Ioannou, 11–27. New York, London.

Shladover, Steven. 2007. PATH at 20 – History and Major Milestones. *IEEE Transactions on Intelligent Transportation Systems* 8 (4): 584–592.

Shladover, Steven E. 2008. AHS Research at the California PATH Program and Future AHS Research Needs. *Proceedings of the 2008 IEEE International Conference on Vehicular Electronics and Safety*, Columbus, September 22–24, 2008, S. 4–5.

Shladover, Steven E., Jane Lappin, Robert P. Denaro, and Bryant Walker Smith. 2018. Introduction: The Transportation Research Board's 2013 Workshop on Road Vehicle Automation. In *Road Vehicle Automation*, Hrsg. Gereon Meyer and Sven Beiker, 1–12. Cham, Heidelberg, New York, Dordrecht, London.

Shladover, Steven E., Jane Lappin, Robert P. Denaro, and Bryant Walker Smith. 2018. Introduction: The Transportation Research Board's 2013 Workshop on Road Vehicle Automation. In *Road Vehicle Automation*, Hrsg. Gereon Meyer and Sven Beiker, 1–12.

Shoemaker, Charles. 2006. Development of Semi-Autonomous Robotic Ground Vehicles, DoD's Ground Robotics Research Programs: Demo I through Demo III. In *Intelligent Vehicle Systems: 4 D/RCS Approach*, Hrsg. Raj Madhavan, Elena R. Messina, and James Albus, 283–315. New York.

Siedersberger, Karl-Heinz. 2003. *Komponenten zur automatischen Fahrzeugführung in sehenden (semi-)autonomen Fahrzeugen*, Dissertation. Universität der Bundeswehr München.

Simoudis, Evangelos. 2017. *The Big Data Opportunity in Our Driverless Future*. Menlo Park.

Sperling, Daniel. 2018. *Three Revolutions: Steering Automated, Shared, and Electric Vehicles to a Better Future*. Washington, DC.

Spofford, John R., Raymond D. Rimey, and Steve H. Munkeby. 1997. Overview of the UGV / Demo II program, online in: https://pdfs.semanticscholar.org/72fa/74930bb02e33e2c7d887f561dd78d4bf4271.pdf. Zugegriffen: 8. Apr. 2020.

Statista. 2020. By 2030, one in 10 vehicles will be self-driving globally, Press release, February 6, 2020, https://mailchi.mp/statista/autonomous_cars_20200206?e=145345a469.

Statistics Bureau, Ministry of Internal Affairs and Communications, Chapter 29, Disasters and Accidents, Road Traffic Accidents 1924–2005, online in: http://www.stat.go.jp/data/chouki/zuhyou/29-11.xls. Zugegriffen: 9. Nov. 2017.

Stone, Wesley L. 2005. The History of Robotics. In *Robotics and Automation Handbook*, Hrsg. Thomas R. Kurfess, 1–12. Boca Raton, London, New York, Washington, DC.

Strachan, Jamie Robert. 2009. *NOVA: Nottingham Offroad Vehicle Architecture*, PhD thesis. University of Nottingham, in: http://eprints.nottingham.ac.uk/10842/1/Microsoft_Word_-_Complete_Thesis_-_issue_M.pdf.

Sukthankar, R. RACCOON: A Real-time Autonomous Car Chaser Operating Optimally at Night. *Proceedings of the Intelligent Vehicles '93 Symposium*, S. 37–42.

Tamaney, L.S. Real Time Intelligent Control of a Mobile Robot, NATO Advanced Research Workshop on Mobil Robot Implementation, Porto, Portugal, 28 Sept. – 2 Oct. 1987.

Taniguchi, M., et al. 1991. The Development of Autonomously Controlled Vehicle, PVS. *Proceedings of the 1991 Vehicle Navigation and Information Systems Conference*, S. 1137–1141.

Tezuka, Osamu. Astro Boy (1), Complete Collection of Tezuka Osamu, Kodansha 2009 (手塚 治虫, 鉄腕アトム (1), 手塚治虫文庫全集, 講談社 2009).

Team Navlab. Carnegie Mellon University, Demo '97-Flyer, in: http://www.path.berkeley.edu/sites/default/files/my_folder_76/NAHSC_Brochure-Demo%26Groups-971.pdf, S. 46.

Temple, David W. 2015. *Motorama, GM's Legendary Show and Concept Cars*. North Branch.

Tessier, Catherine. 2015. Autonomie: enjeux techniques et perspectives. In *Drones et killer robots: faut-il les interdire?*, Hrsg. Ronan Doaré, Didier Danet, Gérard de Boisboissel, Rennes.

The Congress of the United States, Congressional Budget Office, High-Tech Highways: Intelligent Transportation Systems and Policy, October 1995, online in: https://www.cbo.gov/sites/default/files/104th-congress-1995-1996/reports/High-techHighways.pdf. Zugegriffen: 23. März 2020.

Thielman, Sam. 2016. Use of Police Robot to Kill Dallas Shooting Suspect Believed to be First in US History. The Guardian, July 8, 2016, online in: https://www.theguardian.com/technology/2016/jul/08/police-bomb-robot-explosive-killed-suspect-dallas. Zugegriffen: 24. Juni 2020.

Thomanek, F., Ernst Dieter Dickmanns, and Dirk Dickmanns. Multiple Object Recognition and Scene Interpretation for Autonomous Road Vehicle Guidance. *Proceedings of the Intelligent Vehicles '94 Symposium*, S. 231–236.

Thorpe, Charles, Martial H. Hebert, Takeo Kanade, and Steven A. Shafer. 1988. Vision and Navigation for the Carnegie-Mellon Navlab. *IEEE Transactions on Pattern Analysis and Machine Intelligence* 10 (3): 362–373.

Thorpe, Charles E. 1990. Chapter 1: Introduction. In *Vision and Navigation: The Carnegie Mellon Navlab*, Hrsg. Charles E. Thorpe, 1–8, Boston.

Thorpe, Charles, Martial Hebert, Takeo Kanade, and Steven Shafer. 1991a. Toward Autonomous Driving: The CMU Navlab, Part I, Perception. *IEEE Expert* 6 (4): 31–42.

———. 1991b. Toward Autonomous Driving: The CMU Navlab, Part II, System and Architecture. *IEEE Expert* 6 (4): 44–52.

Thorpe, Chuck. 1998. Mobile Robots and Smart Cars. In *Field and Service Robotics*, Hrsg. Alexander Zelinsky, 1–5. Berlin, New York.

Thorpe, Chuck, Todd Jochem, and Dean Pomerleau. 2020. Automated Highways and the Free Agent Demonstration, online in: https://www.ri.cmu.edu/pub_files/pub2/thorpe_charles_1997_1/thorpe_charles_1997_1.pdf. Zugegriffen: 11. Sept. 2020.

———. 1998. The 1997 Automated Highway Free Agent Demonstration. *Proceedings of Conference on Intelligent Transportation Systems 1997*, IEEE, S. 496–501.

Thorpe, Chuck. 2018. An oral history conducted in 2010 by Peter Asaro and Selma Šabanović, Indiana University, Bloomington Indiana, for Indiana University and the IEEE, in: http://ethw.org/Oral-History:Chuck_Thorpe#Interview. Zugegriffen: 7. Mai 2018.

Thrun, Sebastian, et al. 2006. Stanley: The Robot that Won the DARPA Grand Challenge. *Journal of Field Robotics* 23 (9): 661–692. online in: https://onlinelibrary.wiley.com/doi/epdf/10.1002/rob.20147. Zugegriffen: 7. Mai 2018), also In The 2005 DARPA Grand Challenge, the Great Robot Race Hrsg. Buehler, Martin, Iagnemma, Karl, Singh, Sanjiv, Berlin, Heidelberg, New York 2007, S. 1–44.

Toffler, Alvin. 1980. *The Third Wave*. New York.

Tombo, 日本で最初のテストコース 旧東村山自動車試験道路, July 2, 2009, in: http://blog.livedoor.jp/thetombo2/archives/51493535.html. Zugegriffen: 3. Dez. 2017.

Torchinsky, Jason. 2019. *Robot, Take the Wheel: The Road to Autonomous Cars and the Lost Art of Driving*. New York.

Toyota. 2018. A 75-Year History through Text, Chapter 2: Satisfying Public Needs, Section 2: Response to Increase in Traffic Accidents, Item 5: Research and Development of a Comprehensive Automobile Traffic Control System, in: http://www.toyota-global.com/company/history_of_toyota/75years/text/entering_the_automotive_business/chapter2/section2/item5.html. Zugegriffen: 3. Janu. 2018.

Transport Research Board, National Research Council, National Automated Highway System Research Program, a review, Special Report 253, Washington, DC, 1998.

Tsugawa, Sadayuki, Teruo Yatabe, Takeshi Hirose, Shuntetsu Matsumoto. 1979. An Automobile with Artificial Intelligence. *Proceedings of the 6th International Joint Conference on Artificial Intelligence*, Bd. 2, San Francisco, S. 893–895.

Tsugawa, Sadayuki, Takeshi Hirose, and Teruo Yatabe. 1984. An Intelligent Vehicle with Obstacle Detection and Navigation Functions. *Industrial Electronics Conference (IECON)* 1: 303–308.

Tsugawa, Sadayuki. 1992. Concept of Super Smart Vehicle Systems and Their Relation to Advanced Vehicle Control Systems. *Transportation Research Record* 1358: 42–49.

Tsugawa, Sadayuki, Masayoshi Aoki, Akio Hosaka, and Kaoru Seki. A Survey on Present IVHS Activities in Japan. *1996 IFAC, 13th Triennial World Congress*, S. 7844–7849.

Tsugawa, Sadayuki. 2005. Issues and recent trends in vehicle safety communication systems. *IATSS Research* 29 (1): 7–15.

———. 2008. A History of Automated Highway Systems in Japan and Future Issues, Institute of Electrical and Electronics Engineers. *International Conference on Vehicular Electronics and Safety*, Ohio, USA, September 22, 2008, S. 2–3.

———. 2009. A Survey on Effects of ITS–related Systems and Technologies on Global Warming Prevention. In *Proceedings of the 12th IFAC Symposium on Transportation Systems*, Redondo Beach, USA, September 2–4, 2009, S. 334–341.

———. 2011. Automated Driving Systems: Common Grounds of Automobiles and Robots. *International Journal of Humanoid Robotics* 8 (1): 1–12.

———. 2013. An Overview on an Automated Truck Platoon within the Energy ITS Project. *7th IFAC Symposium on Advances in Automotive Control, The International Federation of Automatic Control (IFAC)*, September 4–7, 2013, Tokyo, Japan, S. 41–46.

Tsugawa, Sadayuki, Sabina Jeschke, and Steven E. Shladover. 2016. A Review of Truck Platooning Projects Foe Energy Savings. *IEEE Transactions on Intelligent Vehicles* 1 (1): 68–77.

Tuchman, Barbara. 1982. In Geschichte denken, Essays. Düsseldorf.

Turk, Mathew A., David G. Morgenthaler, Keith D. Gremban, and Martin Marra. 1988. VITS–A Vision System for Autonomous Land Vehicle Navigation. *IEEE Transactions on Pattern Analysis and Machine Intelligence* 10 (2): 342–361.

Ulmer, Berthold. 1994. VITA II – Active Collision Avoidance in Real Traffic. *Proceedings of the Intelligent Vehicles Symposium 1994*, Paris, S. 1–6.

Ullrich, Otto. 1980. Der Charakter des Fortschritts moderner Technologien, Zur Geschichtsphilosophie der Technikgeschichtsschreibung. *Technologie und Politik*, Issue 16, Hamburg, S. 23–51.

Universität der Bundeswehr München, Präsidialabteilung, Struktur- und Entwicklungsplan der Universität der Bundeswehr München 2015–2020, München 2015. online in: https://www.unibw.de/universitaet/universitaet/leitung/struktur-und-entwicklungsplan-unibw-m-2015-2020.pdf. Zugegriffen: 7. Mai 2020.

Urry, John. 2004. The 'System' of Automobility. *Theory, Culture and Society* 21 (4/5): 25–39.

US Army Material Command, The U.S. Army's Report on International Cooperative Programs, Urbana-Champaign 1998.

US Department of Transportation, Request for Applications to Establish a National Automated Highway System Consortium, Contract number DTFH61-94-X-0000, December 15, 1993.

———, The National Intelligent Transportation Systems Program: Where We've Been & Where We're Going, Report No. FHWA-JPO-97-0027, March 1997.

Uzulis, André. 2005. *Die Bundeswehr: Eine politische Geschichte von 1955 bis heute*. Hamburg, Berlin, Bonn.

Vaid, Kamal. 2018. *Selbst ist das Auto – automatisiertes und autonomes Fahren*, Die Zukunft der Mobilität, Schriftenreihe der Northern Business School zur angewandten Wissenschaft, Band 10, Hamburg.

VanderWerf, Joel, Steven Shladover, and Mark A. Miller 2004. Conceptual Development and Performance Assessment for the Deployment Staging of Advanced Vehicle Control and Safety Systems, California PATH Research Report UCB-ITS-PRR-2004-22, August 2004, online in: https://pdfs.semanticscholar.org/3476/e3f1195402060c9398e95674f7c2c6d0fa49.pdf. Zugegriffen: 8. Juli 2019.

Velez-Green, Alexander. 2015. The Foreign Policy Essay: The South Korean Sentry—A "Killer Robot" to Prevent War, March 1, 2015, in: https://www.lawfareblog.com/foreign-policy-essay-south-korean-sentry—-killer-robot-prevent-war. Zugegriffen: 3. März 2020.

Vieweg, Christof. 2015, July 31. Wer hat das Roboterauto erfunden ? Die Bundeswehr! *DIE ZEIT*.

Volkswagen Newsroom, Automatically bound for the future, The history of autonomous driving at Volkswagen, August 24, 2018. online in: https://www.volkswagen-newsroom.com/en/stories/automatically-bound-for-the-future-4118. Zugegriffen: 17. März 2020.

Volvo, Volvo Cars CEO urges governments and car industry to share safety-related traffic data, Press release, April 3, 2017. online in: https://www.media.volvocars.com/global/en-gb/media/pressreleases/207164/volvo-cars-ceo-urges-governments-and-car-industry-to-share-safety-related-traffic-data. Zugegriffen: 3. Juli 2019.

Wadhwa, Vivek, and Alex Salkever. 2019. *The Driver in the Driverless Car: How Our Technology Choices Will Create the Future,* Oakland 2017. 2. Aufl.

Waugh, Rob. 2013. How the first "driverless car" was invented in Britain, *Yahoo News UK*, July 17, 2013, online in: https://uk.news.yahoo.com/how-the-first%2D%2Ddriverless-car%2D%2Dwas-invented-in-britain-in-1960-093127757.html. Zugegriffen: 29. Sept. 2020.

Weber, Jutta. 2013. Vorratsbomben im Himmel, Über digitalen Terror, unsichtbare Opfer und die Rhetorik der Präzision. In *High-Tech Kriege, Frieden und Sicherheit in den Zeiten von Drohnen, Kampfrobotern und digitaler Kriegsführung*, Hrsg. Heinrich-Böll Stiftung, 31–43. Berlin.

Weber, Marc. 2014. Where To? A History of Autonomous Vehicles, May 8, 2014, in: http://www.computerhistory.org/atchm/where-to-a-history-of-autonomous-vehicles/.

Weinberger, Sharon. 2018. *The Imagineers of War: The Untold History of DARPA, the Pentagon Agency That Changed the World*. New York.

Weingroff, Richard F. 2001. Creating a Landmark: The Intermodal Surface Transportation Act of 1991, *Public Roads*, 65(3), November/December 2001, online in: https://www.fhwa.dot.gov/publications/publicroads/01novdec/istea.cfm. Zugegriffen: 5. März 2020.

Wengenroth, Ulrich. 1997. Technischer Fortschritt, Deindustrialisierung und Konsum, Eine Herausforderung für die Technikgeschichte. *Technikgeschichte* 64: 1–18.

Wetmore, Jameson M. 2003. Driving the Dream, The History and Motivations Behind 60 Years of Automated Highway Systems in America. *Automotive History Review*, Summer 2003, S. 4–19.

———. 2020. Reflecting on the Dream of Automated Vehicles, Visions of Hands Free Driving Over the Past 80 Years. *Technikgeschichte* 87 (1): 69–94.

Wettergreen, David, Chuck Thorpe, and William Whittaker. 1993. Exploring Mount Erebus by Walking Robot. *International Conference of Intelligent Autonomous Systems*, S. 72–81.

Winner, Hermann. 2015. PROMETHEUS – Welche Visionen wurden Realität? *VDA, Technischer Kongress*, S. 93–124.

Wootton, J.R., and A. García-Ortiz. 1995. Intelligent Transportation Systems. In *Mathematical and Computer Modelling* 22 (4–7): 259–268.

Wünsche, Hans-Joachim. 1986. Detection and Control of Mobile Robot Motion by Real-Time Computer Vision. In *Advances in Intelligent Robotics Systems, Proceedings of the Society of Photo-Optical Instrumentation Engineers (SPIE)*, Hrsg. Nelson Marquina, Bd. 727, 100–109.

———. 1987. *Bewegungssteuerung durch Rechnersehen*, Dissertation. Universität der Bundeswehr München, Fakultät für Luft- und Raumfahrttechnik, Institut für Systemdynamik und Flugmechanik.

———. 2013. Geschichte des Automatischen Fahrens – eine kurze Zusammenfassung, Eingeladener Vortrag auf der 6. Tagung Fahrerassistenz, TÜV-SÜD, München, November 28, 2013, online in: https://www.unibw.de/lrt8/forschung-en/geschichte/automated_driving_history. Zugegriffen: 6. Okt. 2017.

Yazigi, Monique P. 1992. Promethean Plans for the Next Generation of Cars. *New York Times*, September 13, 1992.

Zapp Alfred. 1988. *Automatische Straßenfahrzeugführung durch Rechnersehen*, Dissertation. Universität der Bundeswehr München, Fakultät für Luft- und Raumfahrttechnik, Institut für Systemdynamik und Flugmechanik.

Zimdahl, Walter. 1963. *Die Bewegung des Straßenfahrzeugs auf vorgeschriebener Bahn*, Diploma Thesis, 1963, Institut für Regelungstechnik, Technische Hochschule Darmstadt (supervised by Fritz Frank).

———. 1965. Führungsverhalten des vierrädrigen Straßenfahrzeugs bei Regelung des Kurses auf festgelegter Bahn. *Regelungstechnik, Zeitschrift für Steuern, Regeln und Automatisieren* 13 (5): 221–268. online in: https://doi.org/10.1524/auto.1965.13.112.221. Zugegriffen: 1. Okt. 2020.

———. 1969. *Regelungstechnische Probleme bei dem Leitkabelgeführten Kraftfahrzeug*, Dissertation. Fakultät für Elektrotechnik, Technische Hochschule Darmstadt.

Zimdahl, W., I. Rackow, and T. Wilm. 1986. OPTOPILOT – ein Forschungsansatz zur Spurerkennung und Spurführung bei Straßenfahrzeugen. *VDI Berichte Nr.* 162: 49–60.

Zworykin, V.K., and L.E. Flory. 1958. Electronic Control of Motor Vehicles on the Highway. *Highway Research Board Proceedings* 37: 436–451.

Zworykin, Vladimir K. 1959. The Human Aspect of Engineering Progress. The Fourth Clerk Maxwell Memorial Lecture, July 1, 1959, Cavendish Laboratory, Cambridge. *Journal Brit. I. R. E.*, September 1959, S. 529–544.

Videoquellen

US-Kapitel

Automatedhighway (YouTube-account), NAHSC Demo 97 Platoon Scenario (video title), uploaded on April 23, 2011, online in: https://www.youtube.com/watch?v=aaLPBtS8b9E. Zugegriffen: 25. Jan. 2020.

——— (YouTube-account), Automated Highway History (video title), uploaded on April 24, 2011, online in: https://www.youtube.com/watch?v=dyqU85D0lkA, 4:11–5:10. Zugegriffen: 21. Apr. 2020.

Cmurobotics (YouTube-account), History Channel 1998: Driverless Car Technology Overview at Carnegie Mellon University (video title), in: YouTube, uploaded on September 29, 2017, online in: https://www.youtube.com/watch?v=2KMAAmkz9go. Zugegriffen: 3. Dez. 2019.

——— (YouTube-account), Terregator – CMU – Field Robotics Circa 1983 (video title), in: YouTube, uploaded on October 13, 2016, online in: https://www.youtube.com/watch?v=beGRM-9ZmWlI. Zugegriffen: 13. Dez. 2019.

JournalStarNews (YouTube-account), Driverless Car (video title), in: YouTube, uploaded on September 13, 2017, online in: https://www.youtube.com/watch?v=Eufcsa46gGk. Zugegriffen: 13. Juni 2019.

Stanford University Libraries (YouTube-account), Shakey: Experiments in Robot Planning and Learning (1972) (video title), Shakey, An experiment in robot planning and learning, (produced by Peter Hart and Nils Nilsson, assisted by Michael Wilber, sponsored by the Advanced Research Projects Agency and the National Aeronautics and Space Administration, Research performed by the Artificial Intelligence Center at Stanford Research Institute, Menlo Park, California), in: YouTube, uploaded on September 23, 2016, online in: https://www.youtube.com/watch?v=GmU7SimFkpU. Zugegriffen: 5. Dez. 2019.

Todd Jochem (YouTube-account), Navlab 84–94 (video title), Carnegie Mellon University, Navlab: Vision & Navigation 1984-194, Promotional Video, 1994, in: YouTube, uploaded on January 19, 2018, online in: https://www.youtube.com/watch?v=yfVxt-eBVLo. Zugegriffen: 3. Dez. 2019.

——— (YouTube-account), Navlab 2 Cross Country Navigation 1992 (video title), Official Video from CMU, 1992, in: YouTube, uploaded on January 8, 2018, in: https://www.youtube.com/watch?v=HmLafSKdCRs. Zugegriffen: 3. Dez. 2019.

——— (YouTube-account), Navlab 2 on Flagstaff Hill Pittsburgh People, Places, and Things (video title), TV-emission from 1994, Reporter: Lisa Beatty, published on January 7, 2018, in: https://www.youtube.com/watch?v=btJDzWt82wU. Zugegriffen: 3. Aug. 2018.

Europa-Kapitel

British Movietone, Early Driverless Car in 1971, July 2, 2015, online in: https://www.youtube.com/watch?v=5ocvNxjN3dc. Zugegriffen: 16. Juni 2019.

Dyna-vision, VaMoRs Autobahn Dingolfing, 1987, online in: http://www.dyna-vision.de/main/WebQualVideo/04%20VaMoRsAutobahn%20Dingolfing%201987.wmv. Zugegriffen: 4. Sept. 2020.

———, VaMoRs-test run in Rastatt 1988, online in: http://dyna-vision.de/main/WebQualVideo/07%20VaMoRs%20Stat.Obstacle%20Rastatt%201988.mpeg. Zugegriffen: 4. Sept. 2020.

———, Prometheus, Turin 1991, DB-VITA, online in: http://www.dyna-vision.de/main/WebQualVideo/09%20VisionBasedStopBehindCar%20Torino%201991.wmv. Zugegriffen: 4. Sept. 2020.

———, Turnoff Neubiberg Taxiway. http://www.dyna-vision.de/main/WebQualVideo/23%20TurnoffNbbTaxiway%201996.wmv. Zugegriffen: 4. Sept. 2020.

———, Turning off onto an unknown crossroad, in: http://www.dyna-vision.de/main/A.3.7%20Turning%20off%20onto%20an%20unknown%20crossroad.html.

Laraimara, Parking automatique à l'aide d'ultrasons – automated parking using ultrasounds, Uploaded on February 2, 2010, in: https://www.youtube.com/watch?v=BkHHS4uAuOk. Zugegriffen: 12. Okt. 2020.

LAAS, Video: Robotique et Intelligence Artificielle, in: https://www.laas.fr/vod/public/films_Georges/5-robotique_IA_720p.html. Zugegriffen: 19. Nov. 2020.

Raglan tribe (YouTube-Account), Robot Car | Raglan Tribe (Title), Uploaded 23.2.2013, https://www.youtube.com/watch?v=AlLZhcnpXYI.